高职高专教育"十二五"规划建设教材
辽宁职业学院国家骨干高职院校建设项目成果

动物微生物检测

（畜牧兽医类专业用）

王丽娟　卜春华　主编

中国农业大学出版社
·北京·

内 容 简 介

　　本教材内容分为 4 个学习项目：项目一　动物微生物检测前的准备，主要包括认识微生物、认识动物微生物检测室、常用玻璃器皿的准备和病料的采集、保存及运送等；项目二　细菌感染的实验室检测，主要包括常规细菌学检测、免疫学检测；项目三　病毒感染的实验室检测，主要包括病毒的形态学检查、分离培养与鉴定、病毒感染的血清学检测等；项目四　其他微生物感染的实验室检测，主要包括真菌、支原体、螺旋体的实验室检测等内容。

　　本教材紧扣畜牧兽医类专业人才培养目标和职业岗位需要，以工作项目为载体，按照理论和实训一体化的教学模式编写，适于边做边学；教材中增加了基层单位适用的新技术，内容的适用性和实用性突出。

　　本教材适于高职高专畜牧兽医类专业的教学用书，也可作为基层畜牧兽医管理人员的培训教材，并可供相关行业企业技术人员学习参考。

图书在版编目（CIP）数据

动物微生物检测/王丽娟，卜春华主编. —北京：中国农业大学出版社，2014.7
ISBN 978-7-5655-1107-3

Ⅰ.①动…　Ⅱ.①王…②卜…　Ⅲ.①动物学－微生物检定－高等职业教育－教材　Ⅳ.①Q93-331

中国版本图书馆 CIP 数据核字（2014）第 258732 号

书　　名	动物微生物检测		
作　　者	王丽娟　卜春华　主编		

策划编辑	陈　阳　王笃利　伍　斌	责任编辑	田树君
封面设计	郑　川		
出版发行	中国农业大学出版社		
社　　址	北京市海淀区圆明园西路 2 号	邮政编码	100193
电　　话	发行部 010-62818525，8625	读者服务部	010-62732336
	编辑部 010-62732617，2618	出　版　部	010-62733440
网　　址	http://www.cau.edu.cn/caup	**e-mail**	cbsszs @ cau.edu.cn
经　　销	新华书店		
印　　刷	北京时代华都印刷有限公司		
版　　次	2014 年 7 月第 1 版　　2014 年 7 月第 1 次印刷		
规　　格	787×1092　16 开本　20.75 印张　505 千字		
定　　价	43.00 元		

图书如有质量问题本社发行部负责调换

编审委员会

编 审 人 员

主　　编　王丽娟　卜春华

副主编　刘兴旺　张涛　姜久华

编　　者　（按姓氏笔画排序）

卜春华（辽宁职业学院）

王丽娟（辽宁职业学院）

刘兴旺（辽宁职业学院）

刘德成（辽宁职业学院）

张　涛（辽宁职业学院）

张冬波（辽宁职业学院）

杨　丹（辽宁职业学院）

杨惠超（辽宁职业学院）

陈士华（辽宁职业学院）

姜久华（铁岭市动物疫病预防控制中心）

郝菊秋（辽宁职业学院）

裴树坤（铁岭经济开发区永鸿牧业有限公司）

主　　审　赵玉军（沈阳农业大学畜牧兽医学院）

总　　序

　　《国务院关于加快发展现代职业教育的决定》(国发[2014]19号)中提出加快构建现代职业教育体系,随后下发的国家现代职业教育体系建设规划(2014—2020年)明确提出建立产业技术进步驱动课程改革机制,按照科技发展水平和职业资格标准设计课程结构和内容,通过用人单位直接参与课程设计、评价和国际先进课程的引进,提高职业教育对技术进步的反应速度。到2020年基本形成对接紧密、特色鲜明、动态调整的职业教育课程体系,建立真实应用驱动教学改革的机制,推动教学内容改革,按照企业真实的技术和装备水平设计理论、技术和实训课程;推动教学流程改革,依据生产服务的真实业务流程设计教学空间和课程模块;推动教学方法改革,通过真实案例、真实项目激发学习者的学习兴趣、探究兴趣和职业兴趣。这为国家骨干高职院校课程建设提供了指针。

　　辽宁职业学院经过近十年高职教育改革、建设与发展,特别是近三年国家骨干校建设,以创新"校企共育,德技双馨"的人才培养模式,提升教师教育教学能力,在课程建设尤其是教材建设方面成效显著。学院本着"专业设置与产业需求对接、课程内容与职业标准对接、教学过程与生产过程对接"的原则,以学生职业能力和职业素质培养为主线,以工作过程为导向,以典型工作任务和生产项目为载体,立足岗位工作实际,在认真总结、吸取国内外经验的基础上开发优质核心课程特色系列教材,体现出如下特点:

　　1.教材开发多元合作。发挥辽西北职教联盟政、行、企、校、研五方联动优势,聘请联盟内专家、一线技术人员参与,组织学术水平较高、教学经验丰富的教师在广泛调研的基础上共同开发教材;

　　2.教材内容先进实用。涵盖各专业最新理念和最新企业案例,融合最新课程建设研究成果,且注重体现课程标准要求,使教材内容在突出培养学生岗位能力方面具有很强的实用性。

　　3.教材体例新颖活泼。在版式设计、内容表现等方面,针对高职学生特点做了精心灵活设计,力求激发学生多样化学习兴趣,且本系列教材不仅适用于高职教学,也适用于各类相关专业培训,通用性强。

　　国家骨干高职院校建设成果——优质核心课程系列特色教材现已全部编印完成,即将投入使用,其中凝聚了行、企、校开发人员的智慧与心血,凝聚了出版界的关心关爱,希望该系列教材的出版能发挥示范引领作用,辐射、带动同类高职院校的课程改革、建设。

　　由于在有限的时间内处理海量的相关资源,教材开发过程中难免存在不如意之处,真诚希望同行与教材的使用者多提宝贵意见。

2014年7月于辽宁职业学院

前　言

　　本教材为辽宁职业学院国家骨干高职院校重点建设项目畜牧兽医专业工学结合特色教材，是依据教育部《关于全面提高高等职业教育教学质量的若干意见》《关于加强高职高专教育教材建设的若干意见》的文件精神编写的。

　　动物微生物检测是畜牧兽医类专业学生必须具备的一项专业技能，直接对应兽医化验、动物疫病防治、动物检疫检验等工作岗位，也是高职高专畜牧兽医类专业不可缺少的一门专业支撑课程。

　　本教材注重培养学生的实际应用能力和基本技能训练，将动物微生物检测与相应国家职业标准、行业标准和企业标准要求相融合。在对岗位工作任务调研的基础上，以学生职业能力培养为核心，围绕职业需要对教材内容进行系统化设计，将动物微生物检测的典型工作任务进行教学分解，以实际工作任务构建教学内容，按照工作过程设计学习情景，将教学内容任务化，并强调学习过程的连贯性，进而构建出适应于当前高等职业教育提倡的"教、学、做"一体化、"理论与实践"一体化的教材模式。教材共分为4个项目：项目一动物微生物检测前的准备；项目二细菌感染的实验室检测；项目三病毒感染的实验室检测；项目四其他微生物感染的实验室检测。每个项目下设若干个学习任务，学习任务来源于工作岗位调查，任务涵盖了畜禽生产中动物微生物检测的关键技能和知识点；每个学习任务都设计了理实一体化的学习情景。

　　本教材基于工作任务和工作过程，联合行业、企业专家共同开发、编写。教材特点：①学习目标清晰明确，每个学习任务均有可操作、可检测性的学习目标；②以"项目"为载体，每项内容均将技能与相关的理论知识融合为一体，理实一体化，便于项目引导、任务驱动教学的实施；③实用性强，以动物病原微生物感染的检测项目为主线，学习内容与岗位实际工作任务相一致；④对接兽医化验员、动物疫病防治员、动物检疫检验员、动物疫病检测国家标准，融入行业、企业标准，同时引入了微生物及免疫检验中的新技术、新方法。

　　编写分工：项目一由卜春华编写；项目二任务 2-1 至任务 2-3 由杨丹编写；项目二任务 2-4 至任务 2-11 由王丽娟编写；项目三由刘兴旺、郝菊秋、杨惠超和张涛编写；项目四由陈士华、张冬波和刘德成编写。姜久华和裴树坤参与了内容设计与定稿工作。全书由王丽娟统稿定稿，承蒙沈阳农业大学赵玉军教授主审，在此表示衷心的感谢。

　　本教材除可作为全国高职高专院校畜牧兽医类专业的教学用书，也可作为行业、企业兽医技术人员的培训教材。

　　教材在编写过程中，编者参考了许多专家、学者的著作和文献，在此一并表示感谢。由于编者的经验和水平所限，缺点和不足在所难免，恳请各位专家、同行和广大读者提出宝贵意见。

编　者

2014 年 5 月

目　录

项目一　动物微生物检测前的准备

▲【项目描述】

在规模化养殖业生产中,兽医化验室是规模化养殖场必不可少的重要设施,养殖场的兽医化验室不仅能对发病畜禽进行常规的细菌学检查和血清学检测,结合流行病学、临床症状和病理剖检等做出快速而准确的诊断,而且还可以对某些传染病定期进行抗体监测和寄生虫卵检查,从而能有效地控制传染病的发生与传人,确保规模化养殖场的安全生产。

本项目以标准化规模养殖场的兽医化验员工作所必须具备的知识和技能,进行学习,首先要认识微生物、熟悉检测室的仪器设备、准备无菌的玻璃器皿、采集和接收合格的病料等,才能做好微生物的检测工作,为将来从事微生物检测工作打好基础。

▲【学习目标】

熟悉微生物及动物微生物检测的基本知识,能够正确使用和保养微生物检测实验室常用仪器设备,准备检测中常用的玻璃器皿,对工作环境选择正确的消毒灭菌方法和正确采集微生物感染的病料,做好微生物检测前的准备工作。

培养学生独立工作能力和团队合作意识;培养观察、分析问题和解决问题的能力;养成规范操作习惯及严谨的工作作风;提高学生综合能力与创新意识、树立较强的无菌观念、具备良好的微生物检测实验室安全防护意识和环境保护意识。

◉ 任务 1-1　认识微生物

【任务描述】

认识微生物主要从各种微生物的形态特征、动物微生物检测实验的基本要求、动物微生物检测实训室意外事件的预防和处理方法及动物微生物感染的实验室检测方法等几个方面入手,做到心中有数,保证实验安全、顺利地进行,才能更好地进行微生物检测工作。

【任务目标】

(1)理解微生物和病原微生物的概念,微生物与动物体的相互关系;熟悉微生物的分类与动物微生物感染的实验室检测方法,了解动物微生物检测的学习目的、研究内容和方法,微生物检测技术的发展趋势。

(2)能够正确认识动物微生物检测工作的重要性,熟知微生物检测实验的基本要求,能够识别微生物的形态特征,能遵守微生物实验的基本要求,能进行意外事件的预防和处理。

【必备技能】

一、准备试验材料

(1)仪器 多媒体。

(2)材料 细菌生物显微镜下形态照片、病毒电镜下形态照片、真菌及其他微生物显微镜下照片、教学幻灯片、图片或挂图、工作服、3%来苏儿、5%石炭酸溶液等。

二、方法与步骤

(一)观察细菌、病毒、真菌及其他微生物显微镜下的形态照片

通过观看细菌、真菌、病毒、放线菌、螺旋体、支原体、立克次氏体、衣原体的显微镜下照片、幻灯片、多媒体等,认识八大类微生物形态特征。

(二)动物微生物检测实验的基本要求

动物微生物检测的内容主要是病原微生物的检测技术。病原微生物具有传染性,不仅需要特有的微生物学操作技术,而且特别注意对实验操作人员及周围环境的安全防护,以防止试验过程中的污染等问题。因此,在实验过程中,所有参加实验的人员,都必须严格遵守微生物检测实验室规则,建立无菌观念,严格无菌操作,确保试验安全、顺利地进行,防止发生意外事故,并确保实验结果的准确。

1. 实验开始前

(1)每次实验前要做好充分的准备,必须认真预习相关内容,明确其目的、原理、有关内容、基本操作步骤和注意事项等,做到心中有数,思路清晰。

(2)进入实验室应穿工作服,当接触或操作危险材料时还须戴口罩、眼镜、工作帽和手套,换专用胶靴,防止污染源的带入或感染。初次进入实验室,要了解水、电的位置及开关,尤其要学会使用急救设施,如灭火器、洗眼器等。

(3)实验之前要先擦净工作台,并用肥皂或洗手液洗手。

2. 实验过程中

(1)非必需物品禁止带入实验室内,必需的文具、书籍等带入后要远离操作区,放在指定的区域,以保证检验室的整洁。

(2)室内要保持安静有序,不随意走动,以免灰尘飞扬造成染菌。

(3)室内禁止饮食、吸烟、使用化妆品及用手抚摸头、面等部位,以免感染。操作时勿以手指或其他器物等接触口唇、眼、鼻和面部;手和面部有伤口时,应避免危险材料的接触。

(4)严格按照实验操作规程进行无菌操作,防止杂菌污染。操作时认真细致,不能讲话,以免染菌;进行致病微生物操作时,有条件的必须在无菌室超净工作台操作,应穿戴上胶靴、口罩、眼镜、围裙和手套,用后应立即消毒清洗,方可再用。

(5)接种环(针)用前用后必须于火焰中烧灼灭菌,待冷却后,方可接培养物。

(6)爱护仪器设备及其他公物,节约使用水、电、气及试剂,注意安全。损坏实验材料时,应报告教师,登记并酌情处理。

(7)每次实验要有严谨的科学态度,及时地、实事求是地做好记录,特别是实训内容、方法

及结果应详细记录,并分析成败原因,认真做好作业。

3. 实验结束后

(1)实验完毕应及时清理工作台面。将仪器、药品等放回原处,清洗各种应处理的器皿、物品。如凡是要丢弃的培养物应经高压蒸汽灭菌后处理;污染的玻璃器皿应浸泡在盛有5%来苏儿溶液的消毒筒内消毒24 h或高压蒸汽灭菌后再洗刷干净,严禁污染下水道;试验后的鸡胚应煮沸消毒0.5 h以上,实验动物的尸体、内脏、血液及其排泄物等应高压灭菌或焚烧深埋,用过的棉球、纱布等污物,放在固定容器中,统一处理,不得随意抛弃。

(2)值日生要认真打扫整个实验室,并仔细检查干热灭菌器、电炉等设备是否切断电源,培养箱、电冰箱的温度是否正常、门是否关严,所有的器皿、试剂等是否放回原处。用浸有3%来苏儿溶液或5%石炭酸溶液的抹布擦净工作台面,收拾整齐,保持室内整洁。

(3)离开实验室前工作人员的双手一定要用消毒液消毒,并用肥皂或洗手液将手洗净,脱去工作衣、帽、专用鞋或鞋套,尤其接触或操作危险材料后应立即消毒清洗,方可再用。注意关闭门窗以及水、电、天然气等开关,以确保安全。检验室中的菌种和物品等不得随意带出检验室。

(4)认真完成作业和实验报告,要求字迹清晰,语言简练,绘图准确、真实。

(三)动物微生物检测实训室意外事件的预防和处理

在进行微生物检测时,必须认真细致,如不小心就有遭遇意外危险的可能,如剖检感染动物和检验细菌标本时受感染,不慎吸入菌液或腐蚀性毒物,发生烫伤或割伤等,应立即报告老师及时作适当处理。为避免临时慌张,熟悉预防与处理方法实为必要。

1. 意外事件的预防

(1)重要设备及精密仪器的使用 如温箱、冰箱(柜)、干热灭菌箱、离心机、高压蒸汽灭菌器、显微镜等应注意保护,使用前应熟悉使用方法及注意事项,按规定要求进行操作并经常检查。如有损坏,立即修理,以免发生危险。

(2)对有毒及传染性物质的操作

①强酸、强碱及活菌液应以移液管、滴定管、注射器、量筒计量,如用吸管吸取时,可将吸管的吸口塞以棉花,或用细软橡皮管(球)套于管端,动作要慢,以免吸取液直接接触吸球。

②研磨病料或接种细菌时,应于接种橱、无菌室或超净工作台中进行。

③使用或反应过程中产生氯、溴、氧化氮、卤化氢等有毒气体或液体的实训,都应该在通风橱内进行,有时也可以用气体吸收装置吸收产生的有毒气体。

④剧毒化学试剂在取用时,决不允许直接与手接触,应戴防护目镜和橡皮手套,并注意不让剧毒物质掉到桌面。在操作过程中,经常冲洗双手,仪器用完后,立即洗净。

(3)废品及细菌污染物的处理

①凡是用过的带有活菌的培养物、培养基、污染的玻璃器皿(试管、平皿、锥形瓶)等必须经高压蒸汽灭菌后再洗涤、晾干。吸过菌液的吸管、滴管、沾过菌液的玻片等使用后,要置盛有3%来苏儿或5%石炭酸溶液的玻璃缸中浸泡消毒0.5 h后,再进行洗刷。若是芽孢杆菌或有孢子的霉菌,则应延长浸泡时间。用过的尸体、内脏、血液以及生物制品等,须严格消毒或深埋。用过的棉球、纱布等污物,放在固定容器中,统一处理,不得随意抛弃。凡带有活菌的物品,必须经消毒后,才能在水龙头下冲洗,严禁污染下水道。

②如有病原微生物污染了手,应立即将手浸泡于3%来苏儿或5%石炭酸溶液中5~

10 min,再用肥皂洗手并冲洗干净或用乙醇棉球及碘酒棉球擦拭。

③如有病原微生物污染了桌面或地面,要立即用抹布蘸取 3% 来苏儿、84 消毒液、0.1% 新洁尔灭或 5% 石炭酸溶液倾覆其上,浸泡 30 min 后才能从外至内抹去擦净,如系芽孢杆菌,应适当延长消毒时间。在所有这些操作过程中都应戴手套。

④实训工作服应经常消毒洗涤,如有病原微生物污染了工作服时,应立即脱下翻转包裹,使污染部分包在内部,并用高压蒸汽灭菌消毒后或 5% 石炭酸溶液浸泡消毒后洗涤再用。

⑤实验台(桌)工作后以 3% 来苏儿、5% 石炭酸或 0.2% 过氧乙酸溶液湿布擦抹消毒,这对抵抗力较强的病毒效果较好。

(4)对易燃物品的管理　使用酒精、二甲苯、乙醚、丙酮等易燃物品要特别小心,既不要大量放在实验台上,更不能接近火源,必须远离可能发生燃烧的地方;不可将酒精灯倾向另一酒精灯引火,以免发生爆炸;易挥发性的药品如乙醚、氯仿、氨水等,应放在冰箱内保存。实训室中应该有防火设备,如灭火器、沙土等。

(5)水、电、门、窗的安全　实训结束后,及时清理实验台,各种器材放回原处或指定地点,摆放整齐,对实验室进行清扫,关好门、窗、水、电和煤气等,工作人员每天离开实验室前必须检查一次水、电、门、窗。闲人不能随便出入实验室,尤其是细菌室和病毒室,下班后需由负责人关锁。

2. 意外事故的处理

实验过程中,要始终注意安全,一旦发生意外事故要立即报告指导老师以便及时采取相应措施,并学会对危险情况的应急处理。

(1)火险　如遇起火要保持冷静,应立即关闭电源、火源(煤气、热化气等天然气)开关,移走易燃药品,用沙土、湿布或石棉布覆盖隔绝空气灭火,必要时使用灭火器。如果酒精、乙醚或汽油等有机溶剂着火,切勿用水,应使用灭火器、沙土(实验室应备有防火沙包)或湿布覆盖灭火。衣服着火可就地或靠墙翻滚。

(2)烧伤　应涂以凡士林油、5% 鞣酸、2% 苦味酸、苦味酸铵苯甲酸丁酯油膏、龙胆紫溶液、风油精等。烫伤勿用水冲洗,在伤处涂以苦味酸溶液、玉树油或硼酸油膏。

(3)皮肤创伤　不慎弄伤皮肤,先除尽异物,后用蒸馏水、肥皂水或生理盐水洗净,尽量挤出损伤处的血液并涂以 2% 碘酒、70% 酒精或红汞等消毒药水进行消毒,再用纱布包扎,立即进行医疗处理。

(4)化学药品灼伤

①强酸或其他酸性化学药品(溴、氯、磷等)所致的灼伤,应先用大量清水冲洗后,再用 5% 碳酸氢钠(50 g/L)或 5% 氢氧化铵溶液洗涤中和。重伤者经初步处理后,立即送医院。

②强碱或其他碱性化学药品(氢氧化钠,金属钠、钾等)所致的灼伤,先用大量清水冲洗后,再用 5% 醋酸或 1% 硼酸溶液洗涤中和,最后用水洗。

③石炭酸灼伤以浓酒精洗涤。

④眼灼伤应先以大量清水冲洗后,如为碱灼伤用 5% 硼酸溶液冲洗,如为酸灼伤用 5% 碳酸氢钠溶液冲洗,最后再滴入橄榄油或液体石蜡 1~2 滴以滋润之。

(5)食入腐蚀性物质

①食入酸应立即吐出,并以大量清水漱口,切勿使漱口水咽下,并服石灰水或牛乳等,勿服催吐药。

②食入碱应立即以大量清水漱口,并服 5% 醋酸、食醋、柠檬汁或油类、脂肪。

③误食入石炭酸或来苏儿,以 30%~40% 乙醇漱口,并且喝大量烧酒或 50% 乙醇,再用催吐剂使之吐出。

(6)误吸入菌液 吸入非致病性菌液应立即吐出,并以大量清水漱口,再以 0.1% 高锰酸钾溶液漱口;误吸入葡萄球菌、链球菌、肺炎球菌等菌液,要立即将菌液吐入消毒容器中,并以大量热水漱口,再以 3% 过氧化氢、1% 硼酸溶液或 0.1% 高锰酸钾溶液漱口;如吸入其他致病性细菌,除用上法处理外,可适当选用抗菌药物或注射疫苗,以预防发生感染。如溅入眼中,应立即用 5% 硼酸溶液冲洗。

(7)触电 如遇触电事故,切记要在切断电源后再进行急救。必要时进行人工呼吸,并及时送医院抢救。

【相关知识】

一、微生物的概念、类型及特点

(一)微生物的概念

微生物是存在于自然界中一群个体微小、结构简单,肉眼直接看不见,必须借助于光学显微镜或电子显微镜放大才能看清的微小生物的总称。

微生物广泛存在于自然界和动植物体中,单一的个体通常不能为肉眼所辨认,但聚集成"群体"时,肉眼就可以看得到了。如单个细菌肉眼看不到,但在培养基上生长后形成的菌落肉眼可见;墙壁上、馒头上的霉点就是由单个细菌或霉菌生长后形成的菌落肉眼可见。

(二)微生物的类型

微生物种类繁多,包括细菌、真菌、放线菌、螺旋体、支原体(霉形体)、立克次氏体、衣原体和病毒等八大类。根据它们的细胞结构及化学组成的不同,可划分为三种类型。

1. 原核细胞型微生物

原核细胞是比较低级和原始的一类细胞,其主要特点是细胞的分化程度低,没有成形的细胞核,仅有原始的核质(遗传物质散在于细胞质中形成的核区),无核膜和核仁;除核糖体外,细胞质中缺乏完整的细胞器。细菌、放线菌、螺旋体、支原体、立克次氏体和衣原体属于此类型微生物。

(1)细菌 根据细菌的形态不同,细菌可分为球菌、杆菌、螺旋菌(包括弧菌和螺菌)。球菌的直径通常为 0.8~1.2 μm;杆菌的长为 1~10 μm,宽为 0.2~1.0 μm;螺旋菌的长为 1~50 μm,宽为 0.2~1.0 μm。细菌在自然界分布广泛,无处不在,大多数细菌对人和动物无害,只有少数的细菌能引起人和动物的疾病。如炭疽杆菌引起人畜共患炭疽病,猪丹毒杆菌引起猪丹毒、多杀性巴氏杆菌引起的猪肺疫和禽霍乱等。

(2)放线菌 放线菌是介于细菌和真菌之间的一类原核型微生物。与细菌相似之处是无成形的核结构,细胞壁的化学组成近似细菌,以裂殖方式繁殖。与霉菌相似之处是有分支菌丝和孢子,菌丝纤细,孢子的形状为卵圆形、圆形或柱状。根据菌丝的着生情况及孢子的形态特征,是鉴别放线菌的重要依据。放线菌种类繁多,分布广泛,多数无致病性,有些还能产生抗生素。但有些放线菌对动物有致病作用,如牛放线菌可引起牛的放线菌病。

(3)螺旋体 螺旋体是一类介于细菌与原虫之间、一群菌体细长而柔软、弯曲呈螺旋状、无鞭毛而能活泼运动单细胞的原核微生物。革兰氏阴性。能利用细胞壁与细胞膜之间的弹性轴丝活泼运动。长短不等,大小为$(5\sim250)\mu m\times(0.1\sim3)\mu m$。除了它的特殊形态和利用轴丝活泼运动外,螺旋体具有与细菌相似的基本结构。螺旋体广泛存在于自然界水域中,也有许多存在于人和动物的体内。大部分螺旋体是非致病性的,只有一小部分是致病性的。如猪痢疾蛇形螺旋体是猪痢疾的病原体;钩端螺旋体可感染多种家畜、家禽、野生动物和人,导致钩端螺旋体病等。

(4)支原体 又称霉形体,是一类介于细菌和病毒之间、营独立生活的最小单细胞原核型微生物,因缺乏细胞壁而具有多形性和可塑性。常呈球状、球杆状、环状、螺旋状,有些偶见分支丝状等不规则形状。球状支原体直径$0.3\sim0.8\ \mu m$,丝状细胞大小$(0.3\sim0.4)\mu m\times(2\sim150)\mu m$不等。能通过细菌滤器,能在无生命的人工培养基上繁殖,革兰氏阴性。自然界广泛分布,如污水、土壤、植物、家畜、禽类和人体中,腐生、共生(人类和家禽的呼吸道及泌尿生殖道中的常驻菌)或寄生,常污染实验室的细胞培养及生物制品,有细菌或病毒继发感染或受外界不良因素的影响,可致传染病有:猪肺炎支原体引起的猪地方性流行性肺炎(猪气喘病)、禽败血支原体引起鸡的慢性呼吸道病,此外还有牛传染性胸膜肺炎及山羊传染性胸膜肺炎等。

(5)立克次氏体 立克次体是介于细菌和病毒之间的、严格细胞内寄生的小型革兰氏阴性单细胞原核型微生物。形态结构和繁殖方式等特性与细菌相似,而生长要求又与病毒相似。多形态,可呈球形、球杆形、杆形,甚至呈丝状等,但以球杆状为主。大小介于细菌与病毒之间,球状菌直径为$0.2\sim0.7\ \mu m$,杆状菌大小为$(0.3\sim0.6)\mu m\times(0.8\sim2)\mu m$。立克次氏体主要寄生于虱、蚤、蜱、螨等节肢动物的肠壁上皮细胞中,并能进入唾液腺或生殖道内。人畜主要经这些节肢动物的叮咬或其粪便污染的伤口而感染立克次氏体。如Q热立克次氏体主要致人和牛、羊、马、犬、猫和禽等动物Q热,蜱是传播媒介;反刍兽可厥氏体是由蜱传播的可致牛、山羊、绵羊及野生反刍动物的心水病;引起猪和多种动物共患的热性、急性、溶血性的附红细胞体病的病原属于立克次氏体,可附于红细胞表面而得名,在我国广泛流行,本病一年四季都可发病,但以夏秋多发。

(6)衣原体 衣原体是介于立克次体与病毒之间的、能通过细菌滤器、严格真核细胞内寄生,并经独特发育周期以二等分裂和形成包涵体的革兰氏阴性原核型微生物。原体颗粒(发育成熟的衣原体)呈球形,小而致密,直径$0.2\sim0.4\ \mu m$,普通光学显微镜下勉强可见,是引起人和动物及禽类衣原体病的病原体。沙眼衣原体和肺炎衣原体主要感染人,引起人类的沙眼、包涵体结膜炎以及性病淋巴肉芽肿等;与畜禽疾病有关的是鹦鹉热衣原体,有时也致人类疾病。鹦鹉热衣原体主要危害禽类、绵羊、山羊、牛和猪等动物,引起鸟疫、绵羊和山羊及牛的地方性流产、牛散发性脑脊髓炎、牛和绵羊多发性关节炎以及猫的肺炎。人类的感染大多由患病禽类所致。

2.真核细胞型微生物

真核细胞的细胞核的分化程度较高,有核膜、核仁和染色体,胞浆内有完整的细胞器。真菌属于此类型微生物。

真菌不含叶绿素,无根、茎、叶,营腐生或寄生生活,少数类群为单细胞,多数为多细胞,大多数呈分支或不分支的丝状体,能进行有性或无性繁殖。从形态上分霉菌、酵母菌及担子菌三大类。

真菌的种类很多,目前已知的有二十余万种,而且在自然界中的分布也十分广泛。真菌绝大多数为非病原菌,对人类和动物无害而且有益,例如:制酱、酿酒等食品加工业;抗生素等医药生产业;提供食品(如食用蘑菇)等。当然,也有少数(100余种)真菌可引起动植物、人类的疾病,如白色念珠菌可致人和动物念珠菌病、烟曲霉引起禽类曲霉菌病、黄曲霉毒素致癌、畜禽的皮肤真菌病等。

　　3.非细胞型微生物

　　这类微生物没有典型的细胞结构,只由核酸和蛋白质构成或只含一种成分;是目前所知微生物中体积最微小的微生物,必须在电子显微镜下才能看到;无代谢必需的酶系统,它们不能独立生活,只能寄生在活细胞内生长繁殖。病毒属于此类型微生物。病毒一般以病毒颗粒或病毒子的形式存在,具有一定形态结构及传染性。病毒形状不一,有球形、砖形、子弹形、蝌蚪形、丝形等,大小在 10～300 nm。病毒在自然界分布广泛,许多病毒能感染人和动物,导致疫病流行。病毒性传染病具有传播快、流行广、死亡率高的特点,迄今还缺乏确切有效的防治药物,对人类、畜禽造成严重的危害,给畜牧业带来巨大的经济损失。如流感、口蹄疫、蓝耳病、禽2003年发现源于动物而引起人急性死亡的 SARS 冠状病毒等。

　　(三)微生物的特点

　　微生物具有形体微小,结构简单,种类繁多,分布广泛,代谢类型多,代谢能力强,生长繁殖快速,易于培养,容易变异,适应性强等特点,所以微生物是很好的研究对象,具有广泛的用途。

二、微生物与动物的关系

　　微生物在自然界中分布广泛,绝大多数微生物对人类和动、植物的生存是有益而必需的,称为非病原微生物。如草食动物消化道中粗纤维的消化和维生素的合成;抗生素、疫苗和维生素的制造;青贮饲料的调制等都离不开微生物的作用。然而,也有一小部分微生物对人类和动、植物健康是有害的,甚至能引起人类和动、植物的疫病,这些具有致病作用的微生物,称为病原微生物,简称病原体。例如新城疫病毒,流感病毒等。另外,也有些微生物是机体正常存在的,在正常情况下不致病,只有在特定条件下才引起寄生性的致病作用,称为条件性病原微生物,简称条件病原体。如寄生在畜禽呼吸道的巴氏杆菌等,一般情况下不致病,只有在机体抵抗力下降时才发病。对人和动物都致病的微生物称为人兽共患病原微生物。还有一些微生物本身并不侵入动物体内,而是以其代谢产生的毒素,随同食物或饲料进入人或动物机体,呈现毒害作用,此类微生物称为腐生性病原微生物,如肉毒梭菌。动物微生物检测的主要目标就是针对致病菌的,通过病原体的实验室检测的结果,与其他临床诊断资料结合进行综合分析,以判定疫病的性质及疫病的发展趋势,并为制订防治措施提供必要的依据。另外,实验室检测结果又为动物疫病的检疫检验提供依据。

三、微生物在自然界中的分布状况

　　微生物广泛分布在自然界中,无论在土壤、水、空气、饲料、物体的表面、动物的体表和某些与外界相通的腔道,甚至在其他生物不能生存的极端的环境中都有微生物存在。

　　(一)土壤中的微生物

　　土壤是微生物的天然培养基。因为土壤具备着大多数微生物生长繁殖所需要的营养物质(有机物和无机物)、水分、温度、酸碱度(接近中性)、渗透压和气体环境等条件,并能防止日光直射的杀伤作用。所以,土壤是多种微生物生活的良好环境。

土壤中微生物的种类很多,有细菌、放线菌、真菌、螺旋体和噬菌体等,其中以细菌最多,约占土壤微生物总数的 $70\%\sim90\%$,数量可达 $10^7\sim10^9$ 个/g 土壤,放线菌、真菌次之。表层土壤微生物数量较少,在离地面 $10\sim20$ cm 深的土层中微生物的数量最多,每克肥沃的土壤中微生物数以亿计;而愈往土壤深处则微生物愈少,在数米深的土层处几乎无菌。土壤中的微生物大多是有益的,但还有一些随着动物尸体、植物残体及人、动物的排泄物、分泌物、污水、垃圾等废弃物一起进入土壤的病原微生物。虽然土壤不适合大多数病原微生物的生长繁殖,但少数抵抗力强的芽孢菌,如炭疽杆菌、破伤风梭菌、气肿疽梭菌、腐败梭菌、魏氏梭菌等的芽孢能在土壤中生存数年甚至几十年,在一定条件下,感染人和动物,导致相应传染病的发生,因此土壤是创伤感染的重要传播媒介。而且还有一些抵抗力较强的无芽孢病原菌也能生存较长的时间。

一般来说,在潮湿、低温、有机物质丰富(尤其含粪便、痰、脓等营养物质)和理化条件适宜的土壤中,有利于病原微生物的存活,这些污染的土壤是传播疫病的重要来源。因此,为了防止经"土壤感染"的传染病发生,要设法避免病原微生物污染土壤。不许随地吐痰;对发病动物的粪便、垫草应堆积发酵;对可能被病原微生物污染的物品,必须进行严格的消毒处理;对于患传染病死亡的动物尸体,要进行焚烧或深埋地下 2 m 深处,并作无害化处理,以免传播传染病。

(二)水中的微生物

水是仅次于土壤的微生物第二天然培养基,在各种水域中都生存着细菌和其他微生物。水中的微生物主要为腐生性细菌,其次还有噬菌体、真菌、螺旋体等。此外,还有很多非水生性的微生物,常随着土壤、尘埃、动物的排泄物、分泌物、动植物残体、垃圾、污水和雨水等汇集于水中。在含有大量的有机物质的污水中,更适合于微生物的生存并且大量繁殖。一般地面水比地下水含菌种类多,数量大。

水中病原微生物主要来源于患传染病的人和动物的排泄物、分泌物、血液、内脏、尸体,故以传染病医院、兽医院、屠宰场、皮毛加工厂等排出的污水和垃圾而造成的水源污染危害性最大。水中常见的病原微生物有:炭疽杆菌、大肠杆菌、沙门氏菌、布鲁氏菌、巴氏杆菌、猪丹毒杆菌、钩端螺旋体、猪瘟病毒和口蹄疫病毒等,它们在水中可存活一定的时间。被病原微生物污染的水体,是消化道传染病发生和流行的重要传播媒介。因此,对动物尸体及排泄物、污水等应进行无害处理,以免水源被病原微生物污染。

检查水中微生物的含量和病原微生物的存在,对人、畜卫生有着十分重要的意义。由于水中病原微生物数量很少,不易直接检出,国家对饮用水实行法定的公共卫生学标准,其中微生物学指标有细菌总数和大肠菌群数,来判定水的污染程度。大肠菌群数是指 1 000 mL 水中所含大肠菌群的最近似值(MPN)。我国饮用水的卫生标准是:每毫升水中细菌总数不超过 100 个,每 1 000 mL 水中大肠菌群数不超过 3 个。

(三)空气中的微生物

空气中缺乏微生物生长繁殖所必需的营养物质和充足的水分,加上干燥、阳光直射及空气流动等因素的影响,空气中微生物的种类和数量都较少。空气中微生物的主要来源是人、动植物及土壤中的微生物通过水滴、尘埃、飞沫或喷嚏等微粒一并散布进入,以气溶胶的形式存在。霉菌的孢子,则能被气流直接吹入空气中。人畜密集、密闭、通风不良的场所含菌量大。

空气中一般没有病原微生物存在,只有在病人病畜的附近、医院、动物医院及畜禽厩舍附近,当病人病畜咳嗽、喷嚏时,往往会喷出含有病原体的微细飞沫以气溶胶的形式飞散到空气中,或带有病原体的分泌物和排泄物干燥后随尘埃进入空气中,健康人或动物因吸入而感染,分别称为飞沫传播和尘埃传播,总称为空气传播。只有一些抵抗力较强的病原微生物,如化脓性葡萄球菌、链球菌、肺炎球菌、结核杆菌、炭疽杆菌、破伤风梭菌、腐败梭菌、气肿疽梭菌、肺炎球菌、绿脓杆菌、流感病毒及烟曲霉等,可以在空气中存活一段时间,容易引起传染病的流行。因此空气是传播呼吸道传染病的媒介。此外空气中的一些非病原微生物,也可污染培养基或引起生物制品、药物制剂变质、新鲜创面发生化脓性感染。所以,为了防止空气传染,在微生物接种、制备生物制剂和药剂以及进行注射、外科手术时,尽量保持周围空气的无菌,需经常对空气进行消毒,同时必须进行无菌操作。另外,还应该注意畜舍的清洁、通风换气、空气消毒以及对病畜禽的及时隔离。作好卫生管理、消毒灭菌工作对预防传染病的发生是很重要的。

检测空气中微生物常用的方法主要有滤过法和沉降法两种。滤过法的原理是使一定体积的空气通过一定体积的某种无菌吸附剂(通常为无菌水),然后用平板培养吸附其中的微生物,以平板上出现的菌落数推算空气中的微生物数;沉降法的原理是将盛有营养琼脂培养基的平板置空气中暴露一定时间,经过培养后统计菌落数来推算空气中的微生物数。

四、动物微生物感染的实验室检测方法

动物微生物感染的实验室检测包括病原学检测、免疫学检测、分子生物学检测等方法。

(一)病原学检测

1.病料的采集

正确采集病料是微生物感染的实验室检测的重要环节。病料力求新鲜,最好能在濒死时或死后数小时内采取;应从症状明显、濒死期或自然死亡而且未经治疗的病例取材;要求尽可能减少杂菌污染,用具、器皿应尽可能严格消毒。通常可根据所怀疑病的类型和特性来决定采取哪些器官或组织。原则上要求采取病原微生物含量多、病变明显的部位,同时易于采取、保存和运送。如果缺乏临诊资料,剖检时又难以分析诊断可能属于何种病时,应比较全面地取材,例如血液、肝脏、脾脏、肺脏、肾脏、脑和淋巴结等,同时要注意带有病变的部分。

2.病料的涂片、染色、镜检

通常把有显著病变的组织器官涂片数张,进行染色、镜检。此法对于一些具有特征性形态的病原菌(如炭疽杆菌、巴氏杆菌等)、病毒的包涵体(如狂犬病的内基氏小体)等可以迅速做出诊断。对于疑似的病毒性感染需要制成超薄切片,进行电镜观察才可以发现其形态。但对大多数病原微生物感染,只能提供初步诊断依据或参考,还需要进一步分离培养与鉴定。

3.分离培养与鉴定

病原分离是病原微生物检测应用较广泛的方法。分离培养细菌、真菌、螺旋体和支原体等可选择适当的人工培养基,分离培养病毒可选用禽胚、动物或细胞组织等,通过病变情况鉴定病原。分离到病原体后,再进行形态学、培养特性、动物接种、免疫学及分子生物学鉴定。

4.动物接种试验

将病料用适当的方法处理后人工接种敏感动物,然后根据对动物的致病力、症状和病理变化特点来帮助诊断,甚至还可以对发病实验动物继续分离培养病原。一般常用的实验动物有家兔、小鼠、豚鼠、仓鼠、家禽、鸽子等。当实验动物对病原体无感受性时,可以采用有易感性的

本种动物,在一定条件下进行动物接种试验鉴定。

(二)免疫学检测

1.血清学试验检测

机体受致病微生物感染后,其免疫系统被刺激后发生免疫应答而产生特异性抗体,可以用已知抗原来测定被检动物血清中的特异性抗体及其效价的动态变化,可作为某些传染病的辅助诊断。也可以用已知的抗体(免疫血清)来测定被检材料中的抗原。常用于可疑感染病例的确诊,或对某种病原体感染程度进行检测。常用的血清学方法有凝集试验(直接凝集试验、间接凝集试验、间接血凝试验、协同凝集试验和血细胞凝集抑制试验)、沉淀试验(琼脂扩散试验、环状沉淀试验和免疫电泳)、补体结合试验、中和试验(病毒中和试验和抗毒素中和试验)、与标记抗体有关的试验(荧光抗体试验、酶联免疫吸附试验)、免疫胶体金等。这些方法已成为传染病快速诊断的重要工具。

2.变态反应检测

动物患某些传染病(主要是慢性传染病)后,可对该病原体或其产物(某种抗原物质)的再次进入产生强烈的反应,即变态反应。能引起变态反应的物质(病原体或其产物或抽提物)称为变应原,如结核菌素、鼻疽菌素等,将其注入患病动物时,可引起局部或全身反应,故可用于传染病的诊断。

(三)分子生物学检测

分子生物学检测又称基因检测,是针对不同病原微生物所具有的特异性核酸序列和结构进行检测,主要包括 PCR 技术、核酸探针技术和 DNA 芯片技术,具有很高的特异性和敏感性。

五、微生物检测技术的发展趋势

进入 20 世纪以后,随着生物化学、分子生物学等学科的发展,电子显微镜的发明以及同位素示踪原子的应用、细胞培养、分子杂交等技术的应用,使微生物的各个方面的研究提高到亚细胞水平,对其功能及其生命活动的规律也加深了理解。特别是近些年兴起的生物工程技术,使人类可以定向的改造微生物和培育新的微生物物种,使微生物的研究达到分子水平,能够准确、快速地检测和确认病原微生物,防止感染性疫病发生和流行。

20 世纪微生物学走过辉煌的历程,21 世纪微生物学将更加绚丽多彩,可能会出现我们现在预想不到的亮点,发展趋势概括为以下几个方面。

1.血清学与免疫学技术

包括血清凝集技术、乳胶凝集实验、荧光抗体检测技术、协同凝集试验、酶联免疫测试技术等。酶联免疫技术的应用大大提高了血清学检测的敏感性和特异性,不仅可检测样本中病原体抗原,也可检测机体的抗体成分。免疫磁珠分离技术(IMBS)是近年来发展起来的在微生物检测领域中一种新技术,有的研究者将此技术结合荧光定量 PCR 或者酶联检测,大大提高了微生物的检测效率。

2.分子生物学方法的应用

随着分子生物学和分子化学的飞速发展,对病原微生物的鉴定已不再局限于对它的外部形态结构及生理特性等一般检验上,而是从分子生物学水平上研究生物大分子,特别是核酸结构及其组成部分。分子生物学检测技术包括核酸杂交技术、基因芯片技术、PCR 技术、多重 PCR、实时荧光定量 PCR、环介导恒温核酸扩增技术(LAMP)及多位点可变数目串联重复序列分析。环介导恒温核酸扩增技术是于 2000 年开发出一种新的检测技术,短短几年,环介导恒温核酸扩增技术已被广泛应用于疾病诊断、食品检验、环境监测、生物安全等各方面。多位点可变数目串联重复序列分析(IMBS)是一种根据病原体基因组中可变数目串联重复序列的特征来对病原体基因分型的一种技术,广泛应用于金黄色葡萄球菌、大肠埃希菌、炭疽芽孢杆菌等的基因分型与鉴定。

3.新疫苗型的研究进展迅速

从 20 纪 80 代中期开始,随着 DNA 重组技术的成熟,疫苗的生产进入基因工程疫苗阶段。包括基因工程亚单位疫苗、基因缺失疫苗、基因工程活载体疫苗。核酸疫苗的发展真正开始于 20 世 90 年代。核酸疫苗包括 DNA 疫苗和 RNA 复制子疫苗,核酸疫苗具有其他疫苗不可比拟的优点,在疾病的防治中显示出巨大的潜力,成为研究疫苗的一个新的发展方向。

4.新的抗菌、抗病毒药物的研究有了突破性进展

近年来,抗菌、抗病毒药物研究在过去基础上获得一些进展,先后不断有新药上市,微生物耐药性的分子机制不断阐明,制服耐药菌新理念的探索及经验用于新药筛选与研究,并采用组合化学、组合生物合成等手段可大量获取新的化合物,这必将使抗菌、抗病毒药物的研究取得更大的进展。

虽然近些年微生物学及微生物检测与防治技术得到了长足的发展,但是与国际先进水平相比,我国的微生物学研究还存在很大的差距。至今仍有一些传染病的病原体尚未被认识,个别传染病还缺乏有效的防治方法。因此,今后要加强对病原微生物的生物学特性的研究,建立特异快速、早期诊断方法;研制新疫苗和改进原有疫苗,提高防治效果;应用分子生物学技术,加快基因工程苗的研究工作,为控制和消灭危害人畜健康的传染病做出更大的贡献。

六、动物微生物检测研究内容

动物微生物检测是高职畜牧兽医类各专业的一门重要专业支撑课,实践性和应用性极强。学习动物微生物检测的目的是了解病原微生物的生物学特性与致病性;认识动物机体对病原微生物的免疫作用,感染与免疫的相互关系及其规律;掌握动物病原微生物感染的实验室检测方法及其免疫防治的基本理论、基本知识和基本技能,能初步解决畜禽生产企业、行业传染病的实验室诊断和防治问题。也为后续课程"临床兽医基础"、"禽病防治"、"猪病防治"、"牛羊病防治"、"动物防疫与检疫"等的学习奠定了坚实基础。

本课程主要包括以下内容:动物微生物检测前的准备、细菌感染的实验室检测、病毒感染的实验室检测、其他微生物感染的实验室检测等。本课程采用理实一体化教学,实训室是主要的教学场所。在实训室内,学生通过做中学,进一步理解和掌握相关知识,掌握动物病原微生物感染的检测和免疫防治等基本技术,为今后工作打下坚实的基础。所以学习动物微生物检测课程,应以课程标准和各项目任务的学习要求为指导,以微生物技术应用为主线,以病原微生物的致病性为核心,努力掌握本课程的基本技能、基本理论、基本知识。在学习中,实训操作要努力做到正确、规范、严谨,要认真观察实验现象和实验结果,树立一丝不苟的科学的工作作风,要努力培养自己分析问题、解决问题和动手的能力,学会使用书籍、网络等资源,搜集资料、拓展知识,培养自学能力,为将来能够胜任畜禽生产、兽医技术服务、基层化验室等岗位的工作

而努力。

◉ 任务 1-2 认识动物微生物检测室

【任务描述】

微生物检测室主要包括准备室、无菌室、普通检测实验室以及细菌检测实验室、病毒检测实验室、分子生物学检测实验室,有条件的还应该具备洗涤室、灭菌室等。常用的仪器设备有显微镜、高压蒸汽灭菌器、电热干燥箱、电热恒温培养箱、冰箱、超净工作台、恒温水浴箱、电动离心机等仪器设备。作为微生物检测工作人员应了解这些仪器的使用方法及注意事项,用途,以便在实际工作中能够正确使用,防止意外事故的发生,得到正确实验结果。

【任务目标】

(1)了解微生物检测室的基本要求及常用的仪器设备的名称及用途;掌握动物微生物检测常用仪器设备的使用方法和注意事项;

(2)能够正确使用和保养微生物检测重要仪器设备;能够组建饲养场的小型微生物检测室。

【必备技能】

一、参观动物微生物检测室

微生物检测室所处的位置非常重要,一般位于建筑物的一端,有利于隔离和处理。微生物检测室主要包括准备室、无菌室、普通检测实验室以及细菌检测实验室、病毒检测实验室、分子生物学检测实验室,有条件的还应该具备洗涤室、灭菌室等。

这些房间的共同特点是整齐、清洁、光线充足、仪器和设备的陈设简洁、地面和墙壁的质地光滑坚硬、便于清理消毒处理。

(一)准备室

准备室用于配制培养基、器皿洗涤、高压灭菌、蒸馏水的制备、样品处理及其他试验材料准备等。室内设有试剂柜、存放器具或材料的专柜、工作台、电炉、冰箱和水池、电源和药品等。

(二)洗涤室

洗涤室用于洗刷玻璃器皿等。由于使用过的玻璃器皿已被微生物污染,有时还会存在病原微生物。因此,在条件允许的情况下,最好设置洗涤室。室内应备有加热器、蒸锅,洗刷器皿用的盆、桶等,还应有各种瓶刷、去污粉、洗衣粉、肥皂等。

(三)灭菌室

灭菌室主要用于培养基的灭菌和各种器具的灭菌,室内应备有高压蒸汽灭菌器、干热灭菌箱等灭菌设备及设施。因此,在条件允许的情况下,最好设置灭菌室。

(四)无菌室

无菌室也称接种室,是系统接种、纯化菌种等无菌操作的专用实验室。在微生物工作中,菌种的接种移植是一项主要操作,这项操作的特点就是要保证菌种纯净,防止杂菌的污染。在一般环境的空气中，由于存在许多尘埃和杂菌，很容易造成污染，对接种工作干扰很大。

无菌室应有内、外两间，内间是无菌工作室，外间是缓冲室。缓冲室主要是进入无菌室前需在此屋换上经过灭菌的工作服、帽、拖鞋、戴上口罩等，所以缓冲室应备有紫外灯、日光灯、配电板、风淋室、水池等；无菌工作室主要用于材料的无菌接种、无菌材料的继代，是关键的部分，关系到培养物的污染率、接种工作效率等重要指标，室内要求干爽安静、清洁明亮、墙壁光滑平整不易积染灰尘，地面平坦无缝便于清洗和灭菌，门窗要密闭，一般用移动门窗，室内应备有生物安全柜、超净工作台、空调机、操作台、紫外灯、日光灯等。在分隔内间与外间的墙壁或"隔扇"上，应有传递窗，作接种过程中必要的内外传递物品的通道，以减少人员进出内间的次数，降低污染程度；小窗宽 60 cm、高 40 cm、厚 30 cm，内外都挂对拉的窗扇。

在微生物试验中，一般小规模的接种操作使用超净工作台，接种量大时使用无菌室接种，要求严格的在无菌室内再结合超净工作台。

（五）普通检测实验室

进行微生物的观察、计数、分离培养和生理生化测定及其检测等工作的场所。室内的陈设因工作侧重点不同而有很大的差异。一般均配备实验台、显微镜、高压蒸汽灭菌器、干热灭菌器、恒温培养箱、水浴箱、超净工作台、柜子及凳子等。实验台要求平整、光滑，实验柜要足以容纳日常使用的用具及药品等。

（六）细菌检测实验室

细菌检测室可进行常规的细菌病检测，室内应备有超净工作台、显微镜、高压蒸汽灭菌器、隔水式恒温培养箱、生化培养箱、气浴振荡培养箱、pH 计、电子天平、厌氧培养设备等。

（七）病毒检测实验室

病毒检测室可进行病毒病的抗原抗体检测，室内应备有超净工作台、−86℃超低温冰柜、隔水式恒温培养箱、气浴振荡培养箱、酶标仪、离心机、pH 计、电子天平、紫外分光光度计、边台、空调机等。

（八）分子生物学检测实验室

分子生物学检测室能进行蛋白质、核酸的分子学研究和病原微生物分子生物学常规检测，室内应备有有 PCR 仪、高速冷冻离心机、电泳系统、凝胶成像系统、超纯水仪、电子天平、离心机等。

另外，水、电、气等的容量、布设、性能均应满足实验室工作的需要。每个实验室屋顶均安装紫外灯和日光灯，要求每 $10m^2$ 安装 30W 紫外灯一盏。

二、动物微生物检测常用仪器设备及使用

动物微生物检测常用的仪器设备有显微镜、高压蒸汽灭菌器、电热干燥箱、电热恒温培养箱、普通冰箱、超净工作台、恒温水浴箱、电动离心机、电子振荡器、天平及其他仪器设备。掌握微生物检测室常用仪器的使用是十分重要的。随着科学技术的发展，微生物检测室的仪器种类也不断在增加，有些仪器价格昂贵，一旦不按规定操作，机器损坏会造成很大的损失，直接影响到教学和科研的进展，甚至造成人员伤亡。因此，很有必要对某些常用仪器的使用方法和注意事项予以介绍。在实际工作中，能够根据需要，购买所需的仪器设备。

(一)显微镜

显微镜分光学显微镜和电子显微镜。光学显微镜的种类很多,在微生物学的研究中,以普通光学显微镜(明视野显微镜)最为常用。

普通光学显微镜是根据光学原理和利用各种透镜而制成,由于它是利用普通光线为光源,因此称其为普通光学显微镜。用于放大微小物体,可把物体放大 1 000 倍以上,分辨的最小极限达 0.2 μm,使人的肉眼可见。用显微镜于观察细菌的动力、形态和大小、微生物和微小物品结构的必备仪器。

1.基本构造

普通光学显微镜由机械装置和光学系统两部分组成。机械装置由镜座、镜臂、载物台、镜筒、物镜转换器和调焦装置(粗调焦螺旋和微调焦螺旋)等组成。光学系统包括物镜、目镜、聚光器和光源等。

2.使用方法

(1)低倍镜的使用

①取镜和放置。显微镜平时存放在柜或箱中,用时从柜或箱中取出,右手紧握镜臂,左手托住镜座,平稳地取出,放置在实验台桌面上,置于操作者的左前方,镜座后端距实验台边缘约 10 cm 为宜,便于坐着操作和观察绘图。

②对光。用拇指和中指转动转换器(切忌手持物镜移动),使低倍镜对准镜台的通光孔(当转动听到碰叩声时,说明物镜光轴已对准镜筒中心)。打开光圈,上升集光器,并将反光镜转向光源,以左眼在目镜上观察(右眼睁开),同时调节反光镜角度,直到视野内的光线均匀明亮为止。自带光源的显微镜,可通过调节电流旋钮来调节光照的强弱。

③放置玻片标本。取一玻片标本放在载物台上,一定使有盖玻片的一面朝上,切不可放反,用推片器弹簧夹夹住,然后旋转推片器螺旋,将所要观察的部位调到通光孔的正中。

④调节焦距。以两手按逆时针方向转动粗调节器,使载物台缓慢地上升至物镜距标本片约 5 mm 处,应注意在上升载物台时,切勿在目镜上观察。一定要从右侧看着载物台上升,以免上升过多,造成镜头或标本片的损坏。然后,两眼同时睁开,用左眼在目镜上观察,两手顺时针方向缓慢转动粗调节器,使镜台缓慢下降,直至物像出现,再用细调节器微调,直到视野中出现清晰的物像为止。并利用调节推片器把需要进一步观察的部分移至视野中心。

如果视野内的亮度不合适,可通过升降集光器的位置或开闭光圈的大小来调节,如果在调节焦距时,载物台下降已超过工作距离(>5.40 mm)而未见到物像,说明此次操作失败,则应重新操作,切不可心急而盲目地上升载物台。

如果使用双筒目镜,应在观察前先调整双筒距离,使两眼视场合并。

(2)高倍镜的使用

①找到物像。先在低倍镜下"找"到物像,并调节至清晰。

②移动物像。将需进一步观察的部位"移"到视野中央,同时把物像调节到最清晰的程度,才能进行高倍镜的观察。

③转动转换器。"转"动转换器,换上高倍镜,转动速度要慢,并从侧面进行观察(防止高倍镜头碰到玻片),若高倍镜头碰到玻片,说明低倍镜的焦距没有调好,应重新操作。

④调节焦距。"调"节细调节器螺旋,使物像清晰(切勿用粗调节器)。

如果视野内的亮度不合适,可通过集光器或光圈来调节,如果需要更换标本片时,必须顺时针(切勿用错方向)转动粗调节器使载物台下降,方可取下标本片。

(3)显微镜油镜的使用方法　详见项目二任务2-1。

(4)还原显微镜　关闭内置光源并拔下电源插头,或使反光镜与聚光器垂直。把低倍镜转至中央,高倍镜和油镜转成"八"字形,使载物台和聚光器下降(或镜筒上升),罩上防尘罩放入柜内或镜箱中,存放于阴凉干燥处,避免受潮生锈。

3.注意事项

(1)取拿显微镜时,必须用右手握住镜臂,左手托住显微镜的镜座,使显微镜保持直立的状态,切忌用单手提拿。

(2)使用粗调节器时,一定两手转动,以防螺旋损坏,引起下滑。

(3)将显微镜放置桌上时,务必要轻轻放下。

(4)显微镜的镜头必须保持清洁,必要时用擦镜纸擦拭镜头,不可使用布或一般的纸,以免损伤镜头。

(5)将显微镜轻轻地放置桌上,镜座后缘位于离桌子边缘约 10 cm 处为宜。

(二)高压蒸汽灭菌器

高压蒸汽灭菌器是应用最广、效果最好的湿热灭菌器。适用于培养基、生理盐水、敷料、手术器械、药品、玻璃器皿、橡胶制品、病原微生物等耐高温和不怕潮湿物品的灭菌。和常压灭菌锅相比,高压灭菌锅的优点是灭菌所需的时间短、节约燃料、灭菌彻底等。其缺点是价格昂贵,灭菌容量较小。

1.结构

高压蒸汽灭菌器有立式、卧式、手提式等不同类型。在微生物检测室,以手提式和立式高压蒸汽灭菌器最为常用。卧式灭菌器常用于大批量物品的消毒及灭菌。不同类型的灭菌器,虽大小外形各异,但其基本构造和工作原理基本相同。

高压蒸汽灭菌器为一锅炉状的双层金属圆筒,外筒盛水,内筒有一活动金属隔板,隔板有许多小孔,使蒸汽流通。灭菌器上方或前方有金属厚盖,盖上有压力表、安全阀和放气阀。盖的边缘附有螺旋,借以紧闭灭菌器,使蒸汽不能外溢。

2.高压灭菌的原理

在标准大气压下,水的沸点是100℃,这个温度只能杀死一般细菌的繁殖体,不能杀死芽孢体。为了提高温度,就需要增加压力,压力增大,水沸点就会升高。因高压蒸汽灭菌锅是一个密闭的容器,因此,加热时蒸汽不能外溢,随锅内压力不断增大,使水的沸点和温度可随之升高,在 0.105 MPa 的压力下,锅内温度达 121.3℃,在此蒸汽温度下,经 20~30 min,可以很快杀死各种细菌及其高度耐热的芽孢,从而达到高温灭菌的目的。

3.使用方法

不同规格的产品步骤有区别,此处以手提式灭菌器为例。

(1)加水　使用前在外层锅内加入适量的水(最好纯净水或蒸馏水),水面与三角搁架相平为宜。若是立式灭菌器,则是加水至高水位灯亮。

(2)放物　将内锅放在三角搁架上。将待灭菌的物品(如培养基、用过培养物)包扎好放在内锅隔板上,注意物品不要堆放过挤及过满,以免妨碍蒸汽流通而影响灭菌效果。

(3)加盖　将盖上的排气软管插到内锅的排气槽内,以便放气时将桶内冷空气排放彻底,将盖盖好。然后将锅四周的固定螺旋以两两对称的方式旋紧密封,勿使漏气。

(4)加热排气 接通电源开始加热,关好安全阀,并同时打开排气阀,待锅内沸腾有大量待水蒸气均匀冒出时,表示锅内冷空气已排完,然后将排气阀关闭,继续加热。如灭菌物品较大或不易透气,应适当延长排气时间,务必使空气充分排除。

(5)升压、保压 当压力升至所需压力(一般 0.105 MPa、温度达到 121.3℃)时,应开始计时,控制热源、维持压力至所需时间(一般 20~30 min),即可达到灭菌的目的。

(6)降压、开盖取物 灭菌时间到达后,关闭电源,停止加热,让其自然降压降温冷却。待压力表降至"0"处后,先打开排气阀,随即旋开固定螺旋,开盖,取出灭菌物。

灭菌后的培养基,一般需进行无菌检查。将做好的斜面、平板、培养基等置于 37℃ 恒温箱中培养 1~2 d,确定无菌后方可使用。

(7)排水 灭菌完毕取出物品后,应将锅内余水倒出,并擦干净,以防生锈,同时保持内壁及搁架干燥,盖好锅盖。

4.注意事项

(1)加水不可过少,否则易将灭菌锅烧干引起爆炸事故。

(2)凡被灭菌的物品,在灭菌过程中应能直接接触饱和水蒸气,才能灭菌完全。凡是耐高温和不怕潮湿物品,如培养基、生理盐水、敷料、手术器械、玻璃器皿、橡胶制品、病原微生物都可以应用此法灭菌。密闭的干燥容器不宜用本法灭菌,因为容器内只能受到短时间(例如 121℃ 20 min) 的干热,达不到灭菌效果。

(3)螺旋必须均匀上紧,使盖紧闭,以免漏气。

(4)灭菌器内放的物品不宜堆放过挤,以免妨碍蒸汽流通,影响灭菌效果。

(5)当灭菌时,灭菌器内冷空气务必排尽,否则,压力表上所示的压力为热蒸汽和冷空气的混合压力,致使表压虽达到规定值,但温度相差很大,影响灭菌效果。

(6)注意安全操作。每次灭菌前应检查灭菌器是否处于良好的工作状态,尤其是安全阀门是否良好;加热前检查门或盖是否关紧,螺丝是否拧紧;消毒期间,操作人员不得擅自离开,以防意外。

(7)在灭菌时,加压或者放气减压,均应使压力缓慢上升或下降,以免瓶塞陷落、液体剧烈沸腾喷出或玻瓶爆破。

(8)切勿在锅内压力尚在"0"以上时开启排气阀,否则会因压力骤然降低,而造成培养基等液体材料剧烈沸腾冲出管口或瓶口,污染棉塞,以后培养时引起杂菌污染。

(9)凡在灭菌器的压力尚未降至"0"位以前,严禁开盖,以免发生事故。

(10)灭菌结束后,放气降压完毕,要趁灭菌器未冷及早打开盖,取出灭菌物品,不要久放于灭菌器内,以免水蒸气凝结在灭菌器的顶盖和四壁形成水滴,滴落到灭菌的物品上,增加灭菌物品的染菌概率。另外放置过久,由于灭菌锅内有负压,盖子不易打开,此时需将放气阀打开,待内外压力平衡后盖子便可打开。一般从排气到打开锅盖以 10 min 左右为好。

(11)橡胶密封圈使用日久会老化,应定期更换。

(三)干热空气灭菌箱

干热空气灭菌箱又称电热干燥箱,其构造和使用方法与温箱相似,只是所用温度较高,主要用于吸管、平皿类玻璃器皿、金属制品及瓷器等材料的干热灭菌和烘烤。橡胶物品不能用干热灭菌法灭菌。

1.结构

常用的干热灭菌箱是金属制的方形箱体,箱体外壳一般由薄钢板制成,箱体内有供放置物品的工作室,工作室内有物品搁板,物品可置于其上进行干燥,如物品较大,可抽去搁板。箱内还有温控调节及鼓风等装置;箱内底部夹层内装有通电加温的电热丝;工作室与箱体外壳间有相当厚度的保温层,以硅棉或珍珠岩作保温材料;箱顶设有排气装置与插温度计的小孔;箱门中间有玻璃观察窗,以供观察工作室内的情况(图1-1)。

2.使用方法

(1)检查 先检查电源电压,并注意是否有断路或漏电现象,再接上电源。

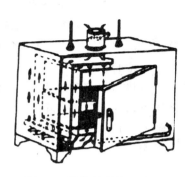

图1-1 干热灭菌箱示意图

(2)装入待灭菌物品 将包装好的待灭菌物品(培养皿、试管、吸管等)放入箱内,要留空隙10 mm左右,保持热空气流动,以利彻底灭菌。关好箱门,开启箱顶上的活塞通气孔,使冷空气排出,待升至60℃时,将活塞关闭。

(3)升温 打开电源加热开关,将温度调节器调至所需温度后,让温度逐渐上升至所需温度。如果绿灯熄灭、红灯亮,表示箱内已停止加温,此时如果还未达到所需的温度,则需转动调节器使绿灯再亮,如此反复调节,直至达到所需温度。

(4)恒温 当保温指示灯亮时,表明箱内温度达到了所需温度,借助恒温调节器的自动控制,维持一定时间后(通常为160℃,2 h)关闭电源。

若仅需达到干燥目的,可一直开启活塞通气孔,排除箱内冷空气和水汽,温度只需60℃左右即可。

(5)降温 切断电源,自然降温。

(6)开箱取物 当箱内温度降至60℃以下时,方可开箱取出灭菌物品。

3.注意事项

(1)箱内灭菌物品不宜摆放过挤,一般不能超过总容量的2/3,应留有一定间隙,以利于热空气流动,各部分受热均匀,灭菌彻底。同时,灭菌物品也不要与箱内壁的铁板接触,因为铁板温度一般高于箱内空气温度(温度计指示温度),触及则易烘焦着火。

(2)加热升温时应将鼓风机打开,以使各部分温度均匀。

(3)灭菌温度以控制在160℃维持2 h为宜。超过170℃,包装纸即变黄;超过180℃,纸或棉花等就会烤焦甚至燃烧,酿成意外事故。

(4)橡胶物品、塑料制品等不能用干热灭菌法灭菌。干热灭菌箱一般为非防爆型,故腐蚀性及易燃性物品禁止放入箱内干燥,以免爆炸。

(5)灭菌完毕后不能立即打开箱门,以免箱内物品着火或玻璃器皿炸裂,必须待箱内温度降至60℃以下后,才能开箱取出物品。灭菌后的物品,使用时再从包装内取出,以免被空气中的杂菌污染。

(6)灭菌过程中如遇温度突然升高,箱内物品着火冒烟,应立即切断电源,关闭排气小孔,用湿毛巾堵塞箱门四周,杜绝空气进入,火则熄灭,待温度降至60℃以下时,方可开箱取出物品进行处理,切勿在未切断电源前打开箱门。

(四)电热恒温培养箱

电热恒温培养箱又称温箱,是微生物检测室的重要设备之一,主要用于实验室微生物的培养,为微生物的生长提供一个适宜的环境。

1.结构

电热恒温培养箱主要由箱体、电热丝、温度调节器等构成。培养箱内部为不锈钢板,并有多层可以移动并可调节高度的不锈钢搁板。外门打开后内有钢化玻璃门,便于观察培养箱内部情况。培养箱内装有微型风扇,可以保证培养箱内温度的均匀性,其构造和使用方法与电热干燥箱相似。

2.使用方法

(1)先检查随机配件是否齐全,电源电压与培养箱所需电压一致时可直接插上电源,如不一致,可使用变压器变压。

(2)接上电源插头,开启电源开关,指示灯明亮,表明电源接通。然后调节温度旋钮,选择需要的温度,绿色指示灯亮,表示电热丝已在发热,箱内升温。

(3)当温度升至所需温度时,红、绿灯交替明亮即为所需恒温。

(4)将培养物放入箱内,关好箱门。

(5)设定培养时间,到时间后,取出培养物观察。

3.注意事项

(1)温箱必须放置在干燥平稳处。

(2)培养箱工作电压为交流电 220 V,50 Hz。使用前必须注意所用电源电压是否与所规定的电压相符,并将电源插座接地极按规定进行有效接地。

(3)在通电使用时,切忌用手接触培养箱左侧空间的电器部分或用湿布揩抹及用水冲洗。

(4)培养物放置在箱内不宜过挤,使空气流动畅通,保持箱内受热均匀。内室底板靠近电热器,故不宜放置培养物。在实验室,应将风顶活门适当旋开,以利调节箱内温度。

(5)使用时,随时注意显示温度是否与所需温度相同。使用温度保持在设定温度范围内,温度误差为±0.5℃,数显采用按码式设定温度,最高设定温度为 99.9℃,温度误差不超过±0.5℃。发生异常情况立即切断电源,避免不必要的损失。

(6)除了取放培养物开启箱门外,尽量减少开启次数,以免影响恒温。

(7)工作室内隔板放置试验材料不宜过重,底板为散热板,切勿放置其他物品。

(8)培养箱内禁止放入易挥发性物品,以免发生爆炸事故。

(9)电源线不可缠绕在金属物上,不可放置在高温或潮湿的地方,防止橡胶老化漏电。

(10)每次使用完毕后,须将电源切断,经常保持箱内外清洁。

(五)普通冰箱

电冰箱主要由箱体、制冷系统、自动控制系统和附件四大部分构成。实训室中常用以保存培养基、菌种、疫苗、诊断液、药敏片及病料等。

1.使用方法

(1)电冰箱应放置在干燥通风处,避免日光照射,远离热源,离墙 10 cm 以上,以保证对流,利于散热。

(2)电冰箱电源的电压一般为 220 V,如不符合,须另装稳压器稳压。

（3）通电检查箱内照明灯是否明亮，机器是否运转。

（4）使用时，将冰箱内温度调节器调至所需的温度，一般冷藏室的温度应为 4～10℃，冷冻室的温度为 0℃以下。将需保存物品放入冰箱内适当位置，关好箱门即可。

2．注意事项

（1）冰箱应置于阴凉通风处，与墙壁之间应留有一定的距离，以利散热。

（2）调节温度时不可一次调得过低，以免冻坏箱内物品。应作第二次、第三次调整。

（3）温度过高的物品不宜立即放入冰箱，以免消耗能量过大，增加机件工作时间，降低使用寿命。

（4）冰箱内冷冻物品不宜反复冻融，以免影响其活力或品质，短时间停电时不宜打开冰箱取出物品。

（5）箱内存放物品不宜过挤，以利冷空气对流，使箱内温度均匀。

（6）冰箱门的开启时间不宜过长，操作时越快越好。

（7）有霜或微霜冰箱应定期除霜，清理时应将电源关闭，待冰融化后清洁整理。

（8）经常保持箱内清洁干燥，如有霉菌生长，断电后取出物品，经福尔马林熏蒸消毒后，方可使用。

（9）保存烈性病菌病毒的冰箱，要有专人保管，并要加锁。

（六）超净工作台

超净工作台作为代替无菌室的一种设备，具有占地面积小、使用简单方便、无菌效果可靠、无消毒剂对人体的危害、低噪声、可移动等优点，现在已被广泛采用。为实验的开展提供一个相对无菌的操作台。超净工作台广泛适用于无菌室实验、无菌微生物检验、分离培养接种等需要局部洁净无菌工作环境的需要。超净工作台可在一般无菌室内使用，也可在普通实验室使用。

它是一种提供局部高洁净度工作环境且通用性较强的空气净化设备，对改善工艺条件、提高产品质量和成品率均有良好效果。

1．结构

超净工作台是一种局部层流装置，它由工作台、高效过滤器、离心风机、静压箱、操作开关和支撑体等几大部件组成。箱体采用冷板制作，表面烤漆，净化单元采用了可调风量的风机系统。通过调节风机的工况，可使洁净工作区中的平均风速保持在额定范围内，有效地延长了高效过滤器的使用寿命。

2．工作原理

超净工作台的洁净环境是在特定的空间内，借助箱内鼓风机将外界空气强行通过一组过滤器，净化的无菌空气连续不断地进入操作台面，并且台内设有紫外线杀菌灯，可对环境进行杀菌，保证了超净工作台面的正压无菌状态，能在局部造成高洁度的工作环境。

超净工作台根据风向分为水平式和垂直式。从操作质量和对环境的影响来考虑，以垂直式较优越。由供气滤板提供的洁净空气以特定的速度下降通过操作区，在操作区的中间分开，由前端空气吸入孔和后吸气窗吸走，与操作区下部、前后部吸入的空气混合在一起，并由鼓风机泵入后正压区，约 30% 的气体通过排气滤板从顶部排出，约 70% 的气体通过供氧滤板重新进入操作区。为补充排气口排出的空气，同体积的空气通过操作口从房间空气中得到补充。这些空气不会进入操作区，只是形成一个空气屏障。

3.使用方法

(1)检查状态标志,设备应处于完好状态。

(2)使用工作台时,先经过清洁液浸泡的纱布擦拭台面,然后用消毒剂擦拭消毒。

(3)接通电源,提前 50 min 打开紫外线杀菌灯,对工作区域进行照射杀菌。30 min 后,关闭紫外灯,开启送风机。

(4)操作时打开照明开关,用酒精棉或白纱布将台面及双手擦拭干净,再进行有关的操作。在使用超净台的过程中,所有的操作尽量要连续进行,减少染菌的机会。

(5)操作区为层流区,因此物品的放置不应妨碍气流正常流动,工作人员应尽量避免能引起扰乱气流的动作,如对着台面说话、咳嗽等,以免造成人身污染。操作最好在操作区的中心位置进行。

(6)工作完毕后将台面清理干净,取出培养物品及废物,关闭风机及照明开关,用清洁剂及消毒剂擦拭台面消毒,放下防尘帘,再打开紫外灯照射 30 min 后,关闭紫外灯,切断电源后方可离开。

任何先进的设备并不能保证实验的成功,动物微生物检测实验室超净工作台的使用是以无菌和避免交叉污染为目的,因此熟练的操作和明确的无菌要求是必不可少的。

4.维护

(1)放置超净工作台的房间要求干燥和清洁无尘,应远离有震动及噪声大的地方,以防止震动对它的影响。潮湿的空气既会使制造材料锈蚀,还会影响电气电路的正常工作,潮湿空气还利于细菌、霉菌的生长,而清洁的环境则可以延长滤板的使用寿命。

(2)超净工作台用三相四线 380 V 电源,通电后检查风机转向是否正确,风机转向不对,则风速很小,将电源输入线调整即可。

(3)每 3～6 个月用仪器检查超净工作台性能有无变化,测试整机风速时,采用热球式风速仪(QDF-2 型)。如操作区风速低于 0.2 m/s,对应初、中、高三级过滤器逐级做清洗除尘。

(4)定期对设备的清洁是正常使用的重要环节。清洁应包括使用前后的例行清洁和定期的处理。熏蒸时,应将所有缝隙完全密封,如果操作口设有可移动挡板封盖,可用塑料薄膜密封。

(5)超净工作台的滤板和紫外灭菌灯都有标定的使用年限,应按期更换。

(七)恒温水浴箱

恒温水浴箱主要用于蒸馏、干燥、浓缩及温渍化学药品或血清学试验用。由镀镍的铜或不锈钢制成的水浴箱,加热快耗电少,电热管在箱内夹水中间,箱前有"电源"和"加热"指示灯(一红一绿),并装有温度调节器,自 37～100℃ 可以调节定温,箱侧有一水龙头,供放水用。

1.使用方法

(1)使用时应放在固定平台上,先将排水口的胶管夹紧,再加水于箱内(为缩短升温时间,亦可注入热水)。

(2)通电后电源热指示灯(绿灯)即亮,再顺时针方向旋转温度调节器,绿灯灭,使加热指示灯(红灯)亮,即连通内部电热丝,使之加温。如水温达到所需温度,再逆时针方向微微调节温度调节器,使红绿指示灯忽亮忽灭,水温恒定不变即达到定温。

(3)水浴恒温后,将装有待恒温物品的容器放于水浴中,恒温容器中的物品应低于水浴锅的恒温水浴面。

(4)使用完毕后,取出恒温容器,关闭电源,待水冷却后,必须放水擦干,并做好仪器使用记录。

2.注意事项

(1)恒温水浴箱所接电源电压应为220 V,电源插座应采用三孔安装插座,并必须安装地线。

(2)加水之前切勿接通电源,使用时不可加水过多,以浸过不锈钢搁板为宜。加水少于最低水位,则箱旁焊锡熔化引起漏水。

(3)如恒温控制失灵,将控制器上的银接点用细砂布擦亮即可工作。

(4)注水时不可让水流入控制箱内,以防发生触电,使用后箱内水应及时放净,并将箱体擦拭干净,保持清洁,以利延长使用寿命。

(5)最好用纯化水,以避免产生水垢。

(八)电动离心机

离心机一般分为常速离心机和超速离心机两种。实训室常用电动离心机沉淀细菌、血细胞、虫卵和分离血清等,用得较多的是低速离心机,其转速可达4 000 r/min。常用的为倾角电动离心机,其中管孔有一定倾斜角度,使沉淀物迅速下沉。上口有盖,确保安全,前下方装有电源开关和速度调节器,可以调节转速。

1.使用方法

(1)使用时离心机要放置在平稳、坚固的台面上,底座装有橡胶吸脚,借助于大气压力及仪器本身的质量紧贴于台面,大容量低速离心机和高速冷冻离心机要相应安放在坚实的地面上,水平放置。

(2)先检查离心机内有无异物等。将盛有材料的两个离心管及套管放天平上平衡,然后对称放入离心机中。若分离材料为一管,则对侧离心管放入等量的其他液体(如自来水)。

(3)将盖盖好,观察转速旋钮是否处于"0"处的位置,然后接通电路,调节定时旋钮于所需的时间(分钟),慢慢旋转速度调节器到所需的转速位置,保持一定的速度,达到所需的时间(一般转速2 000 r/min,维持15～20 min),将调节器慢慢旋回"0"处,停止转动方可揭盖取出离心管,使用完毕后,切断电源。

(4)离心时如有杂音或离心机震动,立即停止使用,进行检查。

2.注意事项

(1)离心管中的液体不要装得太满。

(2)离心机和套管必须严格称量平衡后才能放入离心机内,且必须对称放置。

(3)离心机启动时,转速开关或旋钮应放在低挡位。使用调速器调速时,必须逐挡升降,待每档速度达到稳定时才能调档,不能连续调挡或直接调至所需转速,以免损伤机器或降低其使用寿命。

(4)离心机没有完全停下时不能打开盖子,以免机内物品被甩出。

(5)在离心过程中发现异常现象,如不正常噪声及振动,应立即停机检查,未找出原因前不得继续运转。

(6)离心机应定期检修,至少每年一次。转轴上应常加润滑油。

(九)电子振荡器

1.使用方法

(1)将振幅调节旋钮调至最低(逆时针方向旋到底),接上电源,打开电源开关,电源指示灯亮,顺时针方向缓慢旋转振幅调节旋钮,以检查其工作状况。工作正常后仍将振幅调至最低,关闭电源开关。

(2)将微量反应板或其他待振荡物固定于振荡器上,打开电源开关,顺时针方向旋转振幅调节旋钮至适宜的振幅,振荡所需时间后,逆时针方向旋转振幅调节旋钮至最低,关闭电源开关,取下振荡物。

2. 注意事项

(1)开机前,应将振幅调节旋钮调至最低。

(2)调节振幅时应缓慢旋转振幅调节旋钮。

(3)关机前也应将振幅调节旋钮调至最低。

(十)微量移液器

微量移液器是血清学试验、生化试验或分子生物学试验的必备工具,主要用来吸取微量液体。

1. 标准操作

标准操作适用于水、缓冲液、稀释的盐溶液和酸(碱)溶液。

(1)将合适大小的塑料嘴牢固地套在微量移液器的下端。

(2)旋动调节键,使数字显示器上显示出所需要吸取的体积。

(3)用大拇指按到第一挡,并将吸嘴垂直插入液面下几毫米。

(4)缓慢松开控制按钮,使液体进入吸嘴,否则液体进入吸头过快会导致液体倒吸入移液器,导致内部吸入体积减小。

(5)打出液体时贴壁并有一定角度,先按到第一挡,稍微停顿1s,待剩余液体聚集后,再按到第二挡将剩余液体全部压出。

(6)按下排除键,以去掉用过的空吸嘴或直接用手取下吸嘴(不可碰到吸液部位)。

2. 黏稠或易挥发液体的移取

在移取黏稠或易挥发的液体时,很容易导致较大的体积误差。为了提高移液准确性,建议采取以下方法:

(1)移液前先用液体预湿吸头内部,即反复吸打液体几次,使吸头预湿,吸液或排出液体时最好多停留几秒。尤其对于移取体积大的液体,建议将吸头预湿后再移取。

(2)采用反相移液法:吸液时按到第二挡,慢慢松开控制按钮,打液时按到第一挡即可,部分液体残留在吸头内。

3. 常见的错误操作

吸液时,移液器本身倾斜,导致移液不准确(应该垂直吸液,慢吸慢放);装配吸头时,用力过猛,导致吸头难以脱卸(无须用力过猛,选择与移液器匹配的吸头);平放带有残余液体吸头的移液器(应将移液器挂在移液器架上);用大量程的移液器移取小体积样品(应选择合适量程范围的移液器);直接按到第二挡吸液(应按照上述标准方法操作);使用丙酮或强腐蚀性的液体清洗移液器(应参照正确的清洗方法操作)。

其他可能用到的设备:天平、摇床、过滤器、厌氧培养设备、菌落计数器、电位pH计、高速离心机等设备。在实际工作中,每购买一种新的仪器,一定要认真阅读仪器说明书,以便正确使用。

【相关知识】

一、微生物检测室的基本要求

微生物检测室要求高度清洁卫生,要尽可能创造无菌条件。为达此目的,房屋的墙壁、地板和使用的各种家具都要符合便于清洗的要求。

微生物检测室应具备保证显微镜、微生物分离培养及鉴定等基本检验工作顺利进行的基本条件,具体要求光线明亮,且避免阳光直射室内;洁净无菌,地面及四壁平滑,便于清洁和消毒;配有纱窗,可防蚊蝇、小虫的袭扰;配有空调设备及防风、防尘设备,保证温度适宜,空气清新;有安全、适宜的电源和卫生、充足的水源;具备整洁、稳固、适用的操作台,台面以不透水、耐酸碱、防腐蚀的黑胶板为宜;设有相应的橱柜,用于显微镜等常用工具及药品的存放。

二、无菌室

无菌室是微生物检测的重要场所,也是最基础的设施,是检测微生物质量保证的重要物质基础。主要用于材料的灭菌接种、无菌材料的继代等,是关键的部分,关系到培养物的污染率、接种工作效率等重要指标。基本要求是干爽安静、清洁明亮、墙壁光滑平整不易积染灰尘,地面平坦无缝便于清洗和灭菌,门窗要密闭等。

(一)无菌室的消毒处理常用方法

1. 无菌室的熏蒸消毒

熏蒸是无菌室彻底灭菌的措施。无菌室使用了较长时间,污染比较严重时,应进行熏蒸灭菌。无菌室的熏蒸消毒主要采取甲醛熏蒸消毒法。

先将室内打扫干净,打开进气孔和排气窗通风干燥后,重新关闭,进行熏蒸消毒灭菌。

(1)加热熏蒸 按熏蒸空间计算量取甲醛溶液(含 37%~40%甲醛的水溶液),一般按 6~10 mL/m³ 的标准计算用量,取出后,盛在小铁筒内,加等量水,用铁架支于酒精灯上,在酒精灯内注入适量酒精。将室内各种物品准备妥当后,点燃酒精灯,关闭门窗,任甲醛溶液煮沸挥发。酒精灯内酒精的量最好控制在甲醛溶液蒸发完毕后即自行熄灭。

也可采用丙二醇熏蒸,用量 1 mL/m³,丙二醇溶液盛于容器中,另加等量水混匀,密闭门窗,将丙二醇加热蒸发。

(2)氧化熏蒸 一般每立方米空间用 40%甲醛 25 mL、水 12.5 mL、高锰酸钾 12.5 g,进行熏蒸。方法是先称取高锰酸钾(甲醛用量的 1/2)倒入一瓷碗或玻璃容器内,再量取定量的甲醛溶液和水混合。室内准备妥当后,把甲醛溶液倒在盛有高锰酸钾的器皿内,立即关门,几秒钟后甲醛溶液即沸腾而挥发。高锰酸钾是一种强氧化剂,当它与一部分甲醛溶液作用时,由氧化作用产生的热可使其余的甲醛溶液挥发为气体。熏蒸后关门密闭应保持 12 h 以上。

甲醛溶液熏蒸对人的眼、鼻有强烈刺激作用,在一定时间内不能进入室内工作。为减轻甲醛对人的刺激作用,在使用无菌室前 1~2 h 在一搪瓷盘内加入与所用甲醛溶液等量的 25%氨水(9 mL/m³),迅速放入室内,使其挥发中和甲醛。

2. 喷雾

在每次使用无菌室前进行。可用 5%石炭酸喷雾,可促使空气中微粒及微生物沉降,防止桌面、地面上的微尘飞扬,并有杀菌作用。

方法:用手推喷雾器在房间内由上而下、由里至外顺序进行喷雾,最后退出房间,关门,作用几个小时即可。需要注意的是石炭酸对皮肤有强烈的毒害作用,使用时不要接触皮肤。喷洒石炭酸可与紫外线杀菌结合使用,可增加其杀菌效果。

3. 紫外线照射

在每次使用无菌室前进行。紫外线有较好的杀菌效果。通常应开启紫外灯照射 30 min,照射有效距离为 1 m 左右,紫外光的有效杀菌波长为 253.7 nm。

为了确保无菌室经常保持无菌状态,可定期打开紫外灯进行照射杀菌,最好每隔 1～2 d 照射一次。

使用紫外灯应注意紫外灯每次开启 30 min 左右即可,时间过长,紫外灯管易损坏,且产生过多的臭氧,对工作人员不利;经过长时间使用后,紫外灯的杀菌效率会逐渐降低,所以隔一定时间要对紫外灯的杀菌能力进行实际测定,以决定照射的时间或更换新的紫外灯;紫外线对物质的穿透力很小,对普通玻璃也不能通过,因此紫外线只能用于空气及物体表面的灭菌;紫外线对眼结膜及视神经有损伤作用,对皮肤有刺激作用,所以开着紫外灯的房间人不要进入,更不能在紫外灯下工作,以免受到损伤。

4. 其他消毒液消毒

无菌室每周和每次操作前用 0.1% 新洁尔灭或 2% 石炭酸或其他适宜消毒液擦拭消毒超净工作台、门、窗、桌、椅、墙壁及地面等可能污染的死角。方法是用无菌的纱布浸渍消毒液清洁超净工作台的整个内表面、顶面及无菌室、人流和物流缓冲间的地面、传递窗、门把手等。清洁消毒的程序应从内向外,从高洁净区到低洁净区。逐步向外退出洁净区域。

(二)无菌室无菌程度的测定

为了检查无菌室灭菌的效果以及在操作过程中空气污染的程度,需要定期在无菌室内进行空气中菌落数的检验。以此来判断无菌室是否达到规定的洁净度。

一般采用平板法检查沉降菌(空气沉降法)在两个时间来测定无菌室的无菌程度:一是在灭菌后使用前;二是在操作完毕后。

(1)以无菌操作将已灭菌的 46℃ 营养琼脂培养基分别倒入已灭过菌的培养皿内(直径为 9 cm),一般用 4 个,每个培养皿约 15 mL 培养基(经过无菌检验),分别在操作区台面左、中、右各放 1 个,启开培养皿盖扣置,平板在空气中暴露 30 min 后盖好培养皿盖。另外一个不开盖子的作为对照。

(2)将培养皿倒置,于 37℃ 培养 24～48 h 后,观察菌落情况,统计 3 个培养皿上生长的菌落平均数。

(3)100 级洁净区(超净工作台)不得超过 1 个菌落,10 000 级无菌室不得超过 3 个菌落,则可以认为无菌程度良好,如超过限度,则应对无菌室进行彻底消毒,并检查紫外线的灭菌能力,风机的过滤系统,查明原因后进行纠正,更换紫外线灯或清洗、更换过滤网,并彻底消毒,直至重复检查合乎要求为止。

如果测霉菌数,则用改良马丁琼脂平板置 27℃ 温箱培养 5 d,统计霉菌总数。

(三)无菌室工作规程

1. 工作前

(1)试验前　将所有试验器材和用品一次性全部放入无菌室操作之部位(待检物例外)。

检验用的有关器材,搬入无菌室前必须分别进行灭菌或消毒处理,不同的对象采用不同的处理方法。所有物品带入时应使用专用通道,做到人物分流防止交叉污染。

高压蒸汽灭菌:工作服、口罩、稀释液等,置高压蒸汽灭菌锅内,一般采用121.3℃灭菌30 min,当然不同的培养基有不同的要求,应分别处理。

火焰灭菌:接种针、接种环等可直接火焰灭菌。

干热空气灭菌:各种玻璃器皿、注射器、吸管等,置干热灭菌箱中160℃灭菌2 h。

一般消毒:无菌室内的凳、工作台、试管架、天平、待检物容器或包装均无法进行灭菌,必须用其他方法进行消毒处理,可采用2‰石炭酸或来苏儿水溶液擦拭消毒,工作人员的手用0.1‰新洁尔灭消毒。

(2)无菌室灭菌 首先开启紫外线灯照射,同时打开超净工作台的紫外线灯和无菌风灭菌30 min。灭菌完成后,关掉无菌室的紫外线灯,打开过滤风机,超净工作台关掉紫外线灯,但不要关掉无菌风。根据当时洁净程度,在使用前30 min可用0.1‰新洁尔灭或2‰石炭酸或其他适宜消毒液擦拭消毒超净工作台、门、窗、桌、椅、墙壁及地面,然后对内外室用5‰石炭酸水溶液喷雾消毒空气,最后开启无菌空气过滤器及紫外线灯杀菌30 min以上。关闭紫外线灯10~30 min后方可进入室内工作。

(3)工作人员进入无菌室前需修剪指甲,必须用肥皂或消毒液洗手消毒。进入缓冲间后,更换专用无菌工作衣、鞋、帽、口罩,将手再次用消毒液清洁后,方可进入无菌工作间进行操作。

(4)观察温度计、湿度计上显示的温湿度是否在规定额范围内。

(5)接种操作前,用75‰酒精棉球擦手消毒(或戴手套);样品在检测前,应保持外包装完整,不得开启,以防污染。检测前,用75‰的酒精棉球消毒外表面。

2.操作过程

(1)严格按照无菌操作规程操作,操作中少说话,不喧哗,动作要轻缓,尽量减少空气波动和地面扬尘,以保持环境的无菌状态。

(2)工作中应注意安全,如遇棉塞着火,用手紧握或用湿布包裹熄灭,切勿用嘴吹,以免扩大燃烧;如遇有菌培养物洒落或打碎有菌容器时,应用浸润5‰石炭酸的抹布包裹后,并用浸润5‰石炭酸的抹布擦拭台面或地面,用酒精棉球擦手后再继续操作。

3.工作结束

立即将台面收拾干净,将不应在无菌室存放的物品和废弃物全部拿出无菌室后处理,用消毒液擦拭工作台,对无菌室用5‰石炭酸喷雾,除去室内湿气,用紫外灯照射杀菌30 min。

任务1-3 动物微生物检测常用玻璃器皿的准备

【任务描述】

玻璃器皿是微生物检测实验中必不可少的重要工具,主要用于微生物的培养、保存、吸取菌液、鉴定等,它直接影响实验的顺利进行及实验结果的正确可靠。为确保实验顺利地进行,要求把实验所用的玻璃器皿清洗干净,为保持灭菌后的无菌状态,需要对干燥的培养皿、吸管、试管和锥形瓶等进行包扎,所以对于每个从事微生物检测的工作人员都应能够正确进行各种玻璃器皿的用前用后的处理。本任务是在微生物检测室对微生物检测中常用玻璃器皿(培养皿、吸管、试管和锥形瓶等)进行洗涤、干燥、包装、灭菌等操作练习,以确保检测工作顺利地进行。

【任务目标】

（1）了解微生物检测中玻璃器皿的洗涤重要性和各种玻璃器皿的准备程序；知道常用消毒与灭菌方法。

（2）能够正确辨认微生物检测常用玻璃器皿并明确其用途；能够正确进行各种玻璃器皿的清洗、干燥、包装等灭菌前的准备操作；能够正确使用干热灭菌箱对玻璃器皿进行灭菌；能够正确使用高压蒸汽灭菌器对玻璃器皿、细菌培养物等进行灭菌；够根据工作目标选择合理的消毒灭菌方法。

【必备技能】

一、准备试验材料

（1）仪器　干热灭菌箱、高压蒸汽灭菌器。

（2）玻璃器皿　培养皿、三角烧瓶、试管、吸管、烧杯、量筒、量杯、漏斗、乳钵、载玻片、盖玻片等。

（3）包装材料　普通棉花、脱脂棉、纱布、棉塞、牛皮纸、旧报纸、线绳等。

（4）常用消毒液　来苏儿、新洁尔灭、石炭酸等。

（5）洗涤剂及其他　洗衣粉、洗洁精、试管刷、重铬酸钾、粗硫酸、盐酸、橡胶手套及橡胶围裙等。

二、方法与步骤

（一）认识常用玻璃器皿的规格及用途

玻璃器皿主要用于微生物的培养、保存、吸取菌液、鉴定等，在采购时应注意各种玻璃器材的规格、质量和用途，一般要求能耐受多次高温（121.3℃）、高压（0.1 MPa）短时火焰烧灼灭菌，且以中性硬质玻璃为宜。玻璃器材种类甚多，在微生物检测中常用的种类见表 1-1 。只有了解各种玻璃器皿的名称、规格、用途等，才能做好实验前的一切准备工作。

表 1-1　常用玻璃器皿的种类及用途

种类	常用规格	用途	备注
试管	(75～200)mm×(10～25)mm 等	用于制备液体、半固体培养基和固体斜面培养基及生化试验、血清学试验	规格多以管径乘以管长表示
	(2～3)mm×65 mm	用于环状沉淀试验	
培养皿	60、75、90、100、120 mm×10 mm 等	主要用于细菌的分离培养、药敏试验等	规格以皿底直径计
三角烧瓶	50、100、150、250、500、1 000 mL 等	多用于盛培养基、配制溶液等	盛放液体最好不超过其容积的1/2
烧杯	50、100、250、500、1 000 mL 等	用于盛液体或煮沸用	盛液量不超过1/3

续表1-1

种类	常用规格	用途	备注
定量刻度吸管	0.2、0.5、1、2、5、10 mL 等	用于定量吸取少量溶液或菌液	分吹和不吹管尖的液体两种
胶头滴管	90、100 mm 等	用来吸取动物体液和离心上清液以及滴加少量抗原、抗体	规格以管长表示
载玻片	一般 76.5 mm×25.5 mm×1.2 mm	供作细菌涂片、血清学检验等	
凹玻片	一般 76.5 mm×25.5 mm×2.0 mm	供作悬滴标本和血清学试验	
盖玻片	18 mm×18 mm 或 22 mm×22 mm	用于标本封闭及载玻片和凹玻片上的液体标本覆盖	
量筒、量杯	10、50、100、200、500、1 000 mL 等	用于液体的量取	不宜装入过热的液体，以防破裂
发酵管	常用德汉氏小管 6 mm×36 mm	用于糖发酵管中收集气体	倒置于盛有液体培养基试管内
玻璃棒	直径 3～5 mm	用于搅拌液体或标本支架	
玻璃珠	直径 3～4 mm 或 5～6 mm	用于血液脱纤维或打碎组织	
滴瓶	30 mL 和 60 mL 等	用于盛装各种试剂及染液	分棕色、无色两种
漏斗	一般口径为 60～150 mm	分装溶液或过滤杂质	
注射器	一般有 0.25、0.5、1、2、5、10、20、50、100 mL 等	供接种试验动物、采血和采样用	
离心管	10、15、100、250 mL 等	供分离沉淀用	

(二)玻璃器皿的洗涤

进行微生物学试验，必须清除玻璃器皿上的灰尘、油垢和无机盐等物质，保证不妨碍试验的正确结果。因此，玻璃器皿的洗涤是试验前的一项重要准备工作。清洁的玻璃器皿是用水洗涤后，其内壁明亮光洁，无水迹附着。洗涤的方法应根据实验目的、器皿的种类、所盛的物品、洗涤剂的类别和沾污程度等的不同而有所不同。

1.新购入的玻璃器皿

因附着游离碱质，影响观察和培养基的酸碱度，不可直接使用。应先用自来水初步冲洗后，再用1%～2%盐酸溶液浸泡数小时或过夜，以中和其碱性，然后再用自来水清洗，去除遗留盐酸，倒立使之干燥或烘干。必要时，再按一般的方法用肥皂水洗刷玻璃器皿之内外和铬酸清洁液洗，然后用自来水反复冲洗数次冲净。

2.一般使用过的器皿

如配制溶液、试剂及制作培养基等用过的玻璃器皿，可于用后立即用自来水冲净或肥皂水等洗涤剂刷洗污垢后，用水冲洗干净。最好在未干燥之前洗涤，尤其是滴管、移液管等，如不能立即洗，也应浸入盛有自来水的量筒或标本缸中。凡沾有油污（凡士林或石蜡油）者，在未洗刷前需尽量除去油腻，可先放在5%苏打水煮两次，再用肥皂粉液煮 30 min 后趁热刷洗，再用自来水水反复冲洗干净晾干。染色瓶应浸入5%漂白粉液或清洁液中24 h，再用水洗净。

3.污染有病原微生物的玻璃器皿

凡被病原微生物污过的玻璃器皿，在洗涤前必须进行严格的消毒灭菌后，再行处理。可用高压蒸汽灭菌或水煮沸 30 min 后，或在消毒液中浸泡1～2 d 以后再洗，其具体方法如下：

(1)载玻片和盖玻片 用毕先去掉香柏油后,立即浸泡于3%来苏儿或0.1%新洁尔灭溶液中,经1～2 d取出,用5%肥皂粉液或1%～2%的碳酸氢钠溶液中煮沸5～10 min或更长时间,再用软布或脱脂棉花擦拭,然后用自来水冲洗干净,晾干或将洗净的玻片用蒸馏水煮沸,趁热把玻片摊放在毛巾或干纱布上,稍等片刻,玻片即干,保存备用或浸泡于95%酒精中备用。使用时在火焰上烧去乙醇。用此法洗涤和保存的载玻片和盖玻片清洁透亮,没有水珠。

(2)装有细菌培养物的试管和平皿等 应置高压蒸汽灭菌器内进行高压蒸汽灭菌,灭菌后趁热倒去内容物,立即用热肥皂粉液等洗涤剂刷洗,再用自来水反复冲洗干净后,晾干或烘干。

(3)对污染有病原微生物的吸管 用后投入盛3%来苏儿或5%石炭酸的玻璃筒内,筒底必须垫有棉花,消毒液要淹没吸管,经1～2 d后取出,浸入5%肥皂粉液中1～2 h或煮沸后取出,再用一根橡皮管,使其一端接自来水龙头,另一端与吸管口相接,用自来水反复冲洗干净后,用蒸馏水冲洗2～3次后晾干或烘干。

(4)对污染有病原微生物的注射器和针头 立即煮沸消毒30 min即可(含有芽孢菌,则应用高压蒸汽灭菌)。在消毒或灭菌之前,均应先清水抽入针头及注射器内反复抽洗几次,并连同洗出水一起消毒或灭菌,以免加热时有蛋白质凝固而阻塞针头或注射器。取出用自来水抽洗干净。

盛放一般培养基用的器皿经上述方法洗涤后,即可使用。若需精确配置化学药品或做科研用的精确实验,要求自来水冲洗干净后,再用蒸馏水洗涤3次,晾干或烘干后备用。

各种玻璃器材如用上述方法处理仍未达到清洁目的时,可用铬酸清洗液(工业用重铬酸钾80 g,粗硫酸100 mL,水1 000 mL)浸泡过夜,取出后再用清水反复冲洗数次。清洗液经反复使用后变黑,应重换新液。此液是一种强氧化剂,去污能力很强,实验室常用它来洗去玻璃和瓷质器皿上的有机物,切不可用于金属和塑料器皿。含有硫酸,腐蚀性强,用时勿触及皮肤或衣服等,可戴上橡胶手套和穿上橡胶围裙小心操作。

实验室常用的洗涤用品是毛刷和洗涤剂。常用的洗涤剂有水、肥皂水、合成洗涤剂、去污粉、洗衣粉、重铬酸钾清洁液等,可以根据要求,选择经济而有效的洗涤液。一般实验室用得最多的是肥皂(包括合成洗涤剂)和铬酸清洁液,这两种洗涤剂可以解决大部分器皿的洗涤问题。

(三)玻璃器皿的干燥

玻璃器皿洗净后,通常倒置于干燥架上或实验台上,令其自然干燥,必要时亦可放于干烤箱中60℃左右烤干,以加速其干燥,温度不宜太高,以免玻璃器皿碎裂。干燥后以干净的纱布或毛巾拭去干后的水迹,以备作进一步处理应用。带实心玻璃塞及厚壁器皿干燥时要注意缓慢升温并且温度不可过高,以免爆裂,量器不可放于干燥器中干燥。

(四)玻璃器皿的包装

玻璃器皿在干燥后,消毒之前须包装妥当,以免消毒后又为杂菌所污染。

1.培养皿

将合适的底盖配对,装入金属盒内或用报纸5～6个一摞包成一包。

2.试管、三角烧瓶等

于开口处塞上大小适合的棉塞、硅胶泡沫塑料塞或纱布塞,并在棉塞、瓶口之外,包以不透水的牛皮纸,用细绳扎紧即可。有条件的实验室可用铝箔纸代替棉塞封口,省去细绳扎捆。一般7个试管包扎成捆最好。

棉塞的制作:制作棉塞,最好选择纤维长的新棉花,绝不能用脱脂棉。制作方法:①视试管或瓶口的大小取适量棉花,铺平整;②把长边的两头各叠起一段,目的叠齐、加厚;③按住短边把棉花卷起来,卷时两手捏住中间部分,两头不短往里收,卷到适当大小,用纱布捆系结实,做成长约 4～5 cm 的棉塞(一般长度不少于管口直径的 2 倍长),约 2/3 塞进管口。良好的棉塞与管口紧接,松紧度适宜,没有可见空隙,易塞易拔。

3. 吸管

在吸口的一端距管口 0.5 cm,用细铁丝或长针头加塞 1～1.5 cm 长棉花少许,松紧要适宜,然后每支分别用 3～5 cm 宽的旧报纸条,由尖端缠卷包裹,直至包没吸管将纸条合拢。有时也可用报纸每 5～10 支包成一束或装入金属筒内进行干烤灭菌。

4. 乳钵、漏斗、烧杯等

可用纸张直接包扎或用厚纸包严开口处,再以牛皮纸包扎。青霉素瓶等小的器皿,可直接放入铝饭盒内灭菌。

5. 塑料吸嘴

将洗净的塑料吸嘴放入吸头盒内或适宜的烧杯内,外加牛皮纸包装,用线绳扎好,高压蒸汽灭菌,但不能进行干热灭菌。

(五)玻璃器皿的灭菌

1. 干热空气灭菌法

玻璃器皿(试管和培养皿)、瓷器等在干热灭菌前应洗净、晾干(一定注意干燥,如有水滴,灭菌时易炸裂)并包装。包装好玻璃器皿可以利用干热空气灭菌法进行灭菌处理。

将包装好的玻璃器皿(培养皿、试管、吸管等)放入干燥箱内,为使空气流通,堆放不宜太挤,要留空隙 10 mm 左右,也不能紧贴箱壁,以免烧焦。一般采用 160℃ 2 h 灭菌即可。灭菌完毕,关闭电源待箱中温度下降至 60℃ 以下,开箱取出玻璃器皿。灭菌后的玻璃器皿,需在 1 周内用完,过期应重新灭菌,再行使用。灭菌后的物品,使用时再从包装内取出,以免被空气中的杂菌污染。

2. 高压蒸汽灭菌

装有细菌培养物的试管和平皿等玻璃器皿、洗刷干净的玻璃器皿、带有塑料制品的器皿等用牛皮纸包装后利用高压蒸汽灭菌法进行灭菌处理。在 121.3℃(0.105 MPa)条件下灭菌 20～30 min,即可达到灭菌的目的。关闭电源,停止加热,让其自然降压降温冷却。待压力表降至“0”处后,先打开排气阀,随即旋开固定螺旋,开盖,取出灭菌物。

若是需要干燥的玻璃器皿等物品,灭菌结束后,关闭电源,可采用快放气的方法,待压力恢复至“0”位时,慢慢打开盖子,再通电加热一会取出消毒物品即可干燥或者灭菌后放于干烤箱中 60℃ 左右烘干。

(六)其他橡胶制品和金属用具的准备

1. 橡胶制品的准备

橡胶制品(橡皮塞、胶头滴管、洗耳球等),使用后应及时用肥皂水或 1% 碳酸氢钠水中煮沸 20 min,再用流水冲净(一般 10 次以上),必要时用蒸馏水冲洗 2 次,干燥后,存放在阴凉干燥处备用,使用前包装高压蒸汽灭菌后使用。

2. 金属用具的准备

采集病料所用的刀柄、刀片、剪刀、镊子等金属用具,使用后应先在 5% 石炭酸等溶液中浸泡消毒,再用肥皂水、清水洗净,及时用干净布擦干或干燥箱中烘干,防止生锈。使用前可以高压蒸汽灭菌或煮沸 30 min,放在预先灭过菌的有盖盘或盒内,使用前用酒精棉球擦拭,用时进行即时火焰消毒。

(七)注意事项

(1)任何洗涤方法,都不应对玻璃器皿有所损伤,所以不能使用对玻璃有腐蚀作用的化学药剂,也不能使用比玻璃硬度大的物品来擦拭玻璃器皿。

(2)用过的玻璃器皿应立即洗涤,有时放置太久会增加洗涤的难度,随时洗涤还可以提高器皿的使用率。

(3)含有对人有传染性的或者是属于动物检疫范围内的微生物的试管、培养皿及其他容器,应先浸在消毒液中或灭菌后再行洗涤。

(4)盛有毒物品的器皿,不要与其他器皿放在一起洗涤。

(5)难洗涤的器皿不要与易洗涤的器皿放在一起,以免增加洗涤的麻烦。有油的器皿不要与无油的器皿放在一起,以免使本来无油的器皿沾上油污。

(6)强酸、强碱、琼脂等腐蚀、阻塞管道的物质不能直接倒在洗涤槽中,必须倒在废液缸中处理。

【相关知识】

消毒与灭菌是畜牧业生产和微生物学实践中十分重要的基本操作技术。由于微生物广泛存在于自然界的各种环境中,其中有些又是病原微生物,因此从预防感染的角度出发,畜牧兽医工作人员必须牢固树立无菌观念和严格执行无菌操作。对细菌鉴定所用的器材、培养基、手术器械、注射器及无菌室等工作场所等均需要进行严格的消毒或灭菌。为防止疫病的传播,对于传染病畜禽尸体、排泄物、周围环境以及实验室废弃的培养物也要进行消毒或灭菌处理。消毒灭菌的方法很多,大致可分为物理和化学方法,在实际工作中,应根据消毒灭菌的对象、目的要求以及消毒的条件,选用合适的方法。下面着重介绍检测室常用消毒灭菌措施。

一、消毒与灭菌的基本概念

1.消毒

指利用理化方法杀灭物体中或一定范围内的病原微生物的方法称消毒。消毒只要求达到无传染性的目的,对非病原微生物及其芽孢、孢子并不严格要求全部杀死。用于消毒的化学药品称为消毒剂或杀菌剂。一般消毒剂在常用浓度下,只对细菌的繁殖体有效,对其芽孢则需要提高消毒剂的浓度及延长作用的时间。

2.灭菌

指利用理化方法杀灭物体中或一定范围内的所有微生物(包括病原微生物、非病原微生物及其芽孢、霉菌孢子等)的方法。灭菌后的物体无可存活的微生物,否则就是灭菌不彻底。

3.无菌

指环境或物品中没有活的微生物存在的状态。只有通过彻底灭菌,才能达到无菌要求。

4.无菌操作

指在实际操作过程中,采取防止或杜绝任何微生物进入机体或其他物品的操作方法(技术),又称无菌技术或无菌法。在微生物学实验、研究及外科手术过程等均需进行严格的无菌操作。

5.防腐

指防止或抑制微生物生长繁殖的方法称为防腐或抑菌。用于防腐的化学药物称为防腐剂或抑菌剂。常用于食品、畜产品和生物制品中微生物生长繁殖的抑制,防止其腐败。

消毒灭菌的方法很多,大致可分为物理、化学和生物学方法来抑制或杀灭物体上或环境中病原微生物或所有微生物,以切断病原菌的传播途径,从而控制和消灭传染病。为了达到无菌的效果,应根据微生物的特点、待灭菌的材料与实验目的和要求来选用具体的方法。

二、物理消毒灭菌法

物理消毒灭菌法是指利用物理因素杀灭或清除病原微生物及其他有害微生物的方法。实验室常用的方法有热空气灭菌法、火焰灭菌法、煮沸消毒灭菌法、高压蒸汽灭菌法、紫外线消毒法及滤过除菌法等。为了达到无菌的效果,应根据微生物的特点、待灭菌的材料与实验目的和要求来选用具体的方法。一般来说,玻璃器皿可用干热灭菌;培养基用高压蒸汽灭菌;某些不耐高温的培养基(如血清、牛乳等)可用巴氏消毒法、间歇式灭菌法或过滤除菌法;无菌室可用紫外线辐射及结合化学药剂喷雾或熏蒸等方法灭菌。

(一)热力灭菌法

高温对细菌具有明显的致死作用,利用高温使菌体蛋白变性或凝固,酶失去活性,代谢发生障碍而导致微生物死亡,称为热力灭菌。高温能杀灭所有的病原微生物,在实践中常用高温进行消毒和灭菌。热力灭菌法主要有干热灭菌法和湿热灭菌法两大类。在同样温度下,湿热灭菌的效果比干热灭菌好,原因是:湿热的穿透力比干热强,水或饱和水蒸气传导热能快且明显高于空气,可迅速提高灭菌物体内部的温度;湿热中菌体吸收水分,蛋白质较易凝固,蛋白质含水量愈高,凝固所需的温度愈低;而且蒸汽可以释放大量潜热,每 1 g 水在 100℃时,由气态变为液态可放出 529 cal 的热量,当蒸汽与被灭菌的物品接触时,可凝结成水而放出潜热,能迅速提高灭菌物体的温度,加强灭菌效果。

1.干热灭菌法

干热是指相对湿度在 20% 以下的高热。干热灭菌法包括火焰灭菌法与热空气灭菌法。

(1)火焰灭菌法　以火焰直接灼烧杀死物体中的全部微生物的方法。分为灼烧和焚烧两种。

①灼烧。直接在火焰上进行,常用于耐烧的物品,如接种针(环)、试管口、瓶口、玻璃片、外科金属器具(应注意将器械擦拭干净,其缺点是易对器械造成损坏)等的灭菌。使用时应注意将污染器材由操作者逐渐靠近火焰,防止污染物突然进入火焰而发生爆炸,造成周围污染。

②焚烧。直接点燃或在焚烧炉内进行,是一种彻底的灭菌方法,仅适用于废弃的污染物品和有传染性的动物尸体等烧毁的物品。如传染病畜禽及实验感染动物的尸体、病畜禽的垫料、一次性使用注射器以及其他污染的废弃物等无害化的处理。

(2)热空气灭菌法　利用干热灭菌器,以干热空气进行灭菌的方法。在干热的情况下,由于热空气的穿透力较低,因此干热灭菌需要 160℃维持 2 h,才能达到杀死所有微生物及其芽孢、孢子的目的。适用于包装好的各种玻璃器皿、瓷器、玻璃注射器、金属器械等高温下不损坏、不变质、不蒸发的物品的灭菌和烘烤。干热空气灭菌前要对待灭菌的玻璃器皿进行清洗、晾干,分别进行包装,注意包装的纸不能太厚,否则影响灭菌效果。灭菌后待箱内温度降至

60℃以下才能开启箱门,以防炸裂。

　　2.湿热灭菌法

　　湿热灭菌是由空气和水蒸气导热,传热快,穿透力强。此法杀菌效力强,使用范围广,常用的有以下几种。

　　(1)高压蒸汽灭菌法　高压蒸汽灭菌法是目前应用最广、灭菌效果最有效的方法。是利用高压蒸汽灭菌器进行灭菌的方法,在标准大气压下,蒸汽的温度只能达到100℃,当在一个密闭的耐高压高温的金属容器内,持续加热,由于不断产生蒸汽而加压,随压力的增高其沸点也升至100℃以上,以此提高灭菌的效果。高压蒸汽灭菌器就是根据这一原理而设计的。通常在103.4 kPa(旧称15磅/英寸^2)的压力下,温度可达121.3℃,维持20~30 min,即可杀死包括细菌芽孢在内的所有微生物,达到完全灭菌的目的。此法适用于耐高温和不怕潮湿物品的灭菌,如普通培养基、溶液、手术器械、玻璃器皿、塑料移液吸头、玻璃注射器、使用过的微生物培养物、敷料、橡皮手套、工作服和小实验动物尸体等均可用这种方法灭菌。所需温度与时间根据灭菌材料的性质和要求决定。密闭的干燥容器不宜用本法灭菌,因为容器内只能受到短时间(例如121℃ 20~30 min)的干热,达不到灭菌效果。

　　应用此法灭菌时,一定要先排净灭菌器内原有的冷空气,并注意放置的物品不要相互挤压过紧,否则会影响灭菌效果。若冷空气排不净,压力虽然达到规定的数字,但其内温度达不到所需要的温度。

　　(2)煮沸灭菌法　是最常用的消毒方法之一,此法操作简便、经济、实用。方法是将被消毒物品放在水中,煮沸100℃ 5~15 min可杀死一般细菌的繁殖体,一般器械消毒以煮沸10 min为宜,杀死多数芽孢则需煮沸1~3 h,炭疽杆菌及肉毒梭菌的芽孢可耐受数小时的煮沸。若在水中加入2%~5%石炭酸,可以提高水的沸点,增强杀菌力,经15 min的煮沸可杀死炭疽的芽孢;若在水中加入1%~2%碳酸氢钠,可提高沸点至105℃,既可增强杀菌力,加速芽孢的死亡,又可防止金属器械生锈。煮沸法主要用于一般外科手术器械、注射器、针头、胶管以及食具等的消毒。注意:金属注射器不宜用高压蒸汽灭菌或干热灭菌,因其中的橡皮圈及垫圈易于老化,一般使用煮沸消毒法灭菌。

　　对不耐热的物品,在水中加入0.2%甲醛或0.01%升汞,80℃维持60 min,也可达到灭菌的目的。在高原地区气压低、沸点低的情况下,要延长消毒时间(海拔每增高300 m,需延长消毒时间2 min)。

　　煮沸前应将物品刷洗干净,打开轴节或盖子,将其全部浸入水中。锐利、细小、易碎物品用纱布包裹,以免撞击或散落。玻璃、搪瓷类放入冷水或温水中煮;金属、橡胶类则待水沸后放入。消毒时间以水沸后开始计时。若中途再加入物品,则重新计时。消毒后及时取出物品。

　　(3)流通蒸汽灭菌法　流通蒸汽灭菌法是利用蒸汽在流通蒸汽灭菌器或蒸笼内进行灭菌的方法。一般100℃的蒸汽维持15~30 min,可以杀死细菌的繁殖体,但不能杀死细菌的芽孢和霉菌的孢子。要达到灭菌目的,可进行间歇灭菌。消毒时物品的包装不宜过大过紧,以利于蒸汽穿透。在消毒设备条件不足时,可用此法消毒一般器具。

　　(4)间歇灭菌法　间歇灭菌法是利用反复多次的流通蒸汽,杀死细菌所有繁殖体和芽孢的一种灭菌法。方法是将待灭菌的物品置于流通蒸汽灭菌器内,在第一次100℃ 15~30 min蒸汽消毒后,将被消毒物品放于37℃温箱过夜,使芽孢发育成繁殖体,第二天和第三天以同样方法各进行一次灭菌和保温过夜,最终达到完全灭菌的目的。此法常适用于某些不耐高温的培养基,如糖培养基、鸡蛋培养基、牛乳培养基、血清培养基等的灭菌。若有某些物品不耐100℃,如用血清凝固器对血清培养基或卵黄培养基的灭菌,则可将物品在70~80℃加热1 h,间歇连续6次,也可以达到灭菌目的,且不破坏其中的营养。应用间歇灭菌法时,可根据灭菌对象不同,加热温度、加热时间、连续次数,均可做适当增减。

(5)巴氏消毒法　巴氏消毒法是以较低的温度杀灭液态食品中的病原菌或特定的微生物,而又不至严重损害其营养成分和风味的消毒方法。此法由巴斯德首创,目前常用于鲜牛乳和葡萄酒、啤酒、果酒等食品的消毒。具体方法可分为三类:第一类为低温维持消毒法(LTH),在63~65℃维持30 min,此法已较少使用;第二类为高温瞬时巴氏消毒法(HTST),在71~72℃保持15 s;第三类为超高温消毒法(UHT),在138~142℃保持2~4 s,加热消毒后将食品迅速冷却至10℃以下(又称冷击法),这样可进一步促使细菌死亡,也有利于鲜乳等食品马上转入冷藏保存。经超高温巴氏消毒的鲜乳在常温下,保存期可长达半年或更长,而且鲜乳成分,尤其是维生素 A 与维生素 C 破坏更少。

(二)辐射灭菌法

辐射是能量通过空间传递的一种物理现象,包括电磁波辐射和粒子辐射。能量可借波动或粒子高速运行而传播,辐射除可被一些产色素细菌利用作为能源外,对多数细菌有损害作用。辐射对细菌的影响,随其性质、强度、波长、作用的距离、时间而不同,但必须被细菌吸收,才能影响细菌的代谢。辐射对微生物的灭活作用可分为非电离辐射和电离辐射两种。

1.非电离辐射

(1)紫外线消毒法　紫外线是一种低能量的电磁辐射,波长在200~300 nm部分具有杀菌作用,其中以265~266 nm段的紫外线杀菌力最强,因此在此波长范围内的细菌染色体DNA的吸收量最大。其杀菌作用机理主要有两个方面,即诱发微生物致死性突变和强烈的氧化杀菌作用。致死性突变是因为细菌DNA链吸收紫外线后,同一链中的相邻两个胸腺嘧啶形成二聚体,DNA分子不能完成正常的碱基配对即通过干扰细菌DNA的合成而导致死亡或变异。另外,紫外线能使空气中的分子氧变为臭氧,臭氧放出氧化能力极为强的原子氧,也具有杀菌作用。

细菌受到致死量的紫外线照射后,3 h以内若再用可见光照射,则部分细菌又能恢复其活力,这种现象称为光复活现象。因此,在实际工作中应注意避免光复活现象的出现。若紫外线照射量不足以致死细菌等微生物,则可引起蛋白或核酸的部分改变,促使其发生突变,所以,紫外线照射也常用于菌株、毒株的选育。

实验室通常使用的紫外线杀菌灯,其紫外线波长为253.7 nm,杀菌力强而稳定。紫外线作用的特点:①紫外线的杀菌力强,但其穿透力弱,即使很薄的玻璃也不能通过,尘埃、纸张、水蒸气和固体物质等能阻挡紫外线;透过空气能力较强,透过液体能力很弱,所以紫外线杀菌灯只能用于房间空气和物体表面的消毒,常用于微生物实验室、无菌室、养殖场入口的消毒室、手术室、传染病房、种蛋室等的空气消毒,或用于不耐高温或化学药品消毒物品的表面消毒,如高速离心机的胶质沉淀管的消毒。②紫外线灯的消毒效果与照射时间、距离和强度有关,一般灯管距离地面约2 m,照射1~2 h。被照物体越远,效果越差。③杀菌波长的紫外线对人体皮肤、眼睛角膜和视神经有损伤作用,引起皮肤红斑和眼炎,长期的高强度紫外线照射可诱发皮肤癌变,工作人员切勿在紫外线灯照射下进行操作,进入洁净区时应提前10 min关掉紫外灯,故使用紫外线消毒时应注意防护,必要时需穿防护工作衣帽,并戴有色眼镜进行工作。

用于物品消毒时,如选用 30 W 紫外线灯管(常用的有 15 W、20 W、30 W、40 W 四种),有效照射距离为 25～60 cm,时间为 25～30 min。用于空气消毒,室内温度 10～15℃,相对湿度最好在 40%～60%,室内每 10 m³ 安装 30W 紫外灯 1 支,有效照射距离不超过 2 m,时间为 30～60 min 即可达到空间杀菌的目的。

紫外线灯管要每两周用 95% 乙醇擦拭 1 次,不得用手直接接触灯管表面,保持整洁透亮。关灯后应间隔 3～4 min 后才能再次开启。一次连续使用不超过 4 h。定期进行空气细菌培养,以检查杀菌效果。紫外灯的杀菌强度会随着使用时间逐渐衰退,一般紫外灯使用 1 400 h 后更换紫外灯。

(2)日光　直射日光由于其热力、干燥和紫外线作用具有很强的杀菌作用,是天然的杀菌因素。许多微生物在直射日光的照射下,数分钟到数小时就被杀死。细菌芽孢对日光的抵抗力较繁殖体强,许多芽孢在日光下照射 20 h 才发生死亡。但日光的杀菌效力受环境、温度以及微生物本身的抵抗力等因素影响。在实际生活中,日光对被大面积污染的土壤、牧场、畜舍、用具等的消毒以及江河的自净作用均具有重要的意义。

日光依光谱分为可见光和看不见的紫外线(136～400 nm)与红外线(800～4×10^5 nm),各具有不同的杀菌力,其中紫外线是日光杀菌作用的主要因素,红外线则因产生高热而发挥杀菌作用。

(3)可见光线　可见光线是指在红外线和紫外线之间的肉眼可见的光线,其波长为 400～800 nm。可见光线对微生物一般影响不大,但长时间暴露于光线中,也会妨碍其新陈代谢,因此培养细菌和保存菌种,均应置于阴暗处,常用箱内无光线的恒温箱培养微生物,用冰箱保存菌种。

可见光线具有微弱的杀菌作用,如果将某些染料(如结晶紫、美蓝、红汞、伊红等)加入培养基中或涂在外伤表面,能增强可见光的杀菌作用,这种现象称为光感作用。

2.电离辐射

放射性同位素的射线(即 α、β、γ 射线)和 X 射线以及高能质子、中子等,可将被照射物质原子核周围的电子击出,引起电离,故称之为电离辐射。有较高的能量与穿透力,因而可产生较强的致死效应。在实际工作中用于消毒灭菌的射线主要是穿透力强的 X 射线、γ 射线和 β 射线。一般认为 X 射线的波长愈短杀菌力愈强,X 射线可使补体、溶血素、酶、噬菌体及某些病毒失去活性;而 α 射线、高能质子、中子等因缺乏穿透力而不实用。由于射线照射时不使物品升温,且穿透力强,常用于不耐热物品的灭菌,故又称"冷灭菌"。其机制在于产生游离基,破坏 DNA,使细菌死亡或发生突变。常用于一次性使用的塑料制品(注射器、吸管、试管)、医疗设备、药品、毛皮、生物制品、食品等方面的灭菌,而不破坏其中的营养成分。现在已有专门用于不耐热的大体积物品消毒的 γ 射线装置。

X 和 γ 射线对机体有害,应注意防护。目前,对于射线处理食品对人类的安全性问题正在进行深入研究。

(三)滤过除菌法

滤过除菌法是通过机械、物理阻留作用,通过含有微细小孔的滤器将液体或空气中的细菌等微生物除去,以达到无菌目的的方法。滤菌装置中的滤膜含有微细小孔,只允许气体和液体通过,细菌等不能通过,借以获得无菌液体。所用的器具为滤菌器,其除菌能力取决于滤膜的孔径大小。

主要用于一些不适合加热灭菌的糖培养液、各种特殊培养基、血清、毒素、抗毒素、抗生素、维生素、酶及药液等液体物质的除菌,现在多用可更换滤膜的滤器或一次性滤器,滤膜孔径为450 nm 和 220 nm 两种。方法是将需要灭菌的物质溶液通过滤菌装置,机械地阻止细菌通过滤器的微孔而达到除去液体中细菌等微生物的目的。一般不能除去病毒、支原体以及细菌 L 型等小颗粒,所以还可以用于病毒的分离培养。细菌滤器种类繁多,常用的有薄膜滤器、石棉滤器、玻璃滤器、空气滤器等。

空气过滤器常用于超净工作台、无菌隔离器、无菌操作室、实验动物室以及疫苗、药品、食品等生产中洁净厂房的空气过滤除菌,一般由不同孔径过滤效率(450～500 nm)的滤芯构成,以便达到特定净化级别的要求。

(四)超声波

频率在 20 000～200 000 Hz 的声波称为超声波。这种声波对微生物细胞有破坏作用,因而可用于消毒灭菌。但不同微生物对超声波的抵抗力不同,多数细菌和酵母菌对超声波作用较敏感,球菌比杆菌抗性强,细菌的芽孢抵抗力比繁殖体强,大型病毒比小型病毒敏感。

超声波主要通过四方面的作用达到杀菌目的。一是使微生物细胞内含物受到强烈的震荡而被破坏;二是氧化杀菌,因在水溶液中超声波能产生过氧化氢;三是产生热效应,破坏细胞的酶系统;四是在细菌悬液中产生的空(腔)化作用,即在液体中形成许多真空状态的小空腔,逐渐增大,最后空腔崩破产生的巨大压力使菌细胞裂解。

超声波可以用来灭菌保藏食品,如 800 kHz 的超声波可杀灭酵母菌;鲜牛乳经超声波15～60 s 消毒后可以保存 5 d 不酸败。虽然超声波处理后能促使菌体裂解死亡,但往往有残存菌体,而且超声波费用较高,故超声波在微生物消毒灭菌上的应用受到了一定的限制。目前主要用于粉碎细胞,提取细胞组分(细胞内的酶、免疫物质、DNA),供生化实验、血清学实验研究和微生物遗传及分子生物学实验研究用。

(五)干燥及低温抑菌法

1.干燥

微生物在干燥的环境中失去大量水分,微生物的新陈代谢发生障碍而抑制其生长繁殖,甚至引起菌体蛋白质变性和由于盐类浓度增高而逐渐导致死亡。各种微生物对干燥的抵抗力差异很大。如嗜血杆菌、巴氏杆菌和鼻疽杆菌在干燥的环境中仅能存活几天;结核分支杆菌在痰、血液、组织块中能耐受干燥 90 d 以上;细菌的芽孢对干燥有很强的抵抗力,如炭疽杆菌和破伤风梭菌的芽孢,在干燥环境中可存活几年甚至数十年;霉菌的孢子对干燥也有强大的抵抗力。

微生物对干燥的抵抗力虽然很强,但它们不能在干燥的环境中生长繁殖,而且许多微生物在干燥的环境中会逐渐死亡。因此在生活和畜牧业生产中常用干燥方法保存食物、药物、饲料、草料、皮张等。家畜饲养上青干草的保存就是利用干燥的作用。但应注意的是,在干燥的物品上仍能保留着生长和代谢处于抑制状态的微生物,如遇潮湿环境,又可重新生长繁殖起来。

2.低温

大多数微生物对低温具有很强的抵抗力。当微生物处在其最低生长温度以下时,其新陈代谢活动降低到最低水平,生长繁殖停止,但仍可较长时间保持活力;当温度上升到该微生物生长的最适温度时,它们又可以开始正常的生长繁殖。因此常用低温保存菌种、毒种、血清、疫苗、食品和某些药物等。但少数病原微生物,如脑膜炎双球菌、多杀性巴氏杆菌等对低温特别敏感,在低温中保存比在室温中死亡更快。一般细菌、酵母菌、霉菌的斜面培养物保存于 $0\sim4℃$,有些细菌和病毒保存于 $-20\sim-70℃$。最好在 $-196℃$ 液氮中保存,可长期保持活力。温度越低病毒存活的时间越长。

低温冷冻真空干燥(冻干)法是保存菌种、毒种、疫苗、补体、血清等制品的良好方法,可保存微生物及生物制剂数月至数年而不丧失其活力。冻干法是采用迅速冷冻和抽真空除水的原理,将保存的物品置于玻璃容器内,在低温下迅速冷冻,使溶液中和菌体内的水分不形成冰晶,然后用抽气机抽去容器内的空气,使冷冻物品中的水分在真空下因升华作用而逐渐干燥,最后在抽真空状态下严封瓶口保存。

为了减少细菌在冷冻时死亡,除了要求迅速冷冻外,还可于菌液内加入 10% 左右的甘油、蔗糖或脱脂乳,或 5% 的二甲基亚砜作为保护剂。保存菌种时应尽量避免反复冷冻与融化,以免加速微生物死亡。

三、化学消毒法

化学消毒法是利用化学药品杀灭传播媒介上的病原微生物已到达预防感染、控制传染病的传播和流行的方法。化学消毒法具有适用范围广,消毒效果好,无须特殊设备和仪器,操作简便易行,是目前兽医消毒工作中最常用的方法。

许多化学药物能够抑制或杀死微生物,故广泛用于消毒、防腐和治疗疾病。用于杀灭病原微生物的化学药物称为消毒剂;用于抑制微生物生长繁殖的化学药物称为防腐剂或抑菌剂。实际上,消毒剂在低浓度时只能抑菌(如 0.5% 石炭酸),而防腐剂在高浓度时也能杀菌(如 5% 石炭酸),它们之间并没有严格的界限,故统称为防腐消毒剂。用于消灭宿主体内病原微生物的化学制剂称为化学治疗剂。消毒剂与化学治疗剂(如抗生素、磺胺等)不同,消毒剂的杀菌作用一般无选择性,在杀死病原微生物的同时,对人和动物机体组织细胞也有损害作用,所以它只能外用或用于环境的消毒。其中少数不能被吸收的化学消毒剂也可用于消化道的消毒。消毒剂主要用于体表(皮肤、黏膜、伤口等)、器械、排泄物和周围环境的消毒。

(一)消毒剂的作用原理

消毒剂的种类不同,其杀菌作用的原理也不尽相同,具体有如下几种:

(1)使菌体蛋白质变性或凝固　醇类、酚类(高浓度)、醛类、重金属盐类(高浓度)、酸碱类、醛类等能使菌体蛋白质脱水凝固,或与菌体蛋白、酶蛋白等结合使之变性失活。

(2)破坏核酸的结构　一些染料如龙胆紫等可嵌入细菌细胞双股 DNA 邻近碱基对中,改变 DNA 分子结构,使细菌生长繁殖受到抑制或死亡。

(3)破坏菌体的酶系统和代谢　如酚类、过氧化氢、高锰酸钾、漂白粉、碘酊等氧化剂及重金属离子(汞、银)可与菌体酶蛋白中的一些硫基($-SH$)作用,氧化成为二硫键($-S-S-$),从而使酶失去活性,导致细菌代谢机能发生障碍而死亡。

(4)改变细菌细胞壁或胞浆膜的通透性　新洁尔灭等阳离子表面活性剂可与细菌细胞膜磷脂结合,提高膜的渗透作用,不仅使菌体胞浆内成分溢出细胞外,也可使表面活性剂直接进入胞内引起蛋白质变性,以致菌体死亡。又如石炭酸、来苏儿等酚类化合物,低浓度时能破坏胞浆膜的通透性,导致细菌内物质外渗,呈现抑菌或杀菌作用。高浓度时,则使菌体蛋白凝固导致菌体死亡。

（二）影响消毒剂作用的因素

影响消毒剂作用的因素很多，认识这些因素，对在消毒工作中正确使用消毒剂及采用合理的消毒方法具有重要意义。影响消毒剂作用效果的因素主要有以下几个方面：

1. 消毒剂的性质、浓度和作用时间

不同消毒剂的理化性质不同，其灭菌机理也不同。化学药品与细菌接触后，有的作用于胞浆膜，破坏其通透性，使其不能摄取营养，有的渗透至细胞内，使原生质遭受破坏。因此，只有在水中溶解的化学药品，杀菌作用才显著。不同消毒剂的灭菌机理不同，其杀菌力和杀菌谱的大小均有较大的差异。实际工作中，应根据消毒对象和消毒目的，选择合适的消毒剂。如杀灭病毒应选择碱性消毒剂，杀灭 G^+ 菌应选择季铵盐类消毒剂等。

一般情况下，消毒剂的灭菌效果与浓度成正比，即随着消毒剂浓度的提高，消毒作用随之加强。但酒精除外，70%～75%酒精杀菌力最强，消毒效果最好，因浓度过高能使菌体表面蛋白质迅速凝固，反而妨碍其继续渗入菌体细胞内，影响杀菌力。另外，注意消毒剂浓度越大，对机体的、器具的损伤或破坏作用也越大，应选择有效而安全的浓度。在一定浓度下，其消毒效果与消毒作用时间成正比。微生物死亡数随作用时间延长而增加，因此，消毒必须有足够的时间，才能达到消毒目的。

2. 环境温度和湿度

一般消毒剂的温度愈高，杀菌效果愈好。当温度每增高 10℃，金属盐类的杀菌作用约提高 2～5 倍，石炭酸的杀菌作用约提高 5～8 倍。又如金黄色葡萄球菌在石炭酸溶液中被杀死的时间在 20℃时比 10℃约快 5 倍。

湿度对许多气体消毒剂的消毒作用有明显的影响，一是湿度直接影响微生物的含水量；二是每种气体消毒剂都有其适应的相对湿度范围，如用福尔马林熏蒸消毒时，舍内温度在 18℃以上，相对湿度在 60%～80%消毒效果最好；用过氧乙酸消毒时，要求相对湿度不低于 40%，以 60%～80%为宜。直接喷洒消毒干粉消毒时，需要有较高的相对湿度，使药物潮解后才能充分发挥作用。

3. 酸碱度

细菌在适宜 pH 环境中（一般 pH 6～8）抵抗力较强，当 pH 偏高或偏低时，就容易被消毒剂迅速杀死。pH 主要通过影响微生物菌体的带电性和消毒剂的电离度而影响消毒剂的作用效果。消毒剂酸碱度的改变可使细菌表面的电荷发生改变，在碱性溶液中，细菌表面带的负电荷较多，所以阳离子去污剂的作用较强，而在酸性溶液中，细菌表面负电荷减少，阴离子去污剂的杀菌作用较强。例如，戊二醛本身呈中性，其水溶液呈弱酸性，当加入碳酸氢钠后才发挥杀菌作用；新洁尔灭的杀菌作用是 pH 愈低所需杀菌浓度愈高，在 pH3 时，其所需杀菌浓度较 pH9 时要高 10 倍左右。同时 pH 也影响消毒剂的解离度，一般来说，未电离的分子较易通过细菌的细胞膜，杀菌效果较好。

4. 微生物的种类与数量

同一消毒剂对不同种类和处于不同生长期的微生物杀菌效果不同（表 1-2）。其一般规律是：革兰阴性菌的抵抗力较革兰阳性菌强，老龄菌较幼龄菌抵抗力强，细菌的芽孢的抵抗力较繁殖体强，有荚膜的细菌抵抗力强。例如，一般消毒剂对结核分支杆菌的作用要比对其他细菌繁殖体的效果差；75%的酒精可杀死细菌的繁殖体，但不能杀死细菌的芽孢。因此,消毒时必须根据消毒对象选择合适的消毒剂。另外,还要考虑材料或环境被微化物污染的程度,污染愈重,微生物数量愈多,消毒所需的消毒剂浓度愈高、剂量愈大,消毒所需时间也愈长。

表 1-2   不同微生物对各类消毒剂的敏感性

消毒剂种类	革兰氏阳性菌	革兰氏阴性菌	抗酸菌	有囊膜病毒	无囊膜病毒	真菌	细菌芽孢
季铵盐类	++++	+++	-	++	-		
洗必泰	++++	+++		++			-
醇类	++++	++++	++	++			-
酚类	++++	++++	++	++	-	+	-
含氯类	++++	++++	++	++	++	++	+
碘伏	++++	++++	++	++	++	++	++
过氧化物类	++++	++++	++	++	++	++	++
环氧乙烷	++++	++++	++	++	++	++	++
醛类	++++	++++	++	++	+++	++	++

注:++++表示高度敏感;+++表示中度敏感;++表示敏感;+表示抑制或杀灭;-表示抵抗。

5.环境中有机物的存在

当消毒环境中有粪便、痰、脓汁、血液、脏器及培养基等有机物存在时,消毒剂首先与这些有机物(尤其是蛋白质)结合,会严重降低了消毒剂的杀菌效果。同时有机物还能在微生物表面形成一层保护层,阻止消毒剂与微生物的接触,对微生物具有机械的保护作用。如血清等有机物质能降低季铵盐类的杀菌浓度,严重者可降低其浓度95%以上。注意消毒前应去除物品上附着的有机物质。因此对皮肤及伤口消毒时,要先清创后再消毒;对畜禽舍等应用消毒剂进行消毒前,应事先把粪便、饲料残渣、分泌物等清除干净,可提高消毒效果。另外,在实际消毒时应根据对象选择合适的消毒剂。如受有机物影响较大的消毒剂有升汞、表面活性剂、次氯酸盐、乙醇等。受其影响较小的消毒剂有酚类化合物、生石灰等。

6.消毒剂的相互拮抗

不同消毒剂的理化性质不同,两种或多种消毒剂合用时,可能产生相互拮抗作用,使药效降低。如阳离子表面活性剂新洁尔灭与阴离子表面活性剂肥皂共用时,可发生化学反应而使消毒效果减弱,甚至完全消失;次氯酸盐的作用可被硫代硫酸钠中和;过氧乙酸的作用可被还原剂所中和。这些现象在消毒处理过程中都应避免发生。

(三)常用消毒剂的种类及应用

1.按杀菌能力分类

消毒剂根据其对微生物的杀灭能力可分为三大类:

①高效消毒剂。可以杀灭一切微生物,包括细菌繁殖体、细菌芽孢、病毒、真菌及其孢子等。这类消毒剂又称灭菌剂。常用的有甲醛、戊二醛、过氧乙酸、过氧化氢和环氧乙烷等。

②中效消毒剂。除细菌芽孢外,可杀灭各种微生物。常用的有酒精、酚类、含氯消毒剂和含碘消毒剂。

③低效消毒剂。可杀灭部分细菌繁殖体、真菌和有囊膜病毒,但不能杀灭细菌芽孢、结核杆菌和无囊膜病毒。常用的有新洁而灭、洗必泰、高锰酸钾等。

2. 按化学性质分类

实验室中常用的化学消毒剂按其化学成分不同可分为有酸类、碱类、醇类、醛类、酚类、重金属盐类、表面活性剂、氧化剂、烷化剂、卤素类、染料等,其杀菌作用亦不相同,其作用一般无选择性,对微生物及机体细胞均有一定毒性。一般可根据用途与消毒剂特点选择使用,常见的化学消毒剂见表 1-3。最理想的消毒剂应是杀菌力和穿透力强、价格低、无腐蚀性、不易燃易爆、能长期保存,对人、畜无毒性或毒性较小,易溶解,无残留或对环境无污染的化学药品。

表 1-3 常用化学消毒剂的种类、性质和用途

类别	作用原理	名称	使用方法与浓度
酸类	以 H⁺ 的解离作用妨碍菌体代谢,杀菌力与浓度成正比,破坏细胞壁和细胞膜,凝固蛋白质	醋酸	$5\sim10$ mL/m³ 加等量水蒸发,空气消毒
		乳酸	10% 溶液蒸汽熏蒸或用 2% 溶液喷雾,用于空气消毒
		硼酸	$2\%\sim4\%$ 黏膜消毒,10% 创面消毒
碱类	以 OH⁻ 的解离作用妨碍菌体代谢,杀菌力与浓度成正比,破坏细胞壁和细胞膜,凝固蛋白质	烧碱	用 $2\%\sim5\%$ 的溶液($60\sim70℃$)消毒厩舍、饲槽、用具、运输车船等的消毒。能杀死芽孢本品有腐蚀性,不能用于皮肤、铝制品等的消毒
		生石灰	用 $10\%\sim20\%$ 乳剂消毒厩舍、运动场等的消毒,需现用现配
		草木灰	用 10% 水溶液煮沸 2 h,过滤,再加 $2\sim4$ 倍水,消毒厩舍、运动场等
醇类	脱水作用使菌体蛋白质变性凝固	乙醇	$70\%\sim75\%$ 用于皮肤、术者手和体温计、器械等消毒
酚类	破坏蛋白质结构,引起菌体蛋白和酶蛋白变性失活	石炭酸	0.5% 的石炭酸用作生物制品的防腐剂;$3\%\sim5\%$ 用于器械、排泄物、分泌物等环境消毒
		来苏儿	$3\%\sim5\%$ 用于器械、排泄物的消毒
氧化剂类	使菌体酶类发生氧化而失去活性	过氧乙酸	$0.04\%\sim0.5\%$ 溶液用于污染物品的浸泡消毒,0.5% 用于消毒厩舍、饲槽、车辆及场地等,较强的腐蚀性和刺激性,用 $3\%\sim5\%$ 溶液熏蒸或喷雾消毒密闭的实验室、无菌室及仓库等,一般按 2.5 mL/m³ 用量,相对湿度 $60\%\sim80\%$ 条件下,熏蒸 $1\sim2$ h,适于畜禽舍空气消毒
		过氧化氢	3% 溶液用于创口消毒
		高锰酸钾	0.1% 用于皮肤、黏膜、创面冲洗消毒,$2\%\sim5\%$ 用于器具消毒,也可与福尔马林混合用于空气的熏蒸消毒,需现用现配
重金属类	能与菌体蛋白质(酶)的—SH 基结合,使其失去活性,菌体蛋白变性或沉淀	升汞	本品对金属有腐蚀性,剧毒,应妥善保管。0.01% 的水溶液用于消毒手和皮肤;$0.05\%\sim0.1\%$ 用于非金属器械及厩舍用具的消毒
		硫柳汞	0.1% 皮肤消毒,0.01% 用于生物制品防腐剂
		硝酸银	$0.5\%\sim1\%$ 用于眼科防腐、治疗

续表 1-3

类别	作用原理	名称	使用方法与浓度
卤素类	以氯化作用、氧化作用破坏－SH基,使酶活性受到抑制产生杀菌效果	漂白粉	5%～20%用于厩舍、围栏、饲槽、排泄物、尸体、车辆及炭疽芽孢污染地面的消毒。0.3～1.5 g/L用于饮水消毒。现用现配,不能用于金属制品及有色纺织品的消毒
	卤化菌体蛋白	碘酊	2%～5%注射部位、手术部位的皮肤消毒
		碘伏	0.2%～0.5%用于皮肤及黏膜的消毒
醛类	阻止细菌核蛋白合成,破坏酶蛋白	福尔马林	5%～10%的甲醛溶液用于消毒厩舍、用具、排泄物。用于熏蒸消毒时,每立方米空间用40%甲醛25 mL、高锰酸钾12.5g,水12.5 mL,密闭门窗12～24 h。可用于无菌室、孵化器、畜禽舍室内空气、皮毛及用具的消毒,能杀死芽孢
		戊二醛	1%～2%溶液用于牲畜、环境、器械、水体的消毒,戊二醛效果是甲醛的2～10倍
表面活性剂类	阳离子表面活性剂能改变细菌胞浆膜的通透性,甚至使其崩解,使菌体内的物质外渗而产生杀菌作用;或以其薄层包围胞浆膜,干扰其吸收作用	新洁尔灭(苯扎溴铵)	0.15%～2%用于禽舍空间喷雾消毒;0.1%可用于种蛋消毒(40～43℃ 3 min)0.05%～0.1%洗手、皮肤黏膜、手术器械、玻璃器皿、橡胶用品消毒
		洗必泰(双氯苯双胍己烷)	0.02%水溶液可消毒手;0.05%溶液可冲洗创面,也可消毒禽舍、手术室、用具等;0.1%用于皮肤、手、玻璃器皿、橡胶制品、手术器械的消毒、食品厂器具、设备的消毒
		度米芬(消毒宁)	0.05%～0.1%皮肤创伤冲洗、金属器械、棉织品、塑料、橡皮类物品消毒,对污染的表面用0.1%～0.5%喷洒,作用10～60 min;浸泡金属器械可在其中加入0.5%亚硝酸钠溶液防锈;0.05%溶液可用于食品厂、奶牛场的设备、用具消毒
		消毒净	0.05%～0.1%水溶液用于皮肤和手的消毒,也可用于玻璃器皿、手术器械、橡胶用品等的消毒,一般浸泡10 min即可
烷化剂	蛋白质变性、核酸烷基化	环氧乙烷	在密闭的灭菌器内,800～1 000 mg/m²,55～60℃,相对湿度60%～80%,消毒6 h,适于皮毛、裘皮、电动和光学仪器及医用手套消毒,易燃、易爆且对人和动物有毒性
染料	改变核酸的功能、蛋白质变性,溶于酒精,有抑菌作用,特别对葡萄球菌作用较强	龙胆紫	2%～4%水溶液用于浅表创伤消毒

(四)常用消毒剂的配制方法

(1)75%酒精溶液的配制 用量器称取95%医用酒精789.5 mL,加蒸馏水(或纯净水)稀释至1 000 mL,即为75%酒精,配制完成后密闭保存。

(2)5％氢氧化钠的配制　称取 50 g 氢氧化钠,装入容器内,加入适量常水(最好用 60～70℃热水),搅拌使其溶解,再加水至 1 000 mL,即成,配制完成后密闭保存。

(3)0.1％高锰酸钾的配制　称取 1 g 高锰酸钾,装入容器内,加水 1 000 mL,使其充分溶解即成。

(4)3％来苏儿的配制　取来苏儿 3 份,放入容器内,加清水 97 份,混匀即成。

(5)2％碘酊的配制　称取碘化钾 15 g,装入容器内,加蒸馏水 20 mL 溶解后,再加碘片 20 g 及乙醇 500 mL,搅拌使其充分溶解,再加入蒸馏水至 1 000 mL,搅匀,过滤即成。

(6)20％石灰乳的配制　1 kg 生石灰加 5 kg 水即为 20％石灰乳。配制时最好用陶瓷缸或木桶等。首先称取适量生石灰,装入容器内,把少量水(350 mL)缓慢加入生石灰内,稍停,使生石灰变成为粉状的熟石灰时,再加入余下的 4 650 mL 水,搅匀即成 20％石灰乳。

(五)使用消毒剂的注意事项

(1)应事先对被消毒物或环境清洗或打扫,减少有机物污染,以保证消毒效果。

(2)一定要认真阅读消毒剂的消毒药品的使用说明书,明确用途、用法、注意事项、使用浓度等,根据不同对象采用适当的浓度和消毒时间。

(3)防止病原微生物对消毒剂产生抗药性,可用两种或多种消毒剂配合使用。

(4)配制好的消毒剂放置时间过长,大多数会降低或完全失效,因此,消毒剂应现用现配。

(5)饮水、喷雾消毒不能采用有刺激性、毒性、腐蚀性的消毒剂,否则会造成应激,诱发疫病,腐蚀器具。

(6)做好个人防护,注意安全,配制消毒剂时应戴橡胶手套、穿工作服,严禁用手直接接触,以免灼伤;在消毒时,消毒人员要戴好口罩、护目镜,穿好防护服,防止消毒液损伤皮肤和黏膜,刺激眼睛。腐蚀性或有毒的消毒剂一旦洒在皮肤或眼睛时,应立即用凉水冲洗并及时治疗。

◉ 任务 1-4　病料的采集、保存及运送

【任务描述】

采集检测标本是微生物检测工作的重要内容,对标本进行系统化鉴定,才能获得明确的病原学诊断。病料的采集、保存和送检方法的正确与否,直接决定检测结果的准确性和结论的科学性。采样人员必须是兽医技术人员,而且应熟悉采样器具的使用,掌握正确采样方法。本任务通过病料标本的采集、保存、运送,学会正确病料采集方法,为实验室检测工作奠定基础。

【任务目标】

(1)熟悉病料采集的基本要求;明确病料的采集、保存、运送方法及要求;掌握无菌操作技术。

(2)能够正确地使用采样器具进行病料的采集、保存及运送;能够正确地包装病料,正确地填写采样送检单。

【必备技能】

一、病料采集前的准备

(一)准备试验材料

1. 器械

解剖刀、骨锯、剪刀、手术刀、镊子等解剖器械 1 套、开口器、扁桃体采样器、采样杯及牛鼻钳、猪保定器等动物保定器械。

器械的消毒:采集病料所用的刀柄、刀片、剪刀、镊子等用具可以高压蒸汽灭菌或煮沸30 min,使用前用酒精棉球擦拭,用时进行即时火焰消毒。采取一种病料,使用一套器械与容器,不可用其再采其他病料或容纳其他脏器材料。

2. 样品容器及辅助器材的准备

根据采样要求准备样品容器如灭菌的试管、西林瓶、广口瓶、平皿、塑料离心管(1.5 mL、2 mL、5 mL)、病料保存袋(易封口样品袋、塑料包装袋)等。95%酒精棉球、5%碘酊棉球、解剖盘、酒精灯、火柴、试管架、塑料盒(1.5 mL 塑料离心管专用)、铝盒、无菌棉拭子、吸管、载玻片、一次性注射器(5 mL、20 mL)、真空采血管、软木塞或橡皮塞、胶布、封口膜、封条、纱布、油布或油纸、木箱、保温瓶、带盖泡沫箱或冷藏箱(冰袋)、手电筒、接种环等。

3. 试剂

待检样品保存液、30%甘油盐水缓冲液、pH7.2 PBS 缓冲溶液、肉汤、灭菌 3.8%柠檬酸钠溶液、双抗、消毒药(3%来苏儿、0.01%新洁尔灭、0.5%石炭酸溶液)、95%酒精、生理盐水、灭菌培养基等。

保存液的配制:

①饱和盐水配制。蒸馏水 100 mL,加入氯化钠 38~39 g,充分搅拌溶解后,用滤纸滤过,高压灭菌后备用。

②30%甘油盐水缓冲液的配制。纯甘油 30 mL,氯化钠 4.2 g,磷酸氢二钾 3.1 g,磷酸二氢钾 1.0 g,0.02%酚红 1.5 mL,蒸馏水加至 100 mL,加热溶化,校正 pH7.6,分装于试管中(约 7 mL),高压灭菌后 4℃冰箱保存备用。

③50%甘油磷酸盐缓冲液的配制。氯化钠 2.5 g,磷酸氢二钠 10.74 g,磷酸二氢钠 0.46 g,加蒸馏水 100 mL,溶解后再加入中性纯甘油 150 mL 和蒸馏水 50 mL,混合后,分装成小瓶,经高压灭菌 30 min,4℃冰箱保存备用。

④pH7.4 的等渗磷酸盐缓冲液(PBS)配制。氯化钠 8.0 g,磷酸二氢钾 0.2 g,磷酸氢二钠 2.9 g,氯化钾 0.2 g,加适量蒸馏水溶解后,再定容至 1 000 mL,调 pH 至 7.4,高压消毒灭菌 20 min,冷却后,保存于 4℃冰箱中备用。

⑤10%福尔马林溶液的配制。取福尔马林(40%甲醛溶液)10 mL 加入蒸馏水 90 mL 即成。

⑥棉拭子用抗生素 PBS(病毒保存液)的配制。取上述 pH7.4PBS 液,按要求加入下列抗生素:喉气管拭子用 PBS 液中加入青霉素(2 000 IU/mL)、链霉素(2 mg/mL)、丁胺卡那霉素(1 000 IU/mL)、制霉菌素(1 000 IU/mL)。粪便和泄殖腔拭子所用 PBS 中抗生素浓度应提高 5 倍。加入抗生素后 PBS 应调 pH 至 7.4(用 0.2 mol/L 磷酸氢二钠),采样前分装小塑料

离心管,每管中加 PBS 1.0～1.3 mL,采粪便时在西林瓶中加 PBS 1.0～1.5 mL,采样前冷冻保存。

4.记录用品

不干胶标签、记号笔、签字笔、圆珠笔、采样单(送检单)、采样登记表等。

5.防护用品

口罩、防护镜、一次性手套、乳胶手套、防护服、防护帽、胶靴等。

6.动物

发病畜禽、新鲜病死畜禽(牛、马、猪、兔子或家禽)尸体。

(二)采样人员的准备

需戴口罩、帽子、穿工作服(防护服)、戴手套和雨靴,防止人身感染和人为地扩散病原。

二、方法与步骤

(一)病料的采集

根据采样的目的、检验项目和要求的不同,选择样本的种类,具体采样方法参照 NY/T 541-2002《动物疫病实验室检验采样方法》及有关规定执行。

当进行疫病诊断时,应采集动物的抗凝血、血清及有病变的脏器组织等含病原体量最多的病料。采集样品的大小及数量要满足诊断的需要,以及必要的复检和留样备份;进行免疫效果监测时,每群血清样品应采集 30 份;进行疫情监测或流行病学调查时,采集血清、各种拭子、体液、粪尿或皮毛样品等,采样数量可根据动物年龄、季节、周边疫情情况估算其感染率,然后计算应采样品数量。分活体动物病料的采集和病死动物病料的采集。

1.活体动物病料的采集

对于活的病畜禽,应注意采集其血液、口鼻分泌物、乳汁、脓汁或局部肿胀渗出液、体腔液、尿液、生殖道分泌物和粪便等。

(1)血液样品采集

①血液样品采集原则。

用于细菌检测的血液样品 一般在动物发病初体温升高或发病期(有典型临诊症状)采集,未经药物治疗期间采集,也不应加入任何抗生素或其他抑菌剂。否则应在病料送检单或标签中注明用过何种药物。抗凝剂可用 0.1%肝素或 3.8%枸橼酸钠 0.1 mL,可抗 1 mL 血液或 EDTA 20 mg。

用于病毒检测的血液样品 可于发病初体温升高期间(急性期即症状刚出现,机体尚未产生抗体之前)采集。必要时,为防止细菌污染,可在血液中按每毫升加入青霉素和链霉素各 500～1 000 IU。抗凝剂可用 0.1%肝素或 EDTA,枸橼酸钠不但具有微弱的灭活病毒作用,而且在接种动物时易引起非特异性反应,从而影响病毒的分离效果,一般不用。

用于血清学检测的样品 需采取发病早期和恢复期双份血清比较抗体效价变化的,第 1 份血清尽可能在发病初期立即采取作冻结保存,第 2 份血清采于第 1 份血清后 3～4 周,双份血清同时送实验室。

②血液样品采集方法。

确定采血部位 马、牛、羊常在颈静脉或尾静脉采血,猪在耳静脉(较大的猪)或前腔静脉

（较小的猪）采血，禽从翅静脉（成年）或心脏（雏鸡、成年）采血，兔从耳背静脉、颈静脉或心脏采血，啮齿类动物可从尾尖采血，也可由眼窝内的血管丛采血。

采血的操作步骤　采血过程中应严格保持无菌操作。保定动物后，将动物采血部位的皮肤先剃毛（拔毛），局部用碘酒和75%的酒精常规消毒，待干燥后采血。采血完毕，局部消毒并用干酒精棉球按压止血。

一般用一次性采血器或注射器（禽类用5 mL，猪、牛、羊用10～20 mL），吸出后放入灭菌的试管内，也可用一次性的真空采血管采血。

血液采集的注意事项　应严格遵守无菌操作规程，对所有采血用具、采血部位，均认真进行消毒；采血针头、注射器和试管必须清洁、干燥、无菌，如有水气可引起溶血；怀疑传染病时，采血过程应防止血液流散，检验后的残余血液及所用器皿亦应进行消毒处理；采血完毕，局部消毒并及时止血。

③常见的血液样品的采集。

a. 全血样品采集　常用作细菌或病毒检验样品，血液应脱纤维或加抗凝剂。

采抗凝血方法　用真空采血管或无菌的采血器先吸取灭菌的抗凝剂（3.8%柠檬酸钠溶液或0.1%肝素）1 mL，再从被检动物静脉或心脏吸取血液至10 mL，并立即轻轻地连续摇动，充分混合后注入灭菌的试管或小瓶中。

采脱纤血方法　不加抗凝剂，而将采集的血液加入装有适当小玻璃珠的灭菌瓶内，反复振荡脱去血液纤维蛋白。

采集的血液经加盖密封后贴上标签并写明样品编号、采集地点、动物种类、时间等，以冷藏状态立即送检。若不能立即送检，可置于4℃冰箱中暂时保存，但放置时间不宜过久，以免引起溶血或腐败。

b. 血清样品采集　进行血清学检测的样品通常用血清样品。制作血清样品的血液中不能加抗凝剂和脱纤维处理。为了保证血清的质量，一般情况下空腹采血较好。制备好的血清应是澄清、透明、略带微黄色。猪血清可能会有轻微的红色，是红细胞破碎所致。禽类采血量不得少于2 mL，猪、牛、羊不得少于5 mL。

分离血清的操作步骤：以无菌操作用无菌的采血器抽取被检动物静脉或心脏血液2～10 mL，将采血器的活塞微微拔出一些，使针筒内留有部分空气，然后将一次性采血器倾斜放置或把血液注入无菌的干燥试管中倾斜放置，在室温（25℃）下静置2～4 h（防止暴晒），待血液凝固后自然析出血清。或用无菌剥离针剥离血凝块，放置37℃温箱内1 h，或4℃冰箱过夜，待大部分血清析出后取出血清。

在血清析出比较慢或急需用血清时，将采取的血液置离心管中，直立放置待血液完全凝固后，以低速离心1 500～2 000 r/min离心5～10 min，即可获取大量血清。

将血清移到无菌小试管或小塑料离心管中，密封，贴标签并写明样品编号、采集地点、动物种类、时间等，4℃冷藏保存。须长期保存时，将血清置于−20℃冷冻保存，但不可反复冻融。在采血、运送和分离血清过程中，应防止振荡，过热等，以免引起溶血。在不影响检验要求原则下，也可于每毫升血液中加入3%～5%的石炭酸溶液1～2滴防腐。

血清分离的注意事项　用于分离血清的血液在凝集之前尽量避免振动，以防溶血；装有待分离血清的容器，必须在血液液面上放留有一定量的未占用空间（空气层）；采集的血清根据需要进行保存，冷冻保存的血清应进行分装，尽量避免反复冻融。

c.血液涂片制作 血液涂片可制成两种:一种为薄血片,供显微镜检查用;另一种涂片为厚血片,供细菌分离或接种实验动物用。

可采取末梢耳尖血液、静脉血或心血。取一滴血液样品,滴在已消毒的干燥载玻片上,另取一片载玻片作推片,将推片自血滴左侧向右移动,当血滴均匀地附着在两片之间后再将推片向左平稳地推移(两片呈 30°～45°夹角),推出均匀的血涂片,待其自然干燥后置于载玻片盒或载玻片架中送检。涂片时应操作轻巧,以免损伤细胞。涂片要薄而匀。一般用力轻,推移快,则涂片多较薄;用力重,推移速度慢,则涂片较厚。要求玻片上的一端要贴上标签,注名号码,并另附说明(注明来源,是否固定等)。

d.血浆样品采集 采血试管内先加上抗凝剂(每 10 mL 血加柠檬酸钠 0.04～0.05 g),血液采完后,将试管颠倒几次,使血液与抗凝剂充分混合,然后静止,待细胞下沉后,上层即为血浆。

(2)家禽拭子和羽毛样品采集

①家禽咽喉拭子和泄殖腔拭子采集。

咽喉拭子 取无菌棉签,插入鸡喉头内转动 3 圈,取出,插入特定的保存液(如每毫升含青霉素 2 000 IU、链霉素 2 mg 的 pH 7.4 的 PBS) 1.5 mL 离心管中,每个棉拭子需保存液 1 mL,剪去露出部分,盖紧瓶盖,做好标记。24 h 内能及时检测的样品可冷藏保存,否则应－20℃冷冻保存。

泄殖腔拭子 方法同上,粪便和泄殖腔拭子所用 PBS 中抗生素浓度应提高 5 倍。需要注意的是加入抗生素后 PBS 应调 pH 至 7.4(用 0.2 mol/L 磷酸氢二钠),采样前分装小塑料离心管,每管中加 PBS 1.0 mL,采样前冷冻保存。

②羽毛采集。拔取受检鸡含羽髓丰满的翅羽或身上其他部位大羽,将含有羽髓的羽根部分按编号分别灭菌剪刀剪下收集于灭菌的小试管或 1.5 mL 灭菌的离心管内备用。用时于每管内滴加蒸馏水 2～3 滴(羽髓丰满时也可不加),用玻璃棒将羽根挤压于试管底,使羽髓浸出液流至管口,用灭菌滴管将其吸出。

(3)猪扁桃体和拭子样品采集

a.扁桃体采取 从活体采取扁桃体样品时,应使用专用扁桃体采集器。固定猪只,先用开口器开口,可以看到突起的扁桃体,把采样钩放在扁桃体上,快速扣动扳机取出扁桃体置于灭菌的离心管中,冷藏送检。

b.鼻腔拭子和咽拭子采集 用灭菌的棉拭子在鼻腔或咽喉转动至少 3 圈,采集鼻腔、咽喉的分泌物。蘸取分泌物后,立即将拭子浸入插入带有特定保存液的 1.5 mL 离心管中,剪去露出部分,盖紧瓶盖,做好标记,低温保存。

常用的保存液有含抗生素的 PBS 保存液(pH7.4)、灭菌肉汤(pH7.2～7.4)或 30％甘油盐水缓冲液。若准备将待检标本接种组织培养,则应保存于含 0.5％乳蛋白水解液中。一般每支拭子需保存液 1 mL 。

c.肛拭子采集 采集方法同上,用灭菌棉拭子插入肛门或泄殖腔内采集其内容物和分泌物后,立即将拭子浸入保存液中,密封低温保存。

(4)牛、羊 O-P 液(咽-食管分泌物)和胃液及瘤胃内容物样品的采集

①O-P 液(咽-食管分泌物)采集。O-P 液是从动物食管-咽部刮取的黏膜样品,主要用于检查牛、羊等反刍动物感染口蹄疫及持续带毒状况。被检动物在采样前禁食(可饮少量水)

12 h,以免胃内容物反流污染 O-P 液。采样探杯在使用前经装有 0.2%柠檬酸或 1%～2%氢氧化钠溶液的塑料桶中浸泡消毒 5 min,再用与动物体温一致的清水冲洗探杯后使用,每采完一头动物,探杯要重复进行消毒并充分清洗。采样时动物应站立保定,操作者左手打开牛口腔,右手握探杯,随吞咽动作将探杯送入食道上部 10～15 cm 处,轻轻来回抽动 2～3 次,然后将探杯拉出。如采集的 O-P 液被反刍胃内容物严重污染,要用生理盐水或自来水冲洗口腔后重新采样。取出 8～10 mL O-P 液,倒入含有等量细胞培养液(0.5%水解乳蛋白-Earle 液)或磷酸缓冲液(0.04mol/L,pH7.4)的灭菌广口瓶中,加盖封口充分摇匀,贴上防水标签,并写明样品编号、采集地点、动物种类、时间等,放冷藏箱及时送检,未能及时送检应置于－30℃以下冷冻保存。

②胃液及瘤胃内容物采集。

胃液采集　对于大动物,胃液可用多孔胃管抽取。将胃管送入胃内,其外露端接在吸引器的负压瓶上(吸耳球或注射器等),加负压后,胃液即可自动流出。如是鼠类,需手术剖腹,从幽门端向胃内插入一塑料管,再由口腔经食道将一塑料管插入前胃,用 35℃ pH7.5 左右的生理盐水,以 12 mL/h 的流速灌胃,收集流出液,进行分析。

瘤胃内容物采集　对活体动物,可以在反刍动物反刍时,当食团从食道逆入口腔时,立即开口拉住舌头,另一只手深入口腔即可取出少量的瘤胃内容物。

(5)粪便样品的采集

①用于细菌检验的粪便样品。供细菌检验的粪便,最好是在动物使用抗菌药物之前采集。从体外采集粪便,应力求新鲜。粪便应采取新鲜的带有脓、血、黏液的部分,液态粪便应采集絮状物。

少量采集时,以灭菌的棉拭子从直肠深处或泄殖腔黏膜上蘸取新鲜粪便,并立即投入少量灭菌的 30%甘油盐水缓冲保存液或肉汤(pH7.2～7.4)的试管或指形管内。也可自然排粪后,收集新鲜粪便,无菌的取脓血、黏液、组织碎片部分的粪便 2～3 g,液状粪便取絮状物 2～3 mL,置入无菌的容器内或盛有灭菌的 30%甘油盐水缓冲保存液中或增菌液中,经密封并贴上标签,立即冷藏送检。

采集较多量的粪便时,可将动物肛门周围的污物擦净并消毒后,用器械或用戴上胶手套的手伸入直肠内取粪便,也可用压舌板插入直肠,轻轻用力下压,刺激排粪,收集粪便。所收集的粪便装入灭菌的容器内,经密封并贴上标签,立即冷藏送实验室。室温放置的粪便标本送检不能超过 1 h。

条件允许时,可直接用新鲜肛门拭子涂片镜检或接种适宜的培养基培养。

②用于病毒检验的粪便样品。分离病毒的粪便必须新鲜,采样方法与供细菌检验的方法相同。少量采集时,蘸取粪便棉拭子可投入灭菌的试管内密封,或在试管内加入少量 pH7.4 的保护液再密封;较多量的粪便则可装入灭菌的容器内,经密封并贴上标签,立即冷藏或冷冻送实验室。

(6)生殖道样品的采集　生殖道样品主要包括动物流产排出的胎儿、死胎、胎盘、阴道分泌物、阴道冲洗液、阴茎包皮冲洗液、精液、受精卵等。

①流产胎儿及胎盘。可按采集组织样品的方法,无菌采集有病变组织。也可按检验目的采集血液或其他组织。或将流产后的整个胎儿,用塑料薄膜、油布或数层不透水的油纸包紧,装入冷藏箱,放入冰袋,立即送实验室。

②精液。用人工方法采集,并避免加入防腐剂。

③阴道、阴茎包皮分泌物。可用灭菌棉拭子从深部取样,采取后立即放入盛有灭菌肉汤或pH 为 7.4 的磷酸盐缓冲液等保存液的试管内,冷藏送检。亦可将阴茎包皮外周、阴户周围消毒后,以灭菌缓冲液或汉克氏液冲洗阴道、阴茎包皮,收集冲洗液。细菌学检查也可直接进行涂片镜检。

(7)皮肤样品的采集　用锋利的无菌外科刀刮取病变明显区的边缘部分且带有一部分正常皮肤的部位(病变与健康部位交界处);如有新鲜的水疱皮、结节、痂皮等病变皮肤可直接剪取 3～5 g,放入灭菌试管内送检。

(8)脓汁的采集　用于病原菌检验的样品,应在未进行药物治疗前采取。

①对已破口的肿胀病灶。应消毒破口周围的组织,再用无菌生理盐水除去表层污染的脓汁后,用灭菌的棉拭子蘸取,立即置入灭菌的试管或离心管中,剪去露出部分,加塞密封,做好标记,冷藏保存,及时送检。如脓汁黏稠不宜吸取时,可向脓肿内注入 1～2 mL 灭菌生理盐水或磷酸缓冲液,然后再吸取,操作时,注意勿破坏脓肿壁,以防脓汁扩散。

②对未破溃的肿胀病灶。先在局部剪毛,以碘酒消毒后,酒精棉球擦拭,再以无菌的注射器或吸管吸取脓汁,密封,冷藏保存,及时送检。

(9)尿液样品的采集　动物排尿时,用无菌洁净的容器直接接取中段尿。也可用导尿管无菌的采取患畜尿液 20～30 mL,放入灭菌的容器内立即送检。也可使用塑料袋,固定在雌畜外阴部或雄畜的阴茎下接取尿液。采取尿液,宜早晨进行。标本采集后及时送检,2 h 内接种,不能立即送检时,可置于 4℃冷藏保存,但不得超过 8 h。

(10)关节及胸腹腔积液的采集

①皮下水肿液和关节囊(腔)渗出液。用注射器从积液处抽取。

②胸腔渗出液。取胸水时,牛羊在右侧第 5 肋间或左侧第 6 肋间,马、猪、犬在右侧第 6 肋间或左侧第 7 肋间,穿刺点均在肋骨前缘,胸外静脉正上方,用注射器刺入抽取。穿刺时应注意防止损伤肋间血管和神经。

③腹腔积液采集。取腹水时,牛在右侧腹壁最后肋骨后缘作一垂直线,由膝盖骨向前引一水平线,两线的交点与膝盖骨之间的中点处即为穿刺点。马取腹水的穿刺点定位与牛一样,但在左腹侧。猪、羊取腹水的穿刺点在脐部前方的白线上或白线的两侧。

(11)乳汁的采集　先用温清水冲洗乳房及周围皮毛,再用消毒剂(如 0.1%～0.2%新洁尔灭溶液)清洗并消毒乳房,最后用 70%的酒精擦拭乳头,同时取乳者的手亦应消毒,然后将最初挤出的 3～4 把乳汁弃去,再以灭菌的容器采集 10～20 mL,加塞密封,冷藏保存。进行血清学检验的乳汁不应冻结、加热或强烈震动。用于病毒检测的乳汁可加适量抗生素。

(12)脊髓液的采集　使用特制的专用穿刺针,或用长的封闭针头(将针头稍磨钝,并配以合适的针芯);采样前,术部及用具均按常规消毒。

①颈椎穿刺法。穿刺点为环枢孔。动物应站立或横卧保定,使其头部向前下方屈曲,术部经剪毛消毒,穿刺针与皮肤面呈垂直,缓慢刺入。将针体刺入蛛网膜下腔,立即拔出针芯,脑脊髓液自动流出或点滴状流出,盛入消毒容器内,密封,立即冷藏保存。大型动物一次采集量 35～70 mL。

②腰椎穿刺法。穿刺部位为腰荐孔。动物应站立保定,术部剪毛消毒后,用专用的穿刺针刺入,当刺入蛛网膜下腔时,即有脑脊髓液滴出或用消毒注射器抽取,盛入消毒容器内。大型

动物一次采集量 15～30 mL。

2.病死动物病料的采集

一般情况下,对于采集的常规病料,有临床症状需要做病原分离的,样品必须在病初的发热期或症状典型时扑杀动物采样或有病死的动物立即采集,越早越好,夏天不超过 6 h,冬天不超过 12～24 h,以防尸体腐败影响检验结果。从尸体采样时,先检查,排除炭疽后,才可剖检取材。首先将尸体喷洒或浸泡在适宜的消毒液(3%来苏儿)中,用常规解剖器械剥离死亡动物的皮肤,体腔用消毒的器械剥开,所需病料按无菌操作方法从新鲜尸体中采集。采集有病变的器官组织,要采集病变和健康组织交界处,先采实质脏器,如心、肺、肝、脾、肾、淋巴结,后采集腔肠等污染的脏器组织,如胃、肠、膀胱等。剖开腹腔后,注意不要损坏肠道。取材时应根据不同疫病或检验目的,无菌采集相应病料。肉眼难以判定病因时,应全面系统采集病料。

(1)实质脏器的采集　不同的检验目的样品要求不同,采集的方法也有差异。

①用于细菌分离样品的采集。用于细菌检测的样品,剖开胸腹后立即无菌操作采取新鲜实质脏器。如遇尸体腐败,某些疫病的致病菌仍可采集于长骨或肋骨,从骨髓中分离细菌。先采集小的实质器官如脾、肾、淋巴结,小的实质器官可以完整的采取。大的实质脏器如心、肺、肝等,可采集有病变的部位 1～2 cm³ 小方块即可,要采集病变和健康组织交界处,无病变时也要采集。应先用烧红的刀片烧烙脏器表面,或用酒精棉火焰灭菌后,在烧烙过的组织深部取一块实质脏器,采集所有脏器应分别放入灭菌容器(试管、平皿)内或一次性灭菌封口塑料袋内,密封,贴上标签,注明编号、日期、组织或动物名称,注意防止组织间相互污染。立即冷藏运送到实验室。必要时也可以作暂时冻结处理,但冻结时间不宜过长。

若有条件则可直接涂片镜检或细菌分离培养。首先以 95%酒精棉球点燃后在脏器的表面烧灼消毒或烧红的刀片烫烙脏器的表面,然后用灭菌的刀片作一切口,以灭菌接种环伸入孔内组织中缓慢转动,取少量组织或液体,也可直接用灭菌的镊子夹取脏器新断面,作涂片或触片镜检或划线接种到适宜的培养基上进行培养。培养基可根据不同情况而进行选择,一般常用鲜血琼脂平板、普通琼脂平板或营养琼脂平板培养等。

②用于病毒检测样品的采集。用于病毒检测的样品,必须用无菌技术采集。可用一套已消毒的器械切取所需脏器组织块,每取一个组织块,应用火焰消毒剪镊等取样器械,组织块应分别放入灭菌容器内并立即密封,贴上标签,将采取的样品放入冷藏容器立即送实验室。如果运送时间较长,可作冻结状态,也可以将组织块浸泡在 50%磷酸甘油缓冲液或 pH7.4 乳汉氏液或磷酸缓冲肉汤保护液内,并按每毫升保护液加入青霉素、链霉素各 1 000 IU,然后放入冷藏瓶内送实验室。

③用于病理组织学检验样品的采集。做组织学检验的组织样品,必须保持新鲜。样品应包括病灶及临近正常组织的交界部位,若同一组织有不同的病变,应分别各取一块。用锋利的刀具切取 1 cm×1 cm 组织块。取材后立即放入 10 倍于组织块的 10%的福尔马林溶液中固定。组织块厚度不超过 0.5 cm,切成 1～2 cm²(检查狂犬病则需要较大的组织块)。组织块切忌挤压、刮摸和水洗。如作冷冻切片用,则将组织块放在 0～4℃容器中,尽快送实验室检验。如作冷冻切片用,则将组织块放在 0～4℃容器中,尽快送实验室检验。

(2)液体病料的采集

①胸腹水、心包液、脓汁、脑积液、胆汁、关节液及水疱液等采集。用烫烙法或酒精棉球火焰消毒采样部位表面后,一般用灭菌的注射器或吸管经烫烙部位插入吸取,也可用灭菌的棉棒

蘸取,采取后分别注入无菌的试管内,塞好胶塞4℃冷藏送检。条件允许时可直接无菌操作取液体病料涂片镜检或接种适宜的培养基。

水疱性传染病如口蹄疫、猪水疱病等,用灭菌注射器吸出后装入灭菌小瓶中(可加适量抗菌素),至少1 mL,加盖并用胶带封口,严防进水,4℃冷藏或冷冻保存。注意:水疱样品采集部位可用清水清洗,切忌使用乙醇、碘酒等消毒剂消毒、擦拭。除了水疱液外,还可剪取小块疱皮3～5 g置灭菌小瓶内,加适量(一般2倍体积)50%甘油磷酸盐缓冲液(pH7.4),加塞塞紧并用胶带封口,贴上标签,一并送检。

②血液的采集。对死亡动物通常采取心血,一般在右心房采集血液(血凝块)。方法是先用烧红的剪刀烙烫心肌表面,然后用灭菌的外科手术刀自烙烫处刺一小孔,再用灭菌的吸管或采血器在烫烙处插入吸取血液,置于无菌试管或小瓶中。普通注射器也可用以采血,但针头要粗些。血液也可制成涂片干燥后或接种适宜的培养基送检。

(3)畜禽肠管及胃肠内容物样品的采集

①肠管的采集。将欲采取肠管(病变最明显的部分)5～10 cm的两端用线扎后,自扎线外侧剪断,放在灭菌的容器内保存,冷藏送检。也可将病变的肠管直接剪下,将其中内容物弃去,用灭菌生理盐水轻轻冲洗后放入盛有灭菌的30%甘油盐水缓冲液容器内保存送检。

②肠管内容物的采集。选择肠道病变明显部位,用烧红的手术刀片烧烙肠壁表面,用吸管扎穿肠壁,从肠腔内取内容物,将肠内容物放入盛有灭菌的30%甘油盐水缓冲液中送检。

③胃内容物的采集。胃表面用烧红的刀片烫烙消毒或用酒精棉火焰灭菌后,用灭菌的吸管或注射器吸取内容物,放入灭菌的容器内保存送检。有时可将胃的两端扎好剪下,放在灭菌的容器内,全胃送检。采取后应急速送检,不得迟于24 h。

(4)皮肤样品的采集 死后的动物皮肤样品的采集,用灭菌的剪刀和镊子采取病变明显区的边缘且带有一部分正常部位的皮肤(约10 cm×10 cm),放在灭菌的密闭容器中或保存在灭菌的30%甘油磷酸盐缓冲液或10%饱和盐水保存液容器内送检。

供病原学检验的皮肤样品,剪取后应放入灭菌容器内,加适量pH7.4的50%甘油磷酸盐缓冲液,可加适量抗生素,加盖密封后,尽快冷冻保存。

(5)淋巴结的采集 直接用剪刀剪下整个病变的淋巴结,置于灭菌的容器或一次性封口塑料袋内封好编号。采集病变组织器官相邻近的淋巴结时,应与周围组织一起采集,并尽可能多采几个。若采集胃肠道附近的淋巴结时,须防止损坏胃肠道,以免胃肠内容物污染淋巴结。凡污染的淋巴结及内脏实质器官病料,应废弃重新采集。

(6)脑组织的采集 主要做病理学和病毒学检查。可将全脑取出纵切两半(疯牛病检测用全脑),一半放入10%福尔马林溶液瓶内供组织学检查和电镜检查用,另一半放入盛有灭菌的50%甘油盐水缓冲液瓶中送检供微生物检验用。或将整个头部割下,泡入浸过5%石炭酸或0.1%升汞消毒液的纱布中,置于不漏水的容器内保存送检。

(7)其他病料的采集

①生殖器官的采集。母畜应分别采集子宫、胎盘等病变部位的组织及其分泌物。公畜采集睾丸及附睾,分别放入灭菌容器中送检。

②死胎、流产胎儿的采取。可将整个尸体用塑料薄膜、油布或数层不透水的油纸包裹,装入冷藏箱(放入冰袋)或不透水的容器内立即送往实验室。

③小家畜及家禽。将整个尸体装入不透水塑料袋内,装入有冰袋的冷藏箱内,立即送往实

验室。

④如遇动物尸体已经腐败,可采集长骨或肋骨,从骨髓中检查某些疫病的致病菌。

(二)病料的保存

病料必须保持新鲜,避免污染、变质。病料正确的保存方法,是病料保持新鲜或接近新鲜状态的根本保证,是保证检测结果准确无误的重要条件。因此,病料采集后应尽快(夏季不超过 12～24 h,冬天不超过 2 d)送至实验室进行检测。如不能及时进行检测或送往外地检验时,应立即放入 4℃冰箱冷藏保存或加入适量的保护剂使病料尽量保持新鲜状态,妥善密闭保存,防止病原外泄,又要防止病料腐败或污染其他杂菌。

1.血清学检验材料的保存

一般情况下,血清采取后放入离心管或小瓶中应尽快冷藏(带冰块冷藏箱)送检。血清标本 4℃存放(1 周),长时间保存置-20℃以下冷冻保存。注意不要反复冻融。如远距离送检,为了防腐,可在血清中加入青、链霉素。除了做细胞培养和试验用的血清外,其他血清还可每毫升血清中加入 3%～5%石炭酸生理盐水溶液 1～2 滴,也可加 0.08%叠氮钠或者 0.01%硫柳汞防腐,包装好后运送。一般使用量为每 10 mL 加 0.1 mL 防腐剂。另外,还应避免使样品接触高温和阳光,同时严防容器破损。

2.实质脏器的保存

(1)4℃冷藏保存 实质器官组织病料采集后应分别放入无菌的容器或一次性封口塑料袋内,密封,贴上标签,可 4℃冷藏保存立即送实验室。在短时间内能送到检验单位的,可将病料的容器放在装有冰块的保温瓶内送检。

(2)保存液保存

①供细菌学检查用的病料,短时间不能送到的,可放入灭菌的液体石蜡或饱和盐水或 30%甘油盐水缓冲液中,容器加塞密封低温下保存送检。

②供病毒学检查用的病料,短时间不能送到的,应放入灭菌的 50%甘油磷酸盐缓冲液(含复合抗生素)容器内密封低温下保存送检。若要较长时间保存,可作冻结状态,一般要保存于-70℃以下,忌置于-20℃,因为该温度对有些病毒活性有影响。

③供病理组织检验用的病料。采取的病料通常使用 10%福尔马林固定保存。冬季为防止冰冻可用 95%酒精,固定液用量须为标本体积的 10 倍以上。如用 10%福尔马林溶液固定组织时,经 24 h 应重新换液一次。神经系统组织(脑、脊髓)需固定于 10%中性福尔马林溶液中,其配制方法是在福尔马林液的总容积中加 5%～10%碳酸镁,用 PBS 配制即可。在寒冷季节,为了避免病料冻结,在运送前,可将预先用福尔马林固定过的病料置于含有 30%～50%甘油的 10%福尔马林溶液中。

3.液体病料的保存

黏液、渗出物、胆汁、血液等,收集在灭菌的小试管或青霉素瓶中,密封后用纸或棉花包裹,装入较大的容器中,再装瓶(或盒)送检。

用棉拭蘸取的鼻液、脓汁、粪便等病料,应将每支棉拭剪断,投入灭菌试管或小离心管内,立即密封管口,包装送检。

若不能在短时间内送到检测室,将装病料的容器放入盛有冰块的广口保温瓶(冰瓶)或冷藏箱中在冷藏条件下运送(尤其在夏季),但要防止结冰。

病毒检测的液体病料和拭子采集后可直接加入一定量的青霉素和链霉素或其他抗生素、

制霉菌素以防细菌和霉菌的污染。

(三)病料的记录、包装与运送

1.病料的记录和采样送检单的填写

在病料采取前和采取过程中都要将所观察到的变化做好详细记录,采样完毕后,每种病料要附以详细标签;采样人员应详细填写好采样单或送检单。

采样单要一式三份,应用钢笔或签字笔逐项填写,一份自己存档备案,两份寄往检验单位,检验完毕后,一份寄回,另一份检验单位存档备案。样品标签和封条应用圆珠笔填写,保温容器外封条应用钢笔或签字笔填写,小塑料离心管上可用记号笔做标记。应将采样单和病史资料装在塑料包装袋中,并随样品送实验室。样品信息至少应包括以下内容:主人姓名和畜禽场地址;饲养动物品种及数量;被感染动物或易感动物种类及数量;首发病例和继发病例的日期;感染动物在畜禽群中的分布情况;死亡动物数和出现临床症状的动物数量及年龄;发病动物的主要临诊症状及其持续时间,包括口腔、眼睛和腿部情况,产奶或产蛋记录,死亡情况和时间,剖检变化,免疫和用药情况等,采样人和被采样单位签章。

送检单的内容包括发病动物种类、性别、日龄、送检病料种类和数量、检验目的、保存方法、死亡时间、送检日期,并附临床病例摘要(如发病日期、死亡情况、临诊症状、免疫和治疗情况等),要求做何种试验或检测,送样单位名称和联系人的姓名、地址、邮编和电话等,以供检验人员综合分析用。

2.病料的包装

(1)每个样品应单独包装,在样品袋或玻璃容器密封(用胶布或封箱胶带固封,必要时再用熔化的石蜡封口)后,外粘贴详细标签,注明样品来源、名称、样品编号、采样日期等,再将各个样品放到塑料包装袋内或其他容器内,然后用柔软且具有良好吸水性的物品包裹,再放入加有冰块的冷藏箱(瓶)中迅速送检,冰块不能直接接触病料,防止冻结。

(2)拭子样品和血清样品的小塑料离心管应放在特定塑料盒内。若血清样品装于小瓶时应用铝盒盛放,盒内加填塞物避免小瓶晃动。

(3)外包装袋、塑料盒及铝盒应贴封条,封条上应有采样人签章,并注明贴封日期,标注放置方向,切勿倒置。

(4)制成的涂片、触片等玻片上注名号码,并另附说明。玻片之间应垫以火柴棒,并把最上面一张反扣,使涂面向下,防止玻片间相互磨蹭,两端用细线或皮套扎好,最后用厚纸包好,或放在玻片盒内在保证不被压碎的条件下运送。

(5)当怀疑为危险传染病(炭疽、口蹄疫等)的病料时,应将盛病料的器皿置于金属匣内,将匣焊封加印后装入木匣寄送。

3.病料的运送

(1)包装好的样品应置于保温的容器中运输,保温容器应密封,防止渗漏。一般使用保温箱或保温瓶。保温容器外贴封条,封条有贴封人(单位)签字(盖章),并注明贴封日期。

(2)所采集的样品以最快最直接的途径由专人送往实验室。拭子样品和组织样品应作暂时的冷藏或冷冻处理,然后运送。如果样品能在采集后 24 h 内送抵实验室,则可放在 4℃左右的容器(带冰块冷藏箱)中运送。只有在 24 h 内不能将样品送往实验室并不致影响检验结果的情况下,才可把样品冷冻,并以此状态运送。根据试验需要决定送往实验室的样品是否放在保存液中运送。运送途中避免接触高温和阳光。

(3)邮寄病料时,需用木箱包装,容器上下及周围应充分填塞棉花、废纸、锯末等填充物,在箱外标明上下方向,最好以箭头注明,并写明"病理材料"、"小心玻璃"等标记。

(4)送检人员在送检病料同时,应了解病料的来源及疫病流行等情况,同时要携带两份病料采样单或送检单送往检验室。

(5)样品送到实验室后,应按有关规定冷藏或冷冻保存。须长期保存的样品应置超低温冷冻(−70℃或以下为宜)保存,避免反复冻融。实验室接收样品负责人应检查样品是否符合检验要求并填写接受样品登记表,内容包括:样品编号;送样单位;送样日期;地址及电话;畜禽种类、日龄、现存栏;样品名称、数量及包装;送检目的;临床表现;有关免疫情况;报告索取方式(自取或邮寄的地址、收件人或单位、邮编);送检人和接收样品人签字等。

(四)注意事项

(1)采集微生物检查病料时,要严格按照无菌操作进行,做好自身防护,严防人畜共患病感染,同时避免污染环境并严防散布病原,做好环境消毒和病害肉尸的处理。

(2)采样刀剪等器具和样品容器须无菌。容器必须完整无损,密封不漏出液体。标本容器可以是玻璃的,但最好使用塑料制品。如选用塑料容器,能耐高压的经高压灭菌,不能耐高压的经环氧乙烷熏蒸消毒或紫外线距离 20 cm 直射 2 h 后使用。采取一种病料,使用一套器械与容器,不可用其再采其他病料或容纳其他脏器材料。

(3)所有样品都要贴上详细标签。

(4)根据检验样品形状及检验目的选择不同的容器,一个容器装量不可过多,尤其液态样品不可超过容量的 80%,以防冻结时容器破裂。

(5)装入样品后必须加盖,然后用胶布或封箱胶带固封。如是液态样品,在胶布或封箱胶带外还需用熔化的石蜡加封,以防液体外泄。

(6)病死动物要在隔离区(下铺塑料布)或实验室剖检、采样,采样后的动物尸体、废弃物等进行烧毁、高压蒸汽灭菌或深埋等无害化处理。

(7)采样结束,采样人员需更衣消毒,对采样的环境进行清洁消毒。采过病料的刀、剪、镊子等金属用具,应先在 5% 石炭酸中消毒后肥皂水清洗,再用清水洗净擦干,防止生锈。

【相关知识】

兽医实验室的主要工作是从发病动物标本中分离出病原体并进行准确鉴定,为临床提供感染性疾病的诊断信息。在动物病原体检测时,正确掌握病料的采集方法,能及早发现动物疫病,并采取相应措施,以达到预防和扑灭动物疫病的目的。

一、病料采集的基本要求

(一)安全采样

由于许多动物疫病如炭疽病、布鲁氏菌病、链球菌病等都是人畜共患病,感染后会引起严重后果,所以采样人员要做好安全防护工作,既要防止病原外泄污染周围环境和疫病传播,做好环境消毒和废弃物的处理,又要做好个人防护,预防人畜共患病感染。剖检取材之前,应先对病尸的来源、病史、症状、治疗经过及死亡前表现等进行详细了解,并仔细检查尸体的表现特征,注意天然孔、皮肤、黏膜有无异常变化,为剖检时采集病料提供依据。凡发现患病动物(包括马、牛、羊及猪等)有急性死亡时,如怀疑是炭疽(如突然死亡、皮下水肿、天然孔出血不凝、尸僵不全、尸体迅速膨胀等)时,禁止剖检,必须采样时,须征得省级动物防疫监督机构同意,在实施严格的人员防护和其他安全措施的前提下,可采末梢血管采血如耳静脉作涂片镜检,排除炭疽后,才可剖检取材。采完病料后,将剖检的尸体焚烧、高压蒸汽灭菌或浸入消毒液中过夜,次日取出做深埋处理。剖检场地应选择易于消毒、不渗水的地面或台面,如水泥地面等,最好有专门的剖检场所和剖检台。剖检后操作者、场地及用具都要进行彻底消毒或灭菌处理。

无实验室条件的,也可在尸体掩埋地点进行采样,先在地上挖一深坑,坑旁铺上垫草,尸体可放在垫草上解剖。剖检取料后,彻底做好尸体、垫草、污染物的掩埋和消毒工作,以防病原体扩散。

(二)无菌采样

采集病料要求进行无菌操作,减少病料污染。所有刀、剪、镊子等器械、容器及其他物品均需事先灭菌处理,避免对病料的污染,影响检验结果。一般要求使用"一次性"针头和注射器。采样用具、容器固定专用,一件器械只能采集一种病料,否则必须经过酒精擦拭、火焰消毒后,才能采集另一种病料,采过病料的用具应先消毒再清洗;采取的病料应分别装入不同的灭菌容器内且要立即密封,不能将多种病料或多头畜禽的病料放置在一起,避免病料间的交叉污染。在采集病料时也要防止病原菌污染周围环境及造成人的感染。因此在尸体剖检前,首先将尸体浸泡在适宜的消毒液中浸泡消毒,打开胸腹腔后,以严格的无菌操作采集病料,采样时应从胸腔到腹腔,先采实质脏器如心、肝、脾、肺、肾,最后采集污染的器官组织,如胃、肠、膀胱等。

应先取病料以备细菌学检验(先分离培养,后涂片染色镜检),然后再进行病理学检查及检验材料的采取,并尽可能减少病料在空气中暴入的时间,避免空气中微生物污染病料。

(三)适时采样

选择适当的采样时机十分重要,污染、腐败的都不适合检验用,必须采取新鲜的病料。病料最好在病初的发热或症状典型时采样;一般采集于濒死期或刚刚死亡的动物。若是采集死亡动物病料时,原则上越早越好,动物死亡后立即采集病料,夏天不宜迟于 6 h,冬天不迟于 24 h,以防尸体腐败影响检验结果。取得病料后,应立即送检。如不能立刻进行检验,应立即存放于冰箱中冷藏保存。若需要采动物血清测抗体,最好采发病初期和恢复期两个时期的血清,血液样品在采集前一般禁食 8 h。

(四)合理取样

不同的疫病要求采集不同的病料,应按可能的疫病要求侧重采样;对未能确定为何种疫病的,应全面采样或根据临床症状和病理变化有所侧重。细菌病料应选择症状和病变典型的病例,必须采自含病原菌最多的病变组织或脏器,应尽可能齐全,这样不仅避免漏检,还可提高病原菌的分离阳性率。

如有败血症病理变化的,则应采心血和淋巴结、肝、脾、肾等;有神经症状者,应采取脑、脊髓或脑脊液;有腹泻症状者,可采取肠管及肠内容物;有黄疸、贫血症状者,可采集肝、脾等;此外,还可选取有病变的器官如坏死组织、脓肿病灶、局部淋巴结及渗出液等材料送检。一般情况下,常采集心血、肝、脾、肾、淋巴结等作为被检材料。

如有多数动物发病,取材时应选择症状和病变典型、有代表性的病例,最好能选送未经抗菌药物治疗的病例,小家畜、幼畜、家禽等可选择典型病例生前活体送检,或整个尸体送检。另外,如疑有厌氧菌感染采集标本时需要特别注意避免接触氧气,应在厌氧或空气隔绝的条件下采集并立即送检。

(五)适量采样

采集的病料不宜过少,以免在送检过程中细菌因干燥而死亡。按照检疫规定要求,采集病料的数量要满足检疫检验的需要,并留下复检使用的备用病料。病料的采集量至少是检测需要量的 4 倍。

另外,有条件做细菌鉴定的场合,在尸体剖开后可先进行涂片及细菌培养,然后采样。

二、检测、诊断样品的种类

检测、诊断样品的种类繁多,主要包括血液样品、脏器样品、分泌物及排泄物样品等。

(一)血液样品

血液样品分为两类,一类是添加抗凝剂,制备的血液样品为全血;另一类是不添加抗凝剂,制备的血液样品为血清。

(二)脏器样品

脏器样品包括心、肝、脾、肺、肾、淋巴结、扁桃体、皮肤、肠管、脑、脊髓等。

(三)分泌物及排泄物样品

这类样品包括泄殖腔拭子、咽喉拭子、鼻腔拭子、胆汁、唾液、乳汁、粪便、水疱液、眼分泌物、尿液、胸水、腹水、心包液和关节囊液等。

(四)其他样品

包括骨骼、胎儿、生殖道样品(胎儿、胎盘、阴道分泌物、阴道冲洗液、阴茎包皮冲洗液、精液、受精卵)、胃肠内容物等。

随着养殖业的发展,动物疫病呈现出了多样化,为了及时掌握动物疫情,应了解主要动物疫病的检测、诊断采样部位。主要动物疫病检测、诊断样品的采集部位见表 1-4。

表 1-4 主要动物疫病检测、诊断样品的采集部位

病名	病料的采取部位		备注
	生前	死后	
炭疽	濒死期末梢血液或作全血涂片、炭疽痈的浮肿液或分泌物	血液或脾脏(血片)、浮肿组织、耳朵	防止感染和散菌
恶性水肿	患部水肿液	肝脏及患部水肿液	
巴氏杆菌病	血液(全血)、并涂血片数张	脾、心血、肝、肺、胸腔积液,及涂片数张	
结核病	乳汁、痰液、粪便、尿、精液、阴道分泌物、溃疡渗出物及脓汁	有病变的肺和其他脏器各两小块,分别作微生物学检查和病理组织学检查	防止感染和散菌
布氏杆菌病	血清、乳汁供血清学检查;整个流产胎儿,或胎儿的胃,羊水,胎衣坏死灶;精液供细菌学检查		防止感染和散菌
家畜沙门氏杆菌病	发热期血液、粪便、关节液、脓汁、阴道子宫分泌物和胎衣胎儿	血液、肝、脾、肾、肠淋巴结、胆汁	

续表 1-4

病名	病料的采取部位		备注
	生前	死后	
猪丹毒	急性病例采血液(耳静脉全血),亚急性病例采皮肤疹块及其渗出液,慢性病例采病关节滑囊液	心血、肝、脾、肾、淋巴结、心瓣膜赘生物,尸体腐败时取管骨	防止感染
猪萎缩性鼻炎	鼻腔深部黏液,供细菌学检查	甲骨或猪头,供病理学检查;鼻腔深部黏液,供细菌学检查	
气肿疽	患部水肿液	血液、肝、脾、胆汁	防止散菌
副结核病	粪便、直肠黏膜刮取物,并涂片数张	有病变的肠(盲肠)和肿大的肠系膜淋巴结各两小块	
葡萄球菌病	肿胀的脚垫、关节脓肿液、伤口渗出液	肝、脾、血液、脓肿液、渗出液	
羊快疫类疾病和羔羊痢疾		小肠内容物,供毒素检查;肝、肾及小肠,供细菌学检查	
马腺疫	下颌破溃脓肿的脓汁和鼻腔深部的黏液	有病变的内脏组织及脓汁	
鸡白痢	全血,供全血凝集反应;粪便,供细菌学检查	雏鸡心血、肝、脾、肾、未吸收的卵黄,成鸡心血、肝、胆汁、脾、变形卵巢	
禽伤寒	全血、粪便	肝、脾、胆囊	
家禽支原体	鼻、咽、气管分泌物	肺、气管黏膜	
鹦鹉热	全血、眼结膜分泌物、粪便、泄殖腔拭子	气囊、肝、脾、心包、肾、腹水	
衣原体病	阴道、子宫分泌物、流产胎儿、胎盘、粪、乳汁	胎儿、胎盘、肺、关节液、脑脊液	
口蹄疫和水泡病	发热期全血、水疱皮、水疱液、O-P、口腔分泌物和咽喉棉拭子	水疱皮、水疱液	严防散毒
狂犬病	唾液	未剖开的头或新鲜大脑	
猪瘟	发热期血液、扁桃体组织、血清	扁桃体、脾、肺、肾、淋巴结、血液、回肠末端、流产胎衣	
猪繁殖与呼吸综合征	哺乳仔猪血液	脾、肺、新鲜死胎、弱仔、胸腔积液、扁桃体	
猪传染性胃肠炎	粪便	小肠	
牛病毒腹泻-黏膜病	全血、粪便	肠黏膜、淋巴结、耳部皮肤	
牛流行热	全血	脾、肝、肺	
羊痘	血液、未化脓的丘疹	淋巴结、新鲜病变组织、水疱液	
禽流感	发病初期采全血、咽喉拭子、泄殖腔拭子,后期采集新鲜粪便	气管、肺、脑、脊髓、肾、喉头、肝、脾、肠管及肠内容物	严防散毒
鸡新城疫	发病初期采全血、咽喉拭子、泄殖腔拭子,后期采集新鲜粪便	气管、肺、脑、脊髓、肾、喉头、肝、脾、肠管及肠内容物	

续表 1-4

病名	病料的采取部位		备注
	生前	死后	
传染性法氏囊	血液、泄殖腔拭子	法氏囊、脾、肾、肠道黏膜	
鸡马立克氏病	全血、腋下羽毛的毛根、血清	肿瘤组织、腰荐神经	
鸡传染性喉气管炎	鼻气管分泌物	鼻气管分泌物、气管黏膜	
产蛋下降综合征	全血、粪便	肝、胰、气管、肺、肠内容物、输卵管、畸形蛋、变性卵泡	
禽痘	水疱皮、水疱液	口、鼻、咽、食道、气管、黏膜的结节,病变组织	
鸭瘟	鼻、咽分泌物,全血、粪便	肝、脾、病变组织	

三、样品采集生物安全与防范措施

兽医生物安全有两方面的含义:一是减少或消除兽医工作人员受到感染和污染的可能性,在采样、检测过程中,接触的动物或样品有可能带有人畜共患病原,如牛羊布鲁氏菌、狂犬病病毒等,时刻威胁着工作人员的健康。如果没有个人防护知识、必要的防护措施和良好的操作技术规范,很可能造成人员的感染。二是采样、检测过程中的废弃物处理、无害化处理等,保护环境安全,否则都可能引起散毒。因此,必须高度重视动物采样过程的生物安全工作。

在兽医科研和诊断检测工作中,动物试验和样品采集是不可缺少的必须进行的工作。

(一)采样生物安全隐患

活体采样时动物的自身活动可能产生新的危害,如抓咬伤工作人员;工作人员操作不小心或正在使用的器材设备等引起,如刀片割破、针头刺伤等;动物中也可能有隐性感染病,可污染环境,工作人员和其他有关人员不知不觉地吸入动物发散的气溶胶,都有可能造成严重后果;病死动物所带病原的复杂性、未知性,解剖采样过程中可能会对工作人员构成威胁,对环境造成污染(污水、血液)及对周围的动物构成威胁。

(二)采样的生物安全措施

为了保护工作人员、合作者和当地公众免于受到感染,严谨的操作技术规范是必不可少的。尽管我们不断面对新出现的疾病,并且由于一些 21 世纪新技术的使用,使疾病可能出现了新的传播方式,但是接触传染性因子的基本途径以及这些传染性因子进入人类身体的方式并没有改变。病原体只能以相对来说很少的途径侵入人类身体。将这些侵入位点保护起来,是实现生物安全和控制感染的预防性方法。

(1)重大动物疫病没有允许禁止采样,怀疑炭疽时首先采耳尖血涂片检查,确诊后禁止剖检。

(2)采样人员必须是兽医技术人员。具备动物传染病感染、传播流行与预防的相关知识,熟练掌握各种动物的保定技术和各种采样技术。

(3)采样协助人员培训。当相关工作人员在与动物接触时,应该学会避免不必要的风险,工作人员应根据其工作地点具有的风险性接受相应的培训,所有的人员也都必须了解采样的动物可能带有疫病与人畜共患病,以及可能的感染与传播方式。工作过程中出现的异常情况处置,以及个人卫生和其他方面的知识。

　　(4)操作规范。可以作为一条规则的是,生物安全是建立在接受过培训的人员认真履行安全准则的基础上的。

　　健康采样与免疫基本相近,但与动物接触时间更长、更密切,如果是病死动物的采样,感染和扩散的风险更大,防护、操作更要严格。同时还要保护样品质量和生物安全。

　　①健康采样时遵守出入养殖场(户)的隔离消毒措施,防止通过免疫人员的活动造成疫病传播,由于各养殖场动物的免疫、抵抗力不同,可能在一个场有动物隐性带毒不发病,一旦人为机械带入另一个养殖场,可能引起动物感染发病和流行。因此,出入养殖场必须更换隔离服和手套并做好胶靴消毒。如果是发病场更应严格。

　　②进入养殖场,首先观察动物是否健康,一是动物发生某些疫病时,可能产生对人的攻击行为,如奶牛狂犬病、疯牛病等。

　　③尽可能使用物理限制设备,保定动物,既保证人的安全,也保证样品的质量。

　　④做好采样器械的消毒,避免样品的交叉污染。

　　⑤对动物进行保定,做好人员防护,防止出现针刺伤风险。

　　⑥尖锐物品处理,注射用针头、刀片一旦使用完毕,必须立刻投入尖锐物品箱内以待处理。

　　⑦病死动物要在隔离区(下铺塑料布)或实验室剖检、采样,采样后的动物尸体、废弃物等进行烧毁或深埋等无害化处理。

　　⑧采样结束,采样人员需更衣消毒,对采样的环境进行清洁消毒。

　　(三)样品的包装的生物安全

　　包装要求有三项基本原则:第一,确保物品,不打碎容器也不漏到容器内。第二,即使在容器打碎的情况下,确保物品不会漏出。第三,贴标签(说明何种物品)。

　　具体包装要求可参照农业部第503号公告《高致病性动物病原微生物菌(毒)种或者样本运输包装规范》。

项目二　细菌感染的实验室检测

▲【项目描述】

　　畜禽细菌性传染病除少数如破伤风等可根据流行病学、典型临床症状做出诊断外，多数还需要借助尸体剖检病理学检验初步诊断，确诊则需在临床诊断的基础上进行实验室检测，确定感染病原细菌的存在或检出特异性抗体。细菌感染的实验室检测需要在正确采集病料的基础上进行，常用的方法有：常规细菌学检测（细菌的形态学检查、细菌的分离培养、细菌的生化试验、动物接种试验、细菌的药物敏感试验）、免疫学检测（细菌的血清学试验、传染性变态反应检测）、分子生物学检测的方法等。本项目通过临床畜禽常发生的具体病例，按照工作过程进行病原细菌感染的实验室检测，为今后从事畜禽的饲养和诊断、防治细菌感染性疫病的发生奠定坚实基础。

▲【学习目标】

　　熟悉细菌感染的实验室检测方法；掌握细菌的形态学、生理学、免疫学与检测有关知识，认识常见的动物病原菌的生物学特性、致病性、微生物学检测方法及其防治措施；掌握无菌操作技术。能够正确进行细菌感染病料的采集、形态学鉴定、分离培养和生化特性鉴定、致病力的鉴定、药敏敏感性鉴定；能够利用血清学试验和变态反应试验检测细菌感染性疾病，并能用实验结论指导生产，提出正确的防治措施。

　　培养学生独立工作能力和团队合作意识，培养观察、分析问题和解决问题的能力，严格按照操作规程操作，树立较强的无菌观念，具备良好的微生物检测实验室安全防护意识和环境保护意识。

◎ 任务 2-1　细菌的形态结构辨认

【任务描述】

　　细菌个体微小，观察其形态必须使用显微镜，一般形态结构可使用光学显微镜观察，内部超微结构则需用电子显微镜观察。本任务在微生物检测室，以小组为单位在显微镜油镜下观察细菌，学会油镜的使用和保护及辨认各种细菌形态和结构。

【任务目标】

　　(1)掌握细菌的基本形态及特殊结构的形态特征；理解细菌的形态结构及排列在细菌鉴定

中的意义;熟悉细菌感染的实验室检测方法,掌握细菌形态学检查方法。

(2)能正确使用显微镜油镜,并进行合理保养;能够在油镜下正确认识各种细菌形态和特殊结构,具备进行细菌鉴定的工作基础。

【必备技能】

一、准备试验材料

(1)仪器 普通光学显微镜。

(2)材料 香柏油、乙醇乙醚(替代二甲苯,乙醇与乙醚的比例为3∶7)、擦镜纸和细菌染色标本片。

二、方法与步骤

(一)显微镜油镜的使用

1.油镜的识别

油镜是显微镜物镜的一种,使用时需在物镜和载玻片之间添加香柏油,因此称为油镜。可根据以下几点识别:

(1)油镜最长。一般来说,接物镜的长度越长,放大倍数就越大,作为光学显微镜,油镜的放大倍数最大,故油镜是所有物镜中最长的。

(2)油镜的放大倍数是100×或90×,使用时应查看油镜头上标明的倍数。

(3)不同厂家生产的显微镜,显微镜各物镜头上标有不同颜色的线圈以示区别,油镜一般标有白色线圈,或直接在油镜头上标有"油"或"oil"字样,有的标有"HI"字样。故使用时应先根据放大倍前应熟悉一下镜头上线圈的颜色、标记、倍数等,以防用错物镜。

(4)油镜头的镜片是所有物镜中最小的。

2.油镜的使用原理

主要避免部分光线折射的损失。当光线通过玻片与镜头之间的空气时,因空气的折光率($n=1.0$)与玻璃中折光率($n=1.52$)不同,故有一部分光线被折射,不能射入镜头,加之油镜的镜片较小,进入镜中的光线比低倍镜、高倍镜少得多,致使视野不明亮。为了增强视野的亮度,在镜头和载玻片之间滴加一些香柏油,这样绝大部分的光线射入镜头,使视野明亮,物像更加清晰。因香柏油的折光率($n=1.515$)和玻璃的相近(图2-1)。

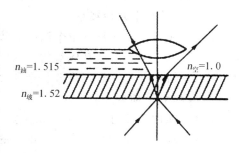

图 2-1 油镜的使用原理

3.使用方法(以目前生产中使用较多的电光源显微镜为例)

(1)放置 显微镜从镜柜或镜箱内取出时,应右手紧握镜壁,左手托住镜底座,平端于胸前,然后平稳地将显微镜直立放置在水平的洁净实验桌或台上。同时将显微镜放在自己身体的左前方,离桌子边缘10 cm左右,右侧可放记录本或绘图纸。

(2)调节视野亮度 接通电源,打开电源开关。尽量升高聚光器,放大光圈,调节亮度调节钮,使射入镜头的光线适中(明亮但不刺眼)。

（3）标本片的放置　于标本片的欲检部位,滴加香柏油 1 滴,将标本片固定于载物台上,使有标本处对准聚光器中央(如肉眼看不清标本所在位置,应先用低倍镜观察),将油镜头调到正中,用油镜检查。

（4）镜检　首先眼睛从镜筒侧面(一般为右侧)水平注视油镜头,用两手小心转动粗调节器,使载物台上升(或镜筒下降),直至油镜头浸没油中,几乎与玻片相接触为止,但不要碰到玻片,以防损坏油镜头。然后,一面从目镜观察,一面徐徐转动粗调节器使载物台缓慢下降(或镜筒上升),待见到模糊物像时,再换用细调节器,直至物像完全清晰为止。此时,切勿用粗调节器下降油镜,以免压碎玻片,损坏油镜头。观察物像时,调换视野可调节推进器,使标本片前后、左右移动。如果油镜已离开油面而仍没有看清视野,必须再从侧面观察,重复上述操作。

（5）油镜的保养　油镜用毕,电源灯调到最暗,关上电源,下降载物台,将油镜头转出,先用擦镜纸拭去镜头上的香柏油,再用滴加少量乙醇乙醚的擦镜纸,拭去镜头上残留的油迹,并随即用干擦镜纸拭去乙醇乙醚(以免乙醇乙醚溶解粘固镜片的胶质使其脱胶,致使镜片移位或脱落),注意向一个方向擦拭,不要转圈擦。如油已干或透镜模糊不清,也可按上述方法进行擦拭。然后,把低倍镜转至中央,高倍镜和油镜转成"八"字形,使载物台和聚光器下降(或镜筒上升),用绸布包好放入镜箱,存放于阴凉干燥处,避免受潮生锈。取下细菌标本片并用沾有乙醇乙醚的擦镜纸擦净香柏油,放回标本盒内保存备用。

应该指出,目前所用的显微镜种类很多,尽管油镜的识别方法和原理是一致的,但在使用上与以上所述有不同,应参照说明书,注意灵活掌握。

（二）细菌基本形态的观察

1.球菌标本片的观察

（1）链球菌　注意其链状排列,链的长短,个体的形态。

（2）葡萄球菌　注意其无一定次序,无一定数目,不规则地堆在一起多呈葡萄串状的形态。

2.杆菌标本片的观察

（1）单杆菌　注意其单个散在的状态,菌体外形、大小,菌端的形态。

（2）双杆菌　注意其成双的排列以及菌体外形、大小,菌端的形态。

（3）链杆菌　注意其成链状排列,链的长短,菌体的外形、大小,菌端的形态。

3.螺旋菌标本片的观察

（1）弧菌　注意其弯曲成弧形以及菌体大小,菌端的形态。

（2）螺菌　注意其具有两个以上的螺旋状及菌体的长度、大小,菌端的形状。

（三）细菌特殊结构的观察

（1）荚膜　注意荚膜的位置、形状、染色及相互间的联结。

（2）鞭毛　注意鞭毛的形态、长短、数目和位置。

（3）芽孢　注意芽孢的形状、位置、直径与菌体横径相比情况(大于、等于或小于菌体半径)、芽孢形成后菌体形态的改变以及有无游离芽孢。

（四）注意事项

（1）当油镜镜头与标本片几乎接触时,不可再用粗调节螺旋向上移动载物台或下降油镜头,以免损坏玻片甚至压碎镜头。

（2）油镜头或其他镜头只能用擦镜纸擦拭，不能用手、棉布或其他纸张擦拭，否则将损坏油镜头。

（3）香柏油的用量为1～2滴，能淹到油镜头的中间部分为宜，用量太多则浸染镜头，太少则视野变暗不便观察。

（4）为了增强视野的亮度，应做到三点：聚光器调至最高，光圈调至最大，电源灯调到最亮（若是反光镜则用凹面镜）。

（5）使用后的染色标本片用擦镜纸和乙醇乙醚（二甲苯）将香柏油拖干净，放入标本盒，如该标本片不再使用，则投入消毒缸内。

（6）观察时，两眼睁开，养成两眼能够轮换观察的习惯，以免眼睛疲劳，并且能够在左眼观察时，右眼注视绘图。

【相关知识】

一、细菌的概念

细菌是一类具有细胞壁的单细胞原核型微生物，个体微小，要经染色后在光学显微镜下才能看见。细菌是自然界中广泛存在的微生物之一，大多数是有益的，仅有少部分引起疾病，由细菌引起的传染病占动物传染病的50%左右，细菌病的发生给畜牧业带来了极大的经济损失。因此在动物生产过程中，必须做好细菌病的防治工作。对于发病的群体，及时而准确地做出诊断是十分重要的。

二、细菌的形态

（一）细菌的大小

细菌的个体微小，观察细菌最常用的仪器是光学显微镜，其大小通常使用显微测微尺来测量，用微米（μm）作为测量单位。不同种类的细菌大小很不一致，即使是同一种细菌在其生长繁殖的不同阶段、不同的生长环境（如动物体内、外）、不同的培养条件下其大小也可能差别很大。细菌的大小是以在适宜的生长温度和培养基中的幼龄或青壮龄培养物为标准。在一定条件下，各种细菌的大小是相对稳定的，并具有明显特征，可以作为鉴定细菌种类的重要依据之一。一般球菌用直径表示，通常为0.8～1.2 μm。杆菌用长和宽测量，较大的杆菌长3～8 μm，宽1～1.25 μm；中等大的杆菌长2～3 μm，宽0.5～1 μm；小杆菌长0.7～1.5 μm，宽0.2～0.4 μm。螺旋菌是以屈曲状态两端直线距离作长度，一般长为1～50 μm，宽为0.2～1.0 μm。

实际测量时细菌的大小还会受到制片方法、染色方法及使用的显微镜不同等影响，因此，测定和比较细菌大小时，各种条件和技术操作等均应一致。

（二）细菌的形态

1. 细菌的基本形态和排列

细菌的个体形态各种各样，但基本形态有球状、杆状和螺旋状三种，并据此将细菌分为球菌（图2-2）、杆菌（图2-3）和螺旋菌（图2-4）三种类型。采用适当的染色方法在油镜下便可以观察到。

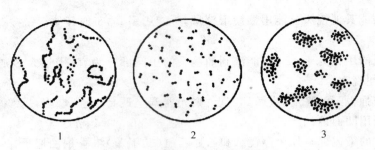

图 2-2　各种球菌的形态和排列

1.链球菌　2.双球菌　3.葡萄球菌

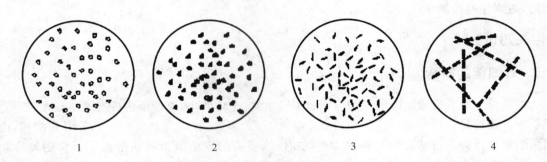

图 2-3　各种杆菌的形态和排列

1.巴氏杆菌　2.布鲁氏菌　3.大肠杆菌　4.炭疽杆菌

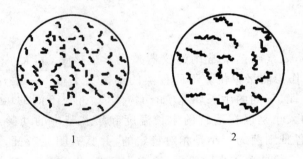

图 2-4　螺旋菌的形态和排列

1.弧菌　2.螺菌

细菌的繁殖方式是简单的二分裂。细菌分裂后,其菌体排列方式不同,有些细菌分裂后彼此分离,单个存在;有些细菌分裂后彼此仍通过原浆带相连,形成一定的排列方式。

(1)球菌　菌体呈球形或近似球形。根据球菌分裂的方向和分裂后的排列状况可将其分为:

①双球菌。沿一个平面分裂,分裂后菌体成对排列。如脑膜炎奈瑟菌、肺炎双球菌。

②链球菌。沿一个平面分裂,分裂后 3 个以上的菌体呈短链或长链排列。如猪链球菌。

③葡萄球菌。沿多个不同方向的平面作不规则分裂,分裂后菌体堆集成成葡萄串状。如金黄色葡萄球菌。

此外,还有单球菌、四联球菌、八叠球菌等,一般不致病。

(2)杆菌　菌体一般呈正圆柱状,也有近似卵圆形的,其大小、长短、粗细都有显著差异。

大的杆菌如炭疽芽孢杆菌长 $3\sim10\ \mu m$，中等的如大肠埃希菌长 $2\sim3\ \mu m$，小的如布鲁氏菌长仅 $0.6\sim1.5\ \mu m$。菌体多数平直，少数微弯曲；两端多数为钝圆，少数平截；有的杆菌（如布氏杆菌）菌体若短小、两端钝圆、近似球状，称为球杆菌；有的杆菌（如化脓性棒状杆菌）一端较另一端膨大，使整个杆菌呈棒状，称为棒状杆菌；有的杆菌（如结核分支杆菌）菌体有侧枝或分枝，称为分支杆菌；也有的杆菌呈长丝状。杆菌按其分裂后的排列方式的不同又可分为：

①单杆菌。呈分散排列，如多杀性巴氏杆菌。

②双杆菌。呈双排列，如大肠杆菌。

③链杆菌。呈链状排列，如炭疽杆菌。

④不规则。呈绞链状彼此粘连，菌体互成各种角度，继续分裂可以成菌丛，栅栏样、V、Y、L 等字样排列，如马棒状杆菌。

（3）螺旋菌 菌体呈弯曲状，根据弯曲程度和弯曲数，又可分为弧菌和螺菌。

①弧菌。菌体只有一个弯曲，呈弧状或逗点状，如霍乱弧菌。

②螺菌。菌体有两个或两个以上弯曲，捻转成螺旋状，如空肠结肠弯杆菌，能引起人畜共患病。

在正常情况下各种细菌的外形和排列方式相对稳定并具有特征性，可作为细菌分类和鉴定的依据之一。通常在适宜环境下细菌呈较典型的形态，但当环境条件改变或在老龄培养物中，会出现各种与正常形态不一样的个体，称为衰老型或退化型。这些衰老型的细菌重新处于正常的培养环境中可恢复正常形态。因此，观察细菌的大小和形态，应选择适宜生长条件下的培养物为宜。但也有些细菌，即使在最适宜的环境条件下，其形态也很不一致，这种现象称为细菌的多形性，如嗜血杆菌等。

2.细菌的群体形态

细菌在人工培养基中以菌落形式出现。在适宜的固体培养基中，适宜条件下经过一定时间培养（一般 $18\sim24\ h$），由单个菌细胞固定一点大量繁殖，形成肉眼可见的堆集物，称为菌落。若许多菌落融合成片，称为菌苔。由于细菌种类不同，菌落的大小、形态、透明度、隆起度、硬度、湿润度、表面光滑或粗糙、有无光泽等方面各具特征，由此可以初步判断细菌的种类。例如，炭疽杆菌的菌落大而扁平，为灰白色、表面粗糙、边缘不整，卷发状的大菌落；大肠杆菌的菌落为圆形隆起、边缘整齐、光滑湿润的中等大小菌落；金黄色葡萄球菌在普通营养琼脂上的菌落圆形、边缘整齐、呈黄色，菌落直径 $1\sim2\ mm$。将细菌样本在固体培养基上划线接种，经适当时间培养后可获得单个菌落，可以涂片染色镜检，进一步形态学鉴定，是细菌纯化、传代和鉴定的重要步骤之一。

三、细菌的结构

细菌的结构（图 2-5）可分为基本结构和特殊结构两部分。细菌的基本结构是指所有细菌都具有的结构；细菌的特殊结构不是所有细菌都有的，是细菌种

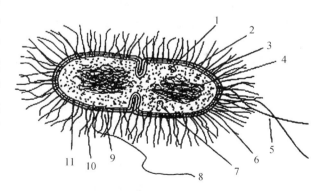

图 2-5 细菌细胞结构模式图
1.间体 2.细胞浆 3.核糖体 4.核质 5.鞭毛
6.普通菌毛 7.质粒 8.性菌毛 9.荚膜
10.细胞壁 11.细胞膜

的特征。了解细菌的结构有助于更好地检测致病菌。

(一)细菌的基本结构

细菌的基本结构是指所有细菌都具有的细胞结构。包括细胞壁、细胞膜、细胞浆、核质。细胞浆中还含有核糖体、间体、质粒等超显微结构。

1.细胞壁

细胞壁是细菌细胞最外面的一层无色透明、坚韧而具有一定弹性的膜,紧贴在细胞膜之外。细胞壁的化学组成因细菌种类的不同而有差异(图 2-6)。一般是由糖类、蛋白质和脂类镶嵌排列组成,基础成分是肽聚糖(又称黏肽或糖肽)。

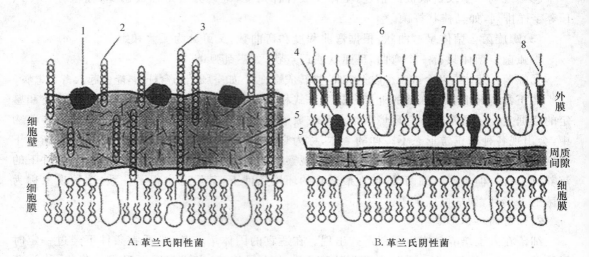

图 2-6　细菌细胞壁结构模式图
1.表层蛋白　2.壁磷壁酸　3.脂磷壁酸(LTA)　4.OMP(脂蛋白)
5.肽聚糖　6.OMP(微孔蛋白)　7.OMP　8.LPS

不同的细菌细胞壁的结构和成分有所不同,用革兰氏染色法染色,可将细菌分成革兰氏阳性菌(G^+菌)和革兰氏阴性菌(G^-菌)两大类。革兰氏阳性菌的细胞壁较厚,为 20～80 nm,其化学成分主要是肽聚糖,占细胞壁物质的 50%～80%,形成 15～50 层的聚合体。此外还含有大量磷壁酸,磷壁酸具有抗原性,构成阳性菌的菌体抗原;革兰氏阴性菌的细胞壁较薄,为 10～15 nm,有多层结构,除最内层较薄的肽聚糖外,还含有脂蛋白、磷脂、脂多糖等,最外层的脂多糖具有抗原性,构成阴性菌的菌体抗原。同时脂多糖还是内毒素的主要成分。

(1)肽聚糖　又称黏肽或糖肽,是细菌细胞壁所特有的物质。革兰氏阳性菌细胞壁的肽聚糖是由聚糖链支架、四肽侧链和五肽交联桥三部分共同构成十分坚韧的三维立体网状结构。各种细菌的聚糖链支架相同,在四肽侧链的组成及其连接方式随菌种而异。革兰氏阴性菌的肽聚糖层很薄,内 1～2 层网状分子构成,其结构单体有与革兰氏阳性菌相同的聚糖链支架和相似的四肽侧链,但无五肽交联桥,由相邻聚糖链支架上的四肽侧链直接连接成二维结构,较为疏松。

肽聚糖是保证细菌细胞壁坚韧的主要成分,凡是破坏肽聚糖结构或抑制其合成的物质,大多能损伤细胞壁而使细菌变形或杀死细菌。如溶菌酶能水解聚糖链支架的 β-1,4 糖苷键,故能裂解肽聚糖,引起细菌裂解;青霉素和头孢菌素能与细菌竞争合成胞壁过程所需的转肽酶,抑制五肽交联桥和四肽侧链之间的联结,故能抑制革兰氏阳性菌肽聚糖的合成,使细菌不能合成完整的细胞壁,从而导致细菌死亡。人和动物细胞无细胞壁结构,故溶菌酶和青霉素对人体和动物体细胞无毒性作用。

(2)磷壁酸 又称垣酸,是革兰氏阳性菌特有的成分,是特异的表面抗原,可用于细菌的血清学分型。它带有负电荷,能与镁离子结合,以维持细胞膜上一些酶的活性。此外,它对宿主细胞具有黏附作用,是 A 群链球菌毒力因子,可能与致病性有关;或为噬菌体提供特异的吸附受体。

(3)脂多糖(LPS) 为革兰氏阴性菌细胞壁所特有,位于外壁层的最表面,由类脂 A、核心多糖和侧链多糖三部分组成。类脂 A 是一种结合有多种长链脂肪酸的氨基葡萄糖聚二糖链,是内毒素的主要毒性成分和毒性部分,发挥多种生物学效应,能致动物体发热,白细胞增多,甚至休克死亡。各种革兰氏阴性菌类脂 A 的结构相似,无种属特异性。核心多糖位于类脂 A 的外层,由葡萄糖、半乳糖等组成,与类脂 A 共价联结。核心多糖具有种属特异性。侧链多糖在 LPS 的最外层,即为菌体(O)抗原,是由 3～5 个低聚糖单位重复构成的多糖链,其中单糖的种类、位置、排列和构型均不同,具有种、型特异性。此外,LPS 也是噬菌体在细菌表面的特异性吸附受体。

(4)外膜蛋白(OMP) 是革兰氏阴性菌外膜层中镶嵌的多种蛋白质的统称。按含量及功能的重要性可将 OMP 分为主要外膜蛋白及次要外膜蛋白两类。主要外膜蛋白包括微孔蛋白及脂蛋白等,微孔蛋白由三个相同分子量的亚单位组成,能形成跨越外膜的微小孔道,起分子筛的作用,仅允许小分子质量的营养物质如双糖、氨基酸、二肽、三肽、无机盐等通过,大分子物质不能通过,因此,溶菌酶之类的物质不易作用到革兰氏阴性菌的肽聚糖。脂蛋白的作用是使外膜层与肽聚糖牢固地连接,可作为噬菌体的受体,或参与铁及其他营养物质的转运。

革兰氏阳性菌与革兰氏阴性菌的细胞壁结构及化学组成显著不同,导致这两类细菌在染色性、抗原性、毒性、对某些药物的敏感性等方面存在很大的差异(表 2-1)。

表 2-1 革兰氏阳性菌与革兰氏阴性菌细胞壁结构的比较

特征	革兰氏阳性菌	革兰氏阴性菌
强度	较坚韧	较疏松
壁厚度	厚,20～80 nm	薄,10～15 nm
肽聚糖层数	多,可达 15～50 层,每层 1 nm	少,1～2 层
肽聚糖含量	多,占胞壁干重 50%～80%	少,占胞壁干重 10%～20%
磷壁酸	有	无
外膜蛋白	无	有
脂多糖	少,1%～4%	有,11%～22%
对青霉素的敏感性	强	弱

细胞壁的主要功能:①细胞壁坚韧而富有弹性,主要是维持细菌固有形态并保护菌体抵抗低渗环境作用;②细胞壁上有许多微细小孔,直径 1 nm 大小的可溶性分子能自由通过,具有相对的通透性,与细胞膜共同完成菌体内外物质的交换;③胞壁上含有多种抗原决定簇,决定着

细菌的抗原性,可诱发机体的免疫应答;④脂多糖是内毒素的主要成分,具有致病作用。此外,细胞壁与细菌的正常分裂、对噬菌体与抗菌药物的敏感性及革兰氏染色特性等有密切关系。

在临床中,青霉素、头孢菌素可抑制细菌细胞壁的生物合成,达到抗菌的效果。多粘菌素则作用到细菌的细胞膜的脂类物质上,增强细胞膜的通透性,从而达到杀菌的效果。

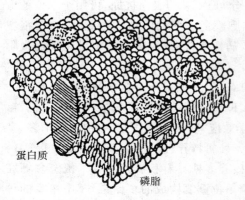

蛋白质

磷脂

图 2-7 细胞膜结构示意图

2. 细胞膜

又称胞浆膜,是在细胞壁与细胞浆之间、紧密包绕着细胞浆的一层柔软、富有弹性并具有半透性的薄膜。细胞膜的主要化学成分是磷脂和蛋白质,亦有少量碳水化合物和其他物质。蛋白质镶嵌在脂类的双分子中,形成细胞膜的基本结构(图 2-7),这些蛋白质是具有特殊功能的酶和载体蛋白,与细胞膜的半透性等作用有关。细胞膜向细胞浆内形成间体。

细胞膜的主要功能:①细胞膜的半渗透性有选择性通透作用,能允许可溶性物质通过,膜上的载体蛋白能选择性地运输营养物质,排除代谢产物,从而维持细菌的内外物质交换;②细胞膜上有呼吸酶,参与细菌的呼吸;③与细胞壁、荚膜的合成有关,是鞭毛的着生部位;④分泌细菌胞外酶的作用。若细胞膜受到损伤,细菌将死亡。

3. 细胞浆

又称细胞质,是一种无色透明、均质的黏稠胶体,外有细胞膜包绕。主要成分是水、蛋白质、核酸(主要为 RNA)、脂类及少量糖类和无机盐类等。

细胞浆的主要功能:细胞浆中含有许多酶系统,是细菌进行营养物质代谢以及合成核酸和蛋白质的主要场所。

细胞浆中还含有核糖体、质粒、间体、异染颗粒等内含物,需用电镜才能看到,如经特殊染色,在普通光学显微镜下也可观察到。

(1)核糖体 又称核蛋白体,是散布在细胞质中呈小球形或不对称性形的一种核糖核酸蛋白质小颗粒。约由 2/3 的核糖核酸和 1/3 蛋白质所构成。核糖体是合成菌体蛋白质的地方,细菌的核糖体与人和动物的核糖体不同,故某些药物,如链霉素和红霉素能与细菌核糖体结合而干扰细菌核糖体合成蛋白质,将细菌杀死,而对人和动物细胞的核糖体则不起作用。

(2)质粒 是存在于胞浆中染色体外的遗传物质,游离的一小段双股 DNA 分子。多为共价闭合的环状,也发现有线状,带有遗传信息。质粒能独立复制,可随分裂传给子代菌体,也可由性菌毛在细菌间传递。质粒携带细菌生命非必需的基因,其功能是能控制细菌的某些次要遗传性状的表达,如细菌耐药性的形成、产生性菌毛、毒素和细菌素等。有些质粒具有与外来 DNA 重组的功能,所以在基因工程中被广泛用作载体。

(3)间体 并不是所有的细菌都有,多见于革兰氏阳性菌。是细胞膜凹入细胞质内形成的一种囊状、管状或层状的结构。其功能与细胞壁的合成、细菌的分裂及核质的复制、细菌的呼吸和芽孢的形成有关。

(4)内含物 细菌等原核生物细胞浆内往往含有一些贮备的营养物质或其他物质的颗粒样结构,称之为内含物。如脂肪滴、糖原、淀粉粒及异染颗粒等。其中,异染颗粒是某些细菌细胞浆中一种特有的酸性小颗粒,对碱性染料的亲和性特别强,特别是用陈旧碱性美蓝染色时呈红紫色,而菌体其他部分则呈蓝色。异染颗粒的主要成分是 RNA 和无机聚偏磷酸盐,其功能主要是贮存磷酸盐和能量。某些细菌,如棒状杆菌的异染颗粒非常明显,常有助于细菌的鉴定。

4. 核质

细菌是原核型微生物,不具有典型的核结构,无核膜、核仁,只有核质(拟核、原核或核体),不能与细胞浆截然分开,存在细胞质的中心或边缘区,呈球形、哑铃状、带状或网状等形态。核质是由双股 DNA 反复回旋盘绕而成,含细菌的遗传基因,控制细菌的主要遗传性状,与细菌的生长、繁殖、遗传、变异等有密切关系。

(二)细菌的特殊结构

有些细菌除具有上述基本结构外,还有某些特殊结构。细菌的特殊结构是某些细菌在生长的特定阶段形成的荚膜、芽孢、鞭毛和菌毛等结构,前三种特殊结构经特殊染色法染色在普通光学显微镜下可以观察到,而菌毛则要用电子显微镜进行观察。这些结构有的与细菌的致病力有关,有的与细菌的运动性有关,有的有助于细菌的鉴定等。

1. 荚膜

某些细菌(如猪链球菌、巴氏杆菌、炭疽杆菌等)在生活过程中,可在细胞壁外面产生一层黏液性物质,包围整个菌体,称为荚膜。一般厚度为 0.2 μm 以上,在普通光学显微镜下可观察到,如肺炎链球菌。荚膜在 0.2 μm 以下时,只能用电子显微镜观察到,称为微荚膜,如溶血性链球菌的 M 蛋白、伤寒沙门氏菌的 Vi 抗原及大肠杆菌的 K 抗原等。当多个细菌的荚膜融合形成一大的胶状物,内含多个细菌时,则称为菌胶团。有些细菌菌体周围有一层很疏松、与周围物质界限不明显、易与菌体脱离的黏液样物质,则称为黏液层。

细菌的荚膜用普通染色方法不易着色,在显微镜下只能见到菌体周围一层无色透明带,即为荚膜。需用特殊的荚膜染色法染色,才能使荚膜着色,可清楚地看到荚膜的存在。

荚膜的主要成分是水(约占 90% 以上),固形成分随细菌种类不同而异,有的为多糖类,如猪链球菌;有的为多肽,如炭疽杆菌;也有极少数二者兼有,如巨大芽孢杆菌。

荚膜的产生具有种的特征,受遗传控制并受环境因素的影响。通常在动物机体内或营养丰富的(含有血清或糖)培养基上容易形成。它不是细菌的必需构造,除去荚膜对菌体的代谢没有影响。

细菌产生荚膜或黏液层可使液体培养基具有黏性,在固体培养基上则形成表面湿润、有光泽的光滑(S)型或黏液(M)型的菌落;失去荚膜后的菌落则变为粗糙(R)型。

荚膜的作用与意义:①荚膜具有保护细菌的功能。可保护细菌抵抗吞噬细胞的吞噬和消化作用,可保护细菌细胞壁免受溶菌酶、补体、抗体、抗菌药物、噬菌体等杀伤作用,所以荚膜与细菌的致病力有关,失去荚膜的细菌,则毒力即减弱或消失;②荚膜能贮存水分,有抗干燥的作用;③荚膜具有抗原性,具有种和型的特异性,可用于细菌的鉴定。

2. 鞭毛

在某些细菌菌体上长有一种细长呈螺旋弯曲的丝状物,称为鞭毛。其直径 10~30 nm,长 5~20 μm,电镜能直接观察到细菌的鞭毛。细菌的鞭毛需经特殊的鞭毛染色法使鞭毛增粗后,才能在光学显微镜下观察到。还可通过暗视野显微镜中观察细菌运动方式、观察细菌在压滴标本或悬滴标本中的运动情况、根据在半固体培养基中细菌的生长现象、平板培养基上菌落外形,间接判断细菌是否有鞭毛存在。

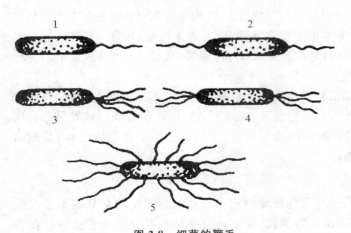

图 2-8 细菌的鞭毛
1,2.单毛菌 3,4.丛毛菌 5.周毛菌

鞭毛由鞭毛蛋白组成,具有特殊的抗原性,称为鞭毛抗原或 H 抗原,对鉴定细菌的型有重要意义,如大肠杆菌的鞭毛抗原对其血清型鉴定。

不同种类的细菌,鞭毛的数量和着生位置不同,根据鞭毛的数量和在菌体上着生的位置,可将有鞭毛的细菌分为单毛菌、丛毛菌和周毛菌等(图 2-8)。

鞭毛的作用和意义:①鞭毛是细菌的运动器官,有鞭毛的细菌具有运动性,端生鞭毛一般呈直线运动,周鞭毛无规律的缓慢运动或滚动,一端单毛菌移动速度最快,故检查细菌能否运动,可以鉴定细菌。②与细菌的致病性相关。有些细菌的鞭毛与细菌的黏附性和侵袭力有关,如霍乱弧菌等通过鞭毛运动可穿过小肠黏膜表面的黏液层,黏附于肠黏膜上皮细胞,进而产生毒素而致病。③与细菌的鉴定、分型及分类有关。可根据鞭毛的有无、类型和鞭毛蛋白抗原性(H 抗原)的不同来鉴别不同的细菌。

3. 菌毛

许多革兰氏阴性菌和少数革兰氏阳性菌的菌体上,在电镜下可见有一种比鞭毛多、直、细而短的丝状物,称为菌毛或纤毛(图 2-9)。直径 5～10 nm,长 0.2～1.5 μm,少数可达 4 μm,呈中空管状结构。其化学成分是菌毛蛋白质,菌毛蛋白具有抗原性,编码基因位于细菌的染色体或质粒上。菌毛与细菌的运动无关。

图 2-9 细菌的菌毛
1.菌毛 2.鞭毛

根据功能的不同,菌毛可分为普通菌毛和性菌毛。普通菌毛较纤细和较短,数量较多,菌体周身都有,有 150～500 根,是细菌的黏附器官,能使菌体牢固地吸附在动物消化道、呼吸道和泌尿生殖道的黏膜上皮细胞上,以利于获取营养。与某些细菌的致病性有密切关系。失去该菌毛,则致病力也随之降低或丧失。无菌毛的细菌易被黏膜的纤毛运动、肠蠕动或尿液冲洗而被排除。霍乱弧菌、肠道致病性大肠埃希菌和淋病奈瑟菌的菌毛均为普通菌毛,在所致的肠道或泌尿道感染中起到关键作用。性菌毛比普通菌毛长而且粗,数量较少,一般只有 1～4 根。有性菌毛的细菌为雄性菌,雄性菌(F$^+$)和雌性菌(F$^-$)可通过菌毛接合,发生基因转移或质粒传递。性菌毛能在细菌之间传递 DNA,细菌的毒性及耐药性即可通过这种方式传递,这是某些肠道杆菌容易产生耐药性的原因之一。另外,性菌毛也是噬菌体吸附在细菌表面的受体。

4. 芽孢

某些革兰氏阳性杆菌生长到一定阶段后,在一定的环境条件下,细胞浆和核质脱水浓缩,在菌体内形成一个折光性强、通透性低的圆形或卵圆形的坚实小体,称为芽孢。带有芽孢的菌体称为芽孢体,未形成芽孢的菌体称为繁殖体或营养体。芽孢在菌体内成熟后,菌体崩解,形成游离芽孢。炭疽杆菌、破伤风梭菌等均能形成芽孢。

细菌的芽孢具有较厚的芽孢壁和多层芽孢膜,结构坚实,含水量少,应用普通染色法染色时,染料不易渗入,因而不能使芽孢着色,因本身的折光性强,在普通光学显微镜下观察时,呈无色的空洞状。需用特殊的芽孢染色法染色才能让芽孢着色,芽孢一经染色不易脱色。

形成芽孢需要一定条件,并随菌种而不同。有些细菌的芽孢的形成与环境中氧的存在有关,如炭疽杆菌需要在有氧条件下才能形成,而破伤风梭菌只有在厌氧条件下才能形成。此外,芽孢的形成受环境影响,与温度、pH、碳源、氮源及某些离子,如钾、镁的缺乏均有关系。芽孢具有菌体的成分、酶和核质,故能保存细菌的全部生命活性。细菌的芽孢在适宜条件下能萌发形成一个新的繁殖体。一个细菌的繁殖体只能生成一个芽孢,一个芽孢经发芽后也只能生成一个菌体。所以芽孢不是细菌的繁殖器官,而是细菌生长发育过程中抵抗外界不良环境、保存生命的一种休眠状态的结构(或叫休眠体),此阶段菌体代谢相对静止。

芽孢的作用与意义:①细菌能否形成芽孢以及芽孢的形状、大小及在菌体的位置等,都具有种的特征,可以鉴定细菌(图2-10)。例如炭疽杆菌的芽孢位于菌体中央,呈卵圆形,直径比菌体小,称为中央芽孢;肉毒梭菌的芽孢偏于菌端,也是卵圆形,但直径比菌体大,使整个菌体呈梭形,似网球拍状,称为偏端芽孢;破伤风梭菌的芽孢位于菌体末端,正圆形,比菌体大,似鼓槌状,称

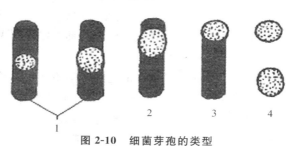

图2-10 细菌芽孢的类型
1.中央芽孢 2.偏端芽孢 3.顶端芽孢 4.游离芽孢

为顶端芽孢。②对外界不良理化环境的抵抗力比其繁殖体更坚强,特别能耐受高温、辐射、氧化、干燥和渗透压等的作用,一般的化学药品也不易渗透进去。一般细菌繁殖体经$100℃$30 min煮沸可被杀灭,但形成芽孢后,可耐受$100℃$数小时,如破伤风梭菌的芽孢煮沸$1\sim3$ h仍然不死,炭疽杆菌芽孢在5%苯酚中经5 h才被杀死,被炭疽杆菌污染的牧场,传染性可保持$20\sim30$ 年。细菌的芽孢并不直接引起疾病,只有发芽成为繁殖体后才有致病作用。例如,土壤中常有破伤风梭菌的芽孢,一旦外伤创口被泥土污染,进入机体的芽孢在适宜条件(厌氧)下即可发芽成繁殖体而致病。被芽孢污染的用具、敷料、手术器械、培养基等,用一般的方法不易将其杀死,杀灭芽孢可靠的方法是高压蒸汽灭菌。故在实际工作中,消毒和灭菌的效果以能否杀灭芽孢为标准。

四、细菌感染的实验室检测方法

细菌感染的实验室检测是诊断畜禽细菌性传染病的重要手段。畜禽细菌性传染病除少数如破伤风等可根据流行病学、典型临床症状做出诊断外,多数还需要借助尸体剖检病理学检验初步诊断,确诊则需在临床诊断的基础上进行实验室诊断,确定感染病原细菌的存在或检出特异性抗体。细菌感染的实验室检测需要在正确采集病料的基础上进行,常用的方法有:常规细菌学检测(细菌的形态检查、细菌的分离培养、细菌的生化试验、动物接种试验、细菌的药物敏感试验)、免疫学检测(细菌的血清学试验、传染性变态反应检测)、分子生物学检测的方法等。

(一)常规细菌学检测

1.细菌的形态检查

细菌的形态检查是细菌检验技术的重要手段之一。它是利用显微镜,对细菌的大小、形

态、排列、结构、动力和染色特性等特点进行观察分析的方法。在细菌病的实验室诊断中,形态检查的应用有两个时机:

一个是直接取病死畜禽的血液或组织病料直接制成涂片或触片,染色(如革兰氏染色法、抗酸染色法等)后在显微镜下观察,它有助于对细菌的初步诊断,也是决定是否进行细菌分离培养的重要依据,有时对于一些具有特征形态的病原体,如炭疽杆菌、猪丹毒杆菌、巴氏杆菌等可以迅速做出确切诊断。直接涂片法还可结合免疫荧光技术,将特异性荧光抗体与相应的细菌结合,在荧光显微镜下见有发荧光的菌体亦可做出快速诊断。另一个时机是在细菌分离培养之后,将细菌培养物涂片染色,观察细菌的形态、排列及染色特性,常用于分离细菌的分类和鉴定,并为进一步细菌生化鉴定、血清学鉴定、临床初步诊断、选择抗生素等提供依据。此外,制作悬滴标本并借助于暗视野显微镜可观察不染色活菌、螺旋体及其动力。很多细菌仅凭形态学不能做出确切诊断,需经细菌的分离培养,并进行生化反应和血清学试验等进一步鉴定才能明确感染的细菌。形态学检查的具体操作详见本项目的任务 2-2。

2. 细菌的分离培养

细菌的分离培养及移植是细菌学检测中最重要的环节之一。对未知菌的研究以及细菌感染的实验室诊断与防治,常需要进行细菌的分离培养。分离培养后,根据菌落的大小、形态、颜色、表面性状、透明度和溶血性等对细菌做出初步识别,同时取单个菌落再次进行革兰氏染色镜检观察。此外,细菌在液体培养基中的生长状态及在半固体培养基是否表现出动力等,也是鉴别某些细菌的重要依据。

原则上应对所有送检样本做分离培养,以便获得单个菌落后进行纯培养,提供纯的细菌,从而对细菌做进一步的生化试验鉴定、血清学试验和毒力试验鉴定。此外,细菌分离培养技术也可用于细菌的药物敏感性试验、细菌的计数、扩增和动力观察等。

细菌分离培养的方法很多,最常用的是平板划线接种法,另外还有倾注平板培养法、斜面接种法、穿刺接种法、液体培养基接种法等,具体操作详见本项目任务 2-4。

3. 细菌的生化试验

细菌的生化试验,就是用生物化学的方法检查细菌的代谢产物。细菌都有各自的酶系统,因此,能够利用与分解的物质也各不相同。而这些产物就是鉴别细菌的依据之一。利用各种细菌生化反应,可对分离到的细菌进行鉴定。对于鉴别一些在菌体形态、革兰氏染色反应以及菌落特征相同或相似细菌的鉴别具有重要意义。例如肠道杆菌种类很多,一般为革兰氏阴性菌,他们的染色特性、镜下形态和菌落特征基本相似。因此,利用生化反应对肠道杆菌进行鉴定是必不可少的步骤。目前,多种微量、快速、半自动和全自动的细菌检测系统和仪器已广泛应用于临诊,能较准确地鉴定出兽医临诊上常见的致病菌。具体操作详见本项目任务 2-5。

4. 动物接种试验

实验动物有"活试剂"或"活天平"之誉,是生物学研究的重要基础和条件之一。动物试验也是微生物学检验中常用的基本技术,有时为了证实所分离的细菌是否有致病性,可进行动物接种试验,通常选择对该种细菌最敏感的动物进行人工感染试验,最常用的是本动物接种和易感实验动物接种,将病料用适当的途径进行接种,然后根据对不同动物的致病力、症状和病变特点来帮助诊断。当实验动物死亡或经过一定时间后剖检,观察病理变化,并采取病料进行涂片检查和分离鉴定。具体操作详见本项目任务 2-6。

5.细菌的药物敏感试验

细菌的药物敏感试验既可鉴定细菌,又可为临床上合理选用抗菌药物进行治疗。为了提供治疗方案为目的,要进行临床标本的直接药物敏感试验,或在已确定患畜禽所感染的病原菌后,临诊上按常规用药又没有明显疗效时,有必要做抗菌药物敏感试验。具体操作详见本项目任务2-7。

(二)免疫学检测

1.细菌的血清学试验检测

有些细菌即使用生化反应也难以鉴别,但其细菌抗原成分(包括菌体抗原、鞭毛抗原)却不同。利用已知的特异抗体检测被检材料中有无相应的细菌抗原,可以确定菌种或菌型,也可利用已知细菌或抗原检测感染动物血清中的特异性抗体,从而对细菌感染做出诊断。抗原抗体的检测一般采用血清进行试验,故又称血清学试验。血清学试验具有特异性强、检出率高、方法简易快速的特点。因此,广泛应用于细菌的鉴定和细菌感染的实验室的诊断。

(1)抗原检测　多种免疫检测技术可用于细菌抗原的检测。采用含已知细菌(如沙门氏菌、猪链球菌等)特异性抗体的多价和单价诊断血清,可对分离的细菌进行属、种和血清型鉴定。常用的血清学试验检测技术有玻片凝集试验、协同凝集试验、乳胶凝集试验、间接血凝试验、免疫标记抗体技术等。有的方法既可直接检测标本中的微量抗原,又可检测细菌分离培养物。

(2)抗体检测　用已知细菌或其特异性抗原来检测患畜禽血清或其他体液中的相应特异性抗体,可对某些细菌性传染病做出诊断。血清学试验主要适用于抗原性较强的致病菌和病程较长的感染性疾病诊断。正常动物如已经受过某些病原菌隐性感染或近期进行过预防接种,血清中可能含有对该种病原菌的一定量的抗体,因此抗体检测最好取患畜禽急性期和恢复期双份血清样本,后者的抗体效价比前者升高4倍或4倍以上时才具有诊断价值。从某种意义上说,血清学诊断主要为病后的回顾性诊断。但检测某些细菌特异性IgM抗体,可进行早期诊断。常用于细菌性感染的血清学诊断技术有直接凝集试验、乳胶凝集试验、沉淀试验和免疫标记抗体技术等。如在生产实践中常用凝集试验进行鸡白痢和布鲁氏菌病的检疫。血清学试验的具体操作详见本项目任务2-8和任务2-9。

2.传染性变态反应诊断

变态反应性诊断是利用变态反应原理,通过已知微生物或寄生虫抗原在动物体局部引发的变态反应,确定动物机体是否已被感染相应的微生物或寄生虫的诊断方法。兽医临床应用较多的是利用细胞介导的迟发型变态反应原理诊断牛结核分枝杆菌、马鼻疽杆菌、布鲁氏菌等胞内寄生菌的感染。如结核菌素皮内试验等,具体操作详见本项目任务2-10。

(三)分子生物学检测(基因检测)

随着分子生物学研究的不断深入,细菌的分类鉴定也从最初的表型和化学鉴定演变到了分子水平,通过对细菌DNA的鉴定来达到区分种属的目的,使鉴定结果更加准确和可靠。通过检测病原体遗传物质来确认病原体也许是检查病原体的直接方法。

不同种类细菌的基因序列不同,可通过检测细菌的特异性基因而对细菌感染进行诊断,称基因诊断。常用的方法主要有聚合酶链式反应(PCR)和核酸杂交技术等。

1.聚合酶链式反应(PCR)

聚合酶链式反应是一种特异的DNA体外扩增技术。是20世纪80年代末发展起来的一种快速检测细菌遗传物质主要技术。

PCR 的基本原理与体内复制类似主要根据碱基配对原理,利用 DNA 聚合酶催化和 dNTP 的参与,引物依赖于 DNA 模板特异性而引导 DNA 合成。诊断时可以根据已知病原微生物特异性核酸序列,设计合成引物。在体外反应管中加入待检的病原微生物核酸即模板 DNA,如果待检核酸与引物上的碱基匹配并在 dNTP 和 DNA Taq 聚合酶参与下,即在 DNA 模板(含被检测细菌的基因序列)、引物、耐热 DNA 聚合酶、脱氧核苷酸这 4 种主要材料存在的情况下,在 PCR 仪上经加温变性(DNA 模板解链)、降温复性、延伸等基本步骤的重复多次循环,使目的基因片段在引物的"引导"下得到指数扩增,经数十个循环后,目的基因的扩增倍数可达 $10^6 \sim 10^7$,经琼脂糖电泳,可显示出一条特定的 DNA 条带,与阳性对照比较可做出鉴定。若需进一步鉴定和分析,可回收扩增产物,再用特异性探针杂交确定。

此项技术具有特异性强、灵敏度高、操作简便、快速、重复性好和对原材料要求较低等特点。PCR 可用于形态和生化反应不典型的病原微生物鉴定;从待检混合样本中检测相应的细菌;尤其适于那些培养时间较长的病原菌的检查,如结核分支杆菌、支原体等鉴定。PCR 高度的敏感性使该技术在病原体诊断过程中极易出现假阳性,避免污染是提高 PCR 诊断准确性的关键环节。而 DNA 测序分析可用于病原菌的鉴定和亚型的区分,以及同种病原菌不同菌株的区分。

此外,还有逆转录 PCR(RT-PCR)、免疫 PCR 等技术也常用于检测病原体。

2. 核酸杂交技术

核酸杂交是根据 DNA 双螺旋分子的碱基互补原理而设计的。将病原菌特异的基因序列标记后作为探针,与待检样本中的细菌核酸进行杂交,若待检标本中有与探针序列完全互补的核酸片段,探针和相应的核酸片段互相结合,标记有化学发光物质、辣根过氧化物酶、地高辛的探针可以经一定方法处理后检测到相应的信号,从而可实现对细菌的鉴定和检测。

在细菌病的实验室诊断或细菌的鉴定中,除应用上述介绍的方法外,近年来随着科学的发展有许多新的方法也在广泛应用。如采用各种检测抗原的敏感方法,直接从患者标本中检测细菌抗原作快速诊断,如果在细菌性脑膜炎中,利用对流免疫电泳在脑脊液中可分别检测肺炎球菌、脑膜炎球菌及流感杆菌,特异性高,敏感性也高。气相色谱方法系列利用细菌代谢产生的挥发性短链有机酸进行气相色谱分析,可鉴别细菌,这在厌氧菌中应用很广。采用生物传感器、微量快速培养基和微量生化反应系统相结合建立细菌自动检测鉴定系统,具有先进的微机系统、广泛的鉴定功能,特别适用于临床病原微生物检验、卫生防疫和商检系统。

【案例】

某同学在实验时,先用一块洁净纱布擦拭镜头,然后把装片放在显微镜载物台正中央,并用压片夹压住。然后在双眼侧视下,将物镜降至接近玻片标本 1～2 cm 时停止。用左眼朝目镜里观察,同时转动粗准焦螺旋,缓缓上升镜筒。请指出该同学操作中不正确的地方并改正。

◉ 任务 2-2　细菌标本片的制备及镜检

【任务描述】

细菌个体微小,无色半透明,利用光学显微镜直接检查只能见到细菌的轮廓及其运动性,必须经过染色后才能在光学显微镜下清楚地观察到细菌的形态、大小、排列、染色特性及细菌的某些特殊结构,以便于鉴定细菌。本任务在微生物检测室,按照规程进行细菌培养物、细菌感染病料染色标本片和不染色标本片的制备及在油镜下观察细菌的形态结构及染色特性,进行细菌的形态学检查,从而鉴定细菌。

【任务目标】

(1)掌握细菌染色标本片和不染色标本片的检查方法、临床意义及注意事项;掌握美蓝染色和革兰氏染色、瑞氏染色的方法、结果判定及其实际意义。

(2)能利用细菌培养物、细菌感染病料(血液和组织)进行细菌染色标本片的制备;能在显微镜下识别细菌的形态结构及不同染色特征;能够制备不染色标本片并观察细菌的运动。

【必备技能】

一、准备试验材料

(1)仪器　普通光学显微镜。

(2)材料　酒精灯、火柴、接种环、载玻片、染色缸、染色架、洗瓶、吸水纸、擦镜纸、灭菌生理盐水、美蓝染色液、革兰氏染色液、瑞氏染色液、姬姆萨染色液、甲醇、香柏油、乙醇乙醚、无菌镊子、无菌剪刀、小镊子、盖玻片、凹玻片及记号笔等。

(3)菌种　细菌液体及固体培养物(大肠杆菌、金黄色葡萄球菌等)、细菌感染病料(血液、组织器官等)。

二、方法与步骤

(一)细菌培养物染色标本片的制备及镜检

细菌培养物染色标本片制备的基本步骤为:准备玻片→抹片→干燥→固定→染色→镜检。

1.准备玻片

载玻片应清晰透明,洁净而无油渍,滴上水后,能均匀展开,附着性好。如有残余油渍,可按下列方法处理:

(1)用95%酒精棉球擦净或滴95%酒精2～3滴至玻片上,用洁净纱布擦净,然后在酒精灯外焰上轻轻拖过几次。

(2)若上法不行,可滴1～2滴冰醋酸,用纱布擦净,再在火焰上轻轻通过。

2.抹片制备

根据所用材料不同,抹片的方法也有差异。

(1)固体培养物(菌落、菌苔)　取洁净无油渍的玻片一张,用灭菌的接种环挑取1～2环或滴1小滴无菌生理盐水,置于载玻片的中央,平放在染色架上,再将接种环灭菌,待冷却后,从固体培养基上挑取菌落或菌苔少许,与盐水调匀,作成直径1～1.5 cm椭圆形薄的涂面(呈轻微乳白色为度)。

注意滴生理盐水和取菌不宜过多,涂片必须均匀,挑取菌种时切勿将培养基挑破。接种环用后需烧灼灭菌才能放下。非液体病料(如浓汁、粪便等)做法同固体培养物。

(2)液体培养物　可直接用灭菌接种环钩取细菌培养液1～2环,置玻片中央均匀地涂布成直径 1~1.5 cm 以上的薄的涂面。

无论何种方法,切忌涂抹太厚,否则不利于染色和观察。

3. 干燥

涂片应在室温下自然干燥,必要时将涂面向上,置酒精灯火焰上方 30~40 cm 高处微烤加热干燥,但切勿靠近火焰。

4. 固定

多使用火焰固定。将干燥好的玻片涂面向上,其背面在酒精灯外焰上以钟摆的速度来回通过 3~4 次,以手背触及玻片微烫手为宜。冷却后即可染色。

5. 染色

(1)美蓝染色法 在已干燥固定好的抹片上,滴加适量美蓝染色液覆盖涂面,染色 2~3 min,水洗(用细小的水流将染料洗去,至洗下的水没有颜色为止。注意不要使水流直接冲至涂面处),自然干燥或吸水纸轻压吸干(不准烤干)镜检,结果:菌体呈蓝色,荚膜呈红色,异染颗粒呈淡紫红色。

(2)革兰氏染色法

①初染。在已干燥、固定好的抹片上,滴加草酸铵结晶紫染色液(染色液数量以覆盖整个细菌层为度,下同),作用 1 min,水洗。

②媒染。滴加革兰氏碘液,作用 1 min,水洗。

③脱色。在 95%酒精脱色缸内脱色 0.5~1 min,或滴加 95%酒精于涂片上,频频摇晃3~5 s 后,倾去酒精,再滴加酒精,如此反复 2~5 次,直至流下的酒精无色为止,水洗。脱色时间可根据涂片的厚度灵活掌握。

④复染。滴加稀释石炭酸复红染色液或沙黄水溶液(番红染色液)0.5~1 min,水洗,自然干燥或吸干后镜检。结果:革兰氏阳性菌(G^+)呈蓝紫色,革兰氏阴性菌(G^-)呈红色。

6. 镜检

细菌标本片经染色、干燥后,置显微镜下用油镜观察。

美蓝染色法:大肠杆菌和葡萄球菌菌体均呈蓝色。

革兰氏染色法:大肠杆菌为 G^- 短杆菌,染成红色,散在或成双排列;葡萄球菌为 G^+ 球菌,染成紫色,成双或不规则葡萄状排列。

(二)细菌感染病料(血液、组织)染色标本片的制备及镜检

细菌感染组织病料染色标本片制备的基本步骤为:准备玻片→抹片→干燥→固定→染色→镜检。

1. 准备玻片

方法同上。

2. 抹片制备

根据所用材料不同,抹片的方法也有差异。

(1)血液、渗出液、腹水等液体病料标本片的制备 血片的制备。取一张洁净载玻片,在其一端无菌操作滴 1 滴血液样品,以左手大拇指和食指固定住载玻片的两端,然后用右手另取一张边缘平整光滑的载玻片作推移片,将推移片的一端接触血滴的前方(即要向前推移的一端),移推片倾斜至与带有血液的载玻片呈 35°~45°夹角。待血液完全扩散至推移片的边缘时,以均匀的速度向另一端推动,使血液呈均匀的薄层分布于载玻片上,勿使血细胞重叠。制备好的

血片置空气中自然干燥后,是否需要固定依染色方法而定,如革兰氏染色则需要火焰固定,瑞氏染色不需要固定。

也可以取一张边缘整齐的经火焰灭菌的载玻片,用其一端醮取血液等液体材料少许,在另一张洁净的玻片上,以 35°～45°角均匀推成一薄层的涂面;也可以用灭菌的接种环按着液体培养物的方法制作涂片。渗出液、腹水等液体病料标本片制备方法同血片。

(2)组织标本片(触片或印片)的制备 将患病或死亡动物的病变组织(固体病料)表面消毒后,以无菌操作方法用灭菌剪刀、镊子剪取被检病料组织一小块,以其新鲜的切面在洁净玻片表面上轻轻接触 3～5 个压印(接触点之间留有一定的间隙,一般采用病料在上方,载玻片在下方的方法接触,但如果病料组织中水分过多,也可采用病料在下方,载玻片在上方的方法接触,以免太多的组织留在载玻片上)或涂抹成适当大小的一薄层。制好的组织触片(印片)置空气中自然干燥。组织触片的固定可根据不同的染色方法进行。

如有多个样品同时需要制成抹片,只要染色方法相同,亦可在同一张玻片上有秩序地排好,做多点涂抹,或者先用铅笔在玻片上划分成若干小方格,每方格涂抹一种样品。

无论何种方法,切忌涂抹太厚,否则不利于染色和观察。

3.干燥

涂片应在室温下自然干燥。

4.固定

血片、组织触片多用化学固定法。

血片、组织触片用姬姆萨染色时,不用火焰固定,而要用甲醇固定。可将已干燥的触片浸入甲醇中 3～5 min,取出晾干;或在触片上滴数滴甲醇作用 3～5 min 固定后,自然挥发干燥。作瑞氏染色的涂片不需另行固定,因染色液中含有甲醇,可以达到固定的目的。固定好的抹片就可进行各种方法的染色。血片、组织触片也可以火燃固定后进行美兰和革兰氏染色。

5.染色

血片、组织触片多用以下染色法。

(1)瑞氏染色法 血片或组织触片自然干燥后,滴加瑞氏染色液于涂片上,经 1～3 min 固定后,再滴加与染色液等量的磷酸缓冲液或中性蒸馏水于玻片上,轻轻摇晃使其与染色液混合均匀,经 5 min 左右(视染色液的新旧程度而定),待表面显金属光泽,水洗,干后镜检。结果:菌体呈蓝色,组织细胞的胞浆呈红色,细胞核呈蓝色。

也可在抹片上覆盖一块略大于涂面的清洁滤纸,然后在滤纸上轻轻滴加瑞氏染色液(至略浸过滤纸为宜,并视情况补滴,维持不干),经固定、染色,效果更好。

(2)姬姆萨染色法 血片或组织触片自然干燥后,用甲醇固定 3～5 min 并自然干燥后,滴加足量的姬姆萨染色液或将涂片浸入盛有染色液的染色缸中,染色 30 min 或者数小时至 24 h,水洗,干后镜检。结果:细菌呈蓝青色,组织细胞的胞浆呈红色,细胞核呈蓝色。

6.镜检

细菌标本片经染色、干燥后,置显微镜下用油镜观察。

(三)细菌不染色标本片的制备及镜检

1.压滴法

(1)用灭菌的接种环取 3～4 环菌液(或固体培养物用无菌生理盐水制成菌悬液)置于洁净载玻片中央。

(2)用小镊子夹一清洁无脂的盖玻片,先使盖玻片一边接触菌液,然后缓缓放下,覆盖于载玻片的菌液上,避免菌液中产生气泡。

(3)置于光学显微镜下观察。先用低倍镜对光找到细菌的位置,再用高倍镜观察细菌的运动。观察时必须缩小光圈,适当下降聚光器,调节光源亮度,使视野变暗,以利观察细菌的运动情况。

(4)观察结果。有鞭毛的细菌(如大肠杆菌)能运动,在液体中有明显的方向性位置移动,定向从一处泳动到另一处,为真正运动;无鞭毛细菌(如葡萄球菌)不能真正的运动,但受液体分子的撞击而在原位置颤动,为分子运动(或布朗运动),注意与细菌的鞭毛运动相鉴别。

2.悬滴法

(1)取洁净凹玻片一张,在凹窝周围用接种环滴少量生理盐水(或牙签涂少许凡士林,固定盖玻片用)。

(2)用灭菌的接种环取 1~2 环菌液置于洁净盖玻片中央。

(3)将凹玻片的凹面向下,使凹窝对着盖玻片中央的液滴并盖于其上,迅速翻转,使盖玻片位于上方,用小镊子轻轻按压,使之粘紧封闭。

(4)置于光学显微镜下观察。先用低倍镜找到液滴边缘,再用高倍镜检查(因凹玻片较厚,一般不用油镜),可观察到细菌的运动状态。镜下所见结果与压滴法相同。

不染色标本片主要用于检查细菌的运动性。结果:大肠杆菌有鞭毛,为真正运动;金黄色葡萄球菌无鞭毛,不能真正的运动,但受水分子的撞击而在原位置颤动,为分子运动(或布朗运动)。

(四)注意事项

(1)制作的细菌涂片应薄而匀,应注意取材不宜过多,否则不利于染色和观察。

(2)干燥及火焰固定时切勿紧靠火焰及时间过长,以免温度过高造成菌体结构破坏甚至膨胀变形。

(3)标本片固定必须确实,以免水洗过程中菌膜被冲掉。

(4)染色水洗时,不要先倾去染色液,应平持玻片直接用细流水冲洗,让染色液与水一并冲洗掉,然后进行下一步骤,以此避免沉渣黏附,影响染色效果。不可直接对准菌膜冲洗,涂面上积水不可过多,否则降低染色液浓度影响染色效果。

(5)革兰氏染色时,脱色是影响革兰氏染色的关键步骤,酒精的浓度、用量、脱色时间及涂片厚度等都会影响脱色的速度和脱色效果。脱色时间长短要适宜,如果涂片较厚相应的延长脱色时间,如果涂片较薄则相应的缩短脱色时间,脱色时应不断摇动玻片,使其充分脱色,通常脱到酒精中没有紫色流下即可。

(6)因细菌的菌龄不同染色结果也有差异,一般以新鲜标本或 18~24 h 细菌培养物染色结果最好。观察细菌运动应以 6~12 h 幼龄培养物为好。

(7)不染色标本制片时滴加的菌液量应适当,尽量避免菌液外溢和产生气泡。做好片子后尽快观察,以免水分蒸发影响观察结果。气候寒冷时,应注意保温,避免影响细菌动力。

(8)欲长期保留标本时,细菌涂片染色后,可在涂抹面上滴加 1 滴加拿大树脂胶,以直接清洁盖玻片覆盖其上,待其自然干燥后,并应贴标签,注明菌名、材料、染色方法和制片日期等记录,保存于标本盒内,可多年不变色。

(9)不染色标本检查必须使显微镜视野变暗观察结果。

（10）不染色标本和染色标本观察后,应立即投入消毒液内消毒。

【相关知识】

一、细菌形态和结构的观察方法

人的眼睛只能分辨 0.2 mm 以上的物体,细菌个体微小,仅有 0.2～20 μm 大小,所以肉眼无法直接看到细菌,必须借助光学显微镜或电子显微镜放大 1 000 倍以上,才能观察到细菌的形态、结构及其排列。一般形态和结构可用光学显微镜观察,内部超微结构则需用电子显微镜观察。

（一）光学显微镜观察法

普通光学显微镜以可见光为光源,光波长 0.4～0.7 μm,平均为 0.5 μm。细菌经放大 100 倍的物镜和放大 10 倍或 16 倍的目镜联合放大 1 000 倍或 1 600 倍后,达到 0.2～2 mm,肉眼可以看见。光学显微镜可分为普通显微镜、相差显微镜、暗视野显微镜、荧光显微镜等,分别适用于观察不同状态的细菌形态或结构,最常用的是普通明视野显微镜。在细菌个体形态学检查时,要根据被检细菌的种类及检查项目,将细菌制成不染色标本片或染色标本片,然后用显微镜观察细菌的形态和结构。

1. 细菌染色标本检查法

细菌个体微小,无色半透明,只有经过染色才能在光学显微镜下清楚地观察到细菌的形态、大小、排列、染色特性及细菌的某些特殊结构。细菌染色是常用的细菌形态学检查法。常先将细菌标本制片染色后再进行镜检,称为染色标本检查法。

细菌染色标本片通常用液体或固体培养物、患病动物的血液和组织来制备,主要用于细菌的形态和结构观察,以便于鉴定细菌。

（1）染色标本检查的基本程序 染色标本检查的基本程序是准备玻片→抹片(涂片或触片)→干燥→固定→染色→镜检。

①准备玻片。载玻片应清晰透明,洁净而无油渍,滴上水后,能均匀展开,附着性好。

②抹片。将临床标本和细菌培养物用适当的方式涂布于洁净无油渍的载玻片上。根据所用材料不同,抹片的方法也有差异。具体操作见任务实施。

③干燥。涂片最好在室温下自然干燥,必要时将涂面向上,置酒精灯火焰上方 30～40 cm 高处微烤加热干燥,但切勿靠近火焰。

④固定。固定的目的是可以杀死大部分细菌,使菌体蛋白质凝固,形态固定,易于着色,并且经固定的菌体牢固黏附在玻片上,水洗时不易冲掉。固定的方法因材料不同、染色方法不同而异,分为火焰固定法和化学固定法两种。

a. 火焰固定 是最常用的方法,将干燥好的玻片涂面向上,其背面在酒精灯外焰上以钟摆的速度来回通过 3～4 次,以手背触及玻片微烫手为宜。冷却后即可染色。

b. 化学固定 有的血片、组织触片用姬姆萨染色时,不用火焰固定,而要用甲醇固定。可将已干燥的触片浸入甲醇中 3～5 min,取出晾干;或在触片上滴数滴甲醇作用 3～5 min 固定后,自然挥发干燥。丙酮和酒精也可用作化学固定剂。作瑞氏染色的涂片不需另行固定,因染色液中含有甲醇,可以达到固定的目的。

固定好的抹片就可进行各种方法的染色。

必须注意,在抹片固定过程中,实际上并不能保证杀死全部细菌,也不能完全避免在染色水洗时不将部分抹片冲脱。因此,在制备烈性病原菌,特别是带芽孢的病原菌的抹片时,应严格慎重处理染色用过的残液和抹片本身,以免引起病原的散播。

⑤染色。按检验的方法和目的要求,选用不同的染料对标本抹片进行着色的过程。细菌多带负电荷,易于带正电荷的碱性染料结合,所以细菌染色多选碱性染料,如美蓝、碱性复红、结晶紫等。染色时滴加染色液的量以覆盖菌膜为宜。染色时滴加染色液的量以覆盖菌膜为宜。染色过程中根据所用染料多少,常用的细菌染色方法分为单染色法和复染色法两种。

a. 单染色法　只用一种染料使菌体着色,细菌被染成一种染色。单染法主要用于观察细菌的大小、形态与排列方式,不能观察细菌的染色性。由于细菌在中性环境下一般带负电荷,易于带正电荷的碱性染料结合,所以细菌染色通常采用碱性染料染色,如碱性美蓝染色法、石炭酸复红染色法等,由于各种细菌均染成同一颜色,故不能鉴别细菌。

b. 复染色法　用两种或两种以上的染料先后染色,染色后既能观察细菌的大小、形态与排列方式,还能使不同菌体呈现不同颜色或显示出部分细菌的结构,以便于鉴别细菌,故又称为鉴别染色法,常用的有革兰氏染色法、姬姆萨染色法、抗酸染色法等,其中最常用的鉴别染色法是革兰氏染色法。此外,还有细菌特殊结构染色法如荚膜染色法、鞭毛染色法、芽孢染色法等。复染色法一般包括初染、媒染、脱色、复染四个步骤。

⑥镜检。细菌标本片经染色、干燥后,置显微镜下用油镜观察。

普通生物显微镜能看清的物体为 $0.2~\mu m$,可用于观察细菌的形态、构造和染色特性。但在检验一个具体样品时,不仅要寻找所怀疑的病原体,而且也应考虑其他的细菌、真菌、病毒及寄生虫感染的可能性。

显微镜观察是细菌性疾病实验室诊断的基础,具有多方面的作用。如判断病料样品中细菌的含量和种类特征,供样品进一步处理和检验做参考;做涂片染色,观察革兰氏染色特性、有无芽孢、排列状态和形态大小,如为悬滴标本片,还可观察细菌有无运动力,作为细菌的初步分类依据,缩小检验范围;对某些形态特征比较典型的病原菌(如炭疽杆菌、葡萄球菌、巴氏杆菌等)可作出初步判断,并为选择适宜的培养基提供依据。

(2)常用的染色方法　常用的染色方法应用时可根据实际情况选择适当的染色方法,如对病料中的细菌进行检查,常选择瑞氏染色法或美蓝染色法,而对培养物中的细菌进行染色检查时,多采用革兰氏染色法等。当然,染色方法的选择并非固定不变。以下介绍几种常用的染色法。

①碱性美蓝染色法。在已干燥固定好的抹片上,滴加适量美蓝染色液覆盖涂面,染色 2～3 min,水洗(用细小的水流将染料洗去,至洗下的水没有颜色为止。注意不要使水流直接冲至涂面处),自然干燥或吸水纸轻压吸干(不准烤干)镜检,结果:菌体呈蓝色,荚膜呈红色,异染颗粒呈淡紫红色。

②革兰氏染色法。革兰氏染色法由丹麦科学家 Christian Gram 创建于 1884 年。

革兰氏染色方法　细菌标本涂片固定后,先用结晶紫初染,再用碘液媒染后,用 95％乙醇脱色后,用稀释石炭酸复红或番红等红色染料复染。以此法可将细菌分为两大类:不被乙醇脱色仍保留蓝紫色者为革兰氏阳性 (G^+) 菌;被乙醇脱色后复染成红色者为革兰氏阴性 (G^-) 菌。

革兰氏染色的机理　目前一般认为与细菌细胞壁的结构和组成有关。细菌标本涂片固定后,先用结晶紫初染,再用碘液媒染后,在细胞膜或原生质上染上了不溶于水的结晶紫与碘的大分子复合物,细菌均被染成深紫色。革兰氏阳性菌的细胞壁含较多的肽聚糖且交联紧密,脂类很少,用95％乙醇作用后,肽聚糖收缩,细胞壁的孔隙缩小至结晶紫和碘的复合物不能脱出,经红色染料复染后仍为原来的蓝紫色。而革兰氏阴性菌的细胞壁含有较多的脂类,当以95％乙醇处理时,脂类被溶去,而肽聚糖较少,且交联疏松,不易收缩,在细胞壁中形成的孔隙较大,结晶紫与碘形成的紫色复合物也随之被溶解脱去,菌细胞又呈现无色,复染时被红色染料染成红色。

革兰氏染色的实际意义有如下几个方面。

a. 鉴别细菌 革兰氏染色法可将细菌分成革兰氏阳性菌和革兰氏阴性菌两大类,便于初步识别细菌,缩小检查范围,并确定进一步的鉴定方法。

b. 选择治疗用药 革兰氏阳性菌和革兰氏阴性菌因细胞壁结构差异,对抗生素和化学药品的敏感性不同,如大多数革兰氏阳性菌对青霉素、红霉素、头孢菌素等敏感;而大多数革兰氏阴性菌对链霉素、氯霉素、庆大霉素等敏感。临床上可根据病原菌的革兰氏染色特性选择有效药物治疗。

c. 与细菌致病性的有关 大多数革兰氏阳性菌主要以外毒素致病,而革兰氏阴性菌以内毒素致病,两者的致病机制和治疗方法不同。因此,区别细菌的染色性可指导临床采取针对性的治疗方案。

③抗酸染色法。主要应用于抗酸性细菌如结核分支杆菌等,抗酸染色阳性的细菌称为抗酸杆菌。

a. 初染 在干燥固定好的抹片上滴加足量的石炭酸复红液(原液),玻片在酒精灯火焰上微微加热至发生蒸气时离开火焰,切记不可煮沸,持续3～5 min(在加热过程中,应使染色液始终覆于涂面上,如量过少可待玻片稍冷却后继续滴加染色液,防止干燥或玻片断裂),待玻片冷却后,用水冲洗;

b. 脱色 在涂片上滴加3％盐酸酒精,轻轻晃动玻片脱色,直至无红色染色液流出为止,一般作用1～3 min,充分水洗;

c. 复染 用碱性美兰染色液于涂片上复染0.5～1 min,水洗,干燥后镜检。结果:抗酸性细菌呈红色,呈非抗酸性细菌、背景和细胞呈蓝色。

④负染色法。负染色法是指细菌本身不着色,通过背景着色后反衬菌体的染色方法。通常用墨汁、酸性染料如刚果红、水溶性苯胺黑等。实际工作中常联合使用墨汁负染色法和美蓝单染色法检查细菌的荚膜。染色后,背景呈黑色,菌体呈蓝色,荚膜不着色,呈一层透明的空泡状包在菌体周围。

⑤荧光显微镜检查法。荧光显微镜以紫外线为光源。将细菌用不同的荧光素着色,置于荧光镜下观察,可见发出某种颜色荧光的细菌。该法更多用于细菌抗原的免疫学检查。

此外,还有特殊染色法,主要用于细菌的特殊结构如荚膜、芽孢、鞭毛等的观察。

(3)常用染色液的配制方法 配制常用染色液时,一般先将染料配制成能长期保存的饱和乙醇溶液,用时再稀释成染色液。

①碱性美蓝染色液。

甲液:美蓝0.3 g,95％酒精30 mL。

乙液:0.01％氢氧化钾溶液100 mL。

将美蓝放入研钵中,徐徐加入酒精研磨均匀后即为甲液。将甲、乙两液混合,越夜后用滤纸过滤后贮于瓶中密闭保存,放置时间越长效果越好。

②革兰氏染色液。

a.草酸铵结晶紫染色液

甲液:结晶紫 2 g,95%酒精 20 mL

乙液:草酸铵 0.8 g,蒸馏水 80 mL

将结晶紫放入研钵中,加入酒精研磨均匀为甲液,然后再与完全溶解的乙液混合后滤过备用。此染色液不能保存过久,易产生沉淀而影响有效浓度,如有沉淀则需要重新配制。

b.革兰氏碘液(又称卢戈氏碘液) 碘片 1.0 g,碘化钾 2.0 g,蒸馏水 300 mL。将碘化钾放入研钵内,加少量蒸馏水使其完全溶解,再放入已磨碎的碘片并徐徐加入蒸馏水,同时充分研磨,待碘片完全溶解后装入棕色瓶中,把余下的蒸馏水倒入即成。革兰氏碘液不能久存,一次不宜配制过多。产生沉淀或褪色后易失去媒染作用应废弃。

c.脱色液 95%乙醇。注意会因瓶盖密封不良而挥发,浓度不足。

d.稀释石炭酸复红液 取碱性复红酒精饱和溶液(碱性复红 4 g 溶于 95%酒精 100 mL 中)1 mL 和 5%石炭酸水溶液(溶化的石炭酸 5 mL 加入 95 mL 蒸馏水中)9 mL 混合,即为石炭酸复红原液。再取石炭酸复红原液 10 mL 和 90 mL 蒸馏水混合,即成稀释石炭酸复红液。

e.沙黄染色液(番红染色液) 3.4%沙黄酒精溶液 10 mL,蒸馏水 90 mL,混合后,贮于褐色瓶中备用。

③瑞氏染色液。取瑞氏染料 0.1 g 置于乳钵内,纯中性甘油 1.0 mL 研磨均匀,再加入甲醇 60 mL,使其溶解(先少加甲醇促其溶解,再用剩余甲醇将乳钵洗净),置于棕色瓶中过夜,次日过滤,盛于棕色瓶中,保存于暗处。保存时间愈长,染色效果愈佳。

④姬姆萨染色液。取姬姆萨氏染料 0.6 g,加入 50 mL 甘油中,置 55~60℃水浴 1.5~2 h 后,加入甲醇 50 mL,静置 24 h 以上(一般 2 周),滤过后即成姬姆萨染色原液。

染色前,于每毫升 pH7.0~7.2 缓冲蒸馏水中加入上述原液 1 滴(1:(10~20)即可),即成姬姆萨染色液。应当注意,所用蒸馏水必须为新煮过的中性或微碱性,若蒸馏水偏酸,可于每 10 mL 左右加入 1%碳酸钾溶液 1 滴,使其变成微碱性。

2.细菌不染色标本检查法

细菌未经染色呈无色半透明,在光学显微镜下为有折光性的小点,只能见到细菌的轮廓及其运动性,不能判断细菌的形态和结构特征。因此,细菌不染色标本检查法是用显微镜对活细菌进行直接的观察,常用于观察细菌运动性等生理活动,区分细菌有无鞭毛结构,从而鉴定细菌。有鞭毛的细菌运动活泼,有明显的方向性位置移动,为真正运动;无鞭毛细菌不能真正的运动,但受水分子的撞击而在原位置颤动,为分子运动(或布朗运动),注意与细菌的鞭毛运动相鉴别。细菌活标本检查的方法,常用的有压滴法、悬滴法等,具体方法见本任务技能操作部分。螺旋体、弧菌、弯曲杆菌等菌体形态和运动方式特征鲜明,利用暗视野显微镜进行观察,具有诊断意义。

暗视野显微镜的原理 暗视野显微镜就是在普通光学显微镜中换上一个暗视野集光器而成,暗视野集光器的构造使光线不能从中央直线向上进入镜头,只能从遮光板的四周边缘斜射通过标本,视野背景是黑暗的。如果标本中有颗粒物体存在并被斜射光照射,则能引起光线散射,一部分光线进入物镜,此时可见到在黑暗的视野背景中,有明显发亮的物体,是菌体受光的侧面呈现边缘发亮的轮廓。暗视野显微镜多用于活体微生物运动和鞭毛的检查,特别适用于螺旋体的形态和运动的观察,不具备观察物体内部细微结构的功能。

暗视野显微镜的使用及要求 ①将普通显微镜集光器取下,换上暗视野集光器;②制作悬滴标本片,要求所用的载玻片和盖玻片应清洁干净、无划痕,载玻片厚度约 1.0~1.1 mm,盖玻片厚度不得超过 0.15 mm,否则会影响暗视野集光器斜射光焦点的调节,如载玻片太厚焦点只能落在载玻片内,就不能看到物像,标本也不宜过厚;③应采用强光源,一般用强光源显微镜灯照明,如果光线暗则物像不清晰;④调节光源,使光线集中在暗视野集光器上,先用低倍镜观察,移动暗视野集光器,使其中央的一个圆圈恰好处在视野的中央,如暗视野集光器已准确固定好,则可免去这一步;⑤先在暗视野集光器上加香柏油一滴,然后将标本放在载物台上,将集光器向上升移,使其上的香柏油与载玻片底面相接触,中间不能有气泡;⑥在标本片盖玻片上再加香柏油一滴,将油镜头浸入香柏油中,然后按油镜使用方法,配合调节集光器,直至物像清晰为止,即可开始检查,也可用低倍镜或高倍镜进行镜检,这样就可不用加香柏油。结果:背景黑色,菌体呈发亮的小体;⑦如没有暗视野集光器,只要在普通集光镜放置滤光片的地方,放上一个中心有光挡的小铁环即成。也可将普通显微镜的集光器拆下,将集光器的两组凸透镜旋开,用厚实的黑纸片剪成略小于两组透镜平面的圆形纸片两片,用胶水贴在两组透镜平面中心上,作为遮光板,然后将透镜安装回集光器上,作为暗视野集光器。遮光板大小要做得合适,要反复试验直到光线适合为止,才能得到暗视野效果。

(二)电子显微镜观察法

电子显微镜简称电镜,以波长极短的电子流为光源,以电磁圈代替放大透镜,所以电子显微镜的放大倍数可达 80 万倍,分辨的最小极限达 0.2 nm,包括透射电镜和扫描电镜。扫描电子显微镜在 1965 年开始使用的,可使人看到物体表面的微小结构。

二、细菌的接种工具及其使用方法

常用的接种或移植工具有接种环(针)、无菌棉拭子、L 形玻棒、滴管、吸管等。

接种环和接种针是细菌接种最常用的工具。它们均有三部分组成,即环(针)、金属柄和绝缘柄三部分。其环(针)部分由易于传热又不易生锈且经久耐用的镍络丝或白金丝制成,但白金丝价格昂贵而限制了其应用,亦可用电炉丝代替。接种针长 5~8 cm,若将其前端弯曲成直径为 2~4 mm 密闭的正圆形即成接种环。无环者则称接种针。接种环(针)在每次使用前后,均需在酒精灯的火焰上进行烧灼灭菌。接种环用于从被检标本或培养物中取材观察细菌形态以及固体、液体培养基的接种,接种针用于半固体培养基的接种。

接种环(针)灭菌方法是右手以执笔式持绝缘柄,先将接种环(针)的金属丝部分直立于酒精灯外焰上烧红,然后横向斜持接种环(针),使其金属柄部分转动着通过火焰 3 次,待冷却即可取菌或待试标本。使用完毕,斜持接种环(针),先将金属丝污染菌部位置于还原焰(内焰)中烧红,烤干环(针)端附着的细菌或标本,以免环(针)上残余的细菌或标本因突受高热,爆裂四溅,而污染环境和导致传染危险。然后再慢慢往前移于氧化焰(外焰)中烧红灭菌,最后将金属柄部分往复在火焰中通过 3 次。灭菌后应立即搁置于架上,切勿随手乱放,以免烧焦实验台面或其他物品。

无菌棉拭子是用脱脂棉制成的棉拭子,L 形玻棒是由直径 2~3 mm 的玻璃棒前端弯曲成L 形制成。消毒灭菌后可用于药敏试验中菌液的涂布。

◉ 任务 2-3　细菌检测常用培养基的制备

【任务描述】

细菌学检验的关键是从病料中用培养基分离到病原菌,应根据检验目的和各类微生物的不同营养要求,选用各自最适合的培养基,才能收到预期的效果。所以配制培养基是进行细菌检测工作的基础。本任务以小组为单位进行细菌常用的基础培养基(肉汤、半固体、固体等培养基)、营养培养基(血液琼脂培养基)、鉴别培养基(伊红美蓝琼脂、麦康凯琼脂、三糖铁琼脂等培养基)、选择培养基(SS 琼脂培养基)的配制。灭菌后并制成试管肉汤、平板、试管斜面、试管高层等,为下一步细菌鉴定做好准备。

【任务目标】

(1)了解细菌的营养类型及摄取营养的方式;掌握细菌生长繁殖所需要的营养物质及其作用;熟悉培养基的成分、种类及其用途;掌握常用培养基制备的基本要求、基本程序和注意事项。

(2)能够进行常用的液体、半固体、固体培养基的制备;能够正确测定及矫正培养基 pH;能够进行培养基的分装、灭菌、无菌检查、保存及质量监控。

【必备技能】

一、准备试验材料

(1)仪器　高压蒸汽灭菌器、微波炉或电炉、电热干燥箱、恒温培养箱、水浴锅、冰箱、托盘天平。

(2)容器及其他　量筒、漏斗、定量刻度吸管、0.25 mL 定量移液管、试管、培养皿、烧杯或搪瓷缸、三角烧瓶、玻璃棒、精密 pH 试纸、pH 标准比色管(pH7.4～7.8)、比色架、滤纸、纱布、脱脂棉、硫酸纸、纱布、药勺、牛皮纸、金属筒、棉塞、纸绳、洗耳球、无菌鲜血或脱纤维绵羊血(或家兔血液)、无菌血清、新鲜动物肝脏、5～10 mL 注射器、记号笔、试管架等。

(3)试剂　牛肉膏、蛋白胨、氯化钠、磷酸氢二钾、琼脂粉、0.1 mol/L NaOH 溶液、1 mol/L NaOH 溶液、0.1 mol/L HCl 溶液、1 mol/L HCl 溶液、0.02％酚红指示剂、5％柠檬酸钠溶液、液体石蜡、蒸馏水、营养琼脂培养基干粉、伊红美蓝培养基干粉、麦康凯培养基干粉、三糖铁培养基干粉、SS 培养基干粉等。

二、方法与步骤

(一)普通肉汤培养基(液体培养基)的制备

【成分】牛肉膏 3～5 g,蛋白胨 10 g,氯化钠 5 g,磷酸氢二钾 1 g,蒸馏水 1 000 mL。

【制法】液体培养基制作的基本程序为:配料→溶化→测定及矫正 pH→过滤→分装→包扎标记→灭菌→无菌检验→备用。

(1)配料　根据配方比例和欲制作的培养基量,计算出各种药品所需的用量,然后用天平依次准确称取牛肉膏、蛋白胨、氯化钠、磷酸氢二钾,置于三角烧瓶或搪瓷缸中(先加全部水量为 2/3)。

(2)溶化　将三角烧瓶置于沸水浴中加热并搅拌(若用搪瓷缸,可以直接用电炉加热),使其充分溶解,再将剩余量的蒸馏水补够直至煮沸。

(3)测定及矫正 pH　冷却至 40～50℃,测定并矫正 pH 至 7.4～7.8。

(4)过滤　煮沸数分钟后用滤纸过滤。

(5)分装　分装于试管高度的 1/4(约 5 mL/管)、三角烧瓶或生理盐水瓶中(注意其容量不宜超过容器的 2/3,最好 1/2)。

(6)包装标记与灭菌　将分装好的培养基并标记,包装后置高压灭菌器内,121.3℃灭菌 20 min 即成。

(7)无菌检验　将制作好的培养基于 37℃培养 18～24 h,应无任何细菌生长。

(8)保存备用　将无菌检验合格的培养基置于 4℃冰箱保存备用。

【用途】可作一般细菌生长的液体培养基;作为制作某些培养基的基础原料。

(二)普通琼脂培养基(固体培养基)的制备

【成分】普通肉汤 1 000 mL,琼脂粉 20～30 g(冬天少加,夏天多加)。

【制法】普通琼脂培养基制作的基本程序为:配料→溶化琼脂→测定及矫正 pH→过滤→分装(试管和三角瓶)→包扎标记→灭菌→摆斜面或倒平板→无菌检验→备用。

(1)配料　根据配方比例和欲制作的培养基量,计算出琼脂粉所需的用量。将称取的琼脂粉加入普通肉汤内。

(2)溶化　将三角烧瓶置于沸水浴中加热(若用搪瓷缸,可以直接用电炉加热),煮沸使其完全溶解,注意边加热边用玻棒搅拌并防止培养基煮沸后外溢或烧焦(使烧杯破裂),再用蒸馏水补足所失去的水分。

(3)测定及矫正 pH　测定并矫正 pH 至 7.4～7.8。

(4)过滤与分装　用多层纱布或中间夹有薄层脱脂棉的双层纱布(先用蒸馏水湿润)趁热过滤并分装于试管或三角烧瓶中。

(5)包装标记及灭菌　将分装好的培养基并标记,包装后置高压灭菌器内,121.3℃灭菌 20 min 即成。可制成试管斜面、高层培养基或琼脂平板培养基。

(6)摆斜面或倒平板　斜面培养基应在灭菌后趁热制成斜面;高层琼脂灭菌后直立放置待凝固即成;采用无菌操作的方法将灭菌后的培养基分装于灭菌培养皿内。

(7)无菌检验　将制作好的培养基于 37℃培养 18～24 h,应无任何菌落形成。

(8)保存备用　将无菌检验合格的培养基置于 4℃冰箱保存备用。

【用途】可供一般细菌的分离培养、纯培养,观察菌落特征及保存菌种等;可作为制作特殊培养基的基础。

(三)半固体培养基的制备

【成分】普通肉汤 1 000 mL,琼脂粉 3～5 g。

【制法】半固体培养基制作的基本程序为:配料→溶化琼脂→测定及矫正 pH→过滤→分装(试管)→包扎标记→灭菌→无菌检验→备用。

(1)配料　根据配方比例和欲制作的培养基量,计算出琼脂粉所需的用量。将称取的琼脂粉加入普通肉汤内。

(2)溶化　煮沸使其完全溶解,方法同上。

(3)测定及矫正 pH　测定并矫正 pH 至 7.4～7.8。

（4）过滤与分装　趁热用纱布过滤并分装于试管高层。

（5）包装标记及灭菌　将分装好的培养基并标记,包装后置高压灭菌器内,121.3℃灭菌20 min 后直立放置待凝固即成。

（6）无菌检验　将制作好的培养基于 37℃培养 18～24 h,应无任何菌落形成。

（7）保存备用　将无菌检验合格的培养基置于 4℃冰箱保存备用。

【用途】用于菌种的保存或测定细菌的运动性。

(四)血液琼脂培养基的制备

【成分】无菌鲜血 5～10 mL,普通琼脂培养基 100 mL。

【制法】

1.制备无菌鲜血(脱纤维鲜血或抗凝血)

以无菌操作方法采自健康动物(通常是绵羊或家兔)的血液,加入盛有 5％无菌的枸橼酸钠溶液(血:5％无菌的枸橼酸钠溶液为 9:1)的三角烧瓶中混匀,或加到盛有玻璃小珠的灭菌三角烧瓶内摇匀 5～10 min 脱纤后,置于冰箱中冷藏备用。

2.制备血液琼脂培养基

将灭菌的普通营养琼脂培养基加热溶化后,冷却至 46～50℃左右(水浴),以无菌操作,加入 5％～10％的无菌脱纤维鲜血或抗凝血(临用前需置 37℃水浴预温 30 min),混匀(避免产生气泡)后倾注灭菌平皿制成平板或分装试管制成斜面,待凝固后,置 37℃培养 1～2 d,有污染者废弃,无菌者保存于冰箱备用。

注:当琼脂培养基温度过高(70～80℃)时加入血液,并在 80℃水浴中摇匀 15～20 min,血液由鲜红色变为暗褐色,称为巧克力琼脂培养基,可用于培养嗜血杆菌。温度过低,则鲜血易凝不易混匀。注意,混合时切勿产生气泡。

【用途】供营养要求较高的细菌如多杀性巴氏杆菌、链球菌等的分离培养;可观察细菌的溶血现象和保存菌种。

(五)血清琼脂培养基的制备

【成分】无菌血清 5～10 mL,普通琼脂培养基 100 mL。

【制法】同血液琼脂培养基。使用前须做无菌检查。

【用途】供营养要求较高的细菌如多杀性巴氏杆菌、链球菌等的分离培养和菌落性状的观察;斜面用于菌种保存。

(六)肉渣汤(疱肉)培养基的制备

【成分】普通肉汤 5～6 mL,牛肉渣 2～3 g。

【制法】

(1)于每支试管中加入 2～3 g 牛肉渣及普通肉汤 5～6 mL。

(2)液面盖以一薄层液体石蜡,经 121.3℃灭菌 20～30 min 后保存冰箱中备用。

【用途】用于厌养菌的培养。必须注意,此培养基在使用时,将肉渣培养基置水浴锅煮沸10 min,速放入冷水中冷却以驱除管内存留的氧气。

(七)肝片肉汤培养基的制备

【成分】普通肉汤 5～6 mL,肝片 3～6 块。

【制法】

(1)将新鲜肝脏放于流通蒸汽锅内加热 1～2 h,待蛋白凝固后,肝脏深部呈褐色,将其切成 3～4 mm³ 大小的方块,用水洗净后,取 3～6 块放入普通肉汤 5～6 mL 试管中。

(2)液面盖一薄层液体石蜡,经 121.3℃灭菌 20～30 min 后保存冰箱中备用。

【用途】用于厌养菌的培养。

(八)半成品培养基的制备

目前,常用的培养基均已商品化,即为半成品培养基,不需要测定及矫正 pH,只要按标签上的说明及所需量和要求准确称量所需干粉,直接溶解、分装、灭菌,制成平板或试管斜面、试管高层即可。下面以营养琼脂和伊红美蓝(EMB)琼脂、麦康凯(MAC)琼脂、三糖铁(TSI)琼脂、SS 琼脂等鉴别培养基及 1%蛋白胨水、0.5%葡萄糖蛋白胨水、枸橼酸钠培养基、醋酸铅琼脂培养基等生化培养基为例,进行半成品培养基的制备。

【制法】半成品培养基制作的基本程序为:配料→溶化琼脂干粉→分装(试管)→包扎标记→灭菌→摆斜面或倒平板→无菌检验→备用。

(1)配料。按照半成品培养基瓶标签上的说明,根据欲制作的培养基量,计算出所需的半成品培养基粉和蒸馏水用量。用天平准确称取半成品培养基粉,用量筒量取蒸馏水,将二者置于三角烧瓶或搪瓷缸中。

(2)溶化。加热溶化,边加热边用玻棒搅拌,直至沸腾。

(3)分装。趁热分装于试管(若制作试管斜面)。

(4)包装标记及灭菌。将溶化或分装好的培养基并标记,包装后置高压灭菌器内灭菌(按照半成品培养基瓶标签上的说明)。

(5)摆斜面或倒平板。采用无菌操作的方法将灭菌后的培养基分装于灭菌培养皿内制成平板。斜面培养基应在灭菌后趁热制成斜面。

(6)无菌检验。将制作好的培养基倒置于 37℃培养 18～24 h,无任何菌落形成。

(7)保存备用。将无菌检验合格的培养基置于 4℃冰箱保存备用。

(九)培养基 pH 测定与矫正

1.精密 pH 试纸法

取精密 pH 试纸一条,用玻璃棒蘸取待测的培养基,滴于试纸条上,显色后与标准比色卡比较,确定其 pH。如为酸性,向培养基内滴加 1 mol/L NaOH 溶液,边加边充分摇匀边比色,直至调到 pH 在所需的范围内。如为碱性可用 1 mol/L HCl 溶液调制。

2.标准比色管法(四孔比色法)

(1)pH 测定　取 3 支与标准比色管(pH7.6)大小、口径一致的空比色管(通常用华氏试管),向每管内加入不同的溶液(图 2-11)。①培养基 5 mL(对照管);②蒸馏水管;③培养基 5 mL 加 0.02%酚红指示剂 0.25 mL,混匀(测定管);④pH 标准比色管。比色架对光观察,比较两侧观察孔内颜色是否相同。

(2)pH 矫正　若测定管过酸(色淡或黄色)或过碱(色深或深红色)可向上述③管中用 0.1 mol/L NaOH 溶液或 0.1 mol/L

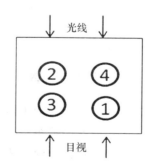

图 2-11　pH 测定法
1.对照管　2.蒸馏水管
3.测定管　4.标准比色管

HCl 溶液矫正,直至颜色与标准比色管色泽相同为止。通常未矫正前的肉汤一般呈酸性。加碱或加酸时要精确缓慢,每加 1 滴后要充分混匀,比色后再加第 2 滴(有时仅加半滴),直至③②两管相加的颜色与①④两管相同为止,准确记录加入的量。

(3)计算 按下列公式计算出矫正全量培养基所需 1 mol/L NaOH(或 HCl)溶液量。

$$所需 1 \text{ mol/L NaOH} = 5 \text{ mL 培养基所需 } 0.1 \text{ mol/L NaOH 毫升数} \times \frac{培养基总体积数}{5} \times \frac{1}{10}$$

(4)加入 1 mol/L NaOH 于培养基后摇匀,再作一次矫正试验,如 pH 不在所需范围,应重新测定。

例如,假设 5 mL 培养基矫正 pH 至 7.6 时需 0.1 mol/L NaOH 0.30 mL,现有培养基 990 mL,若将其调节 pH 至 7.6 时,需加 0.1 mol/L NaOH 的量可按下列方法计算:

$$5 : 990 = 0.30 : X$$
$$X = 0.30 \times 990 / 5 = 59.4 (\text{mL})$$

如将此 0.1 mol/L 的 NaOH 改用 1 mol/L 的 NaOH 时,则需 5.94 mL 即可。

(十)注意事项

(1)在进行配料时应在瓶中先加入少量水,再加入各种固体成分,以免固体成分黏附在瓶壁上。

(2)在加热溶化时注意溶液不能溢出瓶外,否则会影响培养基的营养成分,若水分蒸发,应补足失去的水分。

(3)矫正全量培养基 pH 时,不可应用 0.1 mol/L NaOH(或 HCl)溶液,否则由于加入的量较大,培养基的营养含量会明显降低,影响细菌的生长。要求调节 pH 所用的酸或碱,边加边充分摇匀边比色,以防局部过酸或过碱破坏营养成分,直至调到所需的 pH 为止,防止滴加过量,避免回调影响培养基中各离子浓度。

(4)灭菌后的培养基进行分装时,切勿将皿盖全部开启,必须严格无菌操作。应用近期内严格灭菌的试管(包括棉塞)或平皿,并在无菌室或超净工作台内完成。倾注平板时培养基的温度不能过高,否则冷凝水多,影响细菌的分离并易造成污染;也不能温度过低,否则琼脂过早凝固,使平板表面高低不平。

(5)制备好的培养基,应用前在 37℃ 温箱中放 1~2 d,无杂菌污染时,方可使用。

【相关知识】

一、细菌的营养

细菌具有独立的生命活动能力,能从外界环境中直接摄取营养,合成菌体的成分或获得生命活动所需要的能量,并排出废物,从而完成其新陈代谢的过程,使细菌得以生长繁殖。

(一)细菌的化学组成

细菌的化学成分主要包括水分和固形物两大类。固形物又包括有机物和无机物。有机物有蛋白质、核酸、糖类、脂类及其他有机物(生长因子和色素)等,无机物占固形物的 2%~3%,有磷、硫、钾、钙、镁、铁、钠、氯、钴、锰等,其中磷和钾含量最多。

（二）细菌的营养需要

根据细菌的化学组成，细菌进行生长繁殖，必须不断地从外界环境中摄取各种营养物质，来合成菌体成分，提供能量，并对新陈代谢起调节作用。凡是能满足细菌菌体生长、繁殖和完成各种生理活动所需要的物质称为营养物质。细菌获得和利用营养物质的过程称为营养。细菌所需的营养物质主要有：水、含碳化合物、含氮化合物、无机盐类和生长因子等。

1. 水

水是细菌体内重要成分之一；是细菌体内外重要的溶媒，细菌的新陈代谢必须有水才能进行；水还能调节细胞内外的温度。在细菌的生长繁殖过程中，只有通过水，营养物质才能吸收，代谢产物才能排出体外。当缺乏水分时，细菌就不能维持其生命活动和进行生长繁殖。所以细菌所需的营养物质必须先溶于水，在实验室培养细菌时，最好的水是蒸馏水或去离子水。

2. 含碳化合物

含碳化合物主要为菌体提供能量，小部分用于合成菌体的糖类和其他含碳化合物。细菌的营养类型不同，所需要的含碳化合物也不同，即使同是异养菌，对含碳化合物的利用也不一致。自养菌可以利用二氧化碳或碳酸盐等无机碳化合物作为碳源；异养菌只能利用有机含碳化合物，如实验室制备培养基常利用各种单糖、双糖、多糖、有机酸、醇类、脂类等有机含碳化合物，氨基酸除供给氮源外，也能提供碳源。因此，微生物对碳源的利用情况，可作为细菌分类的依据。

3. 含氮化合物

含氮化合物是构成细菌蛋白质和核酸的重要元素，不是能量的主要来源。在自然界中，从分子态氮到复杂的有机含氮化合物，都可以作为不同细菌的氮源。多数病原菌以有机氮作为氮源。在实验室中，常用的有机氮化合物有牛肉膏、蛋白胨、尿素、酵母浸膏等。

4. 无机盐

无机盐是细菌生长所必需的，虽然需要量甚少，但作用却很大。根据细菌需要量的多少，将无机盐分为常量元素（磷、硫、镁、钾、钙等）和微量元素（铁、钴、锰等）。这些无机盐的主要作用是构成菌体成分；作为酶的组成成分，维持酶的活性；参与调节菌体的渗透压、pH；有的可作为自养菌的能源（如硫、铁等）。在实验室中，最常用的无机盐是氯化钠，其次是磷酸氢二钾、磷酸二氢钠，此外，还有氯化镁、亚硫酸钠等。

5. 生长因子

生长因子是指细菌生长时不可缺少的微量有机物质。主要包括维生素、嘌呤、嘧啶、某些氨基酸等。如维生素 B 族化合物，有硫胺素、生物素、泛酸、核黄素等，它们大多是辅酶或辅基的成分。各种细菌所需要的生长因子种类不同，有些可以自己合成，有的则需要外界供给。动物血清、植物浸出液、酵母浸膏及动物组织液等含有丰富的生长因子，同时含有大量的含碳化合物、含氮化合物、无机盐等营养成分。

（三）细菌的营养类型

根据细菌对营养物质的需要不同，可将细菌分成自养菌和异养菌两大营养类型。

1. 自养菌

自养菌具有完备的酶系统，合成能力较强，能以二氧化碳、碳酸盐等简单的无机碳化物作为碳源，以无机的氮、氨或硝酸盐作为氮源，合成菌体所需的复杂的有机物质。细菌所需的能量来自无机物的氧化（化学能）也可以通过光合作用获得能量（光能），因此自养菌又可分为光能自养菌(如红硫细菌、绿硫细菌等)和化能自养菌(如硝化细菌、铁细菌等)。

2. 异养菌

异养菌不具备完备的酶系统,合成能力较差,必须利用有机碳化合物(如糖类)作为碳源,利用蛋白质、蛋白胨、氨基酸作为氮源,仅有少数异养菌能利用无机氮化合物,合成菌体所需的复杂的有机物质。其代谢所需能量大多从有机物的氧化中获得,少数从光线中获得能量,故异养菌也分为化能异养菌和光能异养菌(如红螺菌属)。绝大多数病原菌都是化能异养菌。

异养菌由于生活环境不同,又可分为腐生菌和寄生菌两类。腐生菌以无生命的有机物如动植物尸体、腐败食品等作为营养物质来源,一般不致病,但可引起食品的变质和腐败。寄生菌则寄生于有生命的动植物体内,从宿主体内的有机物中获得营养。致病菌多属于寄生菌。上述营养类型的划分并不是绝对的,在腐生菌与寄生菌之间尚有中间类型,称为兼性寄生菌,如大肠杆菌。

(四)细菌摄取营养的方式

外界的各种营养物质必须吸收到菌细胞内,才能被利用。细菌是单细胞生物,没有专门摄取营养和排泄的器官,营养物质的摄取以及代谢产物的排出,都是通过具有相对通透性的细胞壁和半渗透性的细胞膜的功能来完成的。根据物质运输的特点,细菌摄取营养物质的方式有以下4种:单纯扩散、促进扩散、主动运输、基团转位。前两者不需要能量,是被动的;后两者需要消耗能量,是主动的,并在营养物质的运输中占主导地位。

二、培养基制备技术

(一)培养基的概念

把细菌生长繁殖所需要的各种营养物质合理地配合在一起,制成的人工营养基质称为培养基。培养基的主要用途是促进细菌的生长繁殖,可用于细菌的分离、纯化、鉴定、保存以及细菌制品的制造等方面。培养基可根据需要自行配制,也可用商品化的培养基。制备培养基的营养物质主要有水、蛋白胨、肉浸液、牛肉膏、糖和醇、血液或血清、生长因子和无机盐等。根据不同培养基的要求,配制培养基时还需要加入凝固物质(如琼脂、明胶)、抑制剂(如胆盐、煌绿等抑制 G^+ 菌生长;亚碲酸盐、四硫磺酸盐等)、指示剂(如酚红、溴甲酚紫、中性红等常用酸碱指示剂)等。

(二)培养基的种类与用途

细菌的种类不同对营养的需求也不同,所以培养基的种类繁多,根据培养基的物理性状、用途等可将培养基分为多种类型。

1. 根据培养基的物理性状分类

可以分为液体培养基、固体培养基和半固体培养基。

(1)液体培养基 含有各种营养成分的水溶液。由于营养物质以溶质状态溶解于其中,细菌能更充分地接触和利用,从而使细菌在其中生长更快,积累代谢产物量也多,因此,多用于生产和实验室中细菌的扩增培养。实际操作中,在使用液体培养基培养细菌时进行振荡或搅拌,可增加培养基中的通气量,并使营养物质更加均匀,可大大提高培养效率。最常用的是肉汤培养基。

(2)固体培养基 在液体培养基中加入 2%～3% 琼脂(凝固剂),使培养基凝固呈固体状态即可成固体培养基。常用的有斜面培养基、高层培养基和平板培养基。斜面培养基常用于保存菌种;高层培养基多用于细菌的某些生化试验和保存培养基用;平板培养基常用于细菌的分离、纯化、菌落特征的观察、鉴定、药敏试验以及活菌数计数等。

琼脂是由石花菜等海藻中提取的一种多糖物质,绝大多数病原性细菌不能分解利用,几乎没有营养价值,且对微生物无毒害作用。但在水中加热 98~100℃可熔化,冷却 45℃以下可凝固成胶冻状,故仅作为培养基的赋形剂。

(3)半固体培养基　在液体培养基中加入 0.3%~0.5%的琼脂,使培养基呈半凝固状态制成的则成半固体培养基。多用于穿刺培养检查细菌运动性,即细菌的动力试验,也用于菌种的保存。

2. 根据培养基的用途分类

(1)基础培养基　含有细菌生长繁殖所需要的最基本的营养成分,可供大多数细菌人工培养用。常用的是肉汤培养基、普通琼脂培养基及蛋白胨水培养基等。

(2)营养培养基　在基础培养基中加入一些营养物质,如葡萄糖、血液、血清、腹水、酵母浸膏及生长因子等,可用于营养要求较高的细菌培养或增菌用。最常用的是血液琼脂培养基、血清琼脂培养基、巧克力血平板等。如链球菌、肺炎球菌需要在含血液或血清的培养基中才能较好的生长。

(3)鉴别培养基　利用各种细菌分解糖、蛋白质的能力及其代谢产物不同,在基础培养基中加入某种特殊营养成分和指示剂,以便观察细菌生长后发生的变化,从而鉴别不同种类的细菌。如糖发酵培养基,可观察不同细菌分解糖产酸产气情况;伊红美蓝培养基(EMB)可用做区别大肠杆菌和产气肠杆菌;用醋酸铅琼脂培养基可以鉴定细菌是否产生硫化氢等。

(4)选择培养基　在培养基中加入某些化学物质,有利于需要分离的细菌的生长,抑制不需要的细菌生长,从而可从混杂的多种细菌的样本中分离出所需细菌,如分离沙门氏菌、志贺氏菌等用的 SS 琼脂培养基。培养基中加入胆盐可抑制革兰氏阳性菌生长,有利于分离革兰氏阴性的肠道菌。在实际使用中,鉴别与选择两种功能往往结合在一种培养基之中,如麦康凯琼脂培养基。

(5)厌养培养基　专性厌氧菌不能在有氧环境中生长,将培养基与空气隔绝并加入还原物降低培养基中的氧化还原电位,可供厌氧菌生长。如疱肉培养基、肝片肉汤培养基,应用时于液体表面加盖液体石蜡或凡士林以隔绝空气。造成厌氧的方法较多,如焦性没食子酸法、共栖培养法和抽气法。也可将细菌接种在固体培养基上,然后放在无氧环境中培养,如厌氧袋、厌氧箱、厌氧罐等。

(三)制备培养基的基本要求和程序

1. 制备培养基的基本要求

细菌的种类繁多,营养需要各异,培养基类型也很多,但制备培养基的基本要求是一致的,具体如下:

(1)选择所需要的营养物质　培养基应含有细菌生长繁殖所需的各种营养物质,如水、含碳化合物、蛋白胨、无机盐类等。所用化学药品应为化学纯的。

(2)调整 pH　培养基的 pH 应在细菌生长繁殖所需的范围内。多数病原菌最适 pH 为7.2~7.6。培养基的 pH 需要在冷却后测定。

(3)培养基应均质透明　均质透明的培养基便于观察其生长性状及生命活动所产生的变化。

(4)不含抑菌物质　制备培养基所用的容器不应含有任何抑菌和杀菌物质,所用容器应洁净,无洗涤剂残留,不宜用铁锅或铜锅,最好用玻璃、搪瓷或不锈钢的容器;所用的水应是蒸馏水或去离子水。

(5)灭菌处理　培养基及盛培养基的玻璃器皿必须彻底灭菌,避免杂菌污染,以获得纯的目标菌。最好用前37℃培养24～48 h,无杂菌生长时方可应用。

2.制备培养基的基本程序

制备一般培养基的基本程序可分为配料→溶化→测定及矫正 pH→过滤→分装→灭菌→无菌检验→备用等步骤。

(1)配料　配制培养基所用的化学药品均应是化学纯以上纯度,一般可用 1/100 的天平称量。根据培养基的用量,按培养基的配方比例计算出培养基各种药品的用量,依次进行准确称量各种原料,混悬于蒸馏水中。先在容器(搪瓷缸、大烧杯或三角烧瓶)中加入少量的蒸馏水,加热达到一定温度,再将各种原料应按照配方规定顺序逐一投入温水中混合,再将剩余的水冲洗瓶壁,振摇混匀。牛肉膏常用玻璃棒挑取后放在称样纸(硫酸纸)上,连同称样纸一起投入水中,待牛肉膏溶解后,捞出称样纸弃去;蛋白胨极易吸潮,称量时动作要迅速,在保存时应干燥密封。某些特殊成分(如糖类、染料、胆盐、指示剂等)应在矫正 pH 后加入。

(2)溶化　通过加热等方式依次将各种成分溶解于蒸馏水中。置电炉上应隔水加热,随时用玻璃棒搅拌,使其完全溶解。如有琼脂应在溶液煮沸后加入,继续加热熔化,注意火力,防止糊底烧焦而导致烧杯破裂或琼脂煮沸后外溢。溶解完毕应注意补足失去的水分。

(3)测定及矫正 pH　可用 pH 试纸法、pH 比色计或标准比色管法测定培养基的 pH。比色法是利用指示剂在不同 pH 溶液中的颜色变化,与标准比色管(或比色板)相比得出的 pH值。如偏酸性或偏碱时,可向培养基内滴加 NaOH 溶液或 HCl 溶液进行调制,边加边充分摇匀边比色,以防局部过酸或过碱破坏营养成分,直至调到所需的 pH 为止。一般培养基灭菌后约降低 0.1～0.2,故在矫正时应比实际需要的 pH 高 0.1～0.2。首先测定一定量(5 mL)培养基的 pH 范围,然后再调整全部培养基的 pH。pH 调整后,还应将培养基煮沸数分钟,以利于培养基沉淀物的析出。

(4)过滤澄清　培养基配成后一般都有不溶于水的沉淀或混浊,需要过滤澄清使其清晰透明方可使用。液体培养基常用滤纸过滤法,琼脂培养基可用多层纱布或两层纱布中间夹有薄层脱脂棉趁热过滤。在高温下易分解、变性如血液、血清等,应用滤菌器滤过,再按规定的温度和量加入培养基中。

(5)培养基的分装　培养基的分装应根据不同的目的和要求,分装于不同的容积的三角烧瓶、试管或盐水瓶中,并进行包扎。各种分装的容器应清洁干净,并经干热灭菌后方可使用。

①试管的分装。趁热用漏斗将培养基分装到洁净的试管中。注意:分装过程中培养基不要沾在试管口和试管上段,以免浸湿棉塞,引起污染,固体或半固体培养基要在琼脂完全熔化时趁热分装。分装量:固体斜面培养基约为试管高度的 1/4～1/3(约 5 mL/管),灭菌后趁热制成斜面;高层琼脂的量为试管高度的 2/3(15～20 mL/管),灭菌后直立放置待凝固即成,临用前加热熔化,倒入无菌平皿内凝固即成琼脂平板;半固体培养基以试管高度的 1/3 为宜,灭菌后直立凝固待用;液体培养基约为试管高度的 1/4 左右(4～5 mL/管)为宜。包扎后注明培养基的名称、组别、配制日期,准备灭菌。

②三角烧瓶的分装。分装三角烧瓶内的培养基以不超过容器装盛量的 1/2～2/3 为宜,以

免灭菌时外溢。分装完毕后塞上棉塞,包一层牛皮纸,用绳扎紧,以防灭菌时凝结水浸湿棉塞。包扎好后写上标签,可灭菌。

③斜面及平板的制备。

制斜面:琼脂斜面培养基应在灭菌后立即取出,趁热摆成适当斜面,斜面长度占试管长度的 1/2~2/3 为宜,斜面下方保持 1 cm 高,待其自然凝固即成。高层琼脂斜面灭菌后略放斜,则既有高层又有斜面。

制平板:在酒精灯火焰旁、超净工作台或无菌室内无菌操作完成。将加热熔化后的灭菌琼脂培养基,冷却至 50℃左右(水浴保温),在酒精灯火焰旁,以右手拿锥形瓶,左手无名指及小指拔出棉塞→使锥形瓶的瓶口迅速通过火焰→左手将无菌培养皿打开一条缝(45°),右手将培养基倒入培养皿 13~15 mL(直径 90 mm 培养皿,以覆盖培养皿底部厚度 2~3 mm 为宜),立即盖上皿盖,水平转动平板,使培养基平铺覆盖整个皿底→待平板冷却凝固后,将平皿翻转,即成琼脂平板备用。注意倾注培养基时,切勿将培养皿盖全部开启,以免空气中的尘埃及细菌落入。

(6)灭菌 由于配置培养基的各类营养物质和容器等含有各种微生物,所以已配置好的培养基必须立即灭菌,以防止其中的微生物生长繁殖而消耗养分及改变培养基的酸碱度而带来不利影响。应根据培养基成分、性质的不同采用不同的灭菌方法。①高压蒸汽灭菌法:耐高温的培养基分装包扎后应立即进行高压蒸汽灭菌,不同的培养基的灭菌温度和时间不同,基础培养基通常为 121.3℃灭菌 20 min。含糖、明胶的培养基,以 113℃灭菌 15 min 为宜。注意温度过高,时间过长,可使某些营养物质破坏。②流通蒸汽灭菌法:凡不耐高热的物质,如鸡蛋、血清等培养基的灭菌,可用流通蒸汽间歇灭菌 100℃ 30 min,每天 1 次,连续 3 d。③过滤除菌法:培养基中不耐高温的某些液体成分,如血清、血液、腹水、糖类、尿素、氨基酸、酶等,在高温下容易分解、变性,故应用滤菌器过滤除菌,再按规定的温度和量加入培养基中。

(7)无菌检查和鉴定 灭菌后的培养基均需要进行无菌检查。方法是将少量制好的斜面、平板等培养基(随机抽样 5%~10%)置于 37℃培养 24~48 h,确定无细菌生长即可使用。同时用已知菌种检查在此培养基上的生长繁殖及生化反应情况,符合要求者方可使用。

每批培养基制备好以后,应仔细检查一遍,液体培养基应澄清、透明;固体培养基应无絮状物或沉淀,凝胶强度适宜,用接种环划线时以培养基不被划破为宜,过硬会影响微生物对营养物质的吸收,不利于微生物生长繁殖。如发现培养基不凝固、水分浸出、色泽异常、棉塞被培养基沾染等,均应挑出弃去。

固体培养基分装后有时会出现不凝固的现象,有多种可能原因:培养基 pH 没有调对,偏酸;琼脂质量有问题或琼脂添加浓度不够,或用于琼脂粉在培养基中没有充分熔化就分装导致局部浓度过低;灭菌时间过长,或温度过高,破坏了琼脂的凝固质;培养基在凝固的过程中被摇晃,破坏了琼脂的结构,而使其不能凝固。

(8)培养基的保存 制备好的培养基应注明名称、配制的日期、配置人或组别等,每批培养基均应附有该批培养基制备记录副页或明显标签。新配制的培养基应存放于冷暗处,最好能放于 4℃普通冰箱内保存备用。为防止培养基失水,普通琼脂培养基可存放在三角烧瓶内,使用时重新熔化;高层培养基、试管斜面和液体的试管培养基应放在严密的有盖容器中,一般可保存 6 个月;平板培养基凝固冷却后密封于塑料袋中,最多存放 1 周。能发生化学反应或含有不稳定成分的固体培养基不能批量制备及再次熔化使用。实际工作中制备培养基时,由于不能长期保存,以少量勤做为宜。

⚫ 任务 2-4　细菌的分离培养与鉴定

【任务描述】

病原菌的鉴定需要做细菌的分离培养,分离培养的关键是无菌操作,避免污染,包括环境、操作人员的双手、接种环(针)、标本的采取等方面。本任务是利用细菌感染的动物病料标本和培养物用平板分区划线和连续划线法分离培养细菌、进一步纯培养(斜面移植、从平板移植到斜面、肉汤移植、半固体穿刺接种)及培养性状观察,从而鉴定细菌。

【任务目标】

(1)掌握细菌生长繁殖的条件及规律;掌握无菌操作技术的基本要求;知道细菌常用的接种、纯化和培养方法;明确细菌各种接种技术的实际意义;掌握细菌在培养基上的生长特性及其在细菌鉴定中的意义。

(2)能够正确进行平板划线分离法,斜面、液体和半固体培养基等接种方法和一般培养法,会正确使用细菌接种工具;能够正确观察并描述细菌的培养特性,从而鉴定细菌。

【必备技能】

一、准备试验材料

(1)仪器　超净工作台、恒温培养箱、显微镜、放大镜。

(2)材料　接种环、接种针、酒精灯、火柴、灭菌吸管、烙刀、镊子、剪子、灭菌平皿、生理盐水、普通肉汤、普通琼脂平板、麦康凯琼脂平板、伊红美蓝琼脂平板、血液琼脂平板、普通琼脂斜面、半固体培养基、细菌感染病料及细菌培养物(大肠杆菌、沙门氏菌、葡萄球菌等固体培养物和液体培养物)、标签、记号笔等。

二、方法与步骤

(一)细菌的接种

细菌的接种是细菌分离培养的关键步骤,可根据待检标本性质、培养目的及培养基的性状,采用不同的接种方法。一般操作方式是用右手持接种工具,左手持培养基进行配合。其基本程序包括:灭菌接种环(针)→冷却后蘸取细菌标本(培养物或病料)→进行接种(启盖或塞、接种划线、加盖或塞)→灭菌接种环(针)等步骤。细菌常用的接种方法有平板划线分离接种法、斜面接种法、液体接种法、穿刺接种法和倾注平板接种法等。

1.平板划线分离接种法

本法是常用的分离培养细菌的方法。其目的是将混有多种细菌的临床标本或培养物,在固体培养基表面经划线分离使其单个分散生长形成单个菌落。有利于细菌的计数、纯培养和进一步鉴定。

分离培养用的平板培养基应表面干燥,可于临用前置37℃培养箱中 30 min,这样既有利于分离培养,又有利于培养基预温,对培养某些较弱的细菌有益。实验室常用的平板划线接种法有分区划线法和连续划线法两种。根据检查材料中含菌量的多少,可采用不同的划线方法。

(1)分区划线法 平板分区划线是通过将被检材料连续分区划线而获得独立的单个菌落,因而划线愈长,获得单个菌落机会也愈多。本法适用于含菌较多的病料样品,如粪便、脓汁等。分区划线法是将平板培养基分4区或5区划线。具体操作步骤如下:

①右手持接种环于酒精灯上烧灼灭菌,待冷却后挑取少许细菌培养物或病料标本。无菌操作取被检材料的方法如下:

取病料 若为液体病料,可直接用灭菌的接种环取病料一环;若为固体病料,首先用点燃的酒精棉球对病料表面烧灼灭菌或将在酒精灯上烧红的烙刀对病料表面烧烙灭菌,然后用灭菌接种环从灭菌的部位伸到组织中转动取其内部病料。注意无菌操作。

取细菌培养物 用灭菌的接种环取菌落(平板培养物、斜面培养物)少许或肉汤培养物一接种环。

②以左手斜持(45°角)平板,用手掌托着平板的底部,五指固定平板边缘,在酒精灯旁用拇指、食指及中指将平皿盖揭开一侧呈30°左右的角度,以便划线(角度越小越好,以能顺利划线为宜,以免空气中的细菌进入平皿将培养基污染)。

③右手持将已取被检材料的接种环伸入平皿,并将材料涂在培养基表面边缘一角,以此为起点,自涂抹处使接种环与平板呈30°~40°角,轻触平板,用腕力将接种环在平板表面,轻轻地进行不重叠连续划线作为第1区,其范围不得超过平板的1/4。

转动平皿至适合操作的位置,于第2区处再作划线,且在开始划线时与第1区的划线相交3~4次,以后划线不必相交接,同样方法直至最后1区,使每区内细菌数逐渐减少,最后可分离培养出单个菌落(图2-12)。

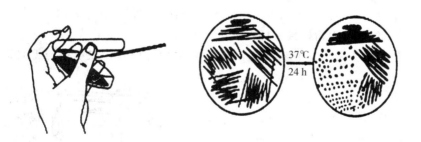

图2-12 琼脂平板分区划线分离法的操作及结果示意图

每划一区后,若标本中的菌量多时将接种环置火焰上灭菌,待接种环冷却后(可接触平板内面试之,如不溶化琼脂,即已冷却),再分区划线,划线间距适当,不能重叠,接种环也不能嵌入培养基内划破琼脂表面,并注意无菌操作,避免空气中的细菌污染。

④划线完毕,盖好皿盖,将接种环火焰灭菌后放回原处。

⑤用记号笔在培养皿底部做好标记,注明被检材料名称、接种者班级、组别、姓名及日期等,将培养皿倒置(平皿底面朝上,以避免培养过程中凝结水珠自皿盖滴下)于37℃温箱中,培养18~24 h观察结果。

一般每一孤立菌落即为一纯种细菌。当从病料中分离细菌时,多数情况下,沿划线所致较多的菌落,是待检病原菌的可能性较大;少数零散分布或不在划线生长的菌落,多为杂菌,可挑取多个可疑菌落分别进行鉴定。

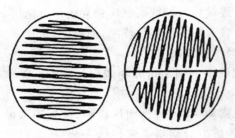

图 2-13 平板连续划线法示意图

(2)连续划线法 此法适用于咽拭、棉拭等含菌量相对较少的标本或培养物。

①右手持接种环于酒精灯上烧灼灭菌,待冷后挑取少许细菌培养物或病料标本。

②用上述同样方法将平皿盖揭开一侧呈 20°左右的角度,用右手持将已取被检材料的接种环或直接用咽拭(棉拭)先在培养基边缘均匀涂布,然后运用腕力将接种环或咽拭(棉拭)自标本涂擦处开始,在平板上自上而下,左右两侧密而不重叠曲线形式连续划线,划满平板为止(图 2-13)。

③划线完毕,盖好皿盖,将接种环火焰灭菌后放回原处。

④做好标记,将培养皿倒置于 37℃ 温箱中,培养 18～24 h 观察结果。

平板划线要直、密、匀,但不能重叠,充分利用平板的表面,以达到充分分离的目的。如标本含菌较多,也可接种在选择培养基上(如 SS 琼脂上)。如标本含菌较少,可采用分区划线接种,接种环可连续划完各区,中间不需灭菌。

2. 琼脂斜面接种法

主要用于单个菌落的纯培养,以进一步鉴定细菌和保存菌种。

将划线分离培养(37℃ 24～48 h)的平板从温箱取出,挑取单个菌落,染色镜检,证明不含杂菌后(如不纯,重新进行分离培养,直至纯化为止)。用接种环挑取单个菌落,移植于琼脂斜面培养,所得到的培养物,即为纯培养物,可进一步对其鉴定。具体操作方法如下:

(1)两试管斜面移植时,左手持菌种管及待接种琼脂斜面管的下端管底,一般菌种管放在外侧,斜面管放在内侧,两管口并齐,管身略倾斜,斜面向上,管口靠近火焰。

(2)右手拇指、食指及中指持接种环在酒精灯火焰上烧灼灭菌后待凉。

(3)将斜面管的棉塞夹于右手掌心与小指之间,菌种管棉塞夹在小指与无名指之间,将两管棉塞一起拔出,并将两管管口迅速通过火焰灭菌,使其靠近火焰。

(4)将灭菌的接种环伸入菌种管内,先在无菌生长的琼脂上接触使其冷却,再挑取少量菌苔拉出接种环后将其立即伸入待接种管内的斜面培养基底部,从斜面底部开始由下而上在斜面上弯曲划线,然后管口和棉塞通过火焰后塞好,接种环烧灼灭菌放回原处(图 2-14)。

图 2-14 琼脂斜面接种法

(5)在斜面管壁上部做好标记,标明菌种名称、接种日期,置 37℃ 恒温箱中,培养 18～24 h 观察生长情况。

纯培养和保存菌种通常是从琼脂平板培养基上挑取某一单个菌落或纯种,移种至斜面培养基。无菌操作打开平皿盖,挑取少量菌落移于斜面管,方法同上。有些鉴别培养基(如双糖铁)的琼脂斜面接种需用接种针,经无菌操作后挑取菌落,先从斜面正中垂直刺入至管底 0.3～0.5 cm 处,抽出后再在斜面上由下至上加以划线涂布。

3.穿刺接种法

适用于半固体、明胶等高层培养基穿刺接种。多用于观察细菌运动力、某些生化反应特性及保存菌种。方法基本同斜面移植。

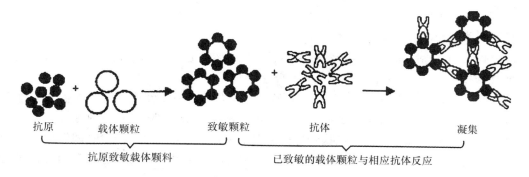

抗原　　　载体颗粒　　　致敏颗粒　　　抗体　　　　　凝集

抗原致敏载体颗料　　　　　已致敏的载体颗粒与相应抗体反应

图 2-15　穿刺接种法示意图

（1）右手持接种针在酒精灯火焰上烧灼灭菌,待冷却后挑取少许菌落(菌液)。

（2）左手持试管,右手将试管棉塞拔出(方法同上),试管口迅速通过火焰灭菌,使其靠近火焰。将接种针由培养基表面中心垂直刺入(醋酸铅高层沿管壁刺入)至距管底 0.3～0.5 cm 处(勿穿至管底),然后由原穿刺线退出接种针(图 2-15)。

（3）将试管口灭菌后加塞,接种针烧灼灭菌后放回原处。

（4）在试管上做好标记,置于 37℃温箱中,培养 18～24 h 观察结果。

4.液体接种法

本法多用于普通肉汤、蛋白胨水、糖发酵管等液体培养基的接种。主要用于增菌,观察细菌不同的生长性状、生化特性以供鉴别之用。

（1）右手持接种环在酒精灯火焰上烧灼灭菌,待冷却后挑取少许菌落(或菌液)。

（2）左手持试管,右手将试管棉塞拔出(方法同上),试管口迅速通过火焰灭菌,使其靠近火焰。

（3）倾斜液体培养基管,迅速将接种环伸入液体培养基管内,先在液体偏少侧接近液面的管壁轻轻研磨接种物并蘸取少许培养基液体调和(以试管直立后液体能淹没接种物为准),然后再在液体中摆动 2～3 次接种环,使菌均匀混于培养基的液体中。

（4）将试管口灭菌后加塞,轻轻混合即可,接种环烧灼灭菌后放回原处。

（5）在试管上做好标记,置于 37℃温箱中,培养 18～24 h 观察结果。

注意接种时不宜在液体中混匀、搅拌,以免产生气溶胶,造成实验室污染(图 2-16)。

菌苔----　　液体培养基　　菌扩散于培养基中

图 2-16　液体培养基接种法示意图

5.微量生化反应管的接种

用砂轮磨开微量生化管后,用接种针取菌种以无菌操作接种于管内液体中即可。

6.倾注平皿分离法

可用于饮用水、牛乳及尿液等标本中细菌的分离培养和活菌计数。方法是将标本用无菌的生理盐水稀释成几个适量浓度（$10^{-5}\sim10^{-1}$）等,选取 3 种浓度的标本液各 1 mL 分别移入无菌的培养皿内,再注入冷却至 50℃ 左右的琼脂培养基 10～15 mL 混匀,待凝固后,倒置于 37℃ 恒温箱中培养 24 h 后做菌落计数,以求出每毫升标本中的细菌数。

每毫升标本中的细菌数＝全平板菌落数×稀释倍数

(二)细菌的一般培养法

根据临床初步诊断和细菌的种类选用最适宜的培养方法。常用的细菌培养法有一般培养法(需氧培养法)、二氧化碳培养法和厌氧培养法三种。

细菌的一般培养法又称需氧培养法,可用于各种需氧菌和兼性厌氧菌等在需氧条件下的培养方法。由于临床上绝大多数致病菌均属于需氧和兼性厌氧菌,故细菌的一般培养法是细菌检验中最常用的培养方法。将已接种好的细菌的平板、斜面、液体培养基(试管放在试管架上,平板底上盖下)等置于 37℃ 培养箱中培养 18～24 h,即能观察到大部分细菌的生长现象。

(三)细菌在培养基中生长特性的观察

细菌在培养基中的生长情况是由细菌的生物学特性决定的,不同的细菌在不同的培养基中的生长现象不同,观察细菌的生长情况有助于识别和鉴定细菌。细菌在适宜的培养基上,置于 37℃ 培养,一般经 18～24 h 生长良好,并有肉眼可见的生长特征。个别生长缓慢的细菌,可在数周后观察。

1. 琼脂平板培养基

主要观察细菌在固体培养基上形成的菌落特征。不同细菌的菌落都有一定的形态特征,据此可在一定程度上鉴别细菌。

细菌接种在适宜的固体平板培养基上,经过一定时间培养后,由单个菌细胞于固定一点大量繁殖,形成肉眼可见的堆积物(集落),称为菌落。许多菌落融合成一片,则称为菌苔。在一般情况下,在平板培养基上孤立生长的一个菌落,往往是一个细菌生长繁殖的结果,因而平板培养基可以用来分离细菌。挑出一个菌落,移种到另一培养基中,长出的细菌均为纯种,这个过程称为纯培养。某一细菌在培养基中的生长物称培养物。

观察菌落时,先用肉眼直接观察单个菌落形状、大小(用尺在平皿底部测量)、颜色、湿润度、隆起度(稍揭开平皿盖,将平皿放于同观察者视线平行的前方观察)及透明度(将平皿立起对光检查),并用接种环轻轻触及菌落,以检查其黏稠度。同时,挑取少量菌落与载玻片上的水滴混合,检查其乳化性。再用放大镜观察,必要时可将平皿底部朝上置于显微镜下用低倍镜观察菌落的表面、构造及边缘情况等。

通常根据细菌菌落的表面性状不同,可将菌落分为三大类型。

(1)光滑型菌落(S 型菌落)　菌落表面光滑、湿润、边缘整齐。新分离的细菌大多呈 S 型菌落。

(2)粗糙型菌落(R 型菌落)　菌落表面粗糙、干燥、呈颗粒或皱纹状,边缘多不整齐。R 型菌落多由 S 型细菌变异形成。但也有少数细菌(如结核分支杆菌、炭疽杆菌等)新分离的毒株就是 R 型。

(3)黏液型菌落(M 型菌落)　菌落表面光滑、湿润、黏稠,似水珠样。多见于有厚荚膜或丰富黏液层的细菌,如肺炎克雷伯菌等。

根据菌落特征,可以初步鉴别细菌的种类,同时取单个菌落再次进行革兰氏染色镜检观察,再进行生化试验鉴定。如炭疽杆菌的菌落为 R 型、灰白色卷发状的大菌落;大肠杆菌的菌落为 S 型中等大菌落。

细菌在琼脂斜面培养基上的生长特性观察基本上同固体平板培养基。

2.液体培养基

将纯培养菌接种于液体培养基中,培养后用肉眼观察细菌的生长量、培养物的浑浊度、表面生长情况(菌膜、菌环)、有无沉淀物、液体是否变色等,然后用手指轻轻弹动试管底部,使沉淀浮起,以检查沉淀物的性状,鉴别细菌。

如大多数细菌(如葡萄球菌、大肠杆菌)在液体培养基中生长后,菌体分散在整个液体中,通常能使清朗的液体变得均匀浑浊;有的需氧菌(如枯草杆菌)在液面形成菌膜;有的细菌沿液面的试管壁一周形成菌环;多数厌氧菌、少数呈链状生长的细菌或粗糙型细菌(如链球菌、炭疽杆菌),培养基表面基本清亮,在试管底部形成沉淀,如絮状、颗粒状沉淀等情况。

3.半固体培养基

将纯培养菌穿刺接种于半固体培养基中,培养后用肉眼观察细菌的生长情况,鉴别细菌。具有鞭毛的细菌,有运动性,可沿穿刺线向周围扩散生长,穿刺线模糊或消失,周围培养基混浊;而无鞭毛的细菌无运动性,仅沿穿刺线呈线状生长,穿刺线清晰,周围培养基清澈透明。

4.鲜血琼脂平板培养基

观察溶血现象,菌落周围有无溶血环,可以鉴别细菌的种类。如果在菌落周围有 1～2 mm 宽的半透明绿色不完全的溶血环,称 α 溶血或甲型溶血,镜下可见溶血环内有未溶解的红细胞,为高铁血红蛋白所致;如果在菌落周围有 2～4 mm 宽的完全透明溶血环,称 β 型溶血或乙型溶血,是细菌产生的溶血素使红细胞完全溶解所致;不溶血者为 γ 型溶血或丙型溶血。

(四)注意事项

(1)平板培养基划线分离前应表面干燥,可于临用前置于 37℃ 培养箱中 30 min 干燥和预温,有利于细菌的分离培养。

(2)划线接种时,应防止划破培养基,分离时不要重复旧线,以免形成菌苔。

(3)分区划线时,每区开始的第一条线应通过上一区的划线,每区划线保持一定距离,密而不重叠。

(4)含菌的接种环进出试管时,均不应接触试管内壁和管口。

(5)严格按照操作规程进行,注意无菌操作。

(6)所有接种操作均需在酒精灯火焰附近进行,禁止将盖或塞事先取下放置在桌面上。

(7)特别注意试验过程中的自身保护,防止感染。

【相关知识】

一、细菌的生长繁殖

用人工培养条件使细菌生长繁殖的方法,叫作细菌的人工培养。通过对细菌进行人工培养,可对细菌进行鉴定和进一步的利用,也是微生物学研究和应用中十分重要的手段。

(一)细菌生长繁殖的条件

1.营养物质

对细菌进行人工培养时,必须供给其生长繁殖所需要的营养物质,包括水、含碳化合物、含氮化合物、无机盐类和必需的生长因子等,按一定浓度比例配制成培养基以满足细菌生长所需。不同的细菌对营养的需求不尽相同,有的细菌只需要基本的营养物质,而有的细菌需要加入特殊的营养物质才能生长繁殖,因此,制备培养基时应根据细菌的类型进行营养物质的合理搭配。

2.温度

细菌只能在一定温度范围内进行生命活动,超出这个范围的最低限度或最高限度,生命活动受阻乃至停止。根据细菌对温度的需求不同,可将其分为嗜冷菌、嗜温菌、嗜热菌三大类。在每一类中,根据细菌对温度的适应性,将温度范围划分为 3 个温度基点:生长最低温度、最适温度、最高温度。各类群细菌生长温度范围见表 2-2。细菌生长繁殖最快、最旺盛,并能将其生活机能充分地表现出来的温度叫作最适温度;能够生长的最高或最低温度,分别叫作最高温度和最低温度。低于最低温度,细菌停止生长;超过最高温度基点愈高,细菌死亡愈快。由于病原菌在长期进化过程中已适应于动物体,属于嗜温菌,在 10~45℃ 范围内均可生长,而大多数病原菌的最适生长温度为 37℃ 左右,所以实验室常用 37℃ 恒温培养箱进行细菌培养。有些病原菌如金黄色葡萄球菌在 4~5℃ 冰箱内仍能缓慢生长,释放肠毒素,故食用过夜冰箱保存食物,可引起食物中毒。

表 2-2 细菌的生长温度的范围

细菌类型		生长温度范围/℃			备注
		最低	最适	最高	
嗜冷菌		−5~0	10~20	25~30	水和冷藏环境中的细菌
嗜温菌	嗜室温菌	10~20	18~28	40~45	腐生菌
	嗜体温菌	10~20	37 左右	40~45	病原菌
嗜热菌		25~45	50~60	70~85	土壤、温泉及厩肥中的细菌

3.pH

培养基的 pH 对细菌生长影响很大,大多数病原菌生长需要弱碱环境,最适 pH 为 7.2~7.6,在此 pH 下细菌的酶活性最强。个别细菌如霍乱弧菌在 pH8.5~9.0 的培养基中生长良好。结核分支杆菌可在 pH6.5~6.8 环境中生长。许多细菌在生长过程中分解糖产酸,能使培养基 pH 下降,而影响其生长,所以往往需要在培养基内加入一定的缓冲剂。如按比例加入一定量的磷酸二氢钠和磷酸氢二钾,就能提高培养基的缓冲能力。

4.渗透压

细菌细胞需要在适宜的渗透压下才能生长繁殖。若环境中的渗透压与细菌细胞的渗透压相等时,细胞可保持原形,有利于细菌的生长繁殖。若环境中的渗透压发生突然改变或超过一定限度的变化时,则将抑制细菌的生长繁殖甚至导致其死亡。将细菌置于高渗溶液(如浓糖水、浓盐水)中,则菌体内的水分向外渗出,细胞浆因高度脱水而出现"质壁分离"现象,导致细菌生长被抑制甚至死亡。所以在生产实践中常用 10%~15% 浓度的盐腌、50%~70% 浓度的糖渍等方法保存食品或果品。若将细菌置于低渗溶液(如蒸馏水)中,则因水分大量渗入菌体而膨胀,甚至菌体细胞破裂而出现"胞浆压出"现象。因此常在细菌人工培养基中加入适量氯化钠,以保持渗透压的相对平衡;在制备各种细菌悬液时,一般用生理盐水,而不用蒸馏水。若环境中的渗透压在一定范围逐渐改变,因细菌细胞质内含有调整菌体渗透压作用的物质,如谷氨酸、K$^+$、脯氨酸等,细菌也有一定的适应能力,对其生命活力影响不大。特别是有一些嗜高渗菌(嗜盐菌、嗜糖菌)能在高浓度的溶液(如 20% 的盐水、糖水)中生长繁殖。比较而言,细菌等微生物细胞对低渗不敏感。

5.气体

与细菌生长繁殖有关的气体主要有氧和二氧化碳。在细菌培养时,氧的提供与排除要根据细菌的呼吸类型而定。

细菌借助于菌体的呼吸酶类从物质的氧化过程中获得能量的过程,称为细菌的呼吸。呼吸是氧化过程,但氧化并不一定需要氧。凡需要氧存在的,称为需氧呼吸;凡不需要氧的称为厌氧呼吸。根据细菌对氧的需求不同,可将细菌分为以下 3 种呼吸类型。

(1)专性需氧菌 只有在氧气充分存在的条件下,才能生长繁殖。此类细菌具有完善的呼吸酶系统,必须在有一定浓度的游离氧的条件下才能生长繁殖。如结核分支杆菌。

(2)专性厌氧菌 只能在无氧的条件下生长繁殖。此类细菌缺乏完善的呼吸酶系统,游离氧的存在对其有毒性作用,必须在无游离氧或其浓度极低的条件下才能生长繁殖。如坏死杆菌、破伤风梭菌、肉毒梭菌等。专性厌氧菌人工培养时,必须要排除培养环境中的氧气。为了降低培养基的氧化还原势能,以利于厌氧菌的生长,往往加入硫基乙酸钠、肉渣、肝片等还原物质,并在培养基液面加盖液体或固体石蜡,以隔绝空气。

(3)兼性厌氧菌 在有氧或无氧的环境中均可生长,但在有氧条件下生长更佳。此类细菌具有更复杂的呼吸酶系统。大多数病原菌属于此类,如大肠杆菌、葡萄球菌等。

一般细菌在自身代谢中产生的二氧化碳就可满足其需要,但有些细菌在没有二氧化碳的环境下则不能生长或生长不良,如牛布鲁氏菌在初次分离培养时,还必须供给 5%～10% 二氧化碳才能很好地生长,此类细菌属于微嗜氧菌。

(二)细菌的生长繁殖规律

细菌的生长繁殖包括菌体各组分有规律的增长及菌体数量的增加。

1.细菌个体的生长繁殖

细菌的繁殖方式是简单的二分裂,但个别细菌如结核分支杆菌偶有分支繁殖方式。一个菌细胞分裂为两个菌细胞所必需的时间,称为世代时间,简称代时。细菌的代时取决于细菌的种类,又受环境条件的影响,多数细菌一般为 20～30 min 分裂一次,有些细菌如结核分支杆菌,在人工培养基上繁殖速度很慢,需 18～20 h 才分裂一次。

2.细菌群体的生长繁殖

在适宜条件下,大多数细菌约 20～30 min 分裂一次,在特定条件下,以此速度繁殖 10 h,一个细菌可以繁殖 10 亿个细菌,但由于营养物质的消耗及有害产物的蓄积,细菌是不可能保持这种速度无限繁殖的,经过一段时间后,细菌繁殖的速度逐渐减慢,死亡细菌数量渐增,活菌率逐渐减少并趋于停滞。

将一定数量的细菌接种在适宜的液体培养基并置于适宜的温度中培养,细菌生长繁殖过程有一定的规律性,以培养时间为横坐标,培养物中活细菌数目的对数为纵坐标,可形成一条曲线,称为细菌的生长曲线。细菌的生长曲线一般可分为 4 个时期(图 2-17)。

适应期 又叫迟缓期,是细菌接种到新的培养基中的一段适应过程。在这个时期,细菌数目基本不增加或略有减少,但体积增大,代谢活跃,菌体产生足够量的酶、能量、辅酶以及一些必需的中间产物。当这些物质达到一定程度时,少数细菌开始分裂。以大肠杆菌为例,这一时期约为 2～6 h。

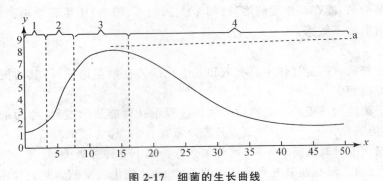

图 2-17　细菌的生长曲线

1.适应期　2.对数期　3.稳定期　4.衰老期　a.总菌数　b.活菌数

x.培养时间(h)　y.细菌数的对数

对数期　经过适应期后,细菌代谢相当活跃,以最快的速度进行增殖,细菌数按几何级数增加,即 2^n(n 代表繁殖的代数)增加,即细菌数目的对数与时间呈直线关系。在此期间,菌体的形态、大小及生理特征均较典型。一般地,此期的病原菌致病力最强,对抗菌药物也最敏感,因此研究细菌的生物学性状(形态染色、生化反应、药物敏感试验等)应选用该期的细菌。以大肠杆菌为例,这一时期为 6～18 h。

稳定期　随着细菌的快速增殖,培养基中营养物质也迅速被消耗,有害代谢产物的大量积累,细菌繁殖速度减慢,死亡细菌数开始增加,新繁殖的细菌数量与死亡细菌数量几乎相等,活菌总数保持相对的稳定,进入稳定期。此期后期可能出现菌体形态与生理特征的改变,革兰氏阳性菌此时可染成阴性。一些芽孢菌,可能形成芽孢。毒素、抗生素等代谢产物大多此时产生。以大肠杆菌为例,这一时期约需 8 h。

衰老期　细菌死亡的速度超过分裂速度,培养基中活菌数急剧下降,此期的细菌若不移植到新的培养基中,最终可能全部死亡。此期细菌的菌体出现变形或自溶,染色特性不典型,因此陈旧培养的细菌难以进行鉴定。

衰老期细菌的形态、染色特征都可能不典型,所以细菌的形态和革兰氏染色反应,应以对数期到稳定期中期的细菌为标准。

细菌的生长曲线是在体外人工培养条件下观察到的,在动物体内因受多种因素的制约,未必能出现此种典型的曲线,但学习、了解细菌的生长曲线,对培养、观察、利用和控制细菌具有重要意义。可人为地改变培养条件,调整细菌的生长繁殖阶段,更有效地利用对人类有益的细菌,有目的研究和控制病原菌的生长。

二、细菌的接种与培养技术

细菌的接种与培养技术是微生物检测中最基本也是最重要的技术之一。进行微生物学鉴定,首先必须获得纯培养,而纯培养的获得必须建立在正确的分离技术之上,如何创造适宜的人工培养环境是这项工作的关键。应用无菌技术,正确进行各种接种方法,分离培养细菌,是鉴定细菌的先决条件。

(一)无菌技术

无菌技术是防止细菌等微生物扩散进入机体或其他物体造成感染或污染而采取的一系列

操作措施。在进行细菌检验的过程中,无论是标本的采集或细菌的分离培养等,工作人员都必须有严格的无菌观念,严格执行无菌操作技术,防止污染和病原菌的扩散。在进行无菌操作时应注意以下要点:

(1)进行细菌的接种、倾注琼脂平板等整个操作过程均须在无菌室或超净工作台内进行,以防杂菌污染。

(2)无菌室、超净工作台在使用前后,需要用 5% 石炭酸或 3% 来苏儿等消毒液擦拭,再用紫外灯照射 30 min 至 1 h 消毒。

(3)所用的物品、器具等使用前应进行严格灭菌,使用过程中不得与未经消毒灭菌的物品接触,如不慎碰着应立即更换无菌物品,也不宜长时间暴露在空气中。

(4)所有的技术操作要按尽量减少气溶胶和微小液滴形成的方式来进行。

(5)人体皮肤表面及口腔内存在大量杂菌,在操作时切勿用手直接接触标本及已灭菌的器材。在使用无菌吸管时,也不能用口吹出管内余液,而应预先在吸管上端塞有棉花,并用橡皮球轻轻吹吸。

(6)自动物体内采血或接种时,应先作局部剪毛后,再进行消毒处理。

(7)接种环(针)在每次使用前后,均应在火焰上彻底烧灼灭菌。

(8)从三角瓶倒平板或从试管培养物中取标本及移种时,于开塞后及塞回前,瓶(管)口部应通过火焰 1~2 次,以杀死可能附着瓶口或管口的细菌。开塞后的瓶口或管口应尽量靠近火焰,操作时试管及烧瓶应尽量平放,切忌口部向上和长时间暴露于空气中,以免从空中落入杂菌。瓶塞或试管塞应夹持在手指间适当的位置,不得将其任意摆放。

(9)临床微生物工作者应注意个人防护,检验时必须穿工作服,戴口罩和帽子,应戴乳胶手套。离去时更衣、洗手。实验台面在工作完毕或被感染材料污染时应立即用消毒液处理。不许在工作区内吃东西、吸烟等。实验室应根据各自的等级,相应配备生物安全柜。

(二)细菌常用的接种方法

细菌病的临床病料或培养物中常有多种细菌混杂,其中有致病菌,也有非致病菌,从采集的病料中分离出目的病原菌是细菌病诊断的重要依据,也是对病原菌进一步鉴定的前提。细菌分离接种的方法很多,最常用的是平板划线分离接种法,另外还有斜面接种法、穿刺接种法、液体接种法、倾注平板接种法等,具体方法见本任务技能训练。

(三)细菌的培养方法

细菌的培养方法应根据临床初步诊断和细菌的种类选用适宜的培养基、培养时间和温度等最适宜的培养方法,以提供特定细菌生长所需的必要条件。由无菌部位采集的样本,如血液、脑脊液等可直接接种至营养丰富的液体或固体培养基。取自正常菌群部位的样本,为抑制杂菌生长,利于病原菌的分离和鉴定,应接种至选择性培养基或鉴别培养基。在细菌检验中,应根据检验的目的和各类微生物的不同营养要求,选用各自最适合的培养基,才能收到预期效果。

常用的细菌培养法有一般培养法(需氧培养法)、二氧化碳培养法和厌氧培养法三种。

1.一般培养法(需氧培养法)

一般培养法是细菌检验中最常用的培养方法,适用于需氧菌或兼性厌氧菌等在需氧条件下的培养方法,故又称需氧培养法。将已接种细菌的平板、斜面、液体培养基(试管放在试管架上，平板底上盖下）等置于37℃培养箱中培养18～24 h，即能观察到大部分细菌的生长现象。少数生长缓慢的细菌（如结核分支杆菌）需培养3～7 d甚至1个月才能生长。但标本中菌量很少或使用了抗生素等抗菌药物后细菌的培养时间也会延长。对培养时间较长的培养基，接种后应将试管口塞好棉塞或硅胶塞后用石蜡-凡士林封固，以防培养基干裂。

2. 二氧化碳培养法

某些细菌（如鸡嗜血杆菌、牛布鲁氏菌、脑膜炎奈瑟菌）的培养，需要5%～10% CO_2环境中才能生长良好。常用的二氧化碳培养方法有以下几种。

（1）烛缸法　取一有盖磨口标本缸或玻璃干燥器，在盖及磨口处涂上凡士林。将已接种细菌的培养基放置于缸内，并在缸内放入点燃蜡烛，稍高于培养物的位置，烛火距缸口10 cm左右，加盖密闭，1～2 min待蜡烛自灭后，连同容器一并置于37℃培养箱中培养。因燃烧而产生CO_2占5%～10%，基本可满足细菌培养的要求。

（2）气袋法　选用无毒透明的塑料袋，将已接种标本的培养皿放入袋内，尽量去除袋内空气后将开口处折叠并用弹簧夹夹紧袋口，使袋呈密闭状态，折断袋内已置的CO_2产气管（安瓿）产生CO_2，数分钟即可达到需要的CO_2培养环境。

（3）化学法　常用碳酸氢钠-盐酸法。按每升容积称取0.4 g与浓盐酸3.5 mL比例，分别置于容器内，连同容器置于玻璃缸内，盖紧密封，倾斜缸位使盐酸与碳酸氢钠接触而生成CO_2。

（4）二氧化碳培养箱培养　将已接种细菌的培养基直接放入二氧化碳培养箱，按需要调节箱内CO_2的浓度和温度，使用极为方便。此法适用于大型实验室应用。

3. 厌氧培养法

专性厌氧菌培养时必须在无氧环境下才能生长繁殖，培养过程中需要造成低氧化还原电势的厌氧环境。为了厌氧培养，需要清除培养基中的氧气，降低培养基的电势，是厌氧培养的关键。常用的厌氧培养法有物理法、化学法、生物法。具体技术方法有疱肉培养基法、焦性没食子酸法、厌氧缸培养法等。

厌氧菌标本的采集及运送有特殊的要求及注意事项，应避免正常菌群的污染，尽量少接触空气并立刻送检。

（四）人工培养细菌的意义

（1）细菌的鉴定　分离培养后，根据菌落的性状对细菌做出初步识别，同时取单个菌落再次进行革兰氏染色镜检观察，再进行生化试验、血清型鉴定等。此外，细菌在液体培养基中的生长状态及在半固体培养基是否表现出动力等，也是鉴别某些细菌的重要依据。研究细菌的形态、生理、抗原性、致病性、遗传与变异等生物学性状，均需人工培养细菌才能实现，而且分离培养细菌也是人们发现未知新病原体的先决条件。

（2）传染性疾病的诊断　从患畜（禽）标本中分离培养出病原菌是诊断传染性疾病最可靠的依据，并可对分离的病原菌进行药物敏感性试验，帮助临诊上选择有效药物进行治疗。

（3）分子流行病学调查　对细菌特异基因的分子检测、序列测定、基因组DNA指纹分析等分子流行病学研究也需要细菌的纯培养。

（4）生物制品的制备　经人工培养获得的细菌可用于制备菌苗、类毒素、诊断用菌液等生物制品。

（5）饲料或畜产品卫生学指标的检测　可通过定性或定量方法对饲料、畜产品等中的微生物污染状况进行检测。

◉ 任务 2-5 细菌的生化试验鉴定

【任务描述】

细菌的代谢是在菌体内酶系统的催化下实现的。不同种类的细菌具有不同的酶系统,因而对营养物质的分解能力不同,代谢产物也不尽相同,细菌的生化试验就是检测某种细菌能否利用某些物质及其对某些物质的代谢及合成产物,确定细菌代谢产物的特异性,借此来鉴定细菌的种类。本任务是利用糖(醇)发酵试验、维-培试验、甲基红试验、靛基质试验、硫化氢试验、枸橼酸盐利用试验等来鉴定大肠杆菌和沙门氏菌等肠道杆菌,学会利用常用的细菌生化试验鉴定细菌的方法。

【任务目标】

(1)理解细菌新陈代谢产物及其实践意义;掌握细菌鉴定中常用生化试验的原理、操作方法及结果判定标准;知道细菌生化试验在细菌检测中的重要作用;

(2)能够根据工作目标准备细菌生化试验的培养基和生化试剂;能熟练地进行无菌操作及生化试验的细菌接种;能利用细菌生化试验鉴定细菌,能正确的判定生化试验结果。

【必备技能】

一、准备试验材料

(1)仪器 恒温箱、冰箱、超净工作台。

(2)材料 酒精灯、火柴、接种环、接种针、试管架、烧杯、胶头滴管、标签、记号笔等。

(3)试剂 甲基红试剂、V-P 试剂(甲液:5%α-萘酚酒精溶液,乙液 40%KOH 溶液)、靛基质试剂。

(4)菌种 大肠杆菌及沙门氏杆菌等肠道杆菌 24 h 纯培养物。

(5)生化培养基 单糖发酵培养基或糖(醇)微量发酵管(葡萄糖、乳糖、麦芽糖、蔗糖、甘露醇)、0.5%葡萄糖蛋白胨水培养基、1%蛋白胨水培养基、醋酸铅琼脂高层培养基或三糖铁琼脂高层斜面培养基、尿素琼脂斜面培养基或尿素微量发酵管、枸橼酸钠琼脂斜面培养基等。

二、方法与步骤

(一)糖(醇)发酵试验

(1)原理 绝大多数细菌都能发酵(降解)糖类,所产生的代谢有酸(甲酸、乙酸、丙酸、乳酸等)和气体(如氢气、二氧化碳等)及醛、醇、酮等。因不同细菌含有不同酶类,对糖类的分解能力各不相同,其代谢产物也不一样。有的细菌能分解某些糖类产酸和产气,以"⊕"表示;有的细菌分解只产酸不产气,以"+"表示;有的细菌不分解糖类,以"-"表示。根据其分解产物特点来鉴定和区别细菌。特别用于肠杆菌科细菌的鉴定。如大肠杆菌能分解乳糖,伤寒杆菌与痢疾杆菌等沙门氏菌则不能;大肠杆菌发酵葡萄糖产酸并产气,伤寒沙门菌发酵葡萄糖仅产酸不产气。

（2）方法　无菌操作取大肠杆菌、沙门氏菌等待鉴别的细菌纯培养物，分别接种到葡萄糖、乳糖、麦芽糖、蔗糖、甘露醇等发酵管培养基内，开口向下，置37℃温箱内，培养1～3 d观察结果并记录。培养的时间随试验的要求及细菌的分解能力而定。可按各类细菌鉴定方法所规定的时间进行。若使用微量发酵管或要求培养时间长，应注意保持一定湿度，以免培养基干燥而影响细菌生长。

（3）结果　产酸不产气记为"＋"，培养液变为黄色；产酸产气记为"⊕"，培养液变黄色，并有气泡；不发酵者记为"－"，培养液仍为紫色。

(二)甲基红(MR)试验

（1）原理　甲基红(MR)指示剂的变色范围为低于pH4.4呈红色，高于pH6.2呈黄色。某些细菌分解葡萄糖，产生丙酮酸，丙酮酸进一步分解产生甲酸、乙酸、乳酸、琥珀酸等混合酸，由于产酸增多，所以培养基的pH下降至4.4以下，加入MR指示剂时，溶液呈红色，为阳性，以"＋"表示；若细菌产酸较少或因产酸后很快转化为其他物质（如醇、醛、酮、气体和水），故最终的酸类较少，使培养液pH在5.4以上，则加入MR指示剂呈橘黄色，为阴性，以"－"表示。主要用于肠杆菌科中大肠杆菌与产气肠杆菌的鉴别，前者为阳性，后者为阴性。其他阳性反应菌还有沙门氏菌属、志贺氏菌属细菌。

（2）方法　将大肠杆菌、沙门氏菌等待鉴别的细菌纯培养物分别接种于0.5%葡萄糖蛋白胨水培养基中，置37℃培养2～4 d后，取出部分培养液（或整个培养物）滴加入甲基红试剂3～5滴（通常每1 mL培养液加1滴），充分振摇试管，观察结果。

（3）结果　凡培养液变红色者为阳性，记为"＋"；橘黄色者为阴性，记为"－"；橘红色为弱阳性，记为"±"。观察阴性结果是不少于5 d培养。

(三)维-培(V-P)试验

（1）原理　测定细菌产生乙酰甲基甲醇的能力。有些细菌发酵葡萄糖产生丙酮酸后，再使丙酮酸脱羧，形成中性的乙酰甲基甲醇，后者在碱性溶液中被空气中的分子氧所氧化成二乙酰，二乙酰能与培养基蛋白胨中的精氨酸所含的胍基反应，生成红色的化合物，即为V-P试验阳性，以"＋"表示；而有些细菌（如大肠杆菌）分解葡萄糖，产生丙酮酸，不能生成乙酰甲基甲醇，故为V-P试验阴性，以"－"表示。有时为了使反应更为明显，可加入少量含胍基的化合物，如肌酸或肌酐等。一般方法是加碱前先加肌酸和α-萘酚，以增加试验的敏感性。

（2）方法　取大肠杆菌、沙门氏菌等待鉴别的细菌纯培养物分别接种于0.5%葡萄糖蛋白胨水中，置37℃温箱中培养2～3 d后，取出部分培养液（或整个培养物），每1 mL培养液先加V-P试剂甲液(5‰α-萘酚酒精溶液)0.5 mL，再加乙液(40%KOH溶液)0.2 mL，充分振摇试管，静置10 min后，观察结果。

或取出部分培养液（或整个培养物）加入等量的硫酸铜试剂，混匀，置37℃温箱中30 min左右观察结果。强阳性者约5 min就可出现反应。

（3）结果　15 min内呈红色反应者为阳性，记为"＋"；不变色仍保持黄色者为阴性，记为"－"。阴性应放在37℃温箱中培养4 h再进行观察判定。

(四)靛基质试验(吲哚试验)

（1）原理　有些细菌含有色氨酸酶，能分解蛋白胨水培养基中的色氨酸产生靛基质(吲哚)，靛基质与对二甲基氨基苯甲醛试剂作用，则形成红色的玫瑰靛基质，为靛基质试验阳性，以"＋"表示；否则为阴性，以"－"表示。主要用于肠杆菌科中细菌的鉴别，如大肠杆菌为阳性，产气肠杆菌、沙门氏菌为阴性。其他阳性反应菌如变形杆菌、霍乱弧菌。

（2）方法 将大肠杆菌、沙门氏菌等待鉴别的细菌纯培养物分别接种于童汉氏蛋白胨水培养基中，置37℃温箱培养2～3 d(必要时培养4～5 d)后，取出后沿试管壁徐徐滴入靛基质试剂约1 mL于培养物液面上，静置30 s，立即观察两层液面的颜色。注意随着时间的推移，红色化合物会扩散以至于不清晰。

（3）结果 上层液面呈现红色者为阳性，不变色仍为淡黄色者为阴性。

（五）硫化氢试验

（1）原理 某些细菌能分解蛋白质中的含硫氨基酸(胱氨酸、半胱氨酸、甲硫氨酸等)，产生硫化氢(H_2S)。当培养基中含有铅盐(如醋酸铅)或铁盐(如硫酸亚铁)时，硫化氢可与其反应生成黑色的硫化铅或硫化亚铁，使培养基变黑色，为硫化氢试验阳性，以"＋"表示。不出现黑色为阴性，以"－"表示。主要用于肠杆菌科细菌的属间鉴别，如沙门氏菌、爱德华菌属、枸橼酸菌属、变形杆菌属多为阳性，其他菌属如大肠杆菌属多为阴性。

（2）方法 取大肠杆菌、沙门氏菌等待鉴别的细菌纯培养物分别沿试管壁穿刺接种于醋酸铅琼脂高层培养基中，37℃温箱中培养1～2 d或更长时间，观察结果。也可将细菌穿刺接种于含有硫酸亚铁或三糖铁的琼脂培养基中。

（3）结果 沿穿刺线或穿刺线周围呈黑色者为阳性；不变者为阴性。

本试验亦可用浸渍醋酸铅的滤纸条(6.5 cm×0.6 cm大小)进行。将滤纸条浸渍于10%醋酸铅水溶液中，取出夹在已接种细菌的琼脂斜面培养基试管壁与棉塞间，若细菌产生硫化氢，则滤纸条呈棕黑色，为阳性反应。

（六）尿素酶试验（尿素发酵试验）

（1）原理 尿素酶又称脲酶。某些细菌能产生尿素酶，能分解培养基中的尿素产生2分子氨和二氧化碳，在溶液中，氨及二氧化碳和水结合形成碳酸铵，培养基呈碱性，使含酚红指示剂的培养基变为红色，为阳性，以"＋"表示。培养基不变色仍为浅黄色，则为阴性，以"－"表示。

颜色扩散程度表示尿素分解的速度，若斜面上呈现紫红色，颜色渗透到琼脂内，整个试管呈粉红色判定为"＋＋＋＋"；斜面粉红色，底部无变化，判定为"＋＋"；斜面顶部粉红色其他无变化，判定为"＋"。主要用于肠杆菌科细菌的属间鉴别，如克雷伯氏菌属(＋)与大肠杆菌属(－)。也可用于侵肺巴氏杆菌(＋)和脲巴氏杆菌(＋)与多杀性巴氏杆菌(－)和溶血性巴氏杆菌(－)的鉴别。其他菌属如变形杆菌阳性，沙门氏菌为阴性。

（2）方法 取大肠杆菌、沙门氏菌等待鉴别的细菌纯培养物分别同时穿刺和划线法接种尿素培养基中(不要穿刺到底，下部留作对照)，37℃温箱中培养2～6 h(有些菌分解尿素很快)，有时需要培养24 h到6 d(有些菌则缓慢作用于尿素)，每天观察结果。

（3）结果 培养基从黄色变为红色者为阳性；不变色仍为浅黄色者为阴性，应继续观察6 d。

可购买尿素发酵管(形状同发酵管，但没有标颜色)操作方法同糖发酵试验，培养液由黄变红者为阳性，记为"＋"，不变色者为阴性，记为"－"。

（七）枸橼酸盐利用试验

（1）原理 某些细菌能利用培养基中的枸橼酸盐作为唯一的碳源，也能利用其中的铵盐(如磷酸二氢铵)作为唯一的氮源。能在枸橼酸盐的培养基上生长，分解枸橼酸盐生成碳酸盐，并分解其中的铵盐生成氨,使培养基由酸性变成为碱性,从而使培养基中的指示剂溴麝香草酚蓝(BTB)由草绿色变为深蓝色,此为枸橼酸盐利用试验阳性,以"＋"表示;不能利用枸橼酸盐作为唯一碳源的细菌在该培养基上不能生长,培养基颜色不改变,为阴性,以"－"表示。

(2)方法　取大肠杆菌、沙门氏菌等待鉴别的细菌纯培养物分别接种于枸橼酸钠琼脂斜面培养基上,置37℃温箱培养1～2 d,观察结果。

(3)结果　细菌在培养基上生长并使培养基由草绿色转变为深蓝色者为阳性;没有细菌生长,培养基仍为原来颜色者为阴性。如果为阴性,则继续培养至4 d观察结果。

(八)克氏双糖铁或三糖铁琼脂培养基试验

(1)原理　将KIA或三糖铁琼脂(TSI)培养基制成高层斜面,其中葡萄糖含量仅为乳糖和蔗糖的1/10,若细菌只分解葡萄糖而不分解乳糖和蔗糖,分解葡萄糖产酸使pH降低,因此项目和底层均先呈黄色,但因葡萄糖量较少,所生成的少量酸可因接触空气而氧化,并因细菌生长繁殖利用含氮物质生成碱性化合物,使项目部分又变成红色;底层由于处于缺氧状态,细菌分解葡萄糖所生成的酸类一时不被氧化而仍保持黄色。细菌分解葡萄糖、乳糖或蔗糖产酸产气,使斜面与底层均呈黄色,且有气泡。细菌产生硫化氢时与培养基中的硫酸亚铁作用,形成黑色的硫化铁。用于鉴定肠杆菌科的细菌。大肠杆菌、克雷伯菌属和肠杆菌属为斜面酸性/底层酸性,志贺菌为斜面碱性/底层酸性,伤寒沙门氏菌、枸橼酸杆菌、变形杆菌等为斜面碱性/底层酸性(黑色),铜绿假单胞菌为斜面碱性/底层碱性。

(2)方法　用接种针取大肠杆菌、沙门氏菌等待鉴别的细菌纯培养物分别沿管壁穿刺接种于KIA或TSI深层,距管底3～5 mm为止,再从原路退回,在斜面上自下而上划线,置于37℃温箱培养1～2 d,观察结果。

(3)结果

(1)斜面碱性/底层碱性,不发酵碳水化合物,是不发酵菌的特征。

(2)斜面碱性/底层酸性,葡萄糖发酵、乳糖(和TSI中的蔗糖)不发酵,是不发酵乳糖菌的特征。

(3)斜面碱性/底层酸性(黑色),葡萄糖发酵、乳糖不发酵并产生硫化氢,是产生硫化氢不发酵乳糖菌的特征。

(4)斜面酸性/底层酸性,葡萄糖和乳糖(和TSI中的蔗糖)发酵,是发酵乳糖菌的特征。

(九)注意事项

(1)进行生化试验鉴定必须用纯培养物。

(2)严格无菌操作,避免污染菌的产生。

(3)特别注意试验过程中的自我保护,防止感染。

【相关知识】

一、细菌的新陈代谢

新陈代谢是细菌进行一切生命活动的物质基础,是细胞内进行全部生化反应的总称。它包括分解代谢和合成代谢。分解代谢是细菌把从外界摄取的大分子营养物质降解为自身可以利用的小分子物质的过程,同时释放能量;合成代谢是细菌利用小分子物质合成自身复杂大分子乃至细胞结构的过程,需要吸收能量。

（一）细菌的酶

细菌的新陈代谢是在酶的催化下进行的。酶的作用具有高度的特异性。细菌的种类不同，菌体内的酶系统就不同，因此细菌对营养物质的摄取、分解能力及代谢产物也各不相同，这在细菌的分类、鉴定和疾病的诊断上具有重要意义。

根据细菌体内酶发挥作用的部位，可分为胞内酶和胞外酶。胞内酶在细胞内产生并在细胞内部发挥作用的酶，包括参与生物氧化的一系列呼吸酶以及与蛋白质、多糖等代谢有关的酶。它与细菌分解各种营养物质、进行氧化还原、获得能量有关。胞外酶是由细菌产生后分泌到菌细胞外面发挥作用的酶，包括各种蛋白酶、脂肪酶、糖酶等水解酶。它能把大分子的营养物质水解成小分子的可溶性物质，便于被菌体吸收利用。

根据酶产生的方式，可分为固有酶和诱导酶。细菌本身必须有的酶为固有酶，如某些脱氢酶等；细菌为适应环境而产生的酶为诱导酶或适应酶，如大肠杆菌的半乳糖酶，只有乳糖存在时才产生，当诱导物质消失之后，酶也就不再产生。

根据酶作用的底物可分为蛋白酶、糖酶、脂酶等。有些细菌产生的酶与该菌的毒力有关，如链球菌、葡萄球菌产生的透明质酸酶，炭疽杆菌、水肿梭菌产生的卵磷脂酶等，它们可水解或破坏机体的组织或细胞等。

（二）细菌的新陈代谢产物

各种细菌因含有不同的酶系统，因而对营养物质的分解能力不同，代谢产物也不尽相同，各种代谢产物可积累于细菌体内，也可分泌或排泄于周围环境中。有些产物能被人类利用，有些则与细菌的致病性有关，有些可作为鉴定细菌的依据。

1. 分解代谢产物及意义

细菌的分解代谢是将复杂的营养物质分解为简单的化合物，为合成菌体成分提供原料的同时可获得能量以供代谢所需。在实验室检测中，利用细菌的分解代谢产物可以鉴定细菌。

（1）糖的分解产物　细菌一般不能直接利用多糖，必须经胞外酶分解成单糖后才能利用。不同种类的细菌以不同的途径分解糖类，在其代谢过程中均可产生丙酮酸。需氧菌进一步将丙酮酸通过三羧酸循环彻底分解为二氧化碳和水，并产生 ATP 及其他代谢产物；厌氧菌则发酵丙酮酸，产生多种酸类（如甲酸、乙酸、丙酸、丁酸、乳酸等）、醛类（如乙醛）、醇类（如乙醇、乙酰甲基甲醇、丁醇等）和酮类（如丙酮）等多种产物。各种细菌的酶不同，对糖的分解能力也不同，有些细菌能分解某些糖类只产酸不产气，有的分解产酸产气，有的则不分解，可以鉴别细菌。常用的检测糖（醇）类代谢生化试验有：糖发酵试验、甲基红（MR）试验、维-培（V-P）试验等。

（2）蛋白质的分解产物　细菌不能直接利用大分子蛋白质，必须由细菌分泌胞外酶，将蛋白质分解为短肽或氨基酸后，才能透过细菌细胞壁和细胞膜，后经胞内酶分解氨基酸，通过脱氨作用生成氨和各种酸类，或通过脱羧作用生成胺类和 CO_2。不同种类的细菌所具有酶不同，分解蛋白质、氨基酸的种类和能力也不同。因而能产生许多中间产物，借此可鉴别不同的细菌。如吲哚（靛基质）是某些细菌分解色氨酸的产物；硫化氢是细菌分解含硫氨基酸的产物；明胶是一种凝胶蛋白，有的细菌有明胶酶，使凝胶状的明胶液化；而有的细菌在分解蛋白质的过程中能形成尿素酶，分解尿素形成氨；有的细菌能将硝酸盐还原为亚硝酸盐等。因此，常用的检测蛋白质类代谢生化试验有：靛基质试验、硫化氢试验、尿素分解试验、明胶液化试验、硝酸盐还原试验等，可用于细菌的鉴定。

(3)细菌对其他物质的分解　细菌除了能分解糖和蛋白质外,还可分解利用一些有机物和无机物。由于细菌产生的酶不同,其代谢各种基质后形成的产物也不一样,故可用于鉴别细菌。如枸橼酸盐利用试验等。

2. 合成代谢产物

细菌通过新陈代谢不断合成自身的菌体成分,如糖类、脂类、核酸、蛋白质和酶类等,保证细菌的生长繁殖。同时还能合成一些与人类生产实践有关的特殊产物。

(1)热原质　许多革兰氏阴性菌(如变形杆菌、绿脓杆菌等)与少数革兰氏阳性菌(如枯草芽孢杆菌等)在代谢过程中能合成一种多糖物质,极微量注入人体或动物体能引起发热反应,故称为热原质。革兰氏阴性菌的热原质就是细胞壁中的脂多糖,即内毒素;革兰氏阳性菌的热原质是多糖。目前最敏感的检测方法是鲎试验。

热原质能通过一般的细菌滤器,耐高温,高压蒸汽灭菌法(121.3℃ 30 min)不破坏,加热180℃ 4 h才能使热原质失去作用。因此,在制造注射制剂和生物制品时,要严格无菌操作,防止细菌污染,应用吸附剂和特制的石棉滤板将其除去。玻璃器皿经干烤250℃ 2 h才能破坏热原质。

(2)毒素　某些病原菌在代谢过程中产生的对人和动物机体有毒害作用的物质,称为毒素。毒素的产生与细菌的致病性有关,细菌产生的毒素有内毒素和外毒素两种。

内毒素是由革兰阴性菌细胞壁中的脂多糖,其毒性成分为类脂A,只有当细菌死亡或崩解后才释放出来;外毒素是由大多数革兰阳性菌和少数革兰阴性在生长繁殖过程中产生的并释放到菌体外的"毒性蛋白质"。

(3)侵袭性酶类　某些细菌在代谢过程中产生的酶类,除满足自身代谢需要外,还能产生具有侵袭性的胞外酶,能损伤机体组织,促进细菌的侵袭扩散,是细菌重要的致病因素,如链球菌的透明质酸酶,产气荚膜梭菌的卵磷脂酶等。侵袭性酶类在细菌的致病性中尤为重要。

(4)抗生素　是某些微生物在代谢过程中产生的一类能抑制和杀死某些其他微生物的化学物质。抗生素是一种重要的合成代谢产物,生产中应用的抗生素大多数由放线菌和真菌产生,细菌产生的很少,如多黏菌素、杆菌肽等。

(5)维生素　是某些细菌能自行合成的生长因子,除供菌体自身需要外,还能分泌到菌体外。人与动物肠道内的正常菌群能合成B族维生素和维生素K,可被机体利用。

(6)细菌素　是某些细菌菌株产生的一种具有抗菌作用的蛋白质,作用与抗生素相似,但作用范围狭窄且具有种和型特异性,仅对有近缘关系的细菌有作用。目前发现的有大肠菌素(大肠杆菌某菌株产生)、绿脓杆菌素(绿脓杆菌产生)、葡萄球菌素(葡萄球菌产生)和弧菌素(霍乱弧菌产生)等。细菌素无治疗意义,多用于细菌分型和流行病学调查。

(7)色素　某些细菌在一定环境条件下(氧气充足、营养丰富、温度和pH)能产生各种颜色的色素。细菌产生的色素有水溶性和脂溶性两种。如金黄色葡萄球菌产生的色素是脂溶性的,不溶于水,仅保持在菌细胞内,使培养基上的菌落和菌苔显色,而培养基颜色不变;绿脓杆菌的绿脓色素与荧光素是水溶性的,溶于水,能弥散至培养基或周围组织中,使整个培养基或浓汁显绿色。不同的细菌产生不同的色素,可用于细菌的鉴定。

细菌合成的代谢产物热原质、毒素和侵袭性酶类与细菌的致病性有关,抗生素和维生素对人类有益,细菌素和色素常用于细菌鉴定和分型。

二、细菌的生化试验鉴定技术

细菌在新陈代谢过程中进行着各种生物化学反应,利用生物化学的方法来检测细菌的代谢产物以鉴定细菌的试验,称为细菌的生化反应试验。细菌的生化反应试验常用于鉴别细菌,尤其对形态、革兰氏染色和培养特性相同或相似的细菌更为重要。在临床细菌检验工作中,除根据细菌的形态、染色、培养特性进行初步鉴定外,绝大多数分离的未知菌的属、种鉴定,主要通过这些生化反应试验。细菌的合成代谢产物如毒素、色素等也有一定的鉴别意义,但一般不用生化反应检测。

一般只有纯培养的细菌才能进行生化试验鉴定。生化试验在细菌的鉴定中极为重要,方法也很多,常用的生化试验的方法有糖(醇)发酵试验、维-培试验、甲基红试验、靛基质试验、硫化氢试验、枸橼酸盐利用试验、触酶试验、氧化酶试验、脲酶(尿素分解)试验等。目前一般多用商品化的微量生化试剂检测试剂盒,应当根据诊断需要适当选择。

细菌的生化反应用于鉴别细菌,尤其对菌体形态、革兰染色反应和培养特性相同或相似的细菌更为重要。吲哚(I)、甲基红(M)、V-P(V)、枸橼酸盐利用(C)4种试验常用于鉴定肠道杆菌,合称之为 IMViC 试验。如大肠杆菌呈"＋＋－－",产气杆菌则为"－－＋＋",沙门氏菌"－＋－＋"。

现代细菌学已普遍采用微量、快速、自动化等鉴定系统,已有很多现成的生化试验培养基及相应的配套试剂供种属鉴定,可直接购买使用。

◉ 任务 2-6 细菌的动物试验检测

【任务描述】

动物试验是微生物学检验中常用的基本技术,有时为了证实所分离的细菌是否有致病性,可进行动物接种试验,通常选择对该种细菌最敏感的动物进行人工感染试验,最常用的是本动物接种和易感实验动物接种。本任务是利用动物试验检测大肠杆菌的分离株的致病性。将病料用适当的途径进行接种,然后根据对不同动物的致病力、症状和病变特点来帮助诊断。当实验动物死亡或经过一定时间后剖检,观察病理变化,并采取病料进行涂片检查和分离鉴定等细菌学检查。

【任务目标】

(1)理解细菌的致病作用及病原微生物毒力增强和减弱的方法;了解内毒素与外毒素的区别,动物试验的意义;掌握病原微生物感染发生的条件,实验动物常用的接种和剖检方法。

(2)能够正确地对实验动物进行接种和剖检;能够对实验动物的尸体进行细菌学检验;会进行实验动物的尸体处理。

【必备技能】

一、准备试验材料

(1)仪器 显微镜、恒温培养箱。

(2)材料 注射器(1 mL、5 mL)、头皮针、镊子、5％碘酒棉球、75％酒精棉球、解剖盘及解剖刀剪、滴管、无菌平皿、接种环、酒精灯、载玻片、常用培养基、染色液、消毒设备、0.1%新洁尔灭溶液、3%来苏儿溶液、1%福尔马林、95%酒精、工作服、一次性手套等。

（3）动物　大肠杆菌感染的病死动物、3～5日龄健康雏鸡、小鼠或家兔等实验动物。

二、方法与步骤

（一）接种材料的制备

1.细菌纯培养物的制备

（1）大肠杆菌24 h肉汤纯培养物的制备　无菌操作取大肠杆菌病死动物的心脏、心血、肝、感染的鸡胚、脐炎的卵黄物质、眼型的眼内脓性或干酪样物、关节炎的关节脓液、输卵管炎、腹膜炎的干酪样物等，分别接种于肉汤培养基和麦康凯琼脂培养基中，37℃温箱中培养24 h备用。

（2）细菌悬液的制备　用灭菌生理盐水或无菌的肉汤轻轻洗去麦康凯琼脂平板上典型菌落，制成1∶10纯菌落稀释液备用。

2.病料乳剂的制备

无菌操作取大肠杆菌病死动物的心脏、心血、肝等病料，用灭菌生理盐水或无菌的肉汤研磨，制成1∶10病料乳剂备用。

（二）实验动物接种

用大肠杆菌肉汤纯培养物、1∶10纯菌落稀释液或1∶10病料乳剂，分别给3～5日龄健康的雏鸡（或小白鼠或家兔）腹腔注射0.2～0.3 mL；同时用灭菌生理盐水或无菌肉汤设对照组，每只腹腔注射0.2～0.3 mL。

（1）鸡的腹腔注射的方法　助手将鸡保定，使鸡的腹部朝上，头部稍低，碘酒与酒精棉球消毒注射部位，使注射针头与皮肤呈45°角刺入腹腔，拔动针头活动自由后，注入大肠杆菌菌悬液，注射量为0.2～0.3 mL/只。

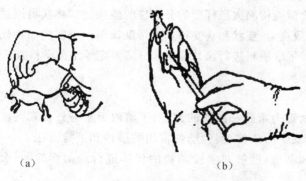

（a）　　　　　　　　　　（b）

图2-18　小鼠的捕捉保定和腹腔注射

（2）家兔、小鼠腹腔注射的方法　采用仰卧保定，接种时稍抬高后躯，头部略有下垂，使其内脏倾向前腔。小鼠腹腔接种时，术者在做好接种准备后，左手保定（图2-18（a）），右手消毒术部，手持注射器，将针头平行刺入皮下，然后向下斜行，通过腹部肌肉进入腹腔（图2-18（b）），注射量为0.5～1.0 mL。在家兔和豚鼠，先在腹股沟处刺入皮下，前进少许，再刺入腹腔，注射量为0.5～5.0 mL。操作时应将针头缓慢刺入，防止刺伤内脏器官。注射时应无阻力，皮肤也无泡隆起即表示刺入腹腔。

（三）接种后实验动物的饲养管理与观察

实验动物接种后，要隔离控制，严格消毒，由专人负责饲养管理，作好标记，并作详细记载。观察实验动物的发病和死亡情况，从而判断大肠杆菌是否具有致病性，进而根据死亡只数及时间来判断大肠杆菌毒力的强弱,并作进一步细菌学检查。

试验鸡、小鼠、家兔等动物多于接种后 48～72 h 死亡,说明该大肠杆菌分离株具有致病性。

(四)实验动物的剖检

实验动物死亡或予以扑杀后,对其尸体要立即剖检,以观察其病理变化情况。

无菌采取死亡动物的心血、肝、脾等组织,触片、染色、镜检,并划线接种于麦康凯琼脂培养基上进一步分离,37℃温箱中培养 24 h,观察菌落特征。

分离到与接种菌完全一致的病原菌,说明该病为大肠杆菌病。

以鸡为例剖检程序如下:

(1)先用肉眼观察动物体表的情况,重点检查眼结膜、口腔、肛门等处有无病变,并留心观察接种部位有无变化。

(2)将尸体仰卧固定在解剖盘中或垫纸上,充分暴露胸腹部。

(3)用 3%来苏儿或碘酒、酒精棉球等其他消毒液浸湿尸体颈、胸和腹部的羽毛(皮毛)。

(4)用无菌剪刀剪开两侧大腿与腹壁之间(四肢腋窝)的处皮肤和筋膜,用力压两大腿,使髋关节脱臼,两腿呈外展姿势。然用无菌剪刀和镊子自其颈部、胸部、腹部至耻骨部沿中线切开皮肤,剥离胸腹部皮肤使其尽量翻向外侧,暴露胸腹部及颈部的皮下组织和肌肉,注意注射部位有无出血、脓肿、坏死等病变,观察皮下组织及腋下、腹股沟淋巴结(小鼠、家兔)有无病变。必要时,取病料做培养和涂片检查。

(5)用无菌的毛细管或注射器穿过腹壁吸取腹腔渗出液供直接分离培养及涂片检查。

(6)另换一套灭菌剪刀剪开腹壁,沿两侧肋骨向前下方剪开肋骨和胸肌,剪断乌喙骨和锁骨,最后将整个胸骨翻向头部,观察胸、腹腔有无积液、渗出液或血液及内脏器官的位置、表面有无异常变化。

①先观察肝、脾、肾等有无变化,无菌操作采取肝、脾、肾等实质脏器各一小块放在灭菌平皿内以备进行培养及直接涂片检查或直接进行细菌学分离培养及触片染色镜检。

②再检查胸腔内有无渗出液及心、肺有无病变,可无菌采取渗出液、心血及心肺组织各一小块放在灭菌平皿内以备检查或直接进行细菌学分离培养及触片染色镜检。

③最后详细检查内脏器官有无病变,在食管的末端剪断,并切开泄殖腔周围的皮肤组织,将整个胃肠及肝、脾同时取出检查。在其尾部泄殖腔的上方找到法氏囊,分离并检查有无出血、肿胀和干酪样渗出物等变化。心脏、肺和肾通常在原位置检查,必要时也可取出检查。最后,将尸体的位置倒转,使禽的头部朝向剖检者,剪开嘴的上下联合,并伸进口腔和咽喉直剪到嗉囊,检查口腔、咽喉及食管和嗉囊的情况,再从喉头剪开气管、支气管检查,有无异常分泌物及出血。必要时,可剪开鼻孔,轻压鼻部,检查鼻腔积液情况等。

(7)必要时破颅骨取脑组织作进一步检查。

(8)如欲作组织切片检查,将各种组织小块置于 10%甲醛溶液中固定。

(9)剖检完毕后应妥善处理动物尸体,应焚化、深埋或高压灭菌后掩埋,以免病原散播。若是小的尸体可浸泡于 3%来苏儿液中消毒,而后倒入深坑中掩埋,令其自然腐败。解剖器械也须煮沸消毒或高压灭菌处理,用具和试验台用 3%来苏儿液浸泡消毒后洗刷和擦拭。

所有废弃物需采用焚烧或深埋。具有危险性的废弃物,需先经灭菌、隔离或其他方式处理,在确保安全时方可运离。

（10）认真做好详细解剖记录。

（五）注意事项

（1）动物接种时，应将动物保定确实，防止咬伤人员。

（2）接种不同的实验动物应选用不同规格的针头，乳鼠和乳兔用5号针头，鸡和小鼠用5～8号针头，家兔和豚鼠用7～10号针头。

（3）为了检查和分离病原体，尸体剖检后应先取病料进行病原分离培养，再制作标本片，最后再进行详细病理变化的观察，以防污染。

（4）取病料时应无菌操作，严格遵守各种防护规定，严格隔离消毒，以避免污染周围环境。

【相关知识】

一、正常菌群

（一）正常菌群的概念

在正常动物的体表或与外界相通的腔道，如口腔、鼻咽腔、消化道和泌尿生殖道等黏膜中经常有一些微生物存在，它们对宿主不但无害，而且对维持宿主生长和健康是有益和必需的，这些微生物称为正常菌微生物群或正常菌群。这些细菌之间、细菌与动物体间及环境之间形成了一个相互依赖、相互制约并呈现动态平衡的生态系。保持这种动态平衡是维持宿主健康状态不可少的条件。

（二）正常菌群的生理作用

正常菌群与动物彼此制约，以维持相互间的平衡。正常菌群对动物机体的有益作用主要表现在以下几个方面。

（1）营养作用 正常菌群在其生命活动中能影响和参与动物体物质代谢、营养转化与合成。肠道正常菌群能参与营养物质的消化，如肠道细菌能利用非蛋白氮化合物合成蛋白质、能合成B族维生素及维生素K并被宿主吸收。消化道中的正常菌群有助于破坏饲料中的有害物质并阻止其吸收。

（2）免疫作用 正常菌群对刺激机体免疫器官使其功能更加完善方面具有重要的作用。研究表明，无菌动物的体液免疫或细胞免疫均显著低于正常动物，当普通动物的正常菌群失去平衡，其细胞免疫和体液免疫功能降低。据认为，没有正常菌群的刺激，机体免疫器官不可能正常发育和维持功能。

（3）拮抗作用 正常菌群与黏膜上皮细胞紧密结合，在定植处起着占位性生物屏障作用。其机制是：寄居的正常菌群通过空间和营养以及产生有害代谢产物，抵制病原菌定植，抑制其生长或将其杀灭。抗生素使用不当将会破坏这一保护作用，使病原菌在数量上占优势，并引发疾病。

某些细菌或真菌有利于宿主胃肠道微生物区系的平衡，抑制有害微生物的生长，将这些微生物制剂称为益生菌或益生素。饲料中添加不易被宿主消化吸收的寡糖，能选择性地刺激消化道有益微生物（如双歧杆菌）的生长，而对宿主产生有益作用，此类成分称为益生元。益生素与益生元联合饲喂动物具有一定的保健作用。

二、细菌的致病作用

细菌的致病作用取决于它的致病性和毒力。

(一)细菌的致病性

(1)致病性的概念 细菌的致病性又称病原性或致病力,是指一定种类的细菌,在一定条件下,能引起动物机体发生疾病的能力或特性。致病性是细菌"种"的特征,亦有一定的特异性。病原性细菌的种类不同引起宿主机体的病理过程也不同。如炭疽杆菌只能引起炭疽,而不引起其他疾病。细菌的致病性是对宿主而言的,有的仅对人有致病性,有的仅对某些动物有致病性,有的能引起人畜共患病。

(2)细菌致病性的确定 著名的柯赫法则是确定某种细菌是否具有致病性的主要依据,其要点有四个:第一,特定的病原菌应在同一疾病中查到,在健康机体中不存在;第二,此病原菌能被分离培养而得到纯种;第三,此纯培养物接种易感动物,能导致同样病症;第四,自实验感染的动物体内能重新获得该病原菌的纯培养物。柯赫法则在确定细菌致病性方面具有重要意义,特别是鉴定一种新的病原时非常重要。但它也具有一定局限性,有些情况并不符合该法则。如隐性感染或健康带菌;有些病原菌迄今仍无法在体外进行人工培养;有的则没有可用的易感动物。另外,该法则只强调了病原菌致病性的一方面,忽略了它与宿主的相互作用。

(二)细菌的毒力

1.毒力的概念

同一种细菌的致病能力的强弱程度称为细菌的毒力。不同种类的病原菌的毒力强弱常不一致,并可因宿主种类及环境条件不同而发生改变。同种细菌的不同型或株,其致病力也不一致。毒力是指病原菌的菌株的"个体"特征,通常毒力越大,致病力越强。同一种病原菌根据毒力不同,又可分为强毒株、弱毒株和无毒株。病原微生物的毒力常用半致死量(LD_{50})或半数感染量(ID_{50})表示。

构成病原菌毒力的物质称毒力因子,主要有侵袭力和毒素两个方面。此外,有些毒力因子尚不明确。近年来的研究发现,细菌的许多重要的毒力因子与细菌的分泌系统有关。

2.侵袭力

侵袭力是指病原菌突破机体的防御屏障,侵入机体的活组织,并在体内生长繁殖、扩散蔓延的能力。细菌的侵袭力主要取决于病原菌的表面结构及其产生的酶类。

(1)细菌的表面结构

①荚膜。细菌的荚膜具有抵抗宿主吞噬细胞的吞噬和溶菌酶及补体等杀菌物质的作用,能使侵入机体的病原菌免遭吞噬和消化,使其在机体内迅速繁殖和扩散。因此,对同一种病原菌而言,有荚膜的毒力强大,没有荚膜的则为弱毒株或无毒株,病原菌在人工培养时常失去荚膜,其毒力减弱,如炭疽杆菌。

②其他表面结构。菌毛具有吸附作用,能使病原菌吸附在宿主细胞的表面,是病原菌感染的前提。大多数病原菌对机体的致病作用,开始于对呼吸道、消化道或泌尿生殖道黏膜的黏附作用,如引起仔猪黄痢的大肠杆菌,就是借助菌毛附着于肠黏膜上皮细胞而致病。

有些细菌表面还具有其他表面物质或类似荚膜物质,如大肠杆菌的 K 抗原和沙门氏菌的 Vi 抗原以及溶血性链球菌的 M-蛋白等,也具有抵抗吞噬细胞的吞噬及抵抗抗体和补体等杀菌物质的作用。

(2)细菌胞外酶的作用　病原菌在宿主体内生长繁殖时,能够产生一些侵袭性酶类并分泌到菌体外,这些酶能作用于组织基质或细胞膜,造成损伤,增加其通透性,有利于病原细菌在组织中扩散及协助细菌抗吞噬。细菌产生的胞外酶主要有透明质酸酶、凝血浆酶、溶纤维蛋白酶、卵磷脂酶、DNA 酶、胶原酶等。

3.毒素

细菌在生长繁殖过程中产生的损害宿主组织、器官并引起生理功能紊乱的毒性化学成分,称为毒素。细菌的毒素主要有外毒素和内毒素两种。

(1)外毒素　外毒素是由多数革兰氏阳性菌和少数革兰氏阴性菌在其生长繁殖过程中产生的并分泌(或释放)到菌体外的毒性蛋白质。在兽医学上常见的重要的革兰氏阳性菌外毒素见表 2-3。

表 2-3　重要的革兰氏阳性菌的外毒素

细菌	毒素	作用机理	体内效应
炭疽杆菌	毒素复合物	引起血管通透性增高	水肿和出血、循环衰竭
肉毒梭菌	肉毒毒素	阻断乙酰胆碱释放	神经中毒症状、麻痹
破伤风梭菌	破伤风毒素	抑制神经原作用	运动神经原过度兴奋、肌肉痉挛
金黄色葡萄球菌	肠毒素	作用呕吐中枢	恶心、呕吐、腹泻

革兰氏阴性菌如产毒性大肠杆菌、铜绿假单胞菌、霍乱弧菌等。大多数外毒素是在菌体细胞内合成并分泌至胞外;也有少数外毒素不分泌到菌体外,菌体裂解后才释放出来,产毒性大肠杆菌的外毒素属于此类。

外毒素的毒性很强,小剂量即可导致易感寄主死亡。如肉毒毒素是外毒素中毒性最强的一种,1 mg A 型肉毒毒素的晶体可杀死 2 000 万只小鼠,其毒力比氰化钾强 10 000 倍,对人的最小致死量为 0.1 μg 左右;1 mg 破伤风毒素可杀死 100 万只小鼠。

外毒素对宿主的组织器官具有高度选择性,并引起特殊的症状。根据外毒素对宿主细胞的亲和性及作用方式不同而分为神经毒素、细胞毒素和肠毒素 3 类。如破伤风外毒素只选择地作用于脊髓腹角运动神经细胞,不能阻止兴奋的传导,失去控制伸肌和屈肌的协调机能,引起肌肉的强直痉挛;肉毒梭菌毒素能阻断胆碱能神经末梢传递介质-乙酰胆碱的释放,使运动神经末梢麻痹,导致眼、隔及咽肌等麻痹。但也有一些毒素具有相似的作用,如霍乱弧菌、大肠杆菌、金黄色葡萄球菌等细菌均可产生肠毒素。

外毒素的化学成分是蛋白质,性质不稳定,不耐热,易被热、酸、蛋白酶分解破坏,如破伤风毒素在 60℃ 20 min 即被破坏,但葡萄球菌肠毒素及大肠杆菌肠毒素例外,能耐 100℃ 30 min。

外毒素具有良好的免疫原性,可刺激机体产生特异性抗体,而使机体具有免疫保护作用,这种抗体称为抗毒素。抗毒素常用于治疗和紧急预防接种。外毒素经 0.3%～0.5% 甲醛溶液于 37℃处理一定时间后,使其毒性完全丧失,但保留良好的抗原性,称为类毒素。类毒素注入机体后仍可刺激机体产生抗毒素,可作为疫苗进行免疫接种,如精制破伤风类毒素用于预防破伤风。

(2)内毒素　内毒素是革兰氏阴性菌细胞壁中的一种脂多糖,只有当细菌死亡、自溶或人为破坏时,菌细胞崩解才能释放出来。大多数革兰氏阴性菌都能产生内毒素,如沙门氏菌、痢疾杆菌、大肠杆菌等。螺旋体、衣原体、立克次氏体等胞壁中亦含有脂多糖,也具有内毒素活性。

内毒素毒性作用较弱且无特异性,各种病原菌内毒素的作用大致相同,主要引起发热、血液循环中白细胞数增多、组织损伤、弥漫性血管内凝血、休克等,严重时也可导致死亡。

内毒素的化学成分是脂多糖,耐热,加热 100℃ 1 h 不被破坏,必须经 160℃ 2～4 h,或用强碱、强酸或强氧化剂加温煮沸 30 min 才被灭活。内毒素抗原性弱,不能用甲醛处理脱毒成为类毒素。内毒素刺激机体可产生特异性抗体,但抗体中和作用较弱,不能中和内毒素的毒性作用。

外毒素和内毒素主要性质的区别见表 2-4。

表 2-4　细菌外毒素与内毒素的基本特性比较

特　性	外毒素	内毒素
主要来源	主要由革兰氏阳性菌产生	主要由革兰氏阴性菌产生
存在部位	由活的细菌产生并分泌到菌体外	是细菌细胞壁的成分,菌体裂解后才释放出来
化学成分	蛋白质	脂多糖
耐热性	通常不耐热,60～80℃ 30 min 被破坏	极为耐热,160℃ 2～4 h 才能被破坏
毒性作用	强,特异性,对特定细胞或组织发挥特定作用	弱,各种病原菌内毒素的作用相似,全身性,致发热、腹泻、呕吐、休克
抗原性	强,刺激机体产生中和抗体(抗毒素)	较弱,免疫应答不足以中和毒性
能否产生类毒素	能,用甲醛处理	不能
检测方法	中和试验	鲎试验

4. 细菌毒力的测定

在进行疫苗效价检查、血清效价测定及药物治疗效果等研究和临诊工作时,要先明确所用病原菌的毒力大小,因此,必须进行病原菌毒力的测定。通常用递减剂量的病原菌感染易感动物的方法来测定病原菌的毒力。选择易感动物时,应注意其种别、年龄、性别和体重的一致性;同时也应注意试验材料的剂量、感染途径及其他因素的正确性与一致性。在毒力测定中,常用于表示毒力大小的方法有以下 4 种。

(1)最小致死量(MLD)　能使特定实验动物于感染后一定时间内发生死亡的最小活微生物量或毒素量。此法简单,但因动物的个体差异,常产生不确切的结果。

(2)半数致死量(LD_{50})　能使半数实验动物在感染后一定时间内发病死亡的活微生物量或毒素量。此法比较复杂,但可避免因动物个体差异所造成的误差。

(3)最小感染量(MID)　能使实验动物发生感染的病原微生物最小剂量。

(4)半数感染量(ID_{50})　能使半数实验动物发生感染的病原微生物剂量。

以上 4 种表示病原微生物毒力的量的值越小,说明其毒力越大。常用半数致死量(LD_{50})或半数感染量(ID_{50})表示。毒力的大小是病原菌的一种生物学性状,它可以随自然和人工条件的改变而发生变化。掌握病原菌毒力的变化规律,具有重要的理论和实践意义。

5. 改变细菌毒力的方法

(1)细菌毒力增强的方法　连续通过易感动物,可使病原微生物的毒力增强。易感动物可以是本动物,也可以是实验动物。回归易感实验动物增强微生物毒力的方法已被广泛的应用。如多杀性巴氏杆菌通过小鼠、猪丹毒杆菌通过鸽子等都可以增强毒力。有的细菌与其他微生物共生或被温和噬菌体感染也可增强毒力,例如,魏氏梭菌与八叠球菌共生时毒力增强,白喉杆菌只有被温和噬菌体感染时才能产生毒素而成为有毒细菌。实验室为了保持所藏菌种或毒种的毒力,除了改善保存方法外,还可以将其通过易感动物。

(2)细菌毒力减弱的方法　病原微生物的毒力可自发地或人为地减弱。人工减弱病原微生物的毒力,在疫苗制造上有重要意义。常用的方法有:①将病原微生物连续通过非易感动物,如猪丹毒弱毒苗是将强致病菌株通过豚鼠 370 后代,又通过鸡 42 代选育而成;②在较高温度下培养;③在含有特殊化学物质的培养基中培养,如卡介苗是将牛型结核分支杆菌在含有胆汁的马铃薯培养基上每 15 d 传一代,持续传代 13 年后育成;④长时间在体外连续培养传代,如病原菌在体外人工培养基上连续多次传代后,毒力一般都逐渐减弱乃至消失;⑤在特殊气体条件下培养,如无荚膜炭疽芽孢苗是含 50% 的二氧化碳的条件下选育的;⑥利用基因工程的方法,如去除毒力基因或用点突变的方法使毒力基因失活,可获得无毒菌株或弱毒菌株。此外,在含有特殊抗血清、特异噬菌体或抗生素的培养基中培养,也都能使病原微生物的毒力减弱。

三、感染的发生

(一)感染的概念

病原微生物在一定的环境条件下,突破机体的防御机能,侵入机体,并在一定部位定居、生长繁殖,从而引起不同程度的病理反应的过程称为感染或传染。在传染过程中,一方面病原微生物的侵入、生长繁殖及其产生的有毒物质,破坏机体的生理平衡;另一方面机体为了维护自身的生理平衡,对病原微生物发生一系列的防卫反应。当动物机体免疫力强,能阻止侵入病原微生物的生长繁殖,或将其全部消灭,则不发生传染,称为不易感性。反之,如果动物机体的抵抗力弱,病原微生物可在体内生长繁殖,造成危害,引起传染。因此,传染是病原微生物的致病作用和机体的抗感染作用之间相互作用、相互斗争的一种复杂的生物学过程。

(二)传染发生的条件

传染过程的发生,病原微生物的存在是首要条件,没有病原微生物,传染就不可能发生,此外动物机体的易感性和外界环境因素也是传染发生的必要条件。

1. 病原微生物的毒力、数量与侵入门户

毒力是病原微生物的毒株或菌株对宿主致病能力的反映。根据病原微生物毒力的强弱,可将病原微生物分为强毒株、中等毒力株、弱毒株、无毒株等。病原微生物的毒力不同,与动物机体相互作用的结果也不同。所以,病原微生物必须有较强的毒力才能突破机体的防御机能引起传染。

病原微生物侵入机体引起传染,还须有足够的数量,少量侵入,易被机体防御机能所清除。一般来说,病原微生物毒力愈强,引起传染所需要的数量就愈少;反之,则需要的数量就愈多。传染所需微生物数量的多少,一方面与病原微生物的毒力强弱有关,另一方面还与宿主的免疫力有关。例如毒力较强的鼠疫耶尔森氏菌,在无特异性免疫的机体,只需 7 个菌侵入即可引起鼠疫;而毒力较弱的沙门氏菌属中引起食物中毒的病原菌常需要数亿个才能引起急性胃肠炎。

具有了较强的毒力和足够的数量病原微生物,还需要经适宜的门户或途径侵入易感动物机体内,才能引起传染的发生。各种病原微生物都有其特定的侵入门户和部位,这与病原微生物生长繁殖需要特定的微环境有关。例如,破伤风梭菌及其芽孢只有侵入深而窄的缺氧的创口才能引起破伤风;伤寒沙门氏菌必须经口进入机体,先定居在小肠淋巴结中生长繁殖,然后进入血液循环而致病;乙型脑炎病毒由蚊子为媒介叮咬皮肤后经血流传染;脑膜炎球菌、肺炎球菌、流感病毒、麻疹病毒经呼吸道传染。但也有一些病原微生物可有多种侵入途径,例如炭疽杆菌、结核分支杆菌、布氏杆菌等可以通过呼吸道、消化道、生殖道、皮肤黏膜创伤等多种途径侵入机体造成感染。

2.易感动物

对病原微生物具有感受性的动物称为易感动物。动物对病原微生物的感受性是动物"种"的特性,是动物在长期的进化过程中,病原微生物寄生与动物机体免疫系统抗寄生相互作用、相互适应的结果。因此,动物的种属特性决定了它对某种病原微生物的传染具有天然的免疫力或感受性。动物的种类不同,对病原微生物的感受性也不同,例如炭疽杆菌对草食动物、人较易感,而对禽则不易感;猪瘟病毒对猪易感,而对牛羊则不易感。同种动物对病原微生物的感受性也有差异,这与动物个体的生活环境和抵抗力有关,例如鸡的品种不同对马立克氏病病毒的易感性不同,肉鸡的易感性大于蛋鸡。也有多种动物,甚至人、畜和野生动物均对同一种病原微生物有易感性,如口蹄疫病毒、结核分支杆菌等。

此外,动物的易感性还受年龄、性别、营养状况等多种因素的影响,其中以年龄因素影响较大。例如布氏杆菌病多发生于性成熟以后的动物,母畜较公畜易感;鸡白痢多发生于孵出不久的雏鸡。体质也会影响动物对病原微生物的感受性,一般情况下,体质较差的动物感受性较大且症状较重,但仔猪水肿病却多发生于体格健壮的仔猪。

3.外界环境因素

外界环境因素包括温度、湿度、气候、地理环境、卫生条件、生物因素(如传播媒介、贮存宿主)、饲养管理及使役情况等,对动物机体和病原微生物都有不可忽视的影响,它们是传染发生的重要诱因。一方面,环境因素可以影响病原微生物的生长、繁殖和传播;另一方面,不适宜的环境因素可使动物机体抵抗力、易感性发生变化。

例如寒冷的冬季和早春能使易感动物呼吸道黏膜的抵抗力降低,容易发生呼吸道传染病;而炎热的夏季,病原微生物易于生长繁殖,容易发生消化道传染病。另外,某些特定环境条件下,存在着一些传染病的传播媒介,影响传染病的发生和传播。如猪乙型脑炎约有90%的病例发生在7~9月,而在12月至次年4月几乎无病例发生,与蚊虫的活动季节具有明显的相关性,是典型通过蚊传播的传染病。因此,控制传染的发生,应采取综合性的措施,才能奏效。

四、实验动物的接种与剖检技术

(一)用途

实验动物的接种是微生物实验室常用的技术之一,其主要用途有进行病原体的分离和鉴定,确定病原体的致病力,恢复或增强病原体的致病力,确定某些细菌的外毒素,制备疫苗或诊断用抗原,制备作诊断或治疗用的免疫血清,用于检验药物的治疗效果及毒性等。

(二)动物的选择

常用的实验动物有家兔、豚鼠(也称荷兰猪、天竺鼠)、大白鼠(简称大鼠)、小白鼠(简称小鼠)、绵羊、鸡和鸽子等。在实际工作中,可以根据病料的检验目的和对病料中病原的预测,选择最易感的健康无病、未接种过疫苗的实验动物或SPF动物进行接种试验。

(三)动物的捉拿与保定

(1)小鼠保定法 无须助手帮助保定,术者在做好接种准备后,先用右手抓住鼠尾,提起后肢,令其前爪抓住饲养笼的铁丝盖,然后用左手拇指和食指捏头背部的皮肤,并翻转鼠体使其腹部向上,把鼠尾和后腿夹于术者掌心和小指之间,右手消毒术部后,即可进行注射(图2-18(a))。这种保定方法多用于肌肉、腹腔和皮下注射等。

(2)豚鼠保定法 豚鼠性情温和,胆小易惊,一般不易伤人。助手用左手拇指夹住豚鼠右前肢基部,用食指和中指夹住左前肢,然后用右手紧握其腹部和两后肢,使其腹部朝上,术者即可进行注射。

(3)家兔保定法 较小的家兔,基本上和豚鼠的保定法相似,但大家兔须用仰卧或保定器保定。如果进行耳静脉注射,让家兔伏卧在试验台上,由助手把握住前后躯体即可。也可用筒式金属保定器保定。抓兔子时,注意应将兔耳部和颈背部毛皮一起提起,不能只提兔双耳或双后腿,也不能仅抓腰、提背部皮毛,以避免造成耳、肾、颈椎的损伤或皮下出血。兔一般不咬人,但应控制其四肢的活动以免抓伤操作人员。

(四)接种材料

检查某种病料,常采用病料乳剂(尿液、脑脊液、血液、分泌物、脏器组织悬液等)或病料的细菌培养物(肉汤培养物或细菌悬液)接种的实验动物,用以分离病原体和测定该病原体的致病力。

(五)实验动物的接种方法

接种时,必须使用经过灭菌的注射器或一次性注射器。吸取接种材料时,吸取量应比使用量稍多些。注射器内不可留有气泡,吸取接种材料后,倒转注射器使针头向上,在针头上插一个无菌棉球,使注射器内气泡上升,并慢慢推出,再将此棉球投入煮沸消毒器内或予以焚烧。注射器用后,先在煮沸消毒器内吸水冲洗一次,再将针头用镊子取下,注射器拔出筒芯后,一并放入煮沸消毒器内消毒,然后将其洗净备用。一次性注射器消毒后废弃。

接种部位,先进行去毛(剪毛或剃毛),再以碘酒和酒精棉球进行局部消毒,待挥发干后接种。接种后,针头拔出处,应以稍干的酒精棉球轻轻按压片刻,以防止注射材料外溢而散播传染。

实验动物常用的接种方法有下列几种:

1. 皮内注射

小鼠、家兔及豚鼠的皮内注射均需要助手保定动物。由助手把动物伏卧或仰卧保定,接种者以左手拇指及食指夹起皮肤,右手持注射器,用细针头(5号针头)插入拇指及食指之间的皮肤内,针头插入不宜过深,同时插入角度要小,注入时感觉到有阻力且注射完毕后皮肤上有硬的隆起即为注入皮内。拔出针头,用消毒棉球按住针眼并稍加按摩。皮内接种要慢,以防使皮肤胀裂或自针孔流出注射物而散播传染。

鸡的皮内注射由助手捉鸡,注射者左手捏住鸡冠或肉髯,消毒后在其皮内注射0.1~0.2 mL,注射后处理方法同上。

2. 皮下注射

家兔及豚鼠的皮下注射保定动物方法与皮内注射法相同,于动物背侧或腹侧皮下结缔组织疏松部位剪毛消毒,接种者右手持注射器,以左手拇指、食指和中指捏起皮肤使其成一个三角形皱褶,或用镊子夹起皮肤,于其底部进针,然后左手放松。感到针头可以随意拨动,几乎无阻力即表示插入皮下,当推入注射物时应感到流利畅通,注射完毕后局部皮肤不出现肿胀。注射后处理方法同皮内接种法。

小鼠的皮下注射部位应选在小鼠背部(背中线一侧),方法是术者在做好接种准备后,左手保定,右手消毒术部,把持注射器、以针头稍微挑起皮肤插入皮下,注入时见有水泡微微鼓起即表示注入皮下,注射量一般为 0.2～0.5 mL,注射后处理方法同皮内接种法。鸡的皮下注射部位可在颈部、背部的皮下。

3.肌肉注射

鸡的肌肉注射由助手保定,小鸡也可由注射者左手提握保定,肌肉注射部位在禽类为胸肌、腿肌或翅膀内侧肌肉处注射;其他动物的肌肉注射由助手保定,注射者左手握住动物的一后肢,在后肢股部肌肉丰满部位消毒后,将针头刺入肌肉内注射 0.2～0.5 mL。

4.腹腔注射

家兔、豚鼠、小鼠做腹腔注射时,宜采用仰卧保定,接种时稍抬高后躯,头部略有下垂,使其内脏倾向前腔。小鼠腹腔接种时,术者在做好接种准备后,左手保定(图 2-18(a)),右手消毒术部,手持注射器,将针头平行刺入皮下,然后向下斜行,通过腹部肌肉进入腹腔(图 2-18(b)),注射量为 0.5～1.0 mL。在家兔和豚鼠,先在腹股沟处刺入皮下,前进少许,再刺入腹腔,注射量为 0.5～5.0 mL。操作时应将针头缓慢刺入,防止刺伤内脏器官。注射时应无阻力,皮肤也无泡隆起即表示刺入腹腔。

5.静脉注射

此法主要适用于家兔和豚鼠。将家兔放入保定器内或由助手把握住其前、后躯保定,选一侧耳边缘静脉,剃去缘毛,用 75% 酒精涂擦兔耳或以手指轻弹耳朵,使静脉怒张。注射时,用左手拇指和食指拉紧兔耳,右手持注射器,使针头与静脉平行,向心方向刺入静脉内,注射时无阻力且有血向前流动即表示注入静脉,缓缓注入接种物。若注射正确,注射后耳部应无肿胀。注射完毕,用消毒棉球紧压针眼,以免流血和注射物溢出。一般注射 0.2～1.0 mL。

豚鼠常用抓握保定,耳背侧或股内侧剪毛、消毒,用头皮针刺入耳大静脉或股内侧静脉内,注射 0.2～0.5 mL。若注射正确,注射后静脉周围应无肿胀。

鸡、鸽可由翅下静脉注射;小鼠自尾静脉注射,一般选 15～20 g 体重的小白鼠,注射前将尾部血管扩张(以 60℃ 左右水的棉球或酒精棉球擦拭)易于注射。用一烧杯扣住小白鼠,露出尾部,试验者左手拉紧尾巴,捏住鼠尾根部,右手持注射器,最小号针头(4 号)刺入尾静脉,缓缓注入接种物,注射时无阻力,且尾静脉出现一条白线,表示注入静脉内。

6.脑内注射

做病毒学实验研究时,有时用脑内接种法。此法主要适用于乳鼠(1～3 日龄)和乳兔,也可用于家兔、豚鼠和小鼠。注射部位在两耳根连线的中点略偏左(或右)处。接种时用乙醚使动物(除乳鼠外)轻度麻醉,术部用碘酊、酒精棉球消毒,用最小号针头经皮肤和颅骨稍向后下刺入脑内进行注射,缓慢注入接种物,以免突然增高颅内压,注射完毕用棉球按压针眼片刻。乳鼠接种时一般不麻醉,不用碘酒消毒。家兔和豚鼠的颅骨较硬厚,最好事先用短锥钻孔,然后再注射,深度宜浅,以免伤及脑组织,接种完毕应使用碘仿火棉胶涂封钻孔。

注射量:一般家兔为 0.2 mL,豚鼠 0.15 mL,小鼠 0.03 mL。一般认为,注射后 1 h 内出现神经症状的,是接种时脑创伤所致,此动物应作废。

(六)接种后实验动物的饲养管理与观察

实验动物接种细菌后,要隔离控制,严格消毒,由专人负责饲养管理,作好标记,并作详细记载。为了便于观察,可涂染料来识别,并在笼子上贴标签,标签上注明:动物特征、注射只数、注射日期、注射的病料等。提供良好的饲养条件,严格分类饲养,接种不同的病料的动物须分室饲养。作对照组而未接种的动物,也应分室隔离,并提供与试验组动物相同的饲养管理条件。

根据试验要求,对动物要定时测温(每日至少1~2次)及应注意观察食欲、发病情况等。弃去接种后24 h内死亡的动物。通常观察以下内容:

(1)外表检查 注射部位皮肤有无发红、肿胀及水肿、脓肿、坏死等。检查眼结膜有无肿胀发炎和分泌物。对体表淋巴结注意有无肿胀、发硬或软化等。

(2)体温检查 注射后有无体温升高反应和体温稽留、回升、下降等表现。

(3)呼吸检查 检查呼吸次数,呼吸或呼吸状态(节律、强度等)。观察鼻分泌物的数量、色泽和黏稠性等。

(4)循环器官检查 检查心脏搏动情况,有无心动衰弱,紊乱和加速,并检查脉搏的频度节律等。

(七)实验动物的剖检技术

动物死亡后,对其尸体要立即进行剖检,以观察其病变情况,否则肠道的细菌可通过肠壁、胆管而侵入其他器官,使尸体腐败,影响检验结果。如果动物拖延很久不死,可用乙醚麻醉后予以扑杀。

尸体剖检的目的除观察发病情况外,更重要的是取材料实施进一步的细菌培养、涂片染色镜检等微生物学检查。也可采取病料保存做微生物学、病理学、寄生虫学、毒物学等的检查。实验动物的一般剖检程序参考本任务技能训练。

◉ 任务 2-7　细菌的药物敏感试验(K-B法)检测

【任务描述】

各种病原菌对不同的抗菌药物的敏感性不同,同种细菌的不同菌株对同一药物的敏感性也有差异,测定细菌对不同抗菌药物的敏感性,可筛选最有效的药物,或测定某种药物的抑菌(或杀菌)浓度,为临床用药控制细菌性传染病或为新的抗菌药物的筛选提供依据。本任务在微生物检测室利用圆纸片扩散法(K-B法)试验进行细菌对抗菌药物敏感性的检测,从而选出敏感药物用于临床细菌性传染病的治疗。

【任务目标】

(1)了解微生物的变异现象及其应用;明确药敏试验在实际生产中的应用;掌握圆纸片扩散法测定细菌对抗生素等药物的敏感性试验的操作方法、结果判定和影响因素。

(2)会制作药敏纸片;能够正确进行药敏试验K-B法的菌液制备、接种、药敏纸片贴放、培养、抑菌圈直径测量等操作,选出敏感药物治疗兽医临床常见的细菌性传染病。

【必备技能】

一、准备试验材料

(1)仪器 恒温培养箱、超净工作台。

（2）材料　天平、打孔机、滤纸、接种环、无菌棉拭子、酒精灯、火柴、试管架及灭菌试管及吸管、眼科镊子、水解酪蛋白(Mueller-Hinton，M-H)琼脂平板、营养肉汤、蒸馏水、各种药敏纸片(购买或自制)、被检细菌(大肠杆菌和金黄色葡萄球菌培养物)、灭菌生理盐水、0.5 麦氏标准比浊管、毫米尺、记号笔等。

琼脂平板的准备：使用 M-H 琼脂平板。将 M-H 琼脂干粉按照产品的说明自行制备，先将培养基经高压灭菌后水浴冷却至 45~50℃，倒入水平放置的无菌平皿中，使其厚度为 4 mm 并冷却至室温，凝固后的琼脂培养基在室温下的 pH 应为 7.2~7.4。

二、方法与步骤

（一）干燥药敏纸片的制备

1.滤纸片的制备

将质量较好的滤纸，最好选用新华 1 号定性滤纸，用打孔机打成直径为 6.00~6.35 mm 的圆形滤纸片，每 100 片为一份，置于一个干净的小平皿或青霉素瓶等容器中，160℃干热灭菌 2 h 或高压蒸汽灭菌 121.3℃ 20 min 后，60℃干燥箱中烘干备用。

2.药液的配制

精确称(量)取抗生素制剂后，无菌操作溶于相应无菌 pH 的磷酸盐缓冲液或无菌蒸馏水中，将各药稀释至所需浓度(含药量按表 2-5 计算，如庆大霉素，10 μg／片×100 片÷1 mL＝1 000 μg/mL)。如庆大霉素 1 mg/mL、盐酸环丙沙星 0.5 mg/mL、磺胺类 30 mg/mL、青霉素 1 000 IU/mL、链霉素 1 mg/mL、红霉素 1.5 mg/mL、多黏菌素 3 000 IU /mL 等。

对于目前生产实践中常用的复方药物，多含两种或两种以上的抗菌成分，稀释时可根据其治疗浓度或按一定的比例缩小后应用蒸馏水或适当稀释液进行稀释。也可以加大药物的含量，以选择较好的使用剂量。

3.含药纸片的制备

在无菌的条件下，将一定浓度的抗菌药液加入到装有纸片的容器中(事先将滤纸片摊开)，并充分浸湿每个纸片，一般每毫升抗菌药液中，装滤纸片 100 片，置于冰箱内浸泡 1~2 h 后，如立即试验可不烘干。若保存备用可用下列一种方法烘干。

培养皿烘干法　将浸有抗菌药液的纸片摊平在培养皿中，于 37℃温箱中 2~3 h 即可干燥，或放在无菌室内过夜干燥。

真空抽干法　将浸有抗菌药液纸片的试管，置于干燥器内，用真空抽气机抽真空干燥(对青霉素、金霉素纸片的干燥宜采用低温真空干燥法)。

将干燥好的各种药物纸片，分装于含有干燥剂的独立无菌容器中密封后置 -20℃冰箱中保存备用，纸片的有效期一般为 4~6 个月。每片药敏纸片含抗菌药物的量参照表 2-5。少量的日常工作用的纸片可于 4℃冰箱保存，不超过 1 个月。β-内酰胺类抗生素在 4℃冰箱保存不超过 1 周，否则效价下降。在使用前自冰箱中取出，应在室温放置 10 min 上以才可打开使用。如立即打开，空气中的水会冷凝在纸片上，容易潮解。每批试验都应做标准敏感菌株(质控菌株)对照，只有质控菌株的抑菌环符合规定范围，实验结果才可靠，否则表明药物已失效，不能再用。

（二）药敏试验的方法与步骤

准备好平板培养基和药敏纸片，进行以下操作。

1.待检菌液的制备

一般采用比浊法控制菌悬液浓度,有两种方法。

(1)生长法 挑取培养 18～24 h 琼脂平板上待检菌落 4～5 个,于 3～5 mL 无菌 M-H 肉汤的试管中制成细菌混悬液,35℃培养 2～4 h 后调整浊度。链球菌、嗜血杆菌等属的细菌应在加入血液的液体培养基中培养过夜。用生理盐水或肉汤培养基校正浓度至 0.5 麦氏比浊标准(相当于 1.5×10^8 cfu/mL)。

(2)直接调制法 挑取培养 18～24 h 琼脂平板上待检菌落 4～5 个,于 3～5 mL 无菌生理盐水或无菌 M-H 肉汤的试管中制成细菌混悬液,直接调整浊度与 0.5 麦氏比浊管相同。校正后的菌液应在 15 min 内接种平板。

2.接种细菌

用无菌的棉拭子蘸取菌液,在试管内壁旋转挤去多余菌液后,在 MH 琼脂平板表面均匀涂布接种 3 次,每次旋转平板 60°,最后沿平板内缘涂抹一周,保证涂均匀而致密。

3.贴药敏纸片

平板置室温下干燥 3～5 min 后,用无菌镊子取各种抗菌药物圆纸片(一般在试纸片上标记有药物名称或代号,也可用在平皿底部标记药物名称),分别紧贴在已接种细菌的琼脂培养基表面,并轻压纸片,使其贴平。一次放好,不得移动,直径 90 mm 的平皿最多贴 7 张纸片(一般平皿中央贴一片,其余等距离贴外周),各纸片中心间距应不小于 24 mm,纸片中心距平皿边缘应大于 15 mm(图 2-19)。并在培养皿上贴标签,注明细菌的名称、日期、姓名等。

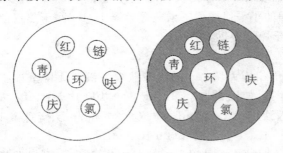

图 2-19 药物敏感试验纸片的贴法及抑菌圈示意图

4.培养

贴好后 15 min 内将平皿倒置于(35±2)℃温箱中培养 18～24 h,观察、记录并分析结果。

5.结果观察

在涂有细菌的琼脂平板上,抗菌药物在琼脂内向四周扩散,其浓度呈梯度递减,因此在纸片周围一定距离内的细菌生长受到抑制。过夜培养后形成一个抑菌圈,抑菌圈越大,说明该菌对此药敏感性越大,反之越小,若无抑菌圈,则说明该菌对此药具有耐药性。其直径大小与药物浓度、划线细菌浓度有直接关系。

6.结果判定

根据药物纸片周围有无抑菌圈及其直径大小,作为判定各种细菌对各种抗生素等药物敏感度高低的标准,选出敏感药物。一般培养物置于黑色无反光背景上观察,从平皿背面用毫米尺、卡尺测量抑菌圈直径的大小,抑菌圈的边界以肉眼见不到细菌生长为限。参照表 2-5 的标准判读结果。若为血液琼脂培养物时,须打开皿盖观察,借反色光从正面测出抑菌圈的直径,单位为毫米。对于复方药物可通过比较各药物抑菌圈直径的大小,在试验用药中选出最敏感的药物。

(三)注意事项

(1)配抗菌药液前要清楚抗菌药物原粉的百分含量、批号和生产厂家。

(2)配制抗菌药液时,可能会遇到抗菌药物难溶的现象,要求用相应的助溶剂溶解。

（3）药敏纸片在 37℃烘干，切勿将纸片放入高温中烘干，以防药物失效。

（4）严格控制细菌培养时间，以防过多的细菌而影响试验结果的可靠性。

（5）涂布已稀释的菌液时，切勿将棉拭子挤压过干，要保证有足够的菌量。

（6）接种菌液的浓度必须标准化，一般以细菌在琼脂平板上生长一定时间后呈融合状态为标准。如菌液浓度过大，会使抑菌环减小；浓度过小，会使抑菌环增大。此外，菌液配好后应在 15 min 内用完。

（7）接种后应及时贴上含药纸片并放入 37℃温箱中培养。

（8）培养时间一般为 16～18 h，结果判定不宜过早，但培养过久，细菌可能恢复生长，使抑菌环缩小。

（9）试验过程中要严格无菌操作，防止污染抗生素，否则可发生抑菌环缩小或无抑菌环现象。

（10）单位的换算。抗生素的效价通常以重量或国际单位（IU）来表示。

青霉钠 1 mg＝1 667 IU 或 1 IU＝0.6 μg，青霉素钾 1 mg＝1 559 IU 或 1 IU＝0.625 μg，制霉菌素 1 mg＝3 700 IU，其他抗生素多以重量为单位或 1 IU＝1 μg

（11）磺胺类药物不能使用普通琼脂培养基，应采用 M-H 琼脂平板或无胨琼脂，因蛋白胨可使磺胺失去作用。

附：无胨琼脂的配制方法

牛肉膏或酵母浸膏 5.0 g，氯化钠 5.0 g，琼脂 25 g，水 1 000 mL。

将牛肉膏或酵母浸膏、氯化钠和水混合后加热溶解，测定并矫正 pH 为 7.2～7.4，过滤后加入琼脂，煮沸使琼脂充分溶化，121.3℃高压蒸汽灭菌 15 min，分装平皿，静置冷却即成琼脂平板。

表 2-5　细菌对不同抗菌药物敏感度标准（肠杆菌科）（CLSI，2009）

抗菌药物	纸片含药量 /(μg/IU)	抑菌圈直径/mm			
		耐药	中度敏感	敏感	不敏感
青霉素	10IU	≤11	12～21	≥22	无抑菌圈
氨苄西林	10	≤13	14～16	≥17	无抑菌圈
羧苄西林	100	≤19	20～22	≥23	无抑菌圈
阿莫西林/克拉维酸	20/10	≤13	14～17	≥18	无抑菌圈
丁胺卡那霉素	30	≤14	15～16	≥17	无抑菌圈
卡那霉素	30	≤13	14～17	≥18	无抑菌圈
头孢唑啉	30	≤14	15～17	≥18	无抑菌圈
头孢噻肟	30	≤14	15～22	≥23	无抑菌圈
头孢噻吩	30	≤14	15～17	≥18	无抑菌圈
庆大霉素	10	≤12	13～14	≥15	无抑菌圈
红霉素	15	≤13	14～22	≥23	无抑菌圈
新霉素	30	≤12	13～16	≥17	无抑菌圈
氯霉素	30	≤12	13～17	≥18	无抑菌圈
链霉素	10	≤11	12～14	≥15	无抑菌圈
环丙沙星	5	≤15	16～20	≥21	无抑菌圈
诺氟沙星	10	≤12	13～16	≥17	无抑菌圈
多粘菌素	300 IU	≤8	9～11	≥12	无抑菌圈
磺胺药	250 或 300	≤12	13～16	≥17	无抑菌圈

【相关知识】

一、化学治疗剂

（一）概念

用于治疗由微生物或寄生虫引起的疾病的化学药品称为化学治疗剂，它具有选择性，包括磺胺类、呋喃类、异烟肼和抗生素等。其特点是能选择性地干扰病原体新陈代谢的某些环节，导致病原体死亡，一般对人或动物毒性小或无毒性，可内服或注射。

（二）作用机制

1. 磺胺类药物

阻止细菌合成叶酸，抑制细菌的生长繁殖。

2. 抗生素

（1）抑制细菌胞壁的合成　青霉素的结构类似肽聚糖中的右型丙氨酰-右型丙氨酸，故细菌的转肽酶容易错误地与其结合，使肽聚糖的交联桥无法连接，以致抑制合成胞壁，使其失去胞壁的坚韧性，成为软弱的胞壁。易受细胞内压力的影响，引起细胞溶解。革兰阴性细菌的胞壁肽聚糖的外层还有外膜结构，青霉素不易渗入到作用部位。因此，革兰阴性细菌对一般青霉素较不敏感。

（2）抑制细菌蛋白质的合成　氯霉素能与 50S 核蛋白体亚单位连接，阻碍氨基酸加入到肽链之中，从而抑制蛋白质的合成。四环素类则能与 30S 核蛋白体亚单位结合，阻碍氨酰 tRNA 与 30S 核蛋白体亚单位结合，使其不能合成正常的蛋白质。氨基糖甙类抗生素能与细菌的核蛋白体结合改变其形态，产生错误的信息，从而合成出异常的蛋白质，以致细菌不能生长繁殖。

（3）破坏细菌细胞膜的结构　多黏菌素能与革兰阴性细菌细胞膜中的磷酸根基团结合而破坏细胞膜的结构，从而影响其半透膜的功能，使细胞内成分漏出细胞外。人及其他哺乳动物的细胞膜亦能与其结合，故对人类有较强的毒性。

（4）抑制细菌核酸的合成　利福平能与细菌 RNA 聚合酶结合而阻碍核酸的合成。灰黄霉素能影响鸟嘌呤加入到 DNA 分子中，而阻碍 DNA 的合成。

为了控制细菌感染，特别对那些容易出现抗药性的机会病原菌和霉菌，常常需要根据药物敏感试验的结果，选择最有效的抗菌药物。抗菌药物作用的强弱，是以最小抑菌浓度或最小杀菌浓度来表示。即抑制或杀死细菌所需的最低浓度，通常以 μg/mL 表示。一般常规药物敏感试验，是用含有标准量抗菌药物的滤纸片贴在种有病原菌的平板培养基表面，经孵育后，观察滤纸片周围有无抑菌圈出现，并根据抑菌圈大小判断病原菌对药物的敏感度，可供临床治疗选用药物的参考。

二、细菌对抗菌药物敏感性的检验

（一）药敏试验的概念

细菌对抗菌药物的敏感试验是指测定抗生素或其他抗微生物制剂在体外抑制和杀灭细菌的能力，以此来判断某一菌株对该抗菌药物是否敏感的实验方法，简称药敏试验。这种能力可通过稀释法和扩散法等方法来测定。

稀释法是体外定量测定抗菌药物抑制待测细菌生长活性的方法,抗菌药物可在液体或固体培养基中稀释。根据稀释培养基的不同,分为肉汤稀释法和琼脂稀释法。稀释法所测得的某抗菌药物抑制待测菌生长的最低浓度为最低(或最小)抑菌浓度。

根据不同稀释浓度的待测药物在体外对细菌生长的影响,可将药物对细菌的抑杀作用浓度分为最低抑菌浓度(MIC)和最低杀菌浓度(MBC)两种。

1. 最低抑菌浓度(MIC)

抗菌药物能抑制被检菌生长的最低浓度。对同一菌株而言,药物的 MIC 值越小,其抗菌力就越强,细菌对这种药物就越敏感。

2. 最低杀菌浓度(MBC)

抗菌药物完全杀灭细菌所需要的最低浓度。根据常规剂量的待测药物在体内所能达到的血药浓度对细菌的影响,可将被检菌株对待测药物的敏感程度分为敏感、耐药、中介三种类型。

(1)敏感(S) 表示被检测菌株感染可被常规剂量的待测药物在体内达到的浓度所抑制或杀灭。提示该药通过恰当治疗而达到治愈目的。

(2)耐药(R) 表示被检测菌株感染不能被常规剂量待测药物在体内达到的浓度所抑制。提示该菌可能存在特定耐药机制(如产 β-内酰胺酶),而且治疗研究表明其临床疗效不佳或无效。

(3)中介(I) 表示药物对被检菌的 MIC 接近于在血液、组织中通常可达到的浓度,而治疗反应率可能低于敏感菌株。中介意味着被检菌可被待测药物大剂量给药而达到的浓度所抑制或在药物生理性浓集的部位被抑制。中介只能表示抑菌环直径介于敏感与耐药之间的"缓冲域",是为防止因微小技术因素失控导致结果解释错误而设置,因其临床意义难以确定,故不应报告。如果没有其他可以替代的药物,而应重做试验或再以稀释法根据 MIC 结果做出判断。

(二)药敏试验的临床意义

为了临床科学合理地应用抗菌药物进行抗感染治疗,指导抗菌药物的选择及耐药监测已成为临床微生物实验室重要任务之一,而药敏试验作为抗菌药物实验室检测的主要手段,在临床上有着重要的意义。

(1)筛选药物 对抗菌药物的临床效果(敏感或耐药)进行预测,帮助临床上选择最佳的药物进行治疗,以降低治疗费用,避免抗菌药物使用不当而造成的许多不良后果,这是临床微生物实验室做药敏试验的主要目的。

抗菌药物在防治细菌性传染病中发挥了巨大作用,但随着抗菌药物在兽医临床的广泛使用,尤其为了防治疾病,常常以亚剂量水平的药物添加于饲料中,以致长期使用后病原微生物产生了耐药性,使本来对治疗病原微生物感染有效的抗菌药物失去作用,给兽医临床上有效地预防和治疗疾病的发生带来一定的困难。通过制作自家药敏纸片进行检测,可快速进行药物的筛选,获得对病原微生物敏感的药物,对指导临床合理用药,提高治疗效果,节约养殖过程的用药费用,有着重要的意义。另外测定某种药物的抑菌(或杀菌)浓度,为新的抗菌药物的筛选提供依据。

(2)耐药监控 药敏试验为耐药菌株的监测、流行病学调查、控制耐药性的发生发展及微生物感染的防治提供实验依据。

(3)评价新药 根据药敏试验不同方法和结果,可用于评估新抗菌药物的抗菌谱(指能抑制细菌种类的范围）及抗菌活性,指导药品的研制和生产。

(4)鉴定细菌　利用细菌耐药谱的分析进行某些菌种的鉴定。

(三)扩散法药敏试验

目前临床实验室常采用的药敏试验方法很多,主要有扩散法、稀释法、E-test 法和联合药敏法、自动化药敏仪测定等。其中临床上普遍使用的是圆纸片琼脂扩散法。

圆纸片琼脂扩散法是 1999 年美国临床实验室标准化委员会(NCCLS)下设的纸片扩散法敏感试验分委员会推荐的一种标准方法,目前各国广泛采用的方法(定性法)。它是由 Kitby 和 Baue 所创建,故又称 K-B 法。美国临床实验室标准委员会(NCCLS),现更名为美国临床和实验室标准化研究所(CLSI),NCCLS 标准每年修订更新包括质控、新药的判定标准、特殊耐药性的检测等。

1.K-B 法的原理

将含有定量将抗菌药物的纸片(药敏片)贴在已接种待检菌的琼脂平板上,纸片中所含的药物吸取琼脂中的水分溶解后,不断向纸片周围培养基内扩散形成递减的浓度梯度,在纸片周围抑菌浓度范围内被检菌的生长受抑制,形成无菌生长的透明抑菌圈。由于药物扩散的距离越远,达到该距离的药物浓度越低,由此可根据抑菌环的大小,判定细菌对药物的敏感度。抑菌圈直径的大小与药物的最低抑菌浓度(MIC)呈负相关关系,即抑菌圈愈大,MIC 值愈小,则细菌对药物的敏感程度愈大。

因同一细菌对不同抗生素的敏感性不同,所以抑菌圈的大小不一,测量抑菌圈的直径,根据相关的解释标准来判定待检菌对被测药物的敏感程度。该方法属定性试验,可用于选择敏感药物及评估药物的抗菌谱。其优点是方法简单易行、试验成本相对较低、药物选择性灵活、重复性较好、结果直观容易判读、便于普及,适用于生长快的需氧和兼性厌氧菌进行药敏试验,是药敏试验中最成熟的方法之一。缺点是该方法操作时影响因素较多,准确性偏低,需注意控制。

2.K-B 法试验用材料

(1)培养基　WTO 推荐使用的水解酪蛋白(M-H)琼脂培养基,其是生长较快的需氧和兼性厌氧菌进行药敏试验的标准培养基,大多数细菌在此培养基上生长良好,而且此培养基不拮抗抗菌药物活性及批间差异小等优点。pH7.2～7.4、内径 90 mm 的平板倾注 25 mL,使琼脂厚度为 4 mm,待琼脂凝固后置 4℃冰箱备用,可保存 1 周。使用前应置于 35℃温箱 30 min 以去除过多的水分,使其表面干燥。对营养要求较高的细菌应添加其所需的营养物质,如加入 5%的脱纤维羊血或兔血。

M-H 培养基可购买或自制,其配方为牛肉浸膏 6 g、可溶性淀粉 1.5 g、琼脂 17 g、酸性水解蛋白物 17.5 g、蒸馏水 1 000 mL。将上述成分溶解后加蒸馏水补齐至 1 000 mL,调节 pH7.2～7.4,121.3℃高压蒸汽灭菌 15 min 备用。

(2)药敏纸片　根据美国食品、药品管理局(FDA)建议,药敏纸片为 pH 中性,直径为 6.00～6.35 mm,标准每片的吸水量约为 20 μL 的专用药敏纸片(普通定性滤纸每片的吸水量约为 10 μL),纸重量与吸水量之比为 1∶(2.5～3.0)。用逐片加样或浸泡的方法使每片的含药量必须与 K-B 法规定的一致。制备后冷冻干燥密封置−20℃冰箱中保存备用,纸片的有效期一般为 4～6 个月。少量的日常工作用的纸片可于 4℃冰箱保存,不超过 1 个月。β-内酰胺类抗生素在 4℃冰箱保存不超过 1 周,否则效价下降。在使用前自冰箱中取出,应在室温放置 10 min上以才可打开使用。如立即打开,空气中的水会冷凝在纸片上,容易潮解。药敏纸片可以购买,也可自制,但用前必须做质量鉴定,应做标准敏感菌株(质控菌株)对照,只有质控菌株的抑菌环符合规定范围,实验结果才可靠,否则表明药物已失效,不能再用。

(3)标准比浊管的制备 为保证药敏试验的准确性和精密度,必须对接种菌液的浓度作相应控制。通常采用比浊的方法来控制菌悬液的浓度,接种菌液浓度为每毫升 1.5×10^8 个。方法是将 0.048 mol/L(1.175%)氯化钡 0.5 mL 加 0.18 mol/L(1%)硫酸溶液 99.5 mL,置于冰水浴中冷却后充分混匀,每管分装 5 mL,其浊度为 0.5 麦氏比浊标准,要求分装试管口径与接种菌液所用的试管相同,密闭室温下暗处保存,使用前应充分混匀,有效期为 6 个月。

3. 影响药敏试验的因素

(1)培养基的质量 培养基的成分、pH、琼脂的厚度、硬度和表面湿度等,都可影响药物的扩散,故对每批 M-H 琼脂平板需进行检测合格后方可使用。

①培养基的成分。药敏试验所用的培养基种类较多,WHO 要求统一使用 M-H 培养基。

该培养基中含有适量的钙、镁离子,在培养基中起到溶酶的作用,其含量的变化,可影响氨基糖苷类和四环素对铜绿假单胞菌的试验结果。含量过高,抑菌圈会变小,含量过低,抑菌圈会大得不可接受。该培养基中含有的低量胸腺嘧啶或胸腺嘧啶核苷是与磺胺类药物和甲氧苄啶竞争的物质,若过量可能会逆转磺胺类和甲氧苄啶的抑菌效应,使得抑菌圈变小,甚至消失,从而导致假耐药报告。但是,对于某些营养要求较高的需氧菌,需要在 M-H 培养基中添加其他物质或用其他培养基方可进行药敏试验。如肺炎链球菌和其他链球菌所用培养基是在 M-H 培养基中加入 5% 的脱纤维羊血。

②pH。药物的杀菌或抑菌作用可因溶剂 pH 的不同而改变,所以含这类药物的试纸片也易受到培养基 pH 的影响。pH 过高会使青霉素类和四环素抑菌圈变小,而氨基糖苷类与大环内酯类抗生素的抑菌圈增大,相反的现象则表明 pH 过低。一般 M-H 培养基溶化后在室温下的 pH7.2～7.4。

③琼脂浓度。研究表明,琼脂浓度越大,抑菌圈直径越小。

④培养基厚度。琼脂平板的厚度要求为 4 mm 左右。一般直径 90 mm 的平板,约 25 mL/板。如果制作平板太厚抑菌圈会变小,会出现假性耐药,若平板厚度小于 4 mm,抑菌圈会变大,则会出现假性敏感。有研究证明,平板每增厚或减薄 1 mm,抑菌圈相应减小或增大 0.7 mm。

(2)药敏纸片 药敏纸片的质量是影响药敏试验结果的主要因素。

①纸片的规格。药敏纸片的厚度要求在 1 mm 左右,这样适合药物的扩散速度和细菌的生长。药敏纸片的直径为 6.00～6.35 mm。药敏纸片的厚度过厚、过薄或者直径过大、过小,均会影响药敏试验的结果。一般可应用新华 1 号滤纸制作药敏纸片。

②纸片的含药量。纸片含药量直接影响抑菌环的大小。纸片吸药液往往不完全,使纸片的药物含量不够或不均;有些药物在药敏片干燥过程中,药效有所损失。对干燥过程中容易失效的药物应采取现场制作,即将配制好的药液用微量加样器取 100 μL 加入 10 片备用纸片浸泡,浸泡后马上用于抑菌试验,以减少药敏试验误差。

③药敏纸片的保存。纸片保存不当,可使药效降低,致抑菌环缩小。保存条件以低温干燥为佳。常规用量之外的药敏纸片最好放于 -20℃ 保存,经常使用的药敏片可置于 4℃ 保存少量。纸片保存应用过程中有些纸片对光不稳定如喹诺酮类药物,应注意避光保存。青霉素类、含有 β-内酰胺抑制剂的纸片受潮后易降低其药物的活性,应加入干燥剂保存。盛药敏纸片的

小瓶从低温保存处取出后,应在室温平衡至少 10 min 再打后开,避免冷凝水影响药效。

（3）药物因素

①药物溶解性。当药敏片放置到培养基上后,不同溶解性的药物在规定的培养时间内扩散到培养基中的程度是不相同的,有的能完全扩散到培养基中,而有的却不能完全扩散。一般地,易溶于水的药物制成药敏片后在培养基上容易均匀扩散,而极微溶于水的药物制成药敏片后则较难完全扩散。所以,药物溶解性的高低可以影响药敏试验结果的真实性,如极微溶于水的药物,其抑菌圈可能低于其真实抑菌效果。

②药物稳定性。有些药物如青霉素类、红霉素等在自然条件下非常不稳定,它们的效价易受到光照、溶剂、pH 以及温度等诸多因素的影响而降低。如青霉素钠或钾无论在酸性还是在碱性溶液中都会迅速分解,所以在加工药敏片过程中以及将药敏片放置到培养基上时,溶剂和培养基的 pH 都会造成药物效价的降低,从而影响药敏结果。红霉素也是一种很不稳定的药物,它在弱碱情况下较为稳定,但是当 pH 小于 6 时,红霉素会很快分解,导致药敏试验结果的降低。

③药物作用机制。在药敏试验结果判断上,药物的抑菌与杀菌作用可以导致药敏试验结果判断的不准确性。一般地,可以将抗菌药物分成抑菌药物和杀菌药物 2 种。杀菌药物是指药物可以直接作用于细菌静止期和繁殖期而将细菌杀灭;而抑菌药物是通过竞争机制或其他机制只杀灭处于繁殖期的细菌,对静止期的细菌则没有杀灭作用。杀菌药物产生的抑菌圈边沿一般非常清楚,而抑菌药物产生的抑菌圈边沿模糊,并且随着培养时间的延长和药物的失效,抑菌药物抑菌圈边沿未被杀死的细菌有可能又恢复生长,从而导致抑菌圈的进一步缩小。

（4）菌量　待检菌液的浓度、接种量,取决于麦氏比浊标准管的配制、保存和正确使用。。根据世界卫生组织（WHO）制订的标准,要求菌液浓度为 0.5 麦氏比浊管。不同的接种浓度产生抑菌环不一样,但同浓度的结果是相对稳定。若菌液浓度偏低,导致接种菌量太少,抑菌圈直径常增大,易将耐药药物误判为敏感药物,相反,菌量过浓过大可使抑菌环缩小,有可能将敏感药物误判为耐药药物,因此菌量应相对固定。

（5）操作方法　接种细菌后应在室温放置片刻,待菌液被培养基吸收后再贴纸片,但不宜放置太久,否则在贴纸片前细菌已开始生长可使抑菌环缩小。另外,涂布细菌方法、纸片贴放位置、纸片移动、孵箱内平板的放置方法等都将影响结果。

（6）其他因素

①倒平板。在配制琼脂平板时,要注意严格无菌操作,定量分装琼脂液时以 50～60℃ 为宜,若温度过高,使平皿内凝水过多,易致污染;若温度偏低,琼脂易发生凝固而使培养基表面不平滑;应注意避免气泡产生,放置待用空平皿的台面必须水平,否则都会影响琼脂介质的均一性而影响药敏试验的结果。

②贴药敏纸片。不管是单个加还是用分配器加,都应均匀分布,使其中心间距不小于 24 mm,距平板边缘不小于 15 mm。单个加药敏纸片时每取一种药敏纸片必须烧一下镊子尖,冷却后再取下一种,这样既避免药敏纸片之间相互混淆,又防止高温使药物失活,以提高结果的准确性。一般情况下,标准直径 90 mm 的平板放置药敏纸片不要多于 6 个,以保持纸片周围浓度梯度的相对稳定,避免不同药物相互干扰,防止抑菌圈边缘交叉,以免影响结果判读。

③培养条件、温度和时间的控制。根据美国临床实验室标准化委员会（NCCLS）的要求,满足培养条件、温度和时间才能准确读取药敏结果。一般情况下,35℃ 温箱中培养 16～18 h 检后查每一块平板,若接种平板满意,抑菌圈应为正圆形,菌落应相互融合生长。细菌培养时

间过长,细菌能恢复生长,使抑菌圈变小;培养时间过短,抑菌圈还未最终形成,这都可能影响药敏试验结果的判定,有可能将敏感药物与耐药药物混淆。但有些抗菌药物扩散慢,如多粘菌素,可将已放好的抗菌药片的平板培养基,先置于4℃冰箱内2~4 h,使抗菌药物预扩散,然后再放35℃温箱中培养,可以推迟细菌的生长,而得到较大的抑菌圈。

但葡萄球菌对苯唑西林或肠球菌对万古霉素的药敏试验,应在培养满24 h后观察结果,以免漏检那些生长缓慢的异质性耐药菌株。

④抑菌环测量工具的精度及测量方法。一般常用精确度为0.10 mm的游标卡尺,测量范围以抑菌环边缘肉眼见不到细菌明显生长为限。变形杆菌属菌株可漫延生长至某些抗菌药物的抑菌圈内,但抑菌环边缘清楚,弥漫生长不算;对于磺胺类药物,应忽略抑菌圈内轻微的细菌生长(少于20%的菌苔),以明显的边缘为抑菌圈直径。准确读取抑菌圈直径后,依据NCCLS抗菌药物药敏纸片判断标准和解释,来报告结果为敏感(S)、中介(I)或耐药(R)。

⑤质控标准菌株本身的药敏特性是否合格,有无变异。

4.质量控制

(1)质控菌株 控制以上诸多影响药敏试验因素的主要措施是采用标准菌株进行质控。标准菌株应从国家菌种保藏中心购置,常用的有金黄色葡萄球菌ATCC25923、大肠埃希菌ATCC25922、铜绿假单胞菌ATCC27853。测定M-H琼脂是否适合时,需做磺胺类药物试验,需用粪链球菌ATCC29212或ATCC33186。将新得到的冻干菌株接种于含血的M-H琼脂培养基中复壮,然后每株细菌接种于高层琼脂管中,置4℃冰箱保存。每月取1支传种细菌供常规使用,待用剩至最后1支时,再传代于M-H琼脂培养基上,接种一批高层琼脂管,备用。

(2)质控方法 在同一条件下,将新鲜传代质控菌株用与常规试验相同的操作方法测定质控菌株的抑菌环,以便对照监测。原则上要求每天做临床测定的同时作质控,在实验条件恒定的情况下,每月测2次即可保证质量监测。

(3)抑菌圈质控范围 标准菌株的抑菌圈应落在CLSI规定范围内,这个范围为95%的可信限,即日间质控得到的抑菌环直径在连续20个数值中仅允许1个超出这个范围。如果经常有质控结果超出该范围,则不应报告,应从上述影响因素中找原因并及时纠正。每日标准菌株的测定结果的均值应接近允许范围的中间值,变化数不得超过2 mm,否则说明操作中有不规范之处,应予以调整。

三、微生物的变异

遗传和变异是生物的基本特征之一,也是微生物的基本特征之一。所谓遗传,是指亲代和子代性状的相似性,它是物种存在的基础;所谓变异,是指亲代与子代以及子代之间性状的不相似性,它是物种发展的基础。生物离开遗传和变异就没有进化。微生物发生变异,可以自发地产生,也可以人为地使之发生。由于微生物体内遗传物质改变引起的,可以遗传给后代的变异,称为遗传性变异(基因型变异),是真正的变异,一般又包括基因突变和基因重组两个方面;由于环境条件的改变引起的暂时性表型性状改变,基因型未发生改变,一般不遗传给后代的变异,称为非遗传性变异(表型变异),当环境条件恢复正常时,又可恢复原来的性状。

(一)常见的微生物变异现象

1.形态变异

微生物在异常条件下生长发育时,可以发生形态的改变,如细菌的外形可变为多形性、衰老型和由杆状变为圆球形等。如正常的猪丹毒杆菌为纤细的小杆菌,而在慢性猪丹毒病猪心脏病变部的猪丹毒杆菌呈弯曲的长丝状;从炭疽病猪咽喉部分离到的炭疽杆菌,多不呈典型的竹节状排列,而是细长弯曲如丝状且粗细不均,都是细菌形态变异的实例。在实验室保存菌种,如不定期移植和通过易感动物接种,形态也会发生变异。

2.结构与抗原性变异

(1)荚膜变异 有荚膜的细菌,在特定的条件下,可能丧失其形成荚膜的能力,如炭疽杆菌在动物体内和特殊的培养基上能形成荚膜,而在普通培养基上则不形成荚膜,当将其通过易感动物体时,便可完全地或部分地恢复形成荚膜的能力。由于荚膜是致病菌的毒力因素之一,又是一种抗原物质,所以荚膜的丧失,必然导致病原菌毒力和抗原性的改变。

(2)鞭毛变异 有鞭毛的细菌在某种条件下,可以失去鞭毛。如将有鞭毛的沙门氏菌、变形杆菌等培养于含 0.075%~0.1% 石炭酸的琼脂培养基上,可失去形成鞭毛的能力,称为 H→O 变异。细菌失去了鞭毛,亦就丧失了运动力和鞭毛抗原性。

(3)芽孢变异 能形成芽孢的细菌,在一定的条件下可丧失形成芽孢的能力。如巴斯德培养强毒炭疽杆菌于 43℃ 条件下,结果育成了毒力减弱且不形成芽孢的菌株。

3.菌落特征变异

细菌的菌落最常见的有两种类型,即光滑型(S 型)和粗糙型(R 型)。S 型菌落一般表面光滑、湿润、边缘整齐;R 型菌落则表面粗糙、干燥而有皱纹、边缘不整齐。在一定条件下,光滑型菌落可变为粗糙型时,称 S→R 变异;也可从粗糙型变为光滑型时,称 R→S 变异,但较少出现。细菌的菌落型发生变异,其他一些性状,包括细菌的毒力、生化反应、抗原性、物理特性、形态、结构、抵抗吞噬的能力等也随之改变。如多数病原菌 S 型菌落的毒力都强,变成 R 型菌落时毒力变弱;但少数病原菌,如炭疽杆菌,其新分离的菌株正常为 R 型,则其毒力情况相反。

4.毒力变异

病原微生物的毒力可以由强变弱或由弱变强。这些变异,在自然情况下和人工诱变中都可以发生。让病原微生物连续通过易感动物,可使其毒力增强。实验室保存菌种,可借助于人为通过其本动物或易感动物以增强毒力;反复通过非易感动物或将病原微生物长期在不适宜的环境中进行培养(如高温或含有特殊化学物质的培养基中)时,可使其毒力减弱,可用于疫苗的制造。如猪瘟兔化弱毒苗、炭疽芽孢苗等都是利用毒力减弱的毒株或菌株制造的预防用生物制品。

5.耐药性变异

耐药性变异是指细菌对某种抗菌药物由敏感到产生抵抗力的变异,有时甚至产生只有该药物存在时才能生长的赖药性。如对青霉素敏感的金黄色葡萄球菌发生耐药性变异后,成为对青霉素有耐受性的菌株。细菌的耐药性大多是由于细菌的基因自发突变,属于遗传性变异,它与该药物的存在无关;也有的是由于诱导而产生了耐药性,属于非遗传性变异。如大肠杆菌、枯草杆菌或蜡样芽孢杆菌培养于含少量青霉素 G 的培养基中时,可诱导这些细菌产生青霉素酶以破坏青霉素。

(二)微生物变异现象的应用

微生物的变异在传染病的诊断与防治方面具有重要意义。

(1)传染病诊断方面 在临床微生物学检查过程中,要做出正确的诊断,不但要熟悉微生物的典型特征,还要了解微生物的变异现象。微生物在异常条件下生长发育时,可以发生形态、结构、菌落特征的变异,在对临床分离菌的鉴定与传染病的诊断中应注意防止误诊。

（2）传染病防治方面　利用人工诱导变异方法，获得抗原性好、毒力减弱的毒株或菌株，制成疫苗，有较好的免疫效果。在传染病的流行中，要注意变异株的出现，并采取相应的预防措施。使用抗菌药物预防和治疗细菌病时，要注意耐药菌株的不断出现，合理使用抗菌药物，必要时可先做药敏试验，选择敏感的抗菌药物，并防止耐药菌株的扩散。

● 任务 2-8　凝集试验检测

【任务描述】

细菌、红细胞等颗粒性抗原与相应抗体的血清结合后，在有电解质存在时，抗原颗粒互相凝集成肉眼可见的凝集小块，称为凝集试验。凝集试验又分为直接凝集试验和间接凝集试验两种，前者主要用于新分离细菌的鉴定或分型，后者可以用于可溶性抗原抗体系统的检测。本任务在养殖场和微生物检测室利用凝集试验对疑似鸡白痢、牛布鲁氏菌病的动物进行检测，学会凝集试验的操作方法、结果判定和注意事项。

【任务目标】

（1）理解抗原的概念，构成抗原的条件，了解重要的微生物抗原；理解抗体的概念，了解抗体的基本结构，掌握各类主要免疫球蛋白的特性及功能，掌握抗体产生的规律及实际意义；掌握血清学试验、凝集试验的概念，了解血清学试验的一般特点、影响因素和类型，了解免疫诊断试剂的类型及实际应用；掌握平板凝集和试管凝集试验的操作方法及结果判定标准；明确凝集试验在生产中的应用。

（2）能正确地进行平板凝集和试管凝集试验的操作及结果判定。

【任务实施】

一、准备试验材料

1.仪器

恒温箱。

2.材料

（1）鸡白痢快速全血平板凝集试验　玻璃板、吸管、金属丝环（内径 7.5～8.0 mm）、酒精灯、针头、消毒盘和 70%酒精棉、鸡白痢多价染色平板抗原、鸡白痢强阳性血清(500 IU /mL)、鸡白痢弱阳性血清(10 IU/mL)、鸡白痢阴性血清、来苏儿、记号笔、受检鸡等。

（2）布鲁氏菌病的凝集试验诊断　洁净的玻璃板、微量移液器及滴头、毛细吸管、刻度吸管、试管架、凝集试验管（三分管 1 cm×8 cm）、牙签或火柴杆、布鲁氏菌虎红平板凝集抗原、布鲁氏菌试管凝集抗原、布鲁氏菌标准阳性血清和阴性血清、0.5%石炭酸生理盐水（检验羊血清时用含 0.5%石炭酸的 10%盐溶液，如果血清稀释用含 0.5%石炭酸的 10%盐溶液，抗原的稀释亦用含 0.5%石炭酸的 10%盐溶液）、被检血清、被检牛、记号笔等。

3.被检血清的准备

按常规方法采血分离血清。

（1）于被检牛及羊颈静脉、猪耳静脉无菌操作采血 7～10 mL，盛于灭菌试管内，立即摆成斜面使其凝固。凝固后将试管置于冷暗处,待血清析出。经过 10～12 h,将析出的血清用毛细吸管吸于另一灭菌小瓶中,标明血清号及动物号。受检血清应新鲜,无明显蛋白凝块,无溶血和无腐败气味。

(2)运送和保存血清样品时防止冻结和受热,以免影响凝集价。若 3 d 内不能送到实验室,按 9 mL 血清加 1 mL 5%石炭酸生理盐水(徐徐加入)防腐,但不超过 15 d。也可用冷藏方法运送血清。

二、方法与步骤

(一)鸡白痢快速全血平板凝集试验检测

参照 NY/T 536—2002 鸡伤寒和鸡白痢诊断技术规程进行。

1. 操作方法

取洁净玻璃板一块,用记号笔划成 2 cm 左右的方格,并编号。在 20～25℃环境条件下,用定量滴管或吸管吸取鸡白痢多价染色平板抗原,垂直滴于玻璃板上 1 滴(相当于 0.05 mL),然后用针头刺破鸡的翅静脉或冠尖取血 0.05 mL(相当于内径 7.5～8.0 mm 金属丝环的两满环血液),与抗原充分混合均匀,并使其散开至直径为 2 cm,不断摇动玻璃板,2 min 内判定结果。每次试验同时设强阳性血清、弱阳性血清、阴性血清对照。

2. 结果判定

(1)反应强度　凝集反应强度判定标准如下:

①100%凝集(＋＋＋＋):紫色凝集块大而明显,混合液稍混浊;

②75%凝集(＋＋＋):紫色凝集块较明显,但混合液有轻度混浊;

③50%凝集(＋＋):出现明显的紫色凝集颗粒,但混合液较为混浊;

④25%凝集(＋):仅出现少量的细小颗粒,而混合液混浊;

⑤0%凝集(－):无凝集颗粒出现,混合液混浊。

(2)判定标准　在 2 min 内,抗原与强阳性血清应呈 100%凝集(＋＋＋＋),弱阳性血清应呈 50%凝集(＋＋),阴性血清不凝集(－),判试验有效。

在 2 min 内,被检全血与抗原出现 50%(＋＋)以上凝集者为阳性,不发生凝集则为阴性,介于两者之间为可疑反应。将可疑鸡隔离饲养 1 个月后,再作检疫,若仍为可疑反应,按阳性反应判定。

3. 注意事项

(1)本试验对幼龄仔鸡不适用,只适用于成年鸡(母鸡和 1 岁以上公鸡)鸡白痢的诊断,可用于诊断、流行病学调查和无本病健康鸡群监测。

(2)反应低于 20℃时,需将反应板在酒精灯外焰上方微加温,使玻璃板均匀受热,以达到适宜反应温度。

(3)抗原使用前一定要摇匀。

(二)布鲁氏菌病的凝集试验检测

参照 GB/T18646—2002 动物布鲁氏菌病诊断技术进行。

1. 虎红平板凝集试验(RBPT)

(1)取一长方形洁净玻璃板,用玻璃铅笔划分成若干 4 cm² 方格,将玻璃板上各格标记被检血清号,然后加相应被检血清 0.03 mL。

(2)在受检血清旁滴加抗原 0.03 mL。

(3)用牙签或火柴杆搅动血清和抗原使之混合。每混合一格需更换一根牙签。

(4)每次试验用前两个格分别滴加阳性血清和阴性血清各 0.03 mL,分别加抗原 0.03 mL,用来做阳性血清和阴性血清对照。

(5)判定:在标准阳性血清(+)、标准阴性血清(-)对照成立的条件下,方可对被检血清进行判定。被检血清在 4 min 内出现肉眼可见凝集现象(大的凝集片或小的颗粒状物,液体透明)者判为阳性(+),无凝集现象,呈均匀粉红色者判为阴性(-)。

本法操作简便,容易掌握和判断,适用于普查筛选。筛选出的阳性反应血清,再做试管凝集试验,以试管凝集的结果为被检血清的最终判定。

2.试管凝集试验(以牛、马、鹿、骆驼血清为例)

(1)准备试管 每份血清用 4 支小试管,另取对照管 3 支(抗原对照、阳性血清对照、阴性血清对照),共 7 支,标记检验编号后置于试管架上。如待检血清多时,对照只需做一份。

(2)血清稀释 按表 2-6 所示操作,先加入 0.5% 石炭酸生理盐水,第 1 管加入 1.2 mL,第 2~5 管各加入 0.5 mL,第 6、7 管不加。

另取吸管吸取被检血清 0.05 mL 加入第 1 管中,将血清与生理盐水充分混合均匀(混合方法是将该试管中的混合液吸入吸管内,再沿试管壁吹入试管中,如此吸入、吹出 3~4 次),充分混匀后以该吸管吸混合液 0.25 mL 弃去。

再吸出 0.5 mL 混合液加入第 2 管,用该吸管如前述方法混合。再吸第 2 管混合液 0.5 mL 加入第 3 管,以此类推倍比稀释至第 4 管,混匀后从第 4 管吸混匀液 0.5 mL 弃去。第 5 管不加血清为抗原对照(观察抗原是否有自凝现象),第 6 管中加 1:25 稀释的布鲁氏菌阳性血清 0.5 mL 为阳性血清对照,第 7 管中加 1:25 稀释的布鲁氏菌阴性血清 0.5 mL 为阴性血清对照。稀释完毕,从第 1 至第 4 管的血清稀释度分别为 1:25、1:50、1:100 和 1:200。

羊和猪的血清稀释法与上述基本一致,差异是第 1 管加 1.15 mL 稀释液和 0.1 mL 被检血清,检验羊血清时则用含 0.5% 石炭酸的 10% 盐溶液稀释血清和抗原。

表 2-6　牛布鲁氏菌试管凝集试验操作　　　　　　　　　　　　　　　　mL

试管号	1	2	3	4	5	6	7
					对照		
血清最终稀释倍数	1:50	1:100	1:200	1:400	抗原对照	阳性血清对照(1:25)	阴性血清对照(1:25)
0.5%石炭酸生理盐水 被检血清	1.2 0.05	0.5 0.5 弃去 0.25	0.5 0.5	0.5 0.5	0.5 — 弃 0.5	— 0.5	— 0.5
(1:20)抗原	0.5	0.5	0.5	0.5	0.5	0.5	0.5
结果举例	+++	++	+	—	—	++++	—

(3)加入抗原 用 0.5% 石炭酸生理盐水将布鲁氏菌试管抗原进行 1:20 稀释后,每管加入 0.5 mL,充分振荡混匀。至此,牛、马、鹿和骆驼的血清最终稀释度则依次变为 1:50、

1:100、1:200 和 1:400,羊和猪的血清最终稀释度则依次变为 1:25、1:50、1:100 和 1:200。

大规模检疫时也可只用 2 个稀释度,即牛、马、鹿、骆驼用 1:50 和 1:100,猪、山羊、绵羊和狗用 1:25 和 1:50。

(4)试管凝集试验参照比浊管的制备　每次试验须配比浊管,作为判定凝集反应程度的依据,先将 20 倍稀释抗原用等量稀释液作对倍稀释,然后按表 2-7 配制比浊管。

表 2-7　参照比浊管的配制

管号	1:40 稀释抗原液/mL	稀释液/mL	清亮度/%	记录标记
1	0.00	1.00	100	＋＋＋＋
2	0.25	0.75	75	＋＋＋
3	0.50	0.50	50	＋＋
4	0.75	0.25	25	＋
5	1.00	0.00	0	－

(5)置于 37～40℃ 恒温箱中 24 h,取出检查并记录结果。

(6)结果判定

①反应强度。在标准阳性血清、阴性血清和抗原对照管出现正常反应结果的前提下进行。参照比浊管,按被检血清各试管上层液体清亮度,来判定各管凝集反应的强度。用"＋"表示反应的强度,以产生明显凝集(＋＋)的血清最高稀释度,作为该血清的凝集价(滴度)。

"＋＋＋＋":菌体完全凝集,100%下沉,上层液体 100%清亮;

"＋＋＋":菌体几乎完全凝集,上层液体 75%清亮;

"＋＋":菌体凝集显著,液体 50%清亮;

"＋":凝集物有沉淀,液体 25%清亮;

"－":液体均匀混浊,无凝集。

②判定标准。牛、马、鹿和骆驼于 1:100 血清稀释度,猪、山羊、绵羊和狗 1:50 血清稀释度,出现"＋＋"以上的凝集现象时,受检血清判定为阳性反应。牛、马、鹿和骆驼于 1:50 血清稀释度,猪、山羊、绵羊和狗 1:25 血清稀释度,出现"＋＋"以上的凝集现象时,受检血清判定为可疑反应。

可疑反应家畜,经 3～4 周后再采血重新检查,如果仍为可疑反应,该牛、羊判为阳性反应。猪和马经重检仍保持可疑水平,而畜群中没有临床症状和大批阳性患畜出现,该畜被判为阴性。猪血清偶有非特异性反应,须结合流行病学调查判定,必要时应配合补体结合试验和鉴别诊断,排除耶森氏菌交叉凝集反应。

3.注意事项

(1)采血最好在早晨或停食 6 h 后进行,以免血清混浊,冬季采血应防止冻结。

(2)采血时用一次性注射器,使血液沿管壁流入,避免发生气泡或污染管外及地面。

(3)每采血 1 份,应立即标记试管号和畜号。

(4)抗原使用前,需置于室温中使其温度达到 20℃ 左右,用时充分摇匀,如有摇不散的凝块,不得使用。

(5)对照管不符合要求时,试管须废弃重做。

（6）吸头、废弃液体、血清等废弃物经高压蒸汽灭菌后废弃指定地点。实验台面消毒后擦拭干净。

【相关知识】

一、抗原

（一）抗原与抗原性的概念

（1）抗原的概念　　凡是能够刺激机体免疫系统产生抗体或效应性淋巴细胞，并能与之结合引起特异性免疫反应的物质称为抗原（Ag）。

（2）抗原性的概念　　抗原物质具有抗原性，抗原性包括免疫原性和反应原性两个方面的含义。免疫原性是指抗原能够刺激机体免疫系统产生抗体或效应性淋巴细胞的特性；反应原性是指抗原能与相应抗体或效应性淋巴细胞发生特异性结合的反应特性，又称免疫反应性。

（二）构成抗原的条件

抗原物质要具有良好的免疫原性，需具备以下条件：

1. 异源性

异源性又称为异物性，抗原通常是非自身物质。在正常情况下，动物机体能识别自身物质和非自身物质，只有非自身物质进入机体内才能具有免疫原性。异源性包括异种物质、同种异体物质、自身物质等。

2. 分子大小与结构的复杂性

抗原的免疫原性与其分子的大小及结构的复杂程度密切相关。分子质量越大，结构越复杂，其免疫原性也越强。

（1）分子大小　　抗原物质应具有一定的分子大小才具有免疫原性。免疫原性良好的物质相对分子质量一般在 10 000 以上，在一定条件下，相对分子质量越大，免疫原性越强。大分子物质抗原性强的原因，是由于分子量越大，分子表面的化学基团（抗原决定簇）越多，化学结构也较稳定，因而不易被降解和排除，在体内停留时间较长，刺激免疫系统的机会也多。蛋白质分子大多是良好的抗原，如细菌、病毒、外毒素、异种动物血清都是抗原性很强的物质。相对分子质量小于 5 000 的物质其免疫原性较弱。相对分子质量在 1 000 以下的物质如低分子多糖和类脂缺乏免疫原性，为半抗原，只有与蛋白质载体结合形成复杂的大分子复合物后方可获得免疫原性。许多半抗原，如青霉素，进入动物机体后可以和血浆蛋白结合，刺激机体产生针对于半抗原的抗体，从而引发免疫反应。

（2）化学组成和结构的复杂性　　抗原的化学组成与结构越复杂，免疫原性越强。大分子物质并不一定都具有抗原性。如明胶是蛋白质，虽然相对分子质量达到 10 万以上，但其结构为直链排列的氨基酸，缺少苯环结构，稳定性差，进入机体极易被酶降解成小分子物质，所以免疫原性很弱。若在明胶分子中加入少量酪氨酸、苯丙氨酸等芳香氨基酸就能大大增强其抗原性。相同大小的分子如果化学组成、分子结构和空间构象不同，其免疫原性也有一定差异。一般分子结构和空间构象越复杂的物质免疫原性越强。对蛋白质抗原来说，分子中是否存在苯环或杂环氨基酸是决定因素。胰岛素虽然相对分子质量不足 10 000，但由于结构复杂多样而具有良好的免疫原性。

3.抗原的特异性

抗原的特异性不是由整个抗原分子决定,而是由抗原决定簇所决定的。抗原分子表面具有特殊立体构型和免疫活性的化学基团称为抗原决定簇。特定结构的抗原决定簇刺激机体产生相应的抗体,而这种抗体只能与相对应的抗原决定簇发生特异性结合,这种特性称为抗原的特异性或专一性。

一个抗原分子是由存在于抗原分子表面或内部的抗原决定簇和一部分蛋白质所组成,在分子内部的抗原决定簇需经酶或其他方式降解后才能暴露出来,暴露的抗原决定簇能与免疫活性细胞相接近,对激发机体的免疫反应有决定性意义。抗原属于大分子物质,其表面有多种抗原决定簇,每种抗原决定簇可引起一种抗体产生,一种抗体分子只能与相应的化学决定簇结合。因此一种抗复杂大分子复合物的抗血清中并不是只含有与单一抗原起反应的单一抗体,而是由针对多种抗原决定簇的许多单一抗体组成的混合物。

抗原分子上抗原决定簇的数目称为抗原价。抗原决定簇种类的多少因抗原结构不同而异,只有一个抗原决定簇的抗原称单价抗原,如简单半抗原。含有多个抗原决定簇的抗原称多价抗原,大部分蛋白质抗原都属于这类抗原。天然抗原物质的分子结构很复杂,分子表面有很多相同和不同的抗原决定簇,是多价抗原,可同时刺激机体产生多种抗体,即为混合抗体。抗原价与分子大小有一定的关系,据估计,相对分子质量 5 000 大约会有一个抗原决定簇,例如牛血清白蛋白的相对分子质量为 69 000,有 18 个决定簇,但只有 6 个决定簇暴露于外面;甲状腺球蛋白约有 40 个决定簇。

不同种属的微生物间、微生物与其他抗原物质间及不同抗原物质相互间,除具有特异性决定簇外,还可能存在共同的抗原决定簇,称为"共同抗原"或"交叉抗原"。相关种属间的共同抗原又称"类属抗原"。如果两种细菌有类属抗原,它们与相应抗体可以发生交叉反应,亦称类属反应。如牛痘病毒与天花病毒之间、猫传染性腹膜炎与猪传染性胃肠炎病毒之间有相同的抗原组成,相互间可发生交叉反应(图 2-20)。

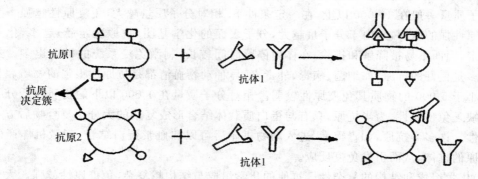

图 2-20　交叉反应示意图

4.物理状态

抗原的物理状态对免疫原性也有很大影响。呈聚合状态的抗原一般较单体抗原的免疫原性强,颗粒性抗原的免疫原性通常比可溶性抗原强。因此,可溶性抗原分子聚合后或吸附在大分子颗粒表面上,可增强其免疫原性。如将甲状腺球蛋白与聚丙烯酰胺凝胶颗粒结合后免疫家兔,可使其产生的 IgM 效价提高 20 倍。某些免疫原性弱的物质,如使其聚合或附着在某些大分子颗粒(如氢氧化铝胶、脂质体等)的表面,可增强其免疫原性。

(三)抗原的分类

1.根据抗原性质分类

(1)完全抗原 既具有免疫原性又具有反应原性的物质称为完全抗原,也可称为免疫原。如细菌、病毒、异种动物的血清及大多数蛋白质等。

(2)不完全抗原 只具有反应原性而没有免疫原性的物质称为不完全抗原,又称半抗原。细菌的荚膜多糖和脂多糖、简单的有机分子及某些小分子的药物分子(如青霉素)等属于半抗原。半抗原物质是小分子物质,不能诱导机体产生免疫反应,但如果与大分子物质如蛋白质结合后则成为完全抗原,便可刺激机体产生抗体。与半抗原结合的大分子物质称为载体。任何一个完全抗原都可以看作是半抗原与载体的复合物,载体在免疫反应过程中起着很重要的作用。

2.根据对胸腺(T细胞)的依赖性分类

(1)胸腺依赖性抗原(TD抗原) 此种抗原在刺激机体B细胞分化和产生抗体的过程中,需要巨噬细胞等抗原递呈细胞和辅助性T细胞的协助。绝大多数抗原属此类,如异种蛋白质、异种组织、异种红细胞、微生物及人工复合抗原等。TD抗原刺激机体产生的抗体主要是IgG,易引起细胞免疫和免疫记忆。

(2)非胸腺依赖性抗原(TI抗原) 此种抗原在刺激机体产生免疫反应过程中不需要辅助性T细胞的协助,直接刺激B细胞产生抗体。仅少数抗原物质属TI抗原,如大肠杆菌的脂多糖、肺炎球菌荚膜多糖、聚合鞭毛素等。此种抗原刺激机体仅产生IgM抗体,不易产生细胞免疫,也不引起回忆应答。

(四)重要的微生物抗原

1.细菌抗原

细菌的抗原结构比较复杂,细菌的各种结构都有多种抗原成分构成,因此细菌是由多种成分构成的复合体。动物被细菌感染后可产生针对细菌表面多种抗原成分的多种抗体。每一种细菌都有自己的抗原结构,又称血清型。细菌抗原主要包括菌体抗原、鞭毛抗原、菌毛抗原和荚膜抗原等。

(1)菌体抗原(O抗原) 主要指革兰氏阴性菌细胞壁抗原,其化学本质为脂多糖(LPS),性质稳定,较耐热,经121℃加热不破坏,也不易受乙醇等破坏。每个菌体的O抗原具有一个以上的抗原决定簇,其特异性取决于特定的单糖成分及其排列状况。一般认为与毒力有关。

(2)鞭毛抗原(H抗原) 主要指鞭毛蛋白抗原,不耐热,煮沸1 h可被破坏,易被乙醇破坏,与毒力无关。鞭毛抗原的特异性较强,用其制备抗鞭毛因子血清,可用于沙门氏菌和大肠杆菌的免疫诊断。

(3)菌毛抗原(F抗原) 为许多革兰氏阴性菌(如大肠杆菌的某些菌株、沙门氏菌、痢疾杆菌、变形杆菌等)和少数革兰氏阳性菌(如某些链球菌)所具有,菌毛是由菌毛素组成,有很强的抗原性。

(4)荚膜或表面抗原(K抗原) 存在于某些细菌细胞壁外的荚膜或黏液层,主要是指荚膜多糖或荚膜多肽抗原,对细菌具有保护作用,但亦具有抗原性。少数沙门氏杆菌表面抗原与毒力有关,故称为Vi抗原,其化学成分不稳定。细菌经人工培养或碳酸处理、60℃加热,其Vi

抗原易消失。

2.毒素抗原

破伤风梭菌、肉毒梭菌等多种细菌能产生外毒素,其成分为糖蛋白或蛋白质,具有很强的抗原性,称为毒素抗原,能刺激机体产生抗体(抗毒素)。外毒素经甲醛或其他适当方式处理后,毒力减弱或完全丧失,但仍保留很强的免疫原性,称为类毒素。

3.病毒抗原

(1)囊膜抗原 又称为 V 抗原。有囊膜病毒的抗原特异性由囊膜上的纤突所决定,如流感病毒囊膜上的血凝素(HA)和神经氨酸酶(NA)都是 V 抗原,常因这两种表面抗原的变异(抗原漂移)导致新的抗原型出现,引起新的流感流行。V 抗原具有型和亚型的特异性。

(2)衣壳抗原 又称 V_c 抗原。无囊膜病毒的抗原特异性取决于病毒颗粒表面的衣壳结构蛋白,如口蹄疫病毒的结构蛋白 VP_1、VP_2、VP_3、VP_4 即为此类抗原。其中 VP_1 能使机体产生中和抗体,可使动物获得抗感染能力,为口蹄疫病毒的保护性抗原。V_c 抗原也具有型和亚型的特异性。

另外还有 S 抗原(病毒可溶性抗原)、NP 抗原(核蛋白抗原)。

4.真菌和寄生虫抗原

真菌、寄生虫及其虫卵都有特异性抗原,但免疫原性较弱,特异性也不强,交叉反应较多,一般很少用于分类鉴定。

5.保护性抗原

微生物具有多种抗原成分,但其中只有 1~2 种抗原成分能刺激机体产生抗体,具有免疫保护作用,因此将这些抗原称为保护性抗原或功能性抗原。如口蹄疫病毒的 VP_1 保护性抗原、传染性法氏囊病毒的 VP_2 保护性抗原,以及致病性大肠杆菌的菌毛抗原(K_{88}、K_{99} 等)和肠毒素抗原(如 ST、LT 等)。

除了上述微生物抗原以外,异种动物的组织、血清、血细胞也具有良好的抗原性,因此反复应用含异种动物组织的疫苗时也可能引起变态反应。例如人反复注射兔脑或羊脑制备的狂犬疫苗,可能引起变态反应性脑脊髓炎;反复注射异种动物的免疫血清进行治疗时,应防止过敏反应。同种动物不同个体有核细胞的组织相容性抗原都不同,故进行同种异体组织移植,通常都会引起免疫排斥反应。将异源血清注射动物,能产生抗该血清的抗体,又称抗抗体。将绵羊红细胞给家兔注射,可以刺激家兔产生抗绵羊红细胞的抗体,称此抗体为溶血素。

二、抗体

(一)抗体的概念

抗体(Ab)是动物机体受到抗原物质刺激后,由 B 淋巴细胞转化为浆细胞产生的,能与相应抗原发生特异性结合反应的免疫球蛋白(Ig)。

抗体的化学本质是免疫球蛋白,它是机体对抗原物质产生免疫应答的重要产物,由脾脏、淋巴结、呼吸道和消化道组织中的浆细胞分泌而来,具有各种免疫功能,主要存在于动物的血液(血清)、淋巴液、组织液和其他外分泌液中,因此将抗体介导的免疫称为体液免疫。含有免疫球蛋白的血清称免疫血清或抗血清。有的抗体可与细胞结合,如 IgG 可与 T、B 淋巴细胞、K 细胞、巨噬细胞等结合,IgE 可与肥大细胞和嗜碱性粒细胞结合,这类抗体称为亲细胞性抗体。在成熟的 B 细胞表面具有抗原受体(BCR),其成分之一称为膜表面免疫球蛋白(mIg)。

免疫球蛋白是蛋白质，可作为免疫原诱导产生抗体。因此一种动物的免疫球蛋白对另一种动物而言是良好的抗原，能刺激机体产生抗这种免疫球蛋白的抗体，即抗抗体（抗 Ig）。根据免疫球蛋白的化学结构和抗原性不同，免疫球蛋白可分为 IgG、IgM、IgA、IgE 和 IgD 5 种，家畜主要以前 4 种为主。

（二）抗体的基本结构

所有种类抗体（免疫球蛋白）的单体分子结构都是相似的，即是由 4 条多肽链构成的"Y"或"T"形的对称分子（图 2-21）。IgG、IgE、血清型 IgA 和 IgD 均是以单体分子形式存在，IgM 是以 5 个单体分子构成的五聚体，分泌型的 IgA 是以 2 个单体分子构成的二聚体。

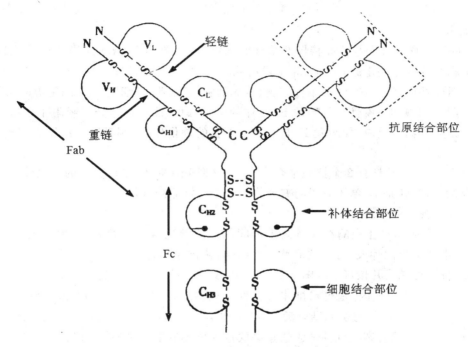

图 2-21 抗体分子单体（IgG）结构示意图

V_H.重链的可变区 V_L.轻链的可变区 C_H.重链的恒定区 C_L.轻链的恒定区
C.羧基末端 N.氨基末端

1.四肽链结构

抗体单体都具有两条较大的相同分子质量的肽链称为重链（H 链），两条较小的相同分子质量的肽链称为轻链（L 链），各肽链间通过一对或一对以上的二硫键（—S—S—）互相连接。重链含 420～446 个氨基酸，为轻链的 2 倍，相对分子质量 55 000～75 000。轻链由 210～230 个氨基酸组成，相对分子质量约 22 500。4 条多肽链的氨基和羧基方向是一致的，由氨基端（N 端）指向羧基端（C 端）。从 N 端开始，轻链最初的 109 个氨基酸（约占轻链的 1/2），重链最初的 110 个氨基酸（约占重链的 1/4），其排列顺序及结构是随抗体分子的特异性不同而有所变化，能充分适应抗原决定簇的多样性，这一区域称为可变区（V 区），分别用 V_L 和 V_H 表示；其余部分的氨基酸排列顺序及结构相对稳定，称为稳（恒）定区（C 区）。C 区包括轻链稳定区（C_L）和重链稳定区（C_H），C_H 又包括 C_{H1}、C_{H2}、C_{H3} 及 C_{H4}。

在重链 C_{H1} 和 C_{H2} 之间的区域称为铰链区,与抗体分子的构型变化有关。该区有柔软性,能使 Ig 分子活动自如,呈"T"或"Y"字形。当抗体分子与抗原决定簇发生结合时,该区转动,以便一方面使可变区的抗原结合点尽量与抗原结合,与不同距离的两个抗原表位结合,起弹性和调节作用;另一方面可使抗体分子变构,由"T"字形变成"Y"字形,暴露了 Ab 分子上的补体结合位点,与补体结合并激活补体,从而发挥多种生物学效应。

2.功能区

Ig 分子的多肽链因链内二硫键折叠成几个球形结构,并与相应功能有关,故称为免疫球蛋白的功能区。每条 L 链上有 2 个功能区:可变区(V_L)和稳定区(C_L)。IgG、IgA 和 IgD 的每条 H 链有 4 个功能区:1 个可变区(V_H)和 3 个稳定区(C_{H1}、C_{H2}、C_{H3})。IgM 和 IgE 多一个稳定区 C_{H4}。

V_L 和 V_H 是抗体分子与抗原特异性结合的部位,一个单体 Ig 分子中有两个可变区,可以结合两个相同的抗原决定簇;C_L 和 C_{H1} 上具有同种异型的遗传标记;C_{H2} 上有补体结合位点,与补体结合活化补体;C_{H3} 具有结合单核细胞、巨噬细胞、粒细胞、B 细胞、NK 细胞等的功能;C_{H4} 是 IgE 与肥大细胞和嗜碱性粒细胞的 Fc 受体的结合部位,能使抗体分子吸附于细胞表面,进而发挥一系列生物学效应,如激发 K 细胞对靶细胞的杀伤作用,刺激肥大细胞和嗜碱性粒细胞释放活性物质等。

一个 Ig 单体分子具有 2 个抗原结合位点,分泌型 IgA 是 Ig 单体分子的二聚体,具有 4 个抗原结合位点,IgM 是 Ig 单体分子的五聚体,有 10 个抗原结合位点。

3.免疫球蛋白的水解片段

IgG 分子可被木瓜蛋白酶在铰链区重链间的二硫键近氨基端切断,水解成大小相似的 3 个片段,其中 2 个相同片段,可与抗原特异性结合,称抗原结合片段(Fab),另一个片段可形成蛋白结晶,称为可结晶片段(Fc)(图 2-22)。Fab 段由一条完整的轻链及 N 端 1/2 重链组成,其中的 V_L、V_H 区为可变区,是决定抗体特异性与抗原结合的位点。Fc 段由 C 端 1/2 重链组成,其 C_{H2}、C_{H3} 恒定区,无与抗原结合活性,其生物学活性为:①与补体结合活化补体。②选择性地通过胎盘。③具有亲细胞性。④通过黏膜进入分泌液中。另外,Fc 段是各类免疫球蛋白抗原性的决定部位。

用胃蛋白酶在 IgG 分子铰链区重链间二硫键近羧基端切断,可水解成大小不同的两个片段,具有双价抗体活性的大片段,称 F(ab)'2 片段,小片段类似 Fc 段,称为 pFc'片段(图 2-22),pFc'片段可继续被胃蛋白酶水解成更小的片段,无任何生物学活性。

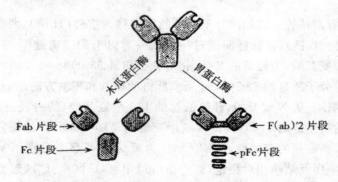

图 2-22 免疫球蛋白的水解片段示意图

此外,个别免疫球蛋白还有一些特殊分子结构,包括:①连接链(J链),为IgM和分泌型IgA所具有(图2-23),是连接单体的一条多肽链,它是由分泌IgM、IgA的同一浆细胞所合成;②分泌成分(SC),是分泌型IgA所特有的,它是由局部黏膜的上皮细胞所合成的。SC能促进上皮细胞积极地从组织中吸收分泌型IgA,并将其释放于胃肠道和呼吸道,同时可防止IgA在消化道内为蛋白酶所降解,从而使IgA能充分发挥免疫作用;③糖类,免疫球蛋白是含糖量相当高地蛋白质,糖类是以共价键结合在H链的氨基酸上。

(三)各类抗体的主要特性及功能

1. IgG

IgG是人和动物血清中含量最高的免疫球蛋白,占血清免疫球蛋白总量的75%~80%。

IgG是介导体液免疫的主要抗体,以单体形式存在,相对分子质量为160 000~180 000。IgG主要由脾脏和淋巴结中的浆细胞产生,大部分存在于血浆中,其余存在于组织液和淋巴液中。半衰期最长,约为23 d。IgG是动物自然感染和人工主动免疫后,机体所产生的主要抗体,因此是动物机体抗感染免疫的主力,同时也是血清学诊断和疫苗免疫后监测的主要抗体。IgG在动物体内不仅含量高,而且持续时间长,可发挥抗菌、中和病毒和毒素以及抗肿瘤等免疫学活性,也能调理、凝集和沉淀抗原。IgG是唯一能通过人和兔胎盘的抗体,因此在新生儿的抗感染中起着十分重要的作用。此外,IgG还参与Ⅱ、Ⅲ型变态反应。

2. IgM

IgM是动物机体初次体液免疫应答最早产生的免疫球蛋白,其含量仅占血清免疫球蛋白的10%左右。IgM以五聚体形式存在(图2-23),相对分子质量最大,为900 000左右,又称为巨球蛋白。主要由脾脏和淋巴结中的浆细胞产生,存在于血液中。半衰期约5 d。IgM在体内产生最早,但持续时间短,因此不是机体抗感染免疫的主力,而是在抗感染免疫早期起着十分重要的作用,也可通过检测IgM抗体进行疫病的血清学早期诊断。IgM具有抗菌、中和病毒和毒素等免疫活性,由于其分子上含有多个抗原结合位点,所以IgM是一种高效能的抗体,其杀菌、溶菌、溶血、调理及凝集作用均比IgG高,IgM也具有抗肿瘤作用。此外,IgM也参与Ⅱ、Ⅲ型变态反应。

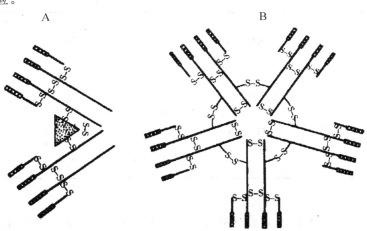

图2-23　多聚体免疫球蛋白示意图

A. 分泌型IgA(二聚体)　B. IgM(五聚体)

3. IgA

IgA 以单体和二聚体两种形式存在,单体 IgA 存在于血清中,称为血清型 IgA,约占血清免疫球蛋白的 10%～20%,具有抗菌、抗病毒和抗毒素的作用;二聚体为分泌型 IgA (图 2-23),是由消化道、呼吸道、泌尿生殖道等部位的黏膜固有层的浆细胞所产生的,因此分泌型 IgA 主要存在于消化道、呼吸道、泌尿生殖道等黏膜的外分泌液以及初乳、唾液、泪液中,此外在脑脊液、羊水、腹水、胸膜液中也含有分泌型 IgA。分泌型 IgA 对机体消化道、呼吸道等部位起着相当重要的局部黏膜免疫作用,特别是对于一些经黏膜途径感染的病原微生物,因此分泌型 IgA 是机体黏膜免疫的一道"屏障",具有抗菌、中和病毒和毒素等免疫活性。在传染病的预防接种中,经滴鼻、点眼、饮水及喷雾途径接种疫苗,均可产生分泌型 IgA,而建立相应的黏膜免疫力。但 IgA 不结合补体,也不能透过胎盘,初生动物只能从初乳中得到分泌型 IgA,而获得天然被动免疫。

4. IgE

IgE 以单体分子形式存在,相对分子质量为 200 000。IgE 是由消化道和呼吸道黏膜固有层中的浆细胞所产生的,在血清中的含量甚微。IgE 是一种亲细胞性抗体,易与皮肤组织、肥大细胞、血液中的嗜碱性粒细胞和血管内皮细胞结合,而介导 I 型变态反应。此外 IgE 在抗寄生虫免疫及某些真菌感染中也起重要作用。

5. IgD

IgD 在人、猪、鸡等动物体内已经发现,是以单体分子形式存在,相对分子质量为 170 000～200 000,在血清中含量极低,不稳定,易被降解。目前认为 IgD 是 B 细胞的重要表面标志,是成熟 B 细胞膜上的抗原特异性受体,而且与免疫记忆有关。有报道认为,IgD 与某些过敏反应有关。

(四)抗体产生的一般规律

动物机体初次和再次接触抗原后,引起体内抗体产生的种类及抗体的水平等都有差异(表 2-8)。

表 2-8　初次应答和再次应答的比较

特 性	初次应答	再次应答
反应的 B 细胞	幼稚型 B 细胞	记忆性 B 细胞
接触抗原后的潜伏期	一般 4～7 d	一般 1～3 d
抗体达高峰的时间	7～10 d	3～5 d
产生抗体的量	变化较大,取决于抗原	一般是初次应答的 100～1 000 倍
产生抗体的种类	应答早期主要是 IgM	主要是 IgG
抗原	TD 和 TI 抗原	TD 抗原
抗体的亲和力	低	高
维持时间	短	长

1. 初次应答

动物机体初次接触抗原,也就是某种抗原首次进入体内引起的抗体产生过程称为初次应答。初次应答有以下几个特点。

(1)潜伏期比较长　抗原初次进入动物机体后,在一定时期内体内查不到抗体或抗体产生很少,这一时期称为潜伏期,又称为诱导期。潜伏期的长短视抗原的种类而异,如病毒抗原需经 3～4 d,细菌抗原需经 5～7 d,而类毒素抗原则需经 2～3 周血液中才出现抗体。潜伏期之后为抗体的对数上升期,抗体含量直线上升,抗体达到高峰需 7～10 d,然后为高峰持续期,抗体产生和排出相对平衡,最后为下降期。

(2)初次应答最早产生的抗体是 IgM,可在几天内达到高峰,然后开始下降;接着才产生 IgG,即 IgG 抗体产生的潜伏期比 IgM 长。如果抗原剂量少,可能仅产生 IgM。IgA 产生最迟,常在 IgG 出现后 2 周至 1～2 个月才能在血液中查出,而且含量少。

(3)初次应答产生的抗体总量较低,维持时间也较短。其中 IgM 的维持时间最短,IgG 可在较长时间内维持较高的水平,其含量也比 IgM 高(图 2-24)。

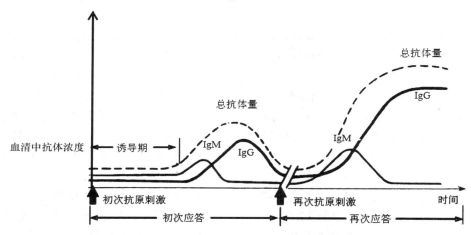

图 2-24 抗体产生的一般规律示意图

2.再次应答

动物机体再次接触与初次反应相同的抗原时体内抗体产生的过程称为再次应答。再次应答有以下几个特点。

(1)潜伏期显著缩短 间隔一段时间,初次应答产生抗体量为下降期时,机体再次接触与第一次相同的抗原时,机体产生抗体的潜伏期显著缩短,如细菌抗原仅 2～3 d,起初原有抗体的水平略有降低,接着抗体水平迅速上升,3～5 d 抗体水平即可达到高峰。

(2)抗体含量高,而且维持时间较长 再次应答可产生高水平的抗体,比初次应答多达几倍至几十倍,甚至上千倍,而且维持很长时间。

(3)产生的抗体大部分为 IgG,而 IgM 则很少,如果再次应答间隔的时间越长,机体越倾向于只产生 IgG。抗原物质经消化道和呼吸道等黏膜途径进入机体,可诱导产生分泌型 IgA,在局部黏膜组织发挥免疫效应。

3.回忆应答

动物机体受抗原物质刺激产生的抗体,经一定时间后在体内逐渐消失,此时若再次接触相同抗原物质,可使已消失的抗体迅速回升,这称为抗体的回忆应答。

再次应答和回忆应答取决于体内记忆性 T 细胞和记忆性 B 细胞的存在。记忆性 T 细胞保留了对抗原分子抗原决定簇的记忆,在再次应答中,记忆性 T 细胞可被诱导,很快增殖分化

成 T_H 细胞,对 B 细胞的增殖和产生抗体起辅助作用。记忆性 B 细胞为长寿细胞,可分为 IgG 记忆细胞、IgM 记忆细胞和 IgA 记忆细胞,此类细胞可以再循环。当机体与抗原物质再次接触时,各类记忆细胞均可被激活,迅速增殖分化为产生 IgG 和 IgM 的浆细胞,其中 IgM 记忆细胞寿命较短,所以再次应答间隔的时间越长,机体越倾向只产生 IgG,而不产生 IgM。

根据抗体产生的一般规律,在预防接种时,间隔一定时间进行再次免疫,可起到强化免疫的作用。

(五)影响抗体产生的因素

抗体是机体免疫系统受抗原的刺激后产生的,因此影响抗体产生的因素就在于抗原和机体两个方面。

1. 抗原方面

(1)抗原的性质 由于抗原的物理性状、化学结构和毒力的不同,对机体刺激的强度也不一样,因此机体产生抗体的速度和持续时间也不同。给机体注射颗粒性抗原,如细菌,经过 $2\sim5$ d 血液中就出现抗体。如果给机体注射可溶性抗原,如注射破伤风类毒素,需 $2\sim3$ 周的时间血液中才出现抗毒素。活苗比灭活苗刺激机体产生抗体较快,免疫效果较好。

(2)抗原的用量 在一定限度内,抗体产生的量随抗原用量的增加而增加,但当抗原用量过多,超过了一定限度,抗体的形成反而受到抑制,称此为免疫麻痹。相反,抗原用量过少,又不足以刺激机体产生抗体。因此,在预防接种时,疫苗的用量必须按规定应用,不得随意增减。一般活苗用量较小,灭活苗用量较大。

(3)免疫次数及间隔时间 为了使机体获得较强并持久的免疫力,就必须进行强化免疫,需要刺激机体产生再次应答。活疫苗因为在机体内有一定程度的增殖,一般只需免疫一次即可,而灭活苗和类毒素通常需要连续免疫 $2\sim3$ 次才能产生足够的抗体。灭活疫苗间隔 $7\sim10$ d,类毒素需是可溶性抗原,引起免疫反应较慢,间隔至少 $4\sim6$ 周。

(4)免疫途径 由于免疫途径的不同,抗原在体内停留的时间和接触的组织就不同,因而产生的免疫应答就有一定的差异。接种途径的选择应以能刺激机体产生良好的免疫反应为原则。不一定是自然感染的侵入门户,主要应根据各种不同感染的免疫机制加以考虑。例如猪传染性胃肠炎,必须经口或肌肉内接种强毒病毒,使猪的肠道受到抗原刺激,产生分泌型 IgA,才能获得坚强的抗感染能力。由于大多数抗原易被消化酶降解而失去免疫原性,所以多数疫苗采用非经口途径免疫,如皮内、皮下、肌肉等注射途径免疫以及滴鼻、点眼、气雾免疫等,只有少数弱毒疫苗,如传染性法氏囊病疫苗可经饮水免疫。免疫途径以皮内免疫最佳,皮下免疫次之,肌肉注射、腹腔注射和静脉注射效果差。

(5)佐剂的作用 免疫佐剂是一些本身没有免疫原性,但与抗原物质合并使用时,能非特异性地增强抗原物质的免疫原性和增强机体的免疫应答的物质。灭活苗的免疫原性较差,必须加入佐剂增强其免疫原性,以提高抗体的产量。在生产疫苗的实践中,常用的免疫佐剂有氢氧化铝胶、明矾(钾明矾、铵明矾)、磷酸钙、磷酸铝及白油等。

2. 机体方面

动物机体的遗传因素、年龄因素、营养状况、某些内分泌激素及疾病等均可影响抗体的产生。

(1)遗传因素 各种先天性免疫缺陷病,如体液免疫缺陷、细胞免疫缺陷及吞噬作用缺陷等均会直接影响机体对抗原的免疫应答。

（2）年龄因素　如初生或出生不久的动物,免疫应答能力较差。其原因主要是免疫系统发育尚未健全,其次是受母源抗体的影响。母源抗体是指动物机体通过胎盘、初乳、卵黄等途径从母体获得的抗体。母源抗体可保护幼龄动物免于感染,但也能抑制或中和相应抗原,对接种后的机体的免疫应答有干扰。因此,给幼龄动物初次免疫时必须考虑到母源抗体的影响。一般来说,动物出生后要经过一定的时期才可以进行预防接种。老龄动物因免疫系统功能衰退,免疫功能逐渐下降,容易发生感染。

（3）营养状况　机体的营养状况较差,尤其是缺乏蛋白质、某些氨基酸、维生素 A 和一些B 族维生素,可显著降低抗体形成的能力。

（4）其他因素　动物处于严重的感染期,免疫器官和免疫细胞遭受损伤,都会影响抗体形成。如感染传染性法氏囊病病毒的雏鸡,可使法氏囊受到损害,导致雏鸡体液免疫应答能力下降,影响抗体的产生。处于特殊的生理时期如妊娠的动物,抗体的产生也受一定的影响。

三、血清学试验的概述

（一）血清学试验概念

抗原与相应的抗体在体内和体外均能发生特异性结合反应。在体内发生的抗原抗体反应是体液免疫应答的效应作用;体外的抗原抗体结合反应主要用于检测抗原或抗体,用于免疫学诊断,称为免疫检测技术。因抗体主要存在于血清中,所以将体外进行的抗原抗体结合反应又称为血清学试验、血清学反应或免疫血清学技术。

血清学试验具有特异性强、检出率高、方法简易快速的特点。可以用已知抗原来检测动物血清中的特异性抗体,也可以用已知抗体来检测被检动物组织中的微生物(抗原)。因此,广泛应用于新分离的病原进行血清学分型和鉴定、传染病及寄生虫病的诊断、监测及定量分析。如在生产实践中常用凝集试验进行鸡白痢和布鲁氏菌病的检疫。

（二）血清学试验的一般特点

血清学试验是利用抗原抗体能够发生特异性结合的特点设计并进行的,因此具有特异性、交叉性、敏感性、可逆性、反应的二阶段性、最适比例与带现象、用已知测未知等特点。

1.特异性和交叉性

血清学试验具有高度的特异性。即一种抗原(抗体)只能和其相应的抗体(抗原)结合,不能与其他抗体发生反应。如抗猪瘟病毒的抗体只能与猪瘟病毒结合而不能与蓝耳病病毒及其他病毒结合,反之亦然。这种抗原抗体的特异性可用于检测、分析、鉴定各种抗原和进行疾病的诊断。

较大分子的抗原常含有多种抗原决定簇,如果两种不同的抗原之间含有部分共同的抗原决定簇,则一种抗体能同时与两种抗原发生结合,可发生交叉反应。如肠炎沙门氏菌的血清能凝集鼠伤寒沙门氏菌。一般来说抗原之间亲缘关系越近,其抗体交叉反应的程度越高,交叉反应也是区分细菌血清型和亚型的重要依据。

2.敏感性

血清学试验不仅具有高度的特异性,而且还具有高度的敏感性。不仅可进行定性检测,还可以定量检测微量、极微量的抗原或抗体,其敏感度大大超过当前所应用的化学分析方法。血清学试验的敏感性视其种类而异。

3. 可逆性

抗原与抗体的结合是分子表面的结合,这种结合虽相对稳定但也是可逆的,二者在一定条件下仍可分离。其结合条件为 0～40℃、pH4～9。如温度超过 60℃ 或 pH 降到 3 以下,或加入解离剂(如硫氰化钾、尿素等)时,则抗原抗体复合物又可重新解离,并且分离后抗原或抗体的性质仍不改变。如免疫亲和层析技术,常利用改变反应环境 pH 及离子强度促使抗原抗体复合物解离,进而分离纯化抗原或抗体。

4. 反应的二阶段性

第一阶段为抗原与抗体的特异性结合阶段,此阶段反应快、仅数秒至数分钟,但不出现可见反应。第二阶段为可见阶段,这一阶段抗原抗体复合物在环境因素(如电解质、pH、温度、补体)的影响下出现各种可见反应,如表现为凝集、沉淀、补体结合、颜色变化等。此阶段反应慢、需数分钟、数十分钟或更久,此阶段受电解质、pH、温度等因素的影响。为加速第二反应阶段的进行,常采用最适条件,如最适合 pH 为 6～8,最适合温度为 37℃ 等,增加抗原抗体结合速度,加速可见反应的出现。

5. 最适比例与带现象

抗体单体为二价,如 IgG 有 2 个结合点,分泌型 IgA 有 4 个结合点,抗原为多价,一般具有 10～50 个不等的结合点,因此只有二者比例合适时,抗原抗体才结合的最充分,形成的抗原抗体复合物最多,反应最明显,结果出现最快,才出现凝集、沉淀等肉眼可见的反应现象称为等价带。如果抗原过多或抗体过多,则抗原与抗体的结合不能形成大复合物,抑制可见反应的出现,称为带现象。当抗体过量时,称为前带现象;抗原过多时,称为后带现象。为克服带现象,在进行血清学反应时,需将抗原或抗体作最适稀释,通常是固定一种成分,稀释另一种成分。如凝集反应时,因抗原为大的颗粒状抗原,容易因抗体过多出现前带现象,因而需要将抗体作递进稀释,固定抗原浓度。而沉淀反应的抗原分子为小分子的可溶性抗原,容易因为抗原过多而出现后带现象,则需要稀释抗原。

6. 用已知测未知

所有的血清学试验都是用已知抗原测定未知抗体,或用已知抗体测定未知抗原,在整个反应中只能有一种是未知的,但可以用两种或两种以上的已知材料检测一种未知材料。

(三)影响血清学试验的因素

影响血清学试验的因素很多,通常受电解质、酸碱度、温度、振荡以及是否含有杂质和异物等理化因素的影响。

1. 电解质

抗原与抗体发生特异性结合后,在由亲水胶体变为疏水胶体的过程中,须有电解质参与才能进一步使抗原抗体复合物失去电荷,水化层被破坏,复合物相互靠拢聚集形成大块的凝集或沉淀。若无电解质参与,则不出现可见反应。为了促使沉淀物或凝集物的形成,一般用生理盐水即浓度 0.85%～0.9%NaCl 溶液(人、畜)或 8%～10%NaCl 溶液(禽)或磷酸盐缓冲生理盐水(免疫标记技术)作为抗原和抗体的稀释剂与反应溶液。特殊需要时也可选用较为复杂的缓冲液,例如在补体参与的溶细胞反应中,除需要等渗 NaCl 溶液外,还需要加入适量的 Mg^{2+} 和 Ca^{2+} 可以促进反应的可见性。如果反应系统中电解质浓度低甚至无,抗原抗体不易出现可见反应,尤其是沉淀反应。但如果电解质浓度过高,则会出现非特异性蛋白质沉淀,即盐析。

2.酸碱度

血清学试验需要在适当的 pH 条件中进行,常用的 pH 为 6.0~8.0。抗体或抗原大部分都是蛋白质,具有两性电离性质,都有固定的等电点。酸碱度过高或过低,都可直接影响抗原或抗体的反应性,导致已经结合的抗原抗体复合物重新解离。若 pH 降回等电点时,会发生非特异性酸凝集,造成假象,出现假阳性。

3.温度

抗原抗体反应的温度适应范围比较宽,而且温度升高可增加抗原抗体接触机会,加速反应进行,因此,将抗原、抗体充分混合后,通常在 37℃(水浴或培养箱)中保温一定时间,可促使第二阶段反应的出现。亦可用 56℃水浴,则反应更快。

但若温度高于 56℃时,可导致已结合的抗原抗体再解离,甚至变性或破坏。但有的抗原和抗体需要在低温下长时间结合反应才能更充分。如补体结合试验在 0~4℃冰箱结合效果更好。

4.振荡

适当的机械振荡能增加分子或颗粒间的相互碰撞,加速抗原抗体的结合反应。但强烈的振荡可使抗原抗体复合物解离。

5.杂质和异物

杂质和异物的存在也会影响血清学试验的结果,试验介质中如有蛋白质、类脂质、多糖等杂质存在,会抑制反应的进行或引起非特异性反应,所以每批血清学试验都应设阳性和阴性对照试验,以便做出正确的判断。

(四)血清学试验的类型

血清学试验根据抗原抗体反应的性质、参与反应的介质及反应现象的不同,可分为凝集试验、沉淀试验、补体结合试验、中和试验和免疫标记技术(包括荧光抗体、酶标抗体、放射性同位素标记抗体、化学发光标记抗体技术等)等已普遍应用的技术,以及免疫复合物散射反应(激光散射免疫测定)、电免疫反应(免疫传感器技术)、免疫转印以及建立在抗原抗体反应基础上的免疫蛋白芯片技术等新技术。

四、凝集试验

(一)凝集试验的概念

细菌、红细胞等颗粒性抗原或吸附在红细胞、乳胶颗粒、活性炭颗粒等载体表面的可溶性抗原与相应抗体结合后,在有适量电解质存在下,经过一定时间,复合物互相凝聚形成肉眼可见的凝集团块,称为凝集试验。参与凝集反应的抗原称为凝集原,抗体称为凝集素。参与凝集试验的抗体主要为 IgG 和 IgM。

凝集试验可用于检测抗体或抗原,最突出的优点是操作简便,耗时少,结果明显肉眼可见,不需要大型仪器,便于基层的临床诊断工作。

(二)凝集试验的原理

细菌及其他凝集原都带有相同的电荷即负电荷,在悬浮体系中相互排斥而成均匀的分散状态。抗原抗体相遇后,因其表面存在相互对应的化学集团而发生特异性结合,形成抗原抗体复合物,降低了抗原分子间的静电排斥力,抗原表面的亲水集团减少,由亲水状态变为疏水状态,出现凝集趋向,在电解质(如生理盐水)的参与下,中和了抗原抗体复合物表面的大部分电荷,使其分子间的静电排斥力下降甚至消失,分子间相互吸引,凝集成大的絮片或颗粒,出现了肉眼可见的凝集反应。

(三)凝集试验的分类及应用

凝集试验一般用于检测抗体,也可用已知的抗体检测和鉴定抗原(如新分离未知菌的检测与鉴定或分型)。常用的凝集试验包括直接凝集试验、间接凝集试验。

1.直接凝集试验

直接凝集试验简称凝集试验,是指颗粒性抗原(如细菌或红细胞表面抗原)与相应抗体在电解质的参与下直接结合,并出现凝集成团块现象的试验。该试验参与反应的因素很少,只有抗原和相应的抗体,所以该反应具有敏感、特异、方便的特点,可用于疫病的诊断或微生物鉴定,在基层动物检疫部门和生产单位已被广泛应用。按操作方法可分为平板凝集试验和试管凝集试验。

(1)平板凝集试验　平板凝集试验是一种定性试验,可在玻璃板或载玻片上进行。将含有已知抗体的诊断血清与待检菌悬液各一滴在玻片上混合均匀,数分钟后,如出现颗粒状或絮状凝集,即为阳性反应。反之,也可用已知的诊断抗原悬液检测待检血清中有无相应的抗体。此法简便快速,适用于新分离细菌的鉴定、分型和抗体的定性检测。如大肠杆菌和沙门氏菌等的鉴定,布鲁氏菌病、鸡白痢、禽伤寒和禽败血支原体病的检疫,亦可用于血型的鉴定等。

(2)试管凝集试验　试管凝集试验是一种定性和定量试验,可在小试管中进行。操作时将待检血清用生理盐水或其他稀释液作倍比稀释,然后每管加入等量抗原,混匀,37℃水浴或放入恒温箱中数小时,观察液体澄清度及沉淀物,根据不同凝集程度记录结果为＋＋＋＋(100%凝集)、＋＋＋(75%凝集)、＋＋(50%凝集)、＋(25%凝集)、－(不凝集)。根据每管内细菌的凝集程度判定血清中抗体的含量。以出现50%凝集(＋＋)以上的血清最高稀释倍数为该血清的凝集价,也称效价或滴度。一般细菌凝集均为菌体凝集,抗原凝集呈致密颗粒状,有鞭毛的细菌凝集时呈疏松絮状凝集块,R型菌落细菌易发生自家凝集。试验时应设阳性血清、阴性血清和生理盐水进行对照。此法准确、耗时,本试验主要用于检测待检血清中是否存在相应的抗体及其效价(滴度),可作临床诊断或流行病学调查,如布鲁氏菌病的诊断与检疫。

2.间接凝集试验

将可溶性抗原(或抗体)先吸附于与免疫无关的具有一定大小的不溶性的载体表面,此吸附了抗原(或抗体)的载体与相应的抗体(或抗原)结合,在有电解质存在的适宜条件下,发生特异性凝集现象称为间接凝集试验或被动凝集试验(图2-25)。间接凝集试验的优点是敏感度高,它一般要比直接凝集反应敏感2～8倍,但特异性较差。

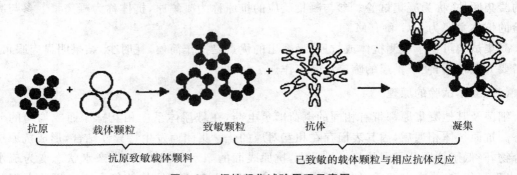

抗原　　载体颗粒　　　　致敏颗粒　　　　抗体　　　　　凝集

抗原致敏载体颗料　　　　　　已致敏的载体颗粒与相应抗体反应

图 2-25　间接凝集试验原理示意图

用于吸附抗原（或抗体）的颗粒称为载体。常用的载体有动物红细胞、聚苯乙烯乳胶微球、硅酸铝、活性炭、白陶土和葡萄球菌 A 蛋白等。绵羊红细胞表面有大量的糖蛋白受体,极易吸附某些抗原物质,吸附性能好,且大小均匀一致,应用最为广泛。抗原多为可溶性蛋白质,如细菌、立克次氏体和病毒的可溶性抗原、寄生虫的浸出液、动物的可溶性物质、各种组织器官的浸出液、激素等,亦可为某些细菌的可溶性多糖。吸附抗原（或抗体）后的颗粒称为致敏颗粒。间接凝集试验由于载体颗粒极大地增加了可溶性抗原的体积,致敏载体上的少量抗原与检测样品中的少量抗体结合就足以出现肉眼可见的反应,大大提高了试验的敏感性,可用于检测细菌、病毒、寄生虫、螺旋体等感染动物机体后产生的微量抗体,有利于疾病的早期诊断。间接凝集试验根据载体的不同,可分为间接血凝试验、乳胶凝集试验、协同凝集试验和炭粉凝集试验等。

（1）间接血凝试验　以红细胞为载体的间接凝集试验,称为间接血凝试验。吸附抗原的红细胞称为致敏红细胞。致敏红细胞与相应抗体结合后出现肉眼可见的红细胞凝集现象。将已知可溶性抗原吸附于载体红细胞表面（血凝抗原）,检测未知血清抗体的试验称为正向间接血凝试验（IHA）。

正向间接血凝试验的检测原理:抗原与其对应的抗体相遇,在一定条件下会形成抗原抗体复合物,但这种复合物的分子团很小,肉眼看不见。若将抗原吸附（致敏）在经过特殊处理的红细胞表面,只需少量抗原就能大大提高抗原和抗体的反应灵敏性。这种经过抗原致敏的红细胞与对应的抗体相遇,红细胞便出现清晰可见的凝集现象。该方法可用于 O 型口蹄疫、猪瘟等免疫动物血清抗体效价的检测。

将已知抗体吸附于红细胞表面,检测待测样品中的未知抗原的试验称为反向间接血凝试验。间接血凝试验敏感度高,可以测出极微量的抗原或抗体,常用的红细胞有绵羊、家兔、鸡及人的 O 型红细胞。由于红细胞几乎能吸附任何抗原,而且红细胞是否凝集容易观察,因此间接血凝试验已广泛应用于血清学诊断的各个方面,如多种病毒性传染病、支原体病、衣原体病、弓形体病等的诊断和检疫。

抗体与游离抗原结合后就不能凝集抗原致敏的红细胞,从而使红细胞凝集现象受到抑制,这一试验称为间接血凝抑制试验（图 2-26）。通常是用抗原致敏的红细胞和已知抗血清检测未知抗原或测定抗原的血凝抑制价。血凝抑制价即抑制血凝的抗原最高稀释倍数。

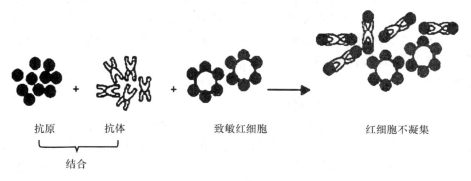

抗原　　　抗体　　　　致敏红细胞　　　　　　红细胞不凝集

结合

图 2-26　间接血凝抑制反应原理示意图

(2)乳胶凝集试验　使用聚苯乙烯聚合高分子微球作载体颗粒吸附某些抗原或抗体,检测相应的抗体或抗原的试验,这种以乳胶颗粒作为载体的间接凝集试验称为乳胶凝集试验。聚苯乙烯经过乳化聚合形成的高分子乳胶液,形成的乳胶微球直径约 0.8 μm,对蛋白质、核酸等高分子物质具有较好的吸附功能。本试验方法具有简便、快速、保存方便、比较准确等优点,在临床诊断中广泛应用于伪狂犬病、流行性乙型脑炎、钩端螺旋体病、猪细小病毒病、猪传染性萎缩性鼻炎、禽衣原体病、山羊传染性胸膜肺炎、囊虫病等的诊断。

(3)协同凝集试验　以金黄色葡萄球菌 A 蛋白(SPA)作为载体进行的凝集试验称为协同凝集试验。金黄色葡萄球菌 A 蛋白是大多数金黄色葡萄球菌的特异性表面抗原,能与多种哺乳动物 IgG 分子的 Fc 片段相结合,结合后的 IgG 仍保持其抗体活性。当这种覆盖着特异性抗体的葡萄球菌与相应抗原特异性结合,可以相互连接出现凝集现象,在玻板上数分钟即可判定结果。目前已广泛应用于快速鉴定细菌、支原体和病毒等。

(4)炭粉凝集试验　以极细的活性炭粉作为载体的间接凝集试验,称为炭粉凝集试验。反应在玻璃板上或塑料反应盘进行,数分钟后即可判定结果。通常是用抗体致敏炭粉颗粒制成炭素血清,用以检测抗原,如马流产沙门氏菌;也可用抗原致敏炭粉,用以检测抗体,如腺病毒感染、沙门氏菌病、大肠杆菌病、囊虫病等的诊断。

五、诊断液

诊断液也称诊断试剂,是指利用微生物、寄生虫及其代谢产物,以及含有其特异性抗体的血清制成的专供传染病、寄生虫病或其他疾病以及机体免疫状态检测用的生物制品,包括诊断抗原和诊断抗体(血清)。

(一)诊断抗原

常用的诊断抗原包括血清学试验抗原和变态反应抗原。

(1)血清学试验抗原　血清学试验抗原包括各种凝集反应抗原,如鸡白痢全血平板凝集反应抗原、鸡支原体病全血平板凝集反应抗原、猪伪狂犬乳胶凝集抗原、布鲁氏菌试管凝集反应抗原、布鲁氏菌虎红平板凝集反应抗原等;沉淀反应抗原,如炭疽环状沉淀反应抗原、马传染性贫血琼脂扩散试验抗原等;补体结合反应抗原,如鼻疽补体结合反应抗原、马传染性贫血补体结合反应抗原等。应该注意的是在各种类型的血清学试验中,同一种微生物制备的诊断抗原会因试验类型不同而有所差异,因此,在临床使用时,应根据试验的类型选择相应的诊断抗原。

(2)变态反应抗原　变态反应抗原是用于已感染疫病的机体,此种抗原可以刺激机体发生迟发型变态反应,从而判断机体的感染情况,如用于检测结核分支杆菌感染的结核菌素,检测布鲁氏菌感染的布鲁氏菌水解素等。

(二)诊断抗体

诊断抗体包括诊断血清和诊断用特殊抗体。

(1)诊断血清　诊断血清是用抗原免疫动物制成的,类似于高免血清,如鸡白痢血清、炭疽沉淀素血清、魏氏梭菌定型血清、大肠杆菌和沙门氏菌的因子血清等。

(2)诊断用特殊抗体　诊断用特殊抗体是为了便于诊断动物疫病而生产的具有一定特殊性质的抗体,如单克隆抗体、荧光抗体、酶标抗体、同位素标记抗体等,现在已研制出的诊断试剂盒也日益增多,广泛应用于临床动物疫病的检测。

◉ 任务 2-9 环状沉淀试验检测

【任务描述】

环状沉淀试验是将抗原与相应血清在试管内叠加,在电解质存在的情况下,抗原抗体两液相接触的界面出现乳白色沉淀环的试验。此方法简单、快速,在兽医临床上一般是利用已知抗体检测未知的抗原以达到鉴定抗原、诊断疾病的目的。本任务在动物微生物检测室利用炭疽环状沉淀试验(Ascoli 氏试验)对疑似炭疽杆菌感染的病料进行检测,学会环状沉淀试验的操作方法、结果判定和注意事项。

【任务目标】

(1)理解沉淀试验、补体结合试验、中和试验、免疫标记技术的概念和类型;明确环状沉淀试验、补体结合试验、中和试验、免疫标记技术在生产中的应用;掌握环状沉淀试验的操作方法及结果判定标准。

(2)能够正确地进行环状沉淀试验的操作及判定结果。

【必备技能】

一、准备试验材料

(1)仪器 高压蒸汽灭菌器、水浴锅。

(2)材料 沉淀试验用小试管(5 mm×50 mm)、带胶乳头的毛细吸管、漏斗、中性石棉或中性滤纸、乳钵、剪刀、大试管(15 mm×150 mm)、移液管、量筒、生理盐水、0.5%石炭酸生理盐水、炭疽沉淀素血清、阴性血清、标准炭疽杆菌抗原、疑似炭疽被检材料(脾、皮张等)等。

二、方法与步骤

参照 NY/T 561—2002 动物炭疽诊断技术进行。

炭疽的血清学诊断是用已知的抗血清做沉淀试验进行抗原性鉴定。炭疽沉淀原耐腐败和高温,对于腐败、陈旧脏器及尸体的标本仍能检出结果,所以本试验除用以检测病畜新鲜病料外,主要用以检查可疑皮张及其动物尸体(腐败组织)等,用做炭疽的追溯诊断。此外对分离可疑菌的鉴定时也常用。

(一)待检沉淀原的制备

(1)炭疽杆菌沉淀原 取装有待鉴定的普通营养肉汤培养物或用 0.5%石炭酸生理盐水洗下琼脂培养物混悬液的试管,置水浴锅中煮沸 15~30 min,取出冷却后,用中性石棉或滤纸滤过,获得的透明滤液即为待检沉淀原。

(2)脏器沉淀原 通常采用热浸法。取疑为炭疽死亡动物的脾脏或肝脏等实质脏器病料 1.0~2.0 g(注意个人防护,要戴手套,防止污染环境),置于乳钵内剪碎、研磨,或血液、渗出液 2 mL,加入 5~10 倍量的 0.5%石炭酸生理盐水使之混合,用移液管移至大试管内,置水浴煮沸 15~30 min,冷却后用中性石棉或滤纸过滤,得到透明滤液即为待检沉淀原。如果滤过液不透明,可再滤过 1 次,直至透明为止。

(3)皮张沉淀原 通常采用冷浸法。取被检皮革、兽毛等检样(每张皮的腿部或腋下边缘部位),先用 121.3℃ 30～60 min 高压蒸汽灭菌,以保证检验者的安全,但湿皮、鲜皮和冻皮,于灭菌前应在 37℃ 恒温箱中放置 48 h,或放室温 3～4 d,令其干燥后,再进行消毒灭菌较好。灭菌后除去脂肪的样皮剪成 1 cm×1 cm 大小的小块(约 1.0 g)或兽毛数克,加 5～10 倍量的 0.5%石炭酸生理盐水,置 10～20℃室温下浸泡 16～24 h 或 8～14℃水浴中浸泡 14～20 h,用中性石棉或滤纸过滤,使之澄清透明为止即为待检沉淀原。

(二)操作方法

(1)用带胶乳头的毛细吸管吸取炭疽沉淀素血清徐徐注入斜置的沉淀管内,达到管高的 1/3 处(0.1～0.2 mL),加时注意勿使液面产生气泡或沾染上部管壁。

(2)用另一支毛细滴管吸取等量的待检沉淀原沿管壁慢慢加到炭疽沉淀素血清的上面,达到管高的 2/3 处,使两液接触处形成一整齐的界面。加时注意不要发生气泡或者将其摇动,随即轻轻直立沉淀管,放试管架上,置 15～20℃以上的室温下静置待判定(图 2-27)。

(3)每次试验前,须按下列要求,做对照试验。

①阳性对照:炭疽沉淀素血清对 1:5 000 倍的标准炭疽菌粉抗原,在 1 min 内应呈标准阳性反应;

②阴性对照:炭疽沉淀素血清对 0.5%石炭酸生理盐水作用 15 min,应呈阴性反应;

③阴性对照:阴性血清对 1:5 000 倍的标准炭疽菌粉抗原经 15 min,应呈阴性反应。

皮张标本的炭疽沉淀试验检查还应做炭疽沉淀素血清对已知阴性皮张抗原和阴性血清对已知阳性皮张抗原等对照试验经 15 min 应呈阴性反应。

(三)结果判定

于光线充足处 1～15 min 内判定结果。标准炭疽抗原阳性对照管出现乳白色沉淀环,生理盐水和阴性血清等阴性对照管无沉淀环。被检沉淀原 1～5 min 内(皮张标本 15 min 内)两液面的交界处出现清晰、致密如线的白色沉淀环判为阳性反应,记录"+",说明被检病料来自患炭疽动物;白环模糊,不明显者为疑似反应,记录"±";两液接触面清晰,无白环者为阴性反应,记录"-";两液接触面界限不清,或其他原因不能判定者为无结果,记录"O";对可疑和无结果者,须重做一次。复检再呈疑似反应时,须按阳性处理(图 2-27)。

此法可用于诊断牛、羊、马的炭疽,但不能用于诊断猪炭疽,因猪患炭疽时,局限性咽炎,形态变异,用此法诊断常为阴性。

炭疽沉淀原耐腐败和高温,对于腐败、陈旧脏器及尸体的标本仍能检出结果,所以常用于可疑皮张及其动物尸体的检疫。此外,对分离可疑菌的鉴定时也常用。

(四)注意事项

(1)待检抗原必须清亮,如不清亮,可离心后取上清液,也可冷藏后使脂类物质上浮,用吸管吸取底层的液体待检。

(2)必须进行标准抗原和生理盐水等对照观察,以免出现假阳性。

(3)加血清和抗原的带胶乳头的毛细吸管应以 0.5%石炭酸生理盐水充分彻底洗涤后,方可继续使用。如为盐皮抗原,应在炭疽沉淀素血清中加入 4%化学纯氯化钠后,方能做血清反应。

(4)抗原的加入方法为叠加,不能与血清混合,判定结果时小试管应静置,不能晃动。

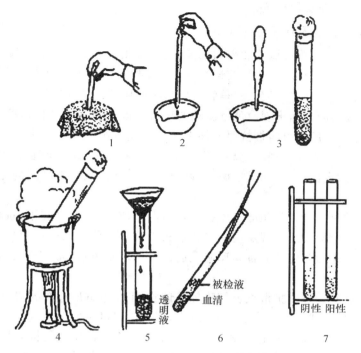

图 2-27 炭疽沉淀反应操作方法图解
1.研碎   2.加 5～10 倍盐水   3.将乳剂装入试管内
4.煮沸 30 min   5.滤过   6.层积法   7.结果

（5）炭疽杆菌是人畜共患的病原微生物，实验中一定严格按照检验炭疽病的防疫要求操作，不得污染周围环境和物品，用后的器械物品应及时消毒灭菌处理，避免散布病原及造成人员感染。

（6）取样人员，应进行炭疽预防注射和具有一定的防疫知识。在工作前，应穿好防护服，工作后，应充分消毒洗手，工作服须进行 103.4 kPa 高压蒸汽灭菌，要严格遵守防疫卫生制度。

【相关知识】

一、沉淀试验

（一）沉淀试验的概念

可溶性抗原与相应抗体结合后，在适量电解质存在下，经过一定时间，出现肉眼可见的白色沉淀，称为沉淀试验。参与试验的抗原称为沉淀原，主要是细菌浸出液、病料浸出液、血清及蛋白质、多糖、类脂等，如细菌的外毒素、内毒素、菌体裂解液、病毒悬液、病毒的可溶性抗原、血清和组织浸出液等。反应中的抗体称为沉淀素。

（二）沉淀试验的原理

沉淀试验的原理与凝集试验的原理基本相同，区别在于沉淀试验使用的抗原是可溶性的，单个抗原分子体积小，在单位体积的溶液内所含抗原量多，其总反应面积大，出现反应所需的抗体量多,因此试验时需要稀释抗原。

(三)沉淀试验的分类及应用

沉淀试验可分为液相沉淀试验和固相沉淀试验,液相沉淀试验又分为环状沉淀试验和絮状沉淀试验,以前者应用较多;固相沉淀试验有琼脂凝胶扩散试验和免疫电泳技术。

(1)环状沉淀试验　环状沉淀试验是将抗原与相应血清在试管内叠加,在电解质存在的情况下,抗原抗体相接触的界面出现白色沉淀环的试验。该试验是一种快速检测溶液中的可溶性抗原或抗体的方法。即将可溶性抗原叠加在 3 mm 左右小口径试管中的抗体表面,数分钟后在抗原抗体相接触的界面出现白色环状沉淀带,即为阳性反应,无沉淀环为阴性。本法主要用于兽医临床抗原的定性检验,如炭疽病的诊断(Ascoli 氏试验)、链球菌的血清型鉴定、肉品检验和血迹鉴定等。

(2)絮状沉淀试验　抗原与相应抗体在试管内混合,在电解质存在下,抗原抗体复合物可形成絮状物。当比例最适时,出现反应最快和絮状物最多。此方法受抗原抗体比例的影响非常明显,因而常用来作为测定抗原抗体反应最适比例的基本方法,常用于毒素、类毒素和抗毒素的定量测定。

(3)琼脂扩散试验　琼脂扩散试验简称琼扩试验,是在电解质存在的情况下抗原与相应抗体在琼脂凝胶中扩散相遇后,在最适比例处结合,形成肉眼可见的白色沉淀线的试验。琼脂是一种含有硫酸基的多糖,加热溶于水,冷却后凝固成具有多孔的网状结构的凝胶,1%琼脂凝胶孔径为 85 nm,可允许许多可溶性抗原、抗体在凝胶中自由扩散,抗原抗体相遇后,在最适比例处形成较大颗粒物,不再扩散,构成肉眼可见的沉淀线。

琼脂扩散试验有 4 类型,即单向单扩散、单向双扩散、双向单扩散和双向双扩散。最常用的是双向单扩散和双向双扩散。具体介绍详见项目三任务 3-4。

(4)免疫电泳技术　免疫电泳技术是将凝胶扩散试验与电泳技术相结合的一种免疫检测技术。即将琼脂凝胶板置于直流电场中进行,让电流来加速抗原与抗体的扩散并规定其扩散方向,在比例合适处形成可见的沉淀带。临床上应用比较广泛的有对流免疫电泳和火箭免疫电泳。具体介绍详见项目三任务 3-4。

二、补体结合试验

(一)补体结合试验的概念

补体结合试验是应用可溶性抗原(如蛋白质、多糖、类脂、病毒等)与相应抗体结合后,其抗原抗体复合物可以结合补体,但这一反应肉眼不能察觉,如再加入致敏红细胞和溶血素,即可根据是否出现溶血反应,来判定反应系统中是否存在相应的抗原和抗体。参与补体结合反应的抗体称为补体结合抗体。补体结合抗体主要为 IgG 和 IgM,IgE 和 IgA 通常不能结合补体。本试验通常是利用已知抗原检测未知抗体。

(二)补体结合试验的原理

补体结合试验有溶菌和溶血两大系统,含抗原、抗体、补体、溶血素(绵羊红细胞多次免疫家兔)和红细胞 5 种成分。补体没有特异性,能与任何一组抗原抗体复合物结合,如果与细菌及相应抗体形成的复合物结合,就会出现溶菌反应;而与红细胞及溶血素形成的致敏红细胞结合,就会出现溶血反应。试验时,首先将抗原、待检血清和补体按一定比例混匀后,保温一定时间,然后再加入红细胞和溶血素,作用一定时间后,观察结果。不溶血为补体结合试验阳性,表示待检血清中有相应的抗体,抗原抗体复合物结合了补体,加入溶血系统后,由于无补体参加,所以不溶血。溶血则为补体结合试验阴性,说明待检血清中无相应的抗体,补体未被抗原抗体复合物结合,当加入溶血系统后,补体与溶血系统复合物结合而出现溶血反应(图2-28)。

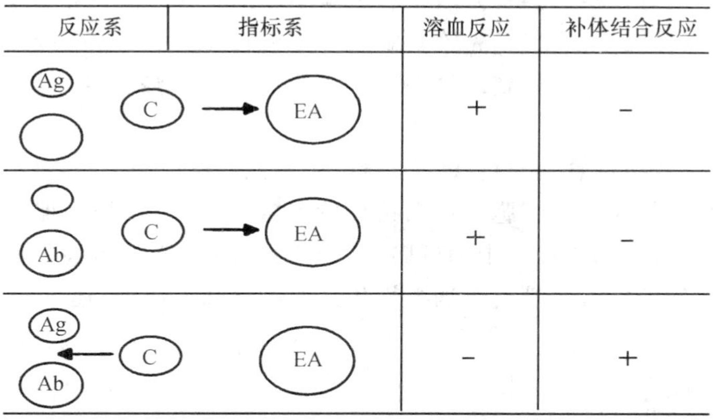

反应系		指标系	溶血反应	补体结合反应
Ag ○	C →	EA	+	−
○ Ab	C →	EA	+	−
Ag Ab ←	C	EA	−	+

图 2-28　补体结合反应原理示意图
Ag.抗原　Ab.抗体　C.补体　EA.致敏红细胞

(三)补体结合试验的应用

补体结合试验具有高度的特异性和敏感性,可以检测出微量的抗原和抗体,是诊断动物传染病及人畜共患病常用的诊断方法之一。临床常用于结核、副结核、鼻疽、牛肺疫、马传染性贫血、乙型脑炎、布鲁氏菌病、钩端螺旋体病、锥虫病等病的诊断及流行性乙型脑炎病毒的鉴定和口蹄疫病毒的鉴定与分型等。但由于操作较繁琐,影响因素较多,已逐渐为其他简易敏感的试验所代替。

三、中和试验

(一)中和试验的概念

病毒或毒素与相应抗体结合后,丧失了对易感动物、鸡胚和易感细胞的致病力,称为中和试验。本试验具有高度的特异性和敏感性,并有严格的量的关系。

(二)中和试验的种类及应用

1.毒素和抗毒素的中和试验

由外毒素或类毒素刺激机体产生的抗体,称为抗毒素。抗毒素能中和相应的毒素,使其失去致病力。试验有体内中和试验和体外中和试验两种方法。

体内中和试验是将一定量的抗毒素与致死量的毒素混合,在恒温下作用一定时间后,接种实验动物,同时另设不加抗毒素的对照组。如果试验组的动物被保护,而对照组的动物死亡,则证明毒素被相应抗毒素中和。在兽医临床上,本方法常用于魏氏梭菌和肉毒梭菌毒素的定型。做此试验时,首先要测定毒素的最小致死量或半数致死量。

体外中和试验是在细胞培养上进行的毒素中和试验及溶血毒素中和试验等。

2. 病毒的中和试验

病毒免疫动物所产生的抗体,能与相应病毒结合,使其感染性降低或消失,从而丧失致病力。应该注意,抗体只能在细胞外中和病毒,对已进入细胞的病毒,则无作用。而且抗体并不都有中和活性,有些抗体与病毒结合后不能使其失活,如马传染性贫血病毒与相应抗体结合后,仍保持高度的感染力。本试验有体内中和试验和体外中和试验两种方法。

体内中和试验也称保护试验,是先给实验动物接种已知疫苗或抗血清,间隔一定时间后,用一定量病毒攻击,视动物是否得到保护来判定结果。常用于疫苗免疫原性的评价和抗血清的质量评价。

体外中和试验是将病毒悬液与抗病毒血清按一定比例混合,在一定条件下作用一段时间,然后接种易感动物、鸡胚或易感细胞。根据接种后动物、鸡胚是否得到保护,细胞是否有病变来判定结果。其中最常用的是细胞中和试验,常用于口蹄疫、猪水疱病、蓝舌病、牛黏膜病、牛传染性鼻气管炎、鸡传染性喉气管炎等病毒性传染病的诊断。此外,还可以用于新分离病毒的鉴定和定型等。

四、免疫标记技术

(一)免疫标记技术的概念和种类

抗原与抗体能特异性的结合,但抗体、抗原分子小,在含量低时形成的抗原抗体复合物是不可见的。而有一些物质即使在超微量时仍能通过某种特殊的理化测试仪器将其检测出来。如将这些易于检测的物质(荧光素、酶、放射性同位素等易于检测的物质)标记在抗体或抗原分子上,它就能追踪抗原或抗体并与之结合,可以通过检测标记分子来显示抗原抗体复合物的存在,通过化学或物理的手段使不见的反应放大、转化为可见的、可测知的、可描记的光、色、电、脉冲等信号。

免疫标记技术就是利用抗原抗体结合的特异性和标记分子极易检测的敏感性相结合形成的试验技术,检测相应抗原或抗体所在部位(定位)及含量(定量)的一种血清学方法。

常用的免疫标记技术主要有荧光抗体标记技术、酶标记抗体技术和同位素标记抗体技术等。它们的敏感性和特异性大大超过常规血清学方法,现已广泛用于传染病的诊断、病原微生物的鉴定、分子生物学中基因表达产物分析等领域。其中酶标抗体技术最为简便,应用较广。以下主要介绍荧光抗体标记技术和酶标记抗体技术。

(二)荧光抗体技术

1. 荧光抗体标记技术的概念

荧光抗体标记技术又称免疫荧光技术,是指用荧光素对抗体或抗原进行标记,再与相应抗原或抗体结合,然后在荧光显微镜下观察荧光以分析、示踪相应的抗原或抗体的方法。本法既有免疫学的特异性和敏感性,又有借助显微镜观察的直观性与精确性,已广泛应用于细菌、病毒、原虫等的鉴定和传染病的快速诊断。

2. 荧光抗体标记技术的原理

荧光素在 10^{-6} 的超低浓度时,仍可被特殊的短波光源激发,在荧光显微镜下可观察到荧光。试验中将荧光染料标记在抗体或抗原上,制成荧光抗体或抗原,此标记过程不影响抗体或抗原的免疫活性,与相应的抗原或抗体相遇后形成带有荧光的抗原抗体复合物,在荧光显微镜下可观察到其发出的荧光。

3.荧光色素

能够产生明显荧光并能作为染料使用的有机物称为荧光色素或荧光染料。目前广泛用于标记的荧光色素主要是异硫氰酸荧光黄(FITC)、四乙基罗丹明(RB 200)、四甲基异硫氰酸罗丹明(TMRITC)等。其中应用最广泛的是异硫氰酸荧光黄。FITC 为黄色结晶,在碱性条件下能与 IgG 结合制成荧光抗体,在荧光显微镜下发出黄绿色荧光。最常用的是以荧光色素标记抗体或抗抗体,用于检测相应的抗原或抗体。

4.荧光抗体染色镜检方法

(1)标本的制备 标本片制作的要求首先是保持抗原的完整性,并尽可能减少形态变化,抗原位置保持不变,同时还必须注意使抗原抗体标记复合物易于接受激发光源,以便很好地观察和记录。这就要求标本要薄,固定方法得当。

根据被检样品的性质不同,可采取不同的制备方法。被检物如为细菌培养物、感染动物的组织或血液、脓汁、粪便和尿沉渣等,可制备涂片或压印片,感染组织还可制备冰冻切片或低温石蜡切片。对于病毒也可用生长在盖玻片上的单层细胞培养物做标本。

标本的固定常用丙酮和 95%乙醇。固定后的标本应随即用 PBS 反复冲洗,干燥后即可染色。固定的目的有两个,一是防止被检材料从载玻片上脱落,二是消除抑制抗原抗体反应因素(如脂肪)。

(2)染色方法 荧光抗体染色方法有多种类型,常用的有直接法和间接法两种。

①直接法。本法是将荧光染料直接与提纯的免疫球蛋白结合,制成荧光抗体,以直接检测相应未知抗原的方法。试验时先将待检病料制成冰冻切片或涂片,细菌材料可以制成涂片,自然干燥,病毒抗原通常用冷丙酮固定,细菌抗原加热固定即可。制好标本后直接滴加相应荧光抗体于标本区,置湿盒内,于37℃作用染色 30~60 min 后取出,用 0.01 mol/LPBS(pH7.2~7.4)充分漂洗 3 次,每次 3~5 min,再用蒸馏水漂洗 2 次,每次 1~2 min,吹干,然后滴加缓冲甘油(分析纯甘油 9 份加 PBS 1 份)封片,即可于荧光显微镜下观察(图 2-

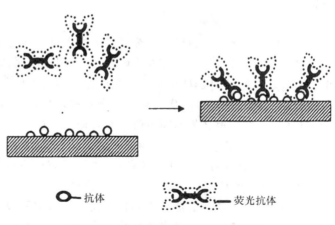

○—抗体 ⌇⌇—荧光抗体

图 2-29 直接荧光抗体染色法示意图

29)。标本中若有相应抗原存在,即可与荧光抗体结合,在镜下见有荧光抗体围绕在受检的抗原周围,发出黄绿色荧光。直接法应设标本自发荧光对照,阳性标本对照和阴性标本对照。该法优点是简便、特异性高,非特异性荧光染色少。缺点是敏感性偏低,且每检一种抗原就需要制备一种荧光抗体。

②间接法。本法是将荧光染料标记在抗抗体上,制成荧光二抗,即可用于检测抗原,又可用于检测抗体的试验方法。先将已知未标记的抗体加到未知抗原上或用未知未标记抗体加到已知抗原上,再加相应的荧光抗抗体,如抗原与抗体发生反应,则抗体被固定,并与荧光抗抗体

结合,发出荧光,从而可鉴定未知的抗原或抗体。试验时,于标本区滴加未标记的相应抗体(第1抗体),置湿盒内,于37℃温箱作用30~60 min;取出后以0.01 mol/LPBS(pH7.2~7.4)充分漂洗3次,每次3~5 min,再用蒸馏水漂洗2次,每次1~2 min,吹干;然后滴加荧光抗抗体(第2抗体),置湿盒内,于37℃温箱染色30 min;再如前漂洗、吹干,滴加缓冲甘油封片、镜检。阳性者形成抗原-抗体-荧光抗抗体复合物,发黄绿色荧光。间接法对照除设标本自发荧光、阳性和阴性标本对照,首次试验时应设无中间层对照(标本加标记抗抗体)和阴性血清对照(中间层用阴性血清代替特异性抗血清)。

间接法比直接法敏感、荧光明亮,由于抗体蛋白质分子具有多个抗原决定簇,可结合多个荧光抗体分子,起到放大作用,所以其敏感性比直接法高5~10倍。而且本法对一种动物而言,只需制备一种荧光抗抗体,即可用于同种属动物的多种抗原或抗体的检测。将SPA标记上FITC制成FITC-SPA,性质稳定,可制成商品,用以代替标记的抗抗体,可用于多种动物的抗原抗体系统的检测,应用面更广。

(3)荧光显微镜检查 标本滴加缓冲甘油后用盖玻片封盖后即可在荧光显微镜下观察。荧光显微镜不同于光学显微镜,它的光源是高压汞灯或溴钨灯,并有一套位于集光器与光源之间的激发滤光片,它只让一定波长的紫外光及少量可见光通过。此外,还有一套位于目镜内的屏障滤光片,只让激发的荧光通过,而不让紫外光通过,以保护眼睛并能增加反差。用FITC标记抗体染色标本在荧光显微镜的蓝紫光或紫外光的照射下,抗原所在部位发出黄绿色荧光。为了直接观察微量滴定板中的抗原抗体反应,如感染细胞培养物上的荧光,可使用已有商品的倒置荧光显微镜。

5.荧光抗体技术的应用

(1)细菌学诊断 利用免疫荧光抗体技术可直接检出或鉴定新分离的细菌,具有较高的敏感性和特异性。链球菌、致病性大肠杆菌、沙门氏菌属、李氏杆菌、巴氏杆菌、布鲁氏菌、炭疽杆菌、马鼻疽杆菌、猪丹毒杆菌和钩端螺旋体等均可采用免疫荧光抗体染色进行检测和鉴定。动物的粪便、黏膜拭子涂片、病变组织的触片或切片以及尿沉渣等均可作为检测样本,经直接法检出目的菌,具有很高的诊断价值。对含菌量少的标本,可采用滤膜集菌法,然后直接在滤膜上进行免疫荧光染色。

荧光抗抗体间接染色法检测抗体,可用于流行病学调查、早期诊断和临床诊断。如钩端螺旋体IgM抗体的检测,可作为早期诊断或近期感染的指征;用间接法检出结核分支杆菌的抗体,可以作为对结核病的活动性和化疗监控的重要手段。

(2)病毒病诊断 用荧光抗体技术直接检出患畜病变组织中的病毒,已成为病毒感染快速诊断的重要手段。如鸡新城疫、猪瘟等可取感染组织做成冰冻切片或触片,用直接或间接免疫荧光染色可检出病毒抗原,一般可在2 h内做出诊断报告。猪流行性腹泻在临诊上与猪传染性胃肠炎十分相似,将患病小猪小肠冰冻切片用猪流行性腹泻病毒的特异性荧光抗体作直接免疫荧光检查,即可对猪流行性腹泻进行确诊。

对含病毒较低的病理组织,需先用细胞培养短期培养增殖后,再用荧光抗体检测病毒抗原,可提高检出率。某些病毒(如猪瘟病毒、猪圆环病毒)在细胞培养上不出现细胞病变,亦可应用免疫荧光作为病毒增殖的指征。应用间接免疫荧光染色法以检测血清中的病毒抗体,亦常作为诊断和流行病学调查用,尤以IgM型抗体的检出可供早期诊断和作为近期感染的指征。

(3)其他方面的应用　荧光抗体技术已广泛应用于淋巴细胞 CD 分子和膜表面免疫球蛋白(mIg)的检测,从而为淋巴细胞的分类和亚型鉴定提供研究手段。

(三)酶标记抗体技术

酶标记抗体技术又称免疫酶技术,是根据抗原抗体反应的特异性和酶催化反应的高敏感性建立起来的一种免疫检测技术。以底物是否被酶催化分解显色来指示抗原或抗体的存在及位置,以显色的深浅来反映待测样品中的抗原或抗体的含量。酶是一种催化剂,催化反应过程中不被消耗,能反复作用,微量的酶即可导致大量的催化过程,如果产物为有色可见物,则极为敏感。本法具有特异性强、敏感性高、简便、快速、易于标准化和商品化等优点,是当前应用最广、发展最快的一项新技术,可以对抗原或抗体进行定位、定性、定量的检测。

生产中常用的酶标抗体技术的方法有免疫酶组化技术、酶联免疫吸附试验(ELISA)。具体介绍详见项目三任务 3-5。

◉ 任务 2-10　变态反应试验检测

【任务描述】

结核分支杆菌、布鲁氏菌、鼻疽杆菌等细胞内寄生菌,在传染的过程中,能引起以细胞免疫为主的Ⅳ型变态反应。此变态反应是以病原微生物或其代谢产物作为变应原所引起的,是在传染过程中发生的,因此称为传染性变态反应。临床上对于这些细胞内寄生菌引起的慢性传染病,常利用传染性变态反应试验来诊断。本任务在牛场和微生物检测室以牛型结核分支杆菌提纯结核菌素(PPD)皮内变态反应试验对乳牛结核病的检疫为例,学会变态反应试验检测的操作过程、结果判定和注意事项。

【任务目标】

(1)掌握免疫、非特异性免疫、特异性免疫、免疫应答的概念及免疫的基本功能;了解疫苗的种类、特点及使用注意事项;了解非特异性免疫的构成因素及其在疾病预防中的作用、免疫系统的组成及功能、特异性免疫应答的发生过程、特异性免疫的抗感染作用;理解变态反应的概念、类型、发生的机理及防治原则;掌握Ⅰ型和Ⅳ型变态反应在生产中的应用;解免疫血清的概念、种类、特点及使用注意事项。

(2)能应用牛提纯结核菌素(PPD)皮内变态反应的诊断方法检测结核病,并正确判定结果。

【必备技能】

一、准备试验材料

(1)仪器　煮沸消毒器、游标卡尺、牛鼻钳子。

(2)材料　消毒盘、弯头剪毛剪子、镊子、75%酒精棉、5%碘酊棉球、带胶塞的灭菌小瓶、皮内注射器及针头、卡尺记录表、工作服、帽、口罩、胶靴、线手套、笔等。

(3)药品　牛型提纯结核菌素(冻干 PPD)、注射用水或灭菌生理盐水、来苏儿等。

(4)动物　待检牛只编号,术部剪毛。

二、方法与步骤

用结核分支杆菌 PPD 进行的皮内变态反应试验对检查活畜结核病是很有用的,出生后 20 d 的牛即可用本试验进行检疫。该试验以牛的牛型结核分支杆菌 PPD 皮内变态反应试验为例,参照 GB/T 18645-2002 动物结核病诊断技术规程进行。

(一)操作步骤

(1)牛只编号。

(2)保定牛并确定注射部位　犊牛(1～3 个月)在肩胛部,大牛(3 个月以上)在颈侧中部(方便操作,皮肤最敏感)上 1/3 处。选择术部应无明显的病变,若术部有变化,应另选部位或在对侧进行。

(3)术部剪毛　将选择好的术剪毛(或提前 1 d 剃毛),直径约 10 cm。用卡尺测量术部中央皮皱厚度(两层皮肤的厚度),作好记录。

(4)药液稀释　用注射用水或灭菌生理盐水将牛型结核分支杆菌 PPD 稀释成每毫升含 20 000 IU,轻轻摇动溶解摇匀。因 PPD 中未加防腐剂,冻干 PPD 稀释后应当天用完。

(5)皮内注射　保定好牛只,先以 75% 酒精棉球消毒术部,然后一手提捏起术部中央皱皮,另一手持皮内注射器,不论大小牛只,一律皮内注射 0.1 mL(含 2 000 IU)牛型提纯结核菌素,正确注射后局部应出现小疱,如对注射有疑问时,应另选 15 cm 以外的部位或对侧重作。

(6)观察反应　皮内注射后经 72 h 判定,仔细观察局部有无热痛、肿胀等炎性反应,并以卡尺测量皮皱厚度,作好详细记录。对疑似反应牛应立即在另一侧以同一批 PPD 同一剂量进行第二回皮内注射,再经 72 h 观察反应结果。

对阴性牛和疑似反应牛,于注射后 96 h 和 120 h 再分别观察一次,以防个别牛出现较晚的迟发型变态反应。

(二)结果判定

根据皮厚差大小和炎性反应判定结果。

(1)阳性反应　局部有明显的炎性反应,皮厚差大于或等于 4.0 mm,判为阳性,其记录符号为(＋)。

(2)疑似反应　局部炎性反应不明显,皮厚差大于或等于 2.0 mm、小于 4.0 mm,判为可疑,其记录符号为(±)。

(3)阴性反应　无炎性反应,皮厚差在 2.0 mm 以下,判为阴性,其记录符号为(一)。

凡判定为疑似反应的牛只,于第一次检疫 60 d 后进行复检,其结果仍为疑似反应时,经 60 d 再复检。如仍为疑似反应,应判为阳性。

其他动物牛型结核分支杆菌 PPD 皮内变态反应试验,可参照牛的牛型结核分支杆菌 PPD 皮内变态反应试验进行。注射部位:马在左颈中部上 1/3 处,猪和绵羊在左耳根外侧,山羊在肩胛部。

(三)注意事项

(1)标记牛号,做好详细记录;

(2)牛只术前处理时,注射部位应无明显变化;

（3）注射后 72 h 复测皮厚并判定；

（4）用过的一次性注射器要置于专用的耐扎容器中，不要超过规定的盛放容量，统一消毒后废弃指定地点；

（5）做好操作人员防护工作，戴好口罩、帽子，穿好工作服和胶靴，工作完成后要及时消毒，防止人员感染；注意安全，保定好牛，以防伤人。

【相关知识】

一、免疫的概述

（一）免疫的概念

免疫是机体对自身和非自身物质的识别，并清除非自身的大分子物质，即"识别异己"和"排除异己"的反应，从而维持机体内外环境平衡和稳定的生理学反应。免疫是一种复杂的生物学过程，也是动物正常的生理功能，是动物在长期进化过程中形成的防御功能。动物免疫学除进行基础免疫学研究外，主要侧重于免疫血清学诊断和抗感染免疫。

（二）免疫的功能

（1）免疫防御　指机体排斥外源性抗原异物的一种免疫保护功能。这种能力包括两抗感染免疫作用和免疫排斥作用两个方面。免疫防御能力异常亢进时，则会引起传染性变态反应；低下或缺陷时，则易引起机体的反复感染。

（2）自身稳定　又称免疫自稳。是指机体能及时地清除在其新陈代谢过程中产生大量的损伤、衰老、变性或死亡的细胞，以维持机体正常的生理平衡。如果自身稳定功能失调，则可导致自身免疫性疾病发生。

（3）免疫监视　正常动物机体免疫系统能及时识别和清除体内经常出现的突变细胞的功能，即为机体的免疫监视。这些突变细胞可以自发产生，也可以由于感染病毒或理化因素诱变产生。如果免疫监视功能低下或失调，突变细胞则有可能无限制地增生而形成肿瘤或出现病毒的持续感染。

（三）免疫的类型

机体的免疫分为非特异性免疫和特异性免疫两大类。

1. 非特异性免疫

（1）概念　非特异性免疫是动物机体生下来就有的对某种病原微生物及其有毒产物的不感受性。具有遗传性，又称先天性免疫。它是动物在种系发育和长期进化过程中逐渐建立起来的一系列天然防御功能。非特异性免疫对外来异物起着第一道防线的防御作用，是机体实现特异性免疫的基础和条件。

（2）特点　非特异性免疫具有遗传性，动物体出生后即具有非特异性免疫能力，并能遗传给后代；反应快，抗原物质一旦接触机体，立即遭到机体的排斥和清除；有相对的稳定性，既不受入侵抗原性异物的影响，也不因入侵抗原性异物的强弱或次数而有所增减；作用范围相当广泛，对各种病原微生物都有防御作用，但它只能识别自身和非自身的物质，对异物缺乏特异性区别作用，无针对性，因此要特异性清除病原体，需在非特异性免疫的基础上，发挥特异性免疫的作用。

2.特异性免疫

(1)概念　特异性免疫是动物机体在生活过程中直接或间接接受某种抗原物质刺激而获得的免疫力,故又称获得性免疫或适应性免疫。这种免疫力能对该抗原物质的再次刺激产生强烈而迅速的排斥、清除效应。

(2)特点　特异性免疫具有获得性,不是生来就有的,而是出生后受抗原刺激而获得;具有严格的特异性和针对性,即动物机体接受某种抗原刺激后,只能产生对该种抗原特异性的免疫应答,例如注射猪瘟疫苗及耐过猪瘟病的猪只,只能产生对猪瘟病毒坚强的免疫力;并具有免疫记忆的特点;具有一定的免疫期。

特异性免疫在抗微生物感染中起关键作用,其效应比先天性免疫强,包括体液免疫和细胞免疫两种。以 T 细胞介导的免疫反应是细胞免疫应答,以 B 细胞介导的免疫反应是体液免疫应答。在具体的抗感染中,以何种免疫为主,因不同的病原体而异,由于抗体难以进入细胞内对细胞内寄生的微生物发挥作用,故体液免疫主要对细胞外病原微生物起作用,而对细胞内寄生的病原微生物则主要靠细胞免疫发挥作用。

3.特异性免疫的获得途径

动物机体获得的特异性免疫主要有主动免疫和被动免疫两种途径。不论主动免疫还是被动免疫,都可以通过天然和人工两种方式获得(图 2-30)。免疫防治过程就是利用免疫学的原理和方法建立或提高动物机体对疫病的抵抗力及治疗已经发生的动物疫病。在生产实践中巧妙利用主动免疫和被动免疫,是控制动物传染病的有力措施。

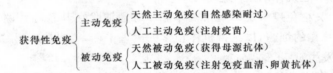

图 2-30　特异性免疫的获得途径

(1)主动免疫　主动免疫是动物机体免疫系统受抗原刺激后,由其自身主动产生的特异性免疫力。包括天然主动免疫和人工主动免疫。

①天然主动免疫。动物患某种传染病痊愈后,或发生隐性传染后所产生的特异性免疫力,称为天然主动免疫。某些天然主动免疫一旦建立,则能持续较长时间(数年或终生)。如猪感染猪瘟耐过后可以获得较长时间的对猪瘟的免疫力。

②人工主动免疫。是人工给动物机体接种疫苗,刺激机体免疫系统发生应答反应所产生的特异性免疫力,称为人工主动免疫。其产生的免疫力持久,免疫期持续时间较长,可达数月甚至数年,而且有回忆反应,某些疫苗免疫后,可产生终身免疫,是目前畜禽生产中最主要的预防动物疫病的方法。由于人工主动免疫不能立即产生免疫力,需要一定的诱导期,如病毒抗原需 3~4 d,细菌抗原需 5~7 d,毒素抗原需 2~3 周,弱毒疫苗需要 4~7 d,灭活疫苗需要 7~14 d,所以在免疫防治中应充分考虑到这一点,动物机体对重复免疫接种可不断产生再次应答反应,从而使这种免疫保护得到加强和延长。所以,人工主动免疫是预防和控制畜禽传染病的重要措施之一。

疫苗是由病原微生物、寄生虫及其组分或代谢产物所制成的,用于人工主动免疫的生物制品。包括微生物疫苗、寄生虫疫苗及类毒素等。接种疫苗免疫是控制动物传染病最重要的手段之一,尤其是防治病毒性疫病。

疫苗总体可分为传统的疫苗与生物技术疫苗两大类。传统疫苗目前应用最广泛,包括活疫苗、灭活疫苗、代谢产物和亚单位疫苗;生物技术疫苗是利用生物技术制备的分子水平的疫苗,包括基因工程重组亚单位疫苗、基因工程重组活载体疫苗、基因缺失疫苗以及核酸疫苗、合成肽疫苗、抗独特型疫苗等,这类疫苗目前在实际生产中的应用数量和种类有限。下面主要介绍传统的疫苗。

a.活疫苗　简称活苗,有弱毒苗和异源苗两种。

弱毒疫苗又称为减毒活疫苗,是目前生产中使用最广泛的疫苗,它是利用人工诱变获得的弱毒株、筛选的天然弱毒株或失去毒力的无毒株制成的疫苗。如鸡新城疫Ⅱ系弱毒苗、猪瘟兔化弱毒疫苗等。优点是能在动物体内进行一定的繁殖,免疫剂量小,可以刺激机体产生一定的全身免疫反应和局部免疫反应,初次免疫时选用;免疫力持久,免疫保护期长,有利于清除局部野毒;生产成本低,产量高,不需要使用佐剂;可应用多种免疫途径,免疫成本低;不影响动物产品(如肉类)的品质;有些弱毒疫苗可刺激机体细胞产生干扰素,对抵抗其他病毒强毒的感染也是有益的等。缺点是具有一定散毒的风险,疫苗毒株在自然环境或动物体内持续繁殖有毒力增强或返祖的可能;存在不同抗原互相干扰现象,难于制成联苗;保存和运输条件要求较高,一般冻干弱毒疫苗多要求在-15 ℃以下低温冷冻保存,而且保存期较短,现多制成冻干苗可延长保存期等。

异源疫苗是用具有共同保护性抗原的不同种病毒制成的疫苗,如火鸡疱疹病毒疫苗用于预防鸡的马立克氏病;鸽痘病毒疫苗预防鸡痘等。

b.灭活疫苗　简称死疫苗或死苗,是选择免疫原性强的菌株或毒株,经人工大量培养后,用理化方法将其灭活制成的疫苗。优点是研究周期短,出现新疫情时可迅速研制相应疫苗进行免疫;使用安全;易于保存和运输,一般来说,灭活苗保存于2～15 ℃的阴暗环境中;易制成多价苗和联苗。缺点是抗原不能在体内繁殖,接种剂量大,免疫保护期短,生产成本高,需加入适当的佐剂以增强免疫效果,常需要多次免疫,且只能注射免疫等,免疫效果次于活疫苗。在加强免疫时选用。疫苗制备中灭活的方法很多,包括各种理化方法,但实际生产中最常用的灭活剂为甲醛溶液。目前,所使用的灭活疫苗主要是油佐剂灭活疫苗和氢氧化铝胶灭活疫苗等。

另外,病变组织灭活疫苗是用患传染病的病死动物的典型病变组织,经碾磨、过滤、按一定比例稀释并加入灭活剂灭活后制备而成的。这种疫苗多为自家疫苗,即用于发病本场。该疫苗制备简单,成本低廉,尤其是对病原不明确的传染病或目前尚无特效疫苗的情况下,作为一种应急措施,在疫病流行区控制疫病的发展可起到很好的作用。也可适用于治疗慢性、反复发作、用抗生素治疗无效的细菌或病毒感染,如葡萄球菌感染症。

c.代谢产物疫苗　又称类毒素疫苗,是将细菌的外毒素经0.3％～0.4％甲醛灭活脱毒后,使其失去致病性而保留免疫原性的制剂。如破伤风类毒素、肉毒类毒素等疫苗,具有良好的免疫原性,可作为主动免疫制剂预防破伤风和肉毒梭菌感染。

(2)被动免疫　被动免疫是动物通过被动接受其他个体产生的抗体而获得的特异性免疫力。包括天然被动免疫和人工被动免疫。

①天然被动免疫。新生动物通过母体胎盘、初乳或卵黄从母体获得母源抗体而获得的特异性免疫力,称为天然被动免疫。天然被动免疫持续时间较短,只有数周至几个月,但对保护

幼龄动物免于感染具有重要意义。家畜的初乳中含丰富的分泌型 IgA，因而，使初生动物吃足初乳是必不可少的保健措施。

天然被动免疫是动物疫病免疫防治中非常重要的措施之一，在临诊上应用广泛。由于动物在生长发育的早期（如胎儿和幼龄动物），免疫系统还不够健全，对病原体感染的抵抗力较弱，此时可通过初乳或卵黄获得母源抗体增强免疫力，可抵抗一些病原微生物的感染，以保证早期的生长发育。实际生产中，为了提高初生动物的抵抗力，可通过给母畜（或种禽在配种前）实施疫苗免疫接种，使其产生高水平的母源抗体。如用小鹅瘟疫苗免疫母鹅以防雏鹅患小鹅瘟，母猪产前免疫伪狂犬病疫苗，可保护仔猪免受伪狂犬病病毒的感染。天然被动免疫的意义在于：保护胎儿免受病原微生物的感染，抵抗幼龄动物传染病。然而母源抗体的存在也有其不利的一面，其可干扰弱毒疫苗对幼龄动物的免疫效果，是导致免疫失败的原因之一。

②人工被动免疫。给动物机体注射免疫血清、自然发病后康复动物血清或卵黄抗体等而获得的特异性免疫力，称为人工被动免疫。如抗犬瘟热病毒血清可防治犬瘟热，精制的破伤风抗毒素可防治破伤风。

免疫血清是动物反复多次免疫同一种抗原物质（菌苗、疫苗、类毒素等）后，机体的体液中尤其是血清中含有大量的特异抗体，采取其血液分离得到的血清，又称高免血清或抗血清，主要用于急性传染病的紧急预防接种和治疗，属于人工被动免疫。

根据制备免疫血清所用的抗原物质不同，免疫血清可分为抗菌血清、抗病毒血清和抗毒素。根据制备免疫血清所使用的动物不同，免疫血清可分为同种血清和异种血清。用同种动物制备的血清称为同种血清，用异种动物制备的血清称为异种血清。抗菌血清和抗毒素通常用大动物（马、牛等）制备，如用牛制备的抗猪丹毒血清，用马制备的破伤风抗毒素均为异种血清；抗病毒血清常用同种动物制备，如用猪制备抗猪瘟血清，用鸡制备抗新城疫血清等。同种动物血清虽然产量有限，但注射后不引起机体产生针对抗血清的免疫应答反应，因此免疫期比异种血清免疫期长。

免疫血清注入机体后可以使机体迅速获得免疫力，抗体进入体内立即发挥免疫作用，中和病毒及毒素，无诱导期，免疫力产生快，但是免疫血清所含的抗体在体内会逐渐减少，免疫维持时间较短，根据半衰期的长短，一般只维持 2～3 周，治疗成本较高，多用来治疗和紧急预防。在传染病流行的早期进行的紧急预防，能迅速控制疫情，减少损失；治疗也会有较好的疗效。尤其是患病毒性传染病的珍贵动物，用抗血清防治更有意义。

在临床上应用较多的免疫血清是抗病毒血清和抗毒素血清，如抗小鹅瘟血清、抗炭疽血清、抗狂犬病血清、抗猪瘟血清、抗犬瘟热病毒血清、破伤风抗毒素等。

免疫血清一般应保存于 2～8℃ 冷暗环境中，防止冻结，冻干制品应保存在 -15℃ 以下环境中，使用过程中还应注意早期使用、多次足量、途径适当、防止过敏反应的发生。

卵黄抗体是用类似方法免疫产蛋鸡群，则其卵黄中亦含有高浓度的特异性抗体，收集卵黄，经处理后即为高免卵黄抗体。家禽还常用卵黄抗体制剂进行某些疾病的防治。例如鸡群暴发鸡传染性法氏囊病时，用卵黄抗体进行紧急接种，可起到良好的防治效果。也常用卵黄抗体进行小鸭肝炎的紧急防治。通常用于动物传染病早期和中期感染的治疗和紧急预防。要注意卵黄抗体注射后的免疫保护期较短，在治愈后要及时补种疫苗进行主动免疫。如果缺乏高免血清，可用耐过动物或人工免疫的血清或血液代替，但用量必须加大。

二、非特异性免疫

(一)非特异性免疫的组成与生物学作用

机体的非特异性免疫是由多种因素构成,其中主要体现在机体的防御屏障、各种组织中的吞噬细胞的吞噬作用和体液的抗微生物作用,还包括炎症反应和机体的不感受性等。

1. 防御屏障

(1)皮肤和黏膜屏障 机体体表的皮肤和所有与外界相通的腔道内衬着的黏膜是防御各种病原微生物感染的第一道防线。结构完整的皮肤和黏膜及其表面结构能机械阻挡绝大多数病原微生物的入侵。除此之外,汗腺分泌的乳酸、皮脂腺分泌的不饱和脂肪酸、泪液及唾液中的溶菌酶以及胃酸等都有抑菌和杀菌作用。同时皮肤和黏膜上的正常菌群也起着拮抗作用,是重要的非特异性免疫因素之一。因此,皮肤和黏膜能通过机械的、化学的和生物的多种作用抵抗病原微生物的侵入。但也有少数微生物如布鲁氏菌可以通过健康的皮肤和黏膜侵入机体,在工作中应注意防护。当烧伤和皮肤发生外伤时,病原微生物可趁机侵入,引起感染。

(2)内部屏障 动物体有多种内部屏障,具有特定的组织结构,能保护体内重要器官免受感染。

①血脑屏障。主要由软脑膜、脉络丛的脑毛细血管壁和包在壁外的星状胶质细胞形成的胶质膜等组成,其结构致密,能阻挡血液中的病原微生物和其他大分子毒性物质进入脑组织及脑脊液,是防止中枢神经系统感染的重要防御结构。幼小动物的血脑屏障发育尚未完善,容易发生中枢神经系统疾病的感染。

②胎盘屏障。是妊娠期动物母-胎界面保护胎儿免受感染的一种防御结构。各种动物胎盘屏障的组织结构不完全相同,但都能有效地阻止母体内的绝大多数病原微生物通过胎盘感染胎儿。但这种屏障是不完全的,如猪瘟病毒感染妊娠母猪后可经胎盘感染胎儿,妊娠母畜感染布鲁氏菌后往往引起胎盘发炎而导致胎儿感染。

另外,肺脏中的气血屏障能防止病原经肺泡壁进入血液;睾丸中的血睾屏障能防止病原进入曲精细管,它们也是机体内部屏障的重要组成部分。

2. 吞噬作用

病原微生物及其他异物突破皮肤和黏膜等防御屏障进入机体后,将会遭到吞噬细胞的吞噬而围歼,故可以说吞噬细胞的吞噬作用是机体内部的第二道防线。但是,吞噬细胞在吞噬过程中能向细胞外释放溶酶体酶,因而过度的吞噬可能损伤周围健康组织。

(1)吞噬细胞 吞噬细胞是吞噬作用的基础。动物体内的吞噬细胞主要有小吞噬细胞和大吞噬细胞两大类。一类是小吞噬细胞,主要是血液中的嗜中性粒细胞。另一类为大吞噬细胞,即于单核巨噬细胞系统,包括血液中的单核细胞和各组织中的巨噬细胞,如肝脏中的枯否氏细胞、肺脏中的尘细胞、皮肤和结缔组织中的组织细胞、骨组织中的破骨细胞、神经组织中的小胶质细胞等,形体较大,能黏附于玻璃和塑料表面,故又称黏附细胞。它们分布广泛,寿命长达数月至数年,不仅能分泌免疫活性分子,而且具有强大的吞噬能力。

吞噬细胞内含有多种具有杀菌或降解异物作用的物质和溶酶体。能吞噬、过滤、清除细菌、真菌、病毒、寄生虫等病原体和体内凋亡细胞及各种尘埃颗粒、蛋白质复合分子等异物的作用。

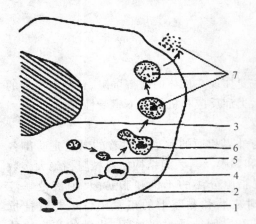

图 2-31 吞噬细胞的吞噬和消化过程示意图
1.细菌 2.细胞膜 3.细胞核 4.吞噬体
5.溶酶体 6.吞噬溶酶体 7.细菌残渣

（2）吞噬的过程 吞噬细胞与病原菌或其他异物接触后，能伸出伪足将其包围，并吞入细胞浆内形成吞噬体。接着吞噬体逐渐向细胞内溶酶体靠近，并相互融合成吞噬溶酶体。在吞噬溶酶体内，溶酶体中的各种水解酶和其他杀菌物质等释放出来，从而将细菌分解、消化和杀灭，最后将不能消化的细菌残渣排出胞外（图 2-31）。

（3）吞噬的结果 由于机体的抵抗力、病原菌的种类和致病力不同，吞噬发生后可能表现完全吞噬和不完全吞噬两种结果。

动物机体的抵抗力和吞噬细胞的功能较强时，病原微生物在吞噬溶酶体中，一般 1～2 h 内便可被杀灭、消化后连同溶酶体内容物一起以残渣的形式排出细胞外，这种吞噬称为完全吞噬。相反，当某些细胞内寄生的细菌如结核分支杆菌、布鲁氏菌，以及部分病毒被吞噬后，不能被吞噬细胞破坏并排到细胞外，称为不完全吞噬。不完全吞噬有利于细胞内病原体逃避体内杀菌物质及药物的作用，甚至在吞噬细胞内生长、繁殖，或随吞噬细胞的游走而扩散，引起更大范围的感染。此外，吞噬细胞在吞噬过程中能向细胞外释放出溶酶体酶，因而过度的吞噬往往损伤周围健康组织。

3.正常体液的抗微生物物质

动物机体正常体液中存在着多种非特异性抗微生物物质，具有广泛的抑菌、杀菌及增强吞噬的作用。

（1）溶菌酶 是一种低分子质量不耐热的碱性蛋白质，主要来源于吞噬细胞，广泛分布于血清、唾液、泪液、乳汁、胃肠和呼吸道分泌液及吞噬细胞的溶酶体颗粒中。溶菌酶能分解革兰氏阳性菌细胞壁的肽聚糖，使胞壁损伤，导致细菌崩解。若有补体和 Mg^{2+} 存在，溶菌酶能使革兰氏阴性菌的脂多糖和脂蛋白受到破坏，从而破坏革兰氏阴性菌的细胞。溶菌酶还具有激活补体和促进对所有细菌的吞噬作用。

（2）补体 补体是正常动物和人血清中的一组不耐热经活化后具有酶活性的球蛋白，由巨噬细胞、肠道上皮细胞以及肝、脾等细胞产生，包括近 30 多种不同的分子，即参与补体激活的各种成分以及调控补体成分的各种灭活或抑制因子及补体受体，故又称为补体系统，常用符号 C 表示，按被发现的先后顺序分别命名为 C_1、C_2、C_3、…、C_9，其中 C_1 由 C_1q、C_1r、C_1s 三种亚单位组成。它们广泛存在于鸟类、哺乳类及部分水生动物体内，占血浆球蛋白总量的 $10\%\sim15\%$，含量保持相对稳定，与抗原刺激无关，不因免疫次数增加而增加，但在某些病理情况下可引起改变。在血清学试验中常以豚鼠的血清作为补体的来源。补体可与任何抗原-抗体复合物结合被激活而发生反应，其作用没有特异性，这一特性在实验中得到广泛的应用。

补体在 $-20℃$ 以下可保存较长时间，但对热、紫外线、酸碱环境、蛋白酶、剧烈震荡等不稳定，经 56℃ 30 min 即可失去活性。因而，血清及血清制品必须经 56℃ 30 min 加热处理，称为灭活。灭活后的血清不易引起溶血和溶细胞作用。

在正常情况下,补体系统各组分以非活性状态的酶原形式存在于血清和体液中,必须由抗原抗体复合物及其他可溶性激活因子激活后才能发挥一系列的生物学活性作用,发挥溶菌、溶细胞、免疫黏附和免疫调理、趋化、过敏毒素、抗病毒作用。在抗体或吞噬细胞参与下,补体可发挥更强大的抗感染作用。如抗体与相应病毒结合后,在补体参与下,可以中和病毒的致病力。补体成分结合到致敏病毒颗粒后,可显著增强抗体对病毒的灭活作用。此外,补体系统激活后可溶解有囊膜的病毒。

（3）干扰素（IFN）　是病毒、细菌、真菌、衣原体、立克次氏体、植物血凝素等干扰素诱生剂作用于机体活细胞合成的一类抗病毒、抗肿瘤的糖蛋白,是一种重要的非特异性免疫因素。各型干扰素的作用大同小异,但均具有相对的种属特异性,即某一种属细胞产生的干扰素一般只作用于相同种属的其他细胞,如猪干扰素只对猪有保护作用。为增加干扰素用于控制病毒性疾病的供应量,现已应用细胞培养和基因工程技术大规模生产干扰素产品。但据报道,干扰素连续小剂量应用于小鼠可导致肝坏死和肾小球肾炎。

另外,机体感染病原微生物引起的炎症是一种病理过程,也是一种防御、消灭病原微生物的非特异性免疫反应。

（二）影响非特异性免疫的因素

动物的种属特性、年龄及环境因素都能影响动物机体的非特异性免疫作用。

（1）种属因素　不同种属或不同品种的动物,对病原微生物的易感性和免疫反应性有差异,这些差异决定于动物的遗传因素。例如,在正常情况下,草食动物对炭疽杆菌十分易感,而家禽却无感受性,如人工地使其体温降至 37℃,炭疽杆菌可在体内增殖,引起感染。

（2）年龄因素　不同年龄的动物对病原微生物的易感性和免疫反应性也不同。在自然条件下,某些传染病仅发生于幼龄动物,例如幼小动物易患大肠杆菌病,而布鲁氏菌病主要侵害性成熟的动物。老龄动物的器官组织功能及机体的防御能力趋于下降,因此容易发生肿瘤或反复感染。

（3）环境因素　气候、温度、湿度等环境因素的剧烈变化对机体免疫力有一定的影响。例如,寒冷能使呼吸道黏膜的抵抗力下降;营养极度不良,往往使机体的抵抗力及吞噬细胞的吞噬能力下降。因此,加强管理和改善营养状况,可以提高机体的非特异性免疫力,明显提高机体抗病能力。

另外,机体受到强烈刺激时,如剧痛、创伤、烧伤、过冷、过热、缺氧、饥饿、疲劳等应激因素,而出现以交感神经兴奋和垂体-肾上腺皮质分泌增加为主的一系列的防御反应,引起机能与代谢的改变,从而降低机体的免疫功能,表现为淋巴细胞转化率和吞噬能力下降,因而易发生感染。

三、特异性免疫

特异性免疫是动物生后获得的、对某种病原微生物及有毒产物的不感受性。这种免疫作用是机体在生活过程中接触了某种抗原物质,并对此侵入体内的异物发生一系列免疫应答反应而产生的。抗原是特异性免疫反应的启动物质,是决定免疫反应发生与发展的前提条件;特异性免疫反应受制于机体的免疫系统,免疫系统是构成特异性免疫反应的物质基础。

（一）免疫系统

免疫系统是动物种系发生和个体发育过程中逐渐进化和完善起来的，是机体执行免疫功能的组织机构，产生免疫应答的物质基础。免疫系统主要由免疫器官、免疫细胞和免疫分子组成（图 2-32）。

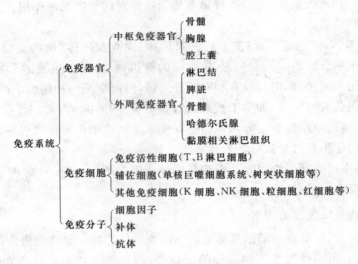

图 2-32　动物免疫系统的组成

1. 免疫器官的组成及功能

机体执行免疫功能的组织结构称为免疫器官（图 2-33），它们是淋巴细胞和其他免疫细胞发生、分化成熟、定居和增殖以及产生免疫应答反应的场所。根据其功能的不同分为中枢免疫器官和外周免疫器官。

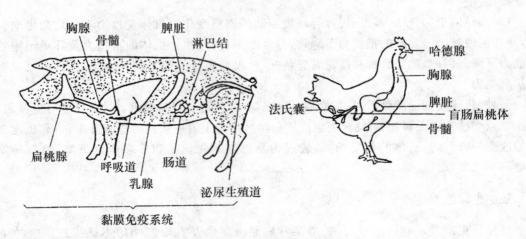

图 2-33　畜禽的免疫器官示意图

（1）中枢免疫器官　中枢免疫器官又称初级或一级免疫器官，是淋巴细胞等免疫细胞发生、分化和成熟的场所，包括骨髓、胸腺和腔上囊（图 2-34）。

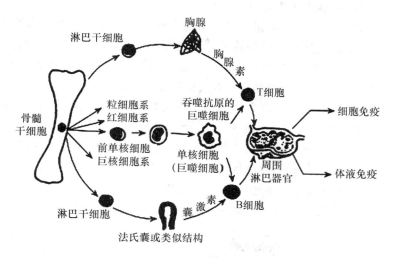

图 2-34 T 细胞和 B 细胞的来源、演化及迁移示意图

①骨髓。骨髓具有造血和免疫双重功能。骨髓是动物机体重要的造血器官,出生后所有的血细胞均来源于骨髓,同时骨髓也是各种免疫细胞发生和分化的场所。

骨髓中的多能干细胞首先分化为髓样干细胞和淋巴干细胞。髓样干细胞进一步分化成粒细胞系、红细胞系、单核细胞系和巨核细胞系等;淋巴干细胞则发育成各种淋巴细胞的前体细胞。一部分淋巴干细胞在骨髓中分化为 T 淋巴细胞的前体细胞,随着血流进入胸腺后,被诱导并分化为成熟的淋巴细胞,称为胸腺依赖性淋巴细胞即 T 淋巴细胞,简称 T 细胞,主要参与细胞免疫。还有一部分淋巴干细胞分化为 B 淋巴细胞的前体细胞。在鸟类,这些前体细胞随着血流进入腔上囊,被诱导并分化为成熟的淋巴细胞,称为腔上囊依赖性淋巴细胞即 B 淋巴细胞,简称 B 细胞,主要参与体液免疫。在哺乳动物没有腔上囊,B 淋巴细胞的前体细胞直接在骨髓中进一步分化发育为成熟的 B 细胞,又称为骨髓依赖性淋巴细胞。另外,骨髓也是形成抗体的重要部位,抗原免疫动物后,骨髓可缓慢、持久地产生大量抗体(主要是 IgG,其次为 IgA),是血清抗体的主要来源,因此骨髓也是再次免疫应答发生的主要场所。

②胸腺。哺乳动物的胸腺是由第三咽囊的内胚层分化而来,位于胸腔前部纵隔内,由二叶组成。猪、马、牛、犬、鼠等动物的胸腺可伸展到颈部直达甲状腺。禽类的胸腺则在颈部两侧皮下,呈多叶排列。胸腺是 T 细胞分化和成熟的场所。另外,胸腺上皮细胞还可产生多种胸腺激素,如胸腺素、胸腺生成素、胸腺血清因子和胸腺体液因子等,它们对诱导 T 细胞成熟有重要作用,同时胸腺激素对外周成熟的 T 细胞也有一定的作用,具有调节功能。

③腔上囊。又称法氏囊,为禽类特有的盲囊状淋巴器官,位于泄殖腔的背侧后上方,并以短管与之相连。腔上囊是 B 细胞分化和成熟的场所。另外,还兼有外周免疫器官的功能(禽的擦肛免疫基于此原理)。如将初孵出壳的雏禽的腔上囊切除,则其体液免疫应答受到抑制,表现出浆细胞减少或消失,接受抗原刺激后不能产生特异性抗体。某些病毒(如传染性法氏囊炎病毒)感染及某些药物(如睾丸酮)均能使腔上囊萎缩,如果鸡场发生过传染性法氏囊病,则易导致免疫失败。哺乳动物和人没有腔上囊,B 细胞的形成、分化和成熟在骨髓中完成。

(2)外周免疫器官 外周免疫器官又称次级或二级免疫器官,是成熟的 T 细胞和 B 细胞定居、增殖以及对抗原的刺激产生免疫应答反应的场所,主要包括淋巴结、脾脏、骨髓、哈德尔氏腺和黏膜相关淋巴组织等。这类器官或组织富含捕捉和处理抗原的巨噬细胞、树突状细胞和朗罕氏细胞,它们能迅速捕捉和处理抗原,并将处理的抗原递呈给免疫活性细胞。

①淋巴结。呈圆形或豆状,遍布于淋巴循环路径的各个部位,具有捕获从躯体外部进入血液及淋巴液的抗原的功能。淋巴结是体内重要的防御关口。

淋巴结外有结缔组织包膜,内部则由网状组织构成支架,其中充满淋巴细胞、巨噬细胞和树突状细胞。淋巴结实质分为皮质和髓质两部分。皮质又分皮质浅区(含淋巴小结和皮窦)和皮质深区(又称副皮质区),髓质由髓索和髓窦组成。皮质浅区的淋巴小结和髓索均为B淋巴细胞的分布区,淋巴小结周围和副皮质区为T淋巴细胞的分布区,故称为胸腺依赖区,在该区也有树突状细胞和巨噬细胞等。淋巴结中T淋巴细胞较多,占75%,B淋巴细胞仅占25%(图2-35)。淋巴结的免疫功能是过滤和清除异物,产生免疫应答的场所。

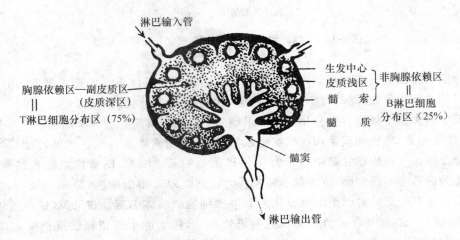

图2-35 淋巴结中T、B细胞的分布

②脾脏。具有造血、贮血、滤血和免疫功能,是动物体内最大的免疫器官。它在胚胎期能生成红细胞,出生后能贮存血液。脾脏外部包有被膜,内部的实质分成两部分:一部分称为红髓,位于白髓周围,红髓量多,红髓由髓索(脾索)和血窦构成,主要功能是生成红细胞和贮存红细胞,还有捕获抗原的功能;另一部分称为白髓,白髓包括沿中央动脉周围的淋巴组织(淋巴鞘)和淋巴小结(脾小体)构成,是产生免疫应答的部位。其中脾小体为球形的白髓,其中有生发中心,内含B淋巴细胞,纵行白髓的小动脉称为中央动脉,周围的淋巴鞘是T淋巴细胞的集中区,脾索为彼此吻合成网状的淋巴细胞索,除网状细胞和B细胞外,还有巨噬细胞、浆细胞和各种血细胞;血窦分布脾索之间,血细胞可以从脾索进入血窦。脾脏中的淋巴细胞35%~50%为T淋巴细胞,50%~65%为B淋巴细胞。

禽类的脾脏较小,白髓和红髓的分界不明显,主要参与免疫,贮血作用较小。

脾脏的免疫功能主要包括滤过血液、滞留淋巴细胞、产生吞噬细胞增强激素,是免疫应答的重要场所。因脾脏中B细胞略多于T细胞,所以脾脏是体内产生抗体的主要器官。

③哈德尔氏腺。又称瞬膜腺、副泪腺,是禽类眼窝内腺体之一,位于其眼球后部中央。它除了具有分泌泪液润滑瞬膜,对眼睛有机械性保护作用外,还能接受抗原的刺激,产生免疫应

答,分泌特异性抗体,通过泪液进入上呼吸道,参与上呼吸道的局部免疫;同时也能激发全身免疫系统,协调体液免疫。在幼雏点眼免疫时,它对疫苗会发生强烈的免疫应答反应,并且不受母源抗体的干扰,因此哈德尔氏腺对于禽类的早期免疫,起着非常重要的作用。

④黏膜相关淋巴组织。通常把消化道、呼吸道、泌尿生殖道等黏膜下层的许多淋巴小结和弥散淋巴组织,统称为黏膜相关淋巴组织。黏膜相关淋巴组织均含丰富的 T 细胞、B 细胞和巨噬细胞等。其中 B 细胞数量较多,并且多是能产生分泌型 IgA 的 B 细胞,而 T 细胞则多是具有抗菌作用的 T 细胞,它们对黏膜免疫具有重要意义。

骨髓是中枢免疫器官,同时也是体内最大的外周免疫器官。就器官的大小比较而言,脾脏产生的抗体的量很多,但骨髓产生的抗体总量最大,对某些抗原的应答,骨髓所产生的抗体可占抗体总量的 70%。

2.免疫细胞的分类及功能

凡参与免疫应答或与免疫应答相关的细胞统称为免疫细胞。它们的种类繁多,功能各异,但互相作用,互相依存,共同发挥清除异物的作用。根据它们在免疫应答中的功能及其作用机理,可分为免疫活性细胞和免疫辅佐细胞两大类。此外还有一些其他免疫细胞,如 K 细胞、NK 细胞、粒细胞、红细胞等也参与了免疫应答中的某一特定环节。

(1)免疫活性细胞 在淋巴细胞中,接受抗原物质刺激后能增殖分化,并产生特异性免疫应答的细胞,称为免疫活性细胞,主要指 T 细胞和 B 细胞,它们在免疫应答过程中起核心作用。

①T 细胞、B 细胞的来源与分布。T 细胞、B 细胞均来源于骨髓的多能干细胞。骨髓中的多能干细胞首先分化为淋巴干细胞,并进一步分化为前 T 细胞和前 B 细胞。

前 T 细胞进入胸腺发育为成熟的 T 细胞,经血流分布到外周免疫器官的胸腺依赖区定居和增殖,或再经血液或淋巴循环进入组织,经血液及淋巴液巡游于全身各处。T 细胞接受抗原刺激后活化、增殖、分化成为效应 T 细胞,发挥细胞免疫的功能。效应性 T 细胞是短寿的,一般能存活 4~6 d,其中一小部分变为长寿的免疫记忆细胞,进入淋巴细胞再循环,可存活数月到数年。

前 B 细胞在哺乳动物的骨髓或鸟类的腔上囊中发育为成熟的 B 细胞,经血流分布到外周免疫器官的非胸腺依赖区定居和增殖。B 细胞接受抗原刺激后活化、增殖、分化为浆细胞,发挥体液免疫的功能。浆细胞一般只能存活 2 d。一部分 B 细胞成为长寿的免疫记忆细胞,参与淋巴细胞再循环,可存活 100 d 以上。

②T 细胞、B 细胞的表面标志。T 细胞和 B 细胞在光学显微镜下均为小淋巴细胞,从形态上难于区分。在扫描电镜下多数 T 细胞表面光滑,有较少绒毛突起;而 B 细胞表面较为粗糙,有较多绒毛突起。但这不足以区分 T 细胞和 B 细胞。淋巴细胞表面存在着大量不同种类的蛋白质分子,这些表面分子称为表面标志。T 细胞和 B 细胞的表面标志包括表面受体和表面抗原。表面受体是淋巴细胞表面上能与相应配体(特异性抗原、绵羊红细胞、补体等)发生特异性结合的分子结构;表面抗原是指在淋巴细胞或其亚群细胞表面上能被特异性抗体(如单克隆抗体)所识别的表面分子。由于表面抗原是在淋巴细胞分化过程中产生的,故又称为分化抗原。T 细胞、B 细胞的表面标志可用于鉴别 T 细胞和 B 细胞及其亚群。

③T 细胞、B 细胞的亚群及其功能。

a.T 细胞的亚群及其功能 根据 T 细胞在免疫应答中的功能不同,将 T 细胞分为 5 个主要亚群:

细胞毒性 T 细胞(Tc):又称杀伤性 T 细胞(Tk),活化后称为细胞毒性 T 淋巴细胞(CTL)。在免疫效应阶段,Tc 活化产生 CTL,它能特异性地杀伤带有抗原的靶细胞,如感染微生物的细胞、同种异体移植细胞及肿瘤细胞等,CTL 能连续杀伤多个靶细胞。Tc 细胞具有记忆性能,有高度特异性。

辅助性 T 细胞(TH):主要功能为协助其他免疫细胞发挥功能。通过分泌细胞因子和与 B 细胞接触可促进 B 细胞的活化、分化和抗体产生;通过分泌细胞因子可促进 Tc 和 T_{DTH} 的活化;能协助巨噬细胞增强迟发型变态反应的强度。

抑制性 T 细胞(Ts):能抑制 B 细胞产生抗体和其他 T 细胞的增殖分化,从而调节体液免疫和细胞免疫。Ts 细胞占外周血液 T 细胞的 10%～20%。

诱导性 T 细胞(TI):能诱导 TH 和 Ts 细胞的成熟。

迟发型变态反应性 T 细胞(TD 或 T_{DTH}):在免疫应答的效应阶段和Ⅳ型变态反应中能释放多种淋巴因子导致炎症反应,发挥清除抗原的功能。

b.B 细胞的亚群　根据 B 细胞产生抗体时是否需要 TH 细胞的协助,将其分为 B1 和 B2 两个亚群。B1 为 T 细胞非依赖细胞,在接受胸腺非依赖性抗原刺激后活化增殖,不需 TH 细胞的协助;B2 为 T 细胞依赖性细胞,在接受胸腺依赖性抗原刺激后发生免疫应答,必须有 TH 细胞的协助才能产生抗体。

(2)辅佐细胞　T 细胞和 B 细胞是完成免疫应答的主要承担者,但这一反应的完成还需要体内的单核巨噬细胞、树突状细胞等的协助参与,对抗原进行捕捉、加工和处理,因此将这些细胞称为免疫辅佐细胞,简称 A 细胞。由于 A 细胞在免疫应答中能将抗原递呈给免疫活性细胞,因此也称之为抗原递呈细胞(antigen-presenting cell,APC)。

①单核巨噬细胞系统。包括血液中的单核细胞和组织中的巨噬细胞。单核巨噬细胞由骨髓分化,成熟后进入血液,在血液中停留数小时至数月后,经血液循环分布到全身多种组织器官中,分化成熟为巨噬细胞。巨噬细胞主要分布于疏松结缔组织、肝脏、脾脏、淋巴结、骨髓、肺泡及腹膜等处,可存活数周到几年,具有较强的吞噬功能。不同组织内的巨噬细胞具有不同的名称,如结缔组织中的组织细胞,肺泡中的尘细胞、肝脏中的枯否氏细胞、骨组织中的破骨细胞、神经组织中的小胶质细胞、各处表皮部位的朗罕氏细胞,在淋巴结和脾脏中仍称为巨噬细胞。各组织中的巨噬细胞分化程度很低,主要靠血液中的单核细胞来补充。

组织中的巨噬细胞比血液中的单核细胞含有更多的溶酶体和线粒体,具有更强大的吞噬功能。在单核巨噬细胞表面具有 IgG 的 Fc 受体、补体 C3b 受体、各种淋巴因子受体等,与其功能有关。

单核巨噬细胞系统的免疫功能主要有组织中的巨噬细胞可吞噬和杀灭多种病原微生物,并处理体内自身凋亡损伤的细胞;具有吞噬、处理、递呈抗原给作用 T 细胞和 B 细胞的功能;能合成和分泌 50 余种生物活性物质,调节免疫反应的功能。

②树突状细胞。简称 D 细胞,来源于骨髓和脾脏的红髓,成熟后主要分布于脾脏和淋巴结中,结缔组织中也广泛存在。

树突状细胞表面伸出许多树突状突主要功能是处理与递呈不需细胞处理的抗原,尤其是可溶性抗原,能将病毒抗原、细菌内毒素等递呈给免疫活性细胞,引发免疫应答。

(3)其他免疫细胞

①杀伤细胞。简称 K 细胞,是一种直接来源于骨髓的淋巴细胞,主要存在于血液、腹腔渗

出液和脾脏,淋巴结中很少,在骨髓、胸腺和胸导管中含量极微。K 细胞的主要特点是表面具有 IgG 的 Fc 受体(FCγR),当靶细胞和相应的 IgG 结合,K 细胞可与结合在靶细胞上 IgG 的 Fc 段结合,从而使自身活化,释放细胞毒,裂解靶细胞,这种作用称为抗体依赖性细胞介导的细胞毒作用(ADCC)(图2-36)。K 细胞杀伤的靶细胞包括病毒感染的宿主细胞、恶性肿瘤细胞、移植物中的异体细胞及某些较大的病原体(如寄生虫)等。

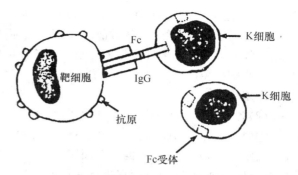

图 2-36 K 细胞破坏靶细胞作用示意图

因此,K 细胞在抗感染免疫、抗肿瘤免疫和移植排斥反应、清除自身的衰老细胞等方面有一定的意义。

②自然杀伤细胞。简称 NK 细胞,是一群既不依赖抗体,也不需要任何抗原刺激和致敏就能杀伤靶细胞的淋巴细胞,因而称为自然杀伤细胞。NK 细胞来源于骨髓,主要存在于外周血液和脾脏中,骨髓和淋巴结很少,胸腺中不存在。NK 细胞表面存在着识别靶细胞表面分子的受体结构,通过此受体与靶细胞直接结合而发挥杀伤作用。多数 NK 细胞也具有 IgG Fc 受体,凡被 IgG 结合的靶细胞均可被 NK 细胞通过其 Fc 受体的结合而导致靶细胞溶解,即 NK 细胞也具有 ADCC 作用。NK 细胞的主要生物学功能为非特异性地杀伤肿瘤细胞、抵抗多种微生物感染及排斥骨髓细胞的移植,同时通过释放多种细胞因子如 IL-1、IL-2、干扰素等发挥免疫调节作用。已发现动物体内抗肿瘤能力的大小与 NK 细胞的水平有关。故认为 NK 细胞在机体内的免疫监视中也起着重要作用。

③粒细胞。胞浆中含有颗粒的白细胞统称为粒细胞,包括嗜中性、嗜碱性和嗜酸性粒细胞。

嗜中性粒细胞是血液中的主要吞噬细胞,具有高度的移动性和吞噬功能。细胞膜上有 Fc 及补体 C3b 受体,它在防御感染中起重要作用,同时可分泌炎症介质,促进炎症反应,还可处理颗粒性抗原提供给巨噬细胞。

嗜碱性粒细胞内含有大小不等的嗜碱性颗粒,颗粒内含有组织胺、白细胞三烯、肝素等参与Ⅰ型变态反应的介质,细胞表面有 IgE 的 Fc 受体,能与 IgE 结合。带 IgE 的嗜碱性粒细胞与特异性抗原结合后,立即引起细胞脱粒,释放组织胺等介质,引起过敏反应。

嗜酸性粒细胞胞浆内有许多嗜酸性颗粒,颗粒中含有多种酶,尤其含有过氧化物酶。该细胞具有吞噬杀菌能力,并具有抗寄生虫的作用,寄生虫感染时往往嗜酸性粒细胞增多。

④红细胞。研究表明红细胞和粒细胞一样具有重要的免疫功能。它具有识别抗原、清除体内免疫复合物、增强吞噬细胞的吞噬功能、递呈抗原信息及免疫调节等功能。

3.免疫分子

免疫分子由抗体、补体和细胞因子三部分组成。免疫细胞和免疫分子可通过循环系统(血液循环和淋巴循环)分布于体内几乎所有部分,持续地进行免疫应答。各种免疫细胞和免疫分子既相互协作,又相互制约,使免疫应答既能有效发挥,又能在适度范围内进行。

以下主要介绍细胞因子,其抗体、补体在相关内容中详细介绍。

(1)细胞因子(CKs)的概念 细胞因子是指由免疫细胞(如单核-巨噬细胞、T 细胞、B 细胞、NK 细胞等)和某些非免疫细胞合成和分泌的一类高活性多功能的蛋白质多肽分子。

细胞因子的种类繁多,就目前所知,主要包括白细胞介素、干扰素、肿瘤坏死因子、集落刺激因子等四大系列几十种。每种细胞因子各有各自的生物学活性,它们在介导机体多种免疫反应如抗感染免疫、抗肿瘤免疫、抗排斥反应、自身免疫病治疗以及恢复造血功能等方面具有重要作用。

(2)各种细胞因子的免疫生物学活性

①白细胞介素(IL)。把由免疫系统分泌的主要在白细胞之间起免疫调节作用的蛋白称为白细胞介素,并根据发现的先后顺序命名为 IL-1,IL-2,IL-3……,至今已报道的 IL 有 30 多种,具有增强细胞免疫功能,促进体液免疫以及促进骨髓造血干细胞增殖和分化的作用。目前 IL-2、IL-3 和 IL-12 已经用于治疗肿瘤和造血功能低下症。

②干扰素(IFN)。干扰素是最早发现的细胞因子,由多种细胞产生,因其能干扰病毒的感染及复制而得名。具有很强的抗病毒和抗肿瘤作用,但抑制病毒的程度却因病毒不同而千差万别,甚至同一种病毒的不同血清型对干扰素的敏感性也不同;与胎儿保护有关;发挥免疫调节作用等。

③肿瘤坏死因子(TNF)。肿瘤坏死因子是在 1975 年从免疫动物血清中发现的分子,是一类能直接杀死肿瘤细胞的细胞因子。主要由活化的单核-巨噬细胞产生,也可由抗原刺激的 T 细胞、活化的 NK 细胞和肥大细胞产生。它们可介导白细胞积聚于炎症部位,激活炎性白细胞杀死微生物;刺激单核-巨噬细胞等产生细胞因子;能杀死或抑制肿瘤细胞;具有免疫调节作用。

④集落刺激因子(CSF)。是一组促进造血细胞,尤其是造血干细胞增殖、分化和成熟的因子。也能促进炎症反应和抗感染免疫。

(3)细胞因子的实践意义 细胞因子用于抗肿瘤和抗病毒临床治疗、佐剂效应等,研究细胞因子不但有助于阐明免疫应答及调节机理,有助于疾病预防、诊断和治疗。兽医学方面也在努力开展畜禽白细胞介素、干扰素等细胞因子药物的研究及临床试用。

(二)免疫应答

1.免疫应答概述

(1)免疫应答的概念 免疫应答是指动物机体的免疫系统受到抗原物质刺激后,体内免疫细胞对抗原分子的识别并产生一系列复杂的免疫连锁反应和特定的生物学效应,并最终清除异物的过程。

免疫应答分为先天性免疫应答和获得性免疫应答两个方面,但动物体内是不可分割的,它们相互依赖、相互促进和协作。获得性免疫主要依靠特异性细胞免疫和体液免疫。

(2)免疫应答的场所、参与细胞、表现形式与特点 动物机体的外周免疫器官及淋巴组织是免疫应答产生的部位,其中淋巴结和脾脏是免疫应答的主要场所。参与机体免疫应答的核心细胞是 T 细胞和 B 细胞,巨噬细胞、树突状细胞等是免疫应答的辅佐细胞,也是免疫应答不可缺少的细胞。免疫应答的表现形式包括体液免疫应答和细胞免疫应答,分别由 B 细胞和 T 细胞介导。

免疫应答具有三大特点:一是特异性,即只针对某种特异性抗原物质而发生的;二是具有一定的免疫期,免疫期的长短与抗原的性质、刺激强度、免疫次数和机体反应性有关,短则数月,长则数年,甚至终身;三是具有免疫记忆性,当机体再次接触相同的抗原时,能迅速大量增殖、分化成致敏淋巴细胞或浆细胞。通过免疫应答,动物机体可建立对抗原物质(如病原微生物)的特异性抵抗力,即免疫力。

2. 免疫应答的基本过程

免疫应答的过程主要包括抗原递呈细胞(APC)对抗原的加工、处理和递呈,T、B淋巴细胞对抗原的识别、活化、增殖与分化,最后产生效应分子——抗体与细胞因子,以及免疫效应细胞——细胞毒性 T 细胞(CTL)和迟发型变态反应性 T 细胞(T_{DTH}),并最终将抗原物质和对再次进入机体的抗原物质清除。

免疫应答除了由单核巨噬细胞系统和淋巴细胞系统协同完成外,在这个过程中还有许多细胞因子发挥辅助效应,是一个连续的不可分割的过程。为便于理解,可人为地划分为三个阶段,即致敏阶段、反应阶段、效应阶段（图 2-37）。

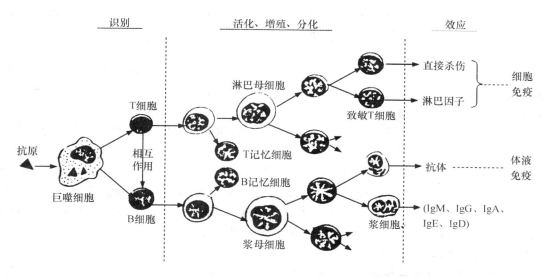

图 2-37 免疫应答基本过程示意图

（1）致敏阶段 又称感应阶段或识别阶段,是抗原物质进入体内,抗原递呈细胞对其识别、捕获、加工处理和递呈以及抗原特异性淋巴细胞(T 细胞和 B 细胞)对抗原的识别阶段。

（2）反应阶段 又称增殖分化阶段,是 T 细胞和 B 细胞识别抗原后活化,进行增殖与分化,以及产生效应性淋巴细胞和效应分子的过程。T 细胞增殖分化为淋巴母细胞,最终成为效应性 T 淋巴细胞,并产生多种细胞因子;B 细胞增殖分化为浆母细胞,最终成为浆细胞,由浆细胞合成并分泌抗体。一部分 T 细胞、B 细胞在分化过程中变为记忆细胞(Tm 和 Bm)。这个阶段有多种细胞间的协作和多种细胞因子的参与。

（3）效应阶段 此阶段是由活化的效应性细胞——细胞毒性 T 细胞(CTL)与迟发型变态反应性 T 细胞(T_{DTH})和效应分子(抗体与细胞因子)发挥体液免疫效应和细胞免疫效应的过程,这些效应细胞与效应分子共同作用清除抗原物质。

3. 免疫应答的类型

（1）细胞免疫 由 T 细胞介导的特异性免疫应答称为细胞免疫。T 细胞在抗原的刺激下活化,增殖、分化为效应性 T 淋巴细胞并产生细胞因子,直接杀伤或激活其他细胞杀伤、破坏抗原或靶细胞,从而发挥免疫效应的过程。

在细胞免疫应答中最终发挥免疫效应的是效应性 T 细胞和细胞因子。效应性 T 细胞主要包括细胞毒性 T 淋巴细胞(简称 CTL 细胞)和迟发型变态反应性 T 细胞(简称 TDTH 细胞或 TD 细胞);细胞因子是细胞免疫的效应分子,对细胞性抗原的清除作用较抗体明显。

在此描述的细胞免疫指的是特异性细胞免疫,广义的细胞免疫还包括吞噬细胞的吞噬作用,K 细胞和 NK 细胞等介导的细胞毒性作用。

(2)体液免疫　由 B 细胞介导的免疫应答称为体液免疫。而体液免疫效应是由 B 细胞通过对抗原的识别、活化、增殖,最后分化成浆细胞并合成分泌抗体来实现的,抗体主要分布于体液中,因此抗体是介导体液免疫效应的效应分子。

(三)特异性免疫的抗感染作用

一般情况下,机体内的体液免疫和细胞免疫是同时存在的,它们在抗微生物感染中相互配合,以清除入侵的病原微生物,保持机体内环境的平衡和稳定。

1.细胞免疫的抗感染作用

(1)抗胞内菌感染　胞内菌有结核分支杆菌、布鲁氏菌、李氏杆菌等。抗胞内菌感染主要是细胞免疫。效应性 T 细胞与其释放的细胞因子一起参加细胞免疫,以清除抗原和携带抗原的靶细胞,发挥抗感染作用。

(2)抗真菌感染　深部感染的真菌,如白色念珠菌、球孢子菌等,可刺激机体产生特异性抗体和细菌免疫,其中以细胞免疫更为重要。

(3)抗病毒感染　细胞免疫在抗病毒感染中起重要作用。对进入细胞内的病毒可通过致敏的淋巴细胞的效应作用,一方面细胞毒性 T 细胞(TC 细胞)能特异性直接杀灭病毒或裂解感染病毒的细胞,另一方面各种效应 T 细胞释放细胞因子,有的直接破坏病毒,有的活化吞噬细胞以增强吞噬病毒能力,其中的干扰素在病毒感染的早期还能抑制病毒的增殖等。

2.体液免疫的抗感染作用

(1)中和作用　抗毒素与相应的毒素结合,可改变毒素分子的构型而使其失去毒性作用;机体受病毒感染后,体液中出现各种特异性抗体,其中具有保护作用的主要是中和抗体,此抗体可与病毒表面抗原结合后,可阻止病毒吸附与侵入易感染细胞,发挥中和作用,保护细胞免受感染。

(2)免疫溶解作用　对于一些革兰氏阴性菌(如霍乱弧菌)和某些原虫(如锥虫),与体内相应的抗体结合后,可激活补体,最终导致菌体或虫体溶解。带病毒抗原的感染细胞与抗体结合后,可激活补体引起感染细胞的溶解。

(3)免疫调理作用　对于一些毒力比较强的细菌,特别是有荚膜的细菌,相应的抗体(IgG 或 IgM)与之结合后,则易受到单核-巨噬细胞的吞噬,若再激活补体形成细菌-抗体-补体复合物,则易被吞噬细胞吞噬。这种抗原抗体复合物与补体结合后,可以增强吞噬细胞的吞噬作用称为免疫调理作用。这是由于单核-巨噬细胞表面具有抗体分子的 Fc 片段和 C_{3b} 的受体,体内形成的抗原-抗体或抗原-抗体-补体复合物容易受到它们的捕获。

(4)局部黏膜免疫作用　许多病原体能吸附于黏膜上皮细胞,成为黏膜感染的重要条件。由黏膜固有层中的浆细胞产生的分泌型 IgA 是机体抵抗从呼吸道、消化道及泌尿生殖道感染的病原微生物的主要防御力量,分泌型 IgA 可阻止病原微生物吸附黏膜上皮细胞。

(5)抗体依赖性细胞介导的细胞毒作用(ADCC)　一些效应性淋巴细胞(如 K 细胞),其表面具有抗体分子(IgG)的 Fc 片段的受体,当抗体分子与相应的靶细胞(如肿瘤细胞)结合后,形成抗原-抗体复合物时,效应细胞就可借助于 Fc 受体与抗体的 Fc 片段结合,从而发挥其细胞毒作用,将靶细胞杀死。这种作用相当有效,当体内只有微量抗体与抗原结合,尚不足以激活补体时,K 细胞就能发挥杀伤作用。

具有 ADCC 作用的效应细胞有 K 细胞、NK 细胞和巨噬细胞等。

(6)对病原微生物生长的抑制作用 一般而言,细菌的抗体与细菌结合后,不会影响其生长和代谢,仅表现为凝集和制动现象。而支原体和钩端螺旋体的抗体与之结合后可表现出生长的抑制作用。

总之,各种病原体进入动物机体后,机体将发动一切抗感染免疫机制,以抵抗病原的感染,最大限度地保护自身组织器官不受外来病原的破坏。

四、变态反应

(一)概念

变态反应是指免疫系统对再次进入机体的同种抗原物质做出过于强烈或不适当而导致机体生理功能紊乱或组织器官损伤的一类免疫反应,又称超敏反应。除了伴有炎症反应和组织损伤外,与维持机体正常功能的免疫反应并无实质性区别。引起变态反应的物质,称为变应原。变态反应发生的过程可分为致敏阶段和反应阶段两个阶段。

(二)变态反应的类型

根据变态反应中参与的细胞、活性物质、损伤组织器官的机理以及产生反应所需要的时间等,将变态反应可分为Ⅰ、Ⅱ、Ⅲ、Ⅳ四个类型,即过敏反应型(Ⅰ型)、细胞毒型(Ⅱ型)、免疫复合物型(Ⅲ型)和迟发型(Ⅳ型)。其中,前三型是由抗体介导的,共同特点是反应发生快,故又称速发型变态反应;Ⅳ型则是由 T 细胞介导的,与抗体无关,反应发生慢,故称为迟发型变态反应。

1.过敏反应型(Ⅰ型)变态反应

过敏反应是指机体再次接触抗原时引起的在数分钟至数小时内出现急性炎症为特点的反应。引起过敏反应的抗原又称为过敏原。

(1)发生机理 过敏原首次进入机体引起免疫应答,即在 APC 和 TH 细胞作用下,刺激机体分布于黏膜固有层或局部淋巴结中的产生 IgE 的 B 细胞,后者经增殖分化,产生亲细胞性的过敏性抗体 IgE。IgE 与皮肤、消化道和呼吸道黏膜毛细血管周围组织中的肥大细胞和血液中嗜碱性粒细胞表面 FC 受体(FcεR)结合,使之致敏,机体处于致敏状态。

当敏感机体再次接触同种过敏原时,过敏原与肥大细胞和嗜碱细胞表面的特异性 IgE 抗体结合,形成抗原抗体复合物,导致相邻的两个 IgE 分子或者表面 IgE 受体分子被交联,细胞内的颗粒脱出,并释放出具有药理作用的活性介质,如组织胺、缓激肽(缓慢反应物质 A)、5-羟色胺、白细胞三烯、前列腺素和过敏毒素等。这些介质可作用于不同组织,能引起炎症反应,导致毛细血管扩张和通透性增加,血压下降,皮肤黏膜水肿,腺体分泌增多及呼吸道和消化道平滑肌痉挛等一系列临诊反应,出现过敏反应症状。若反应发生在呼吸道,可出现喷嚏、流涕、哮喘、呼吸困难、肺水肿等;发生在消化道可出现呕吐、腹痛和腹泻;发生在皮肤,可出现皮肤红肿和荨麻疹;发生于全身则可表现为血压下降,引起过敏性休克,甚至死亡。

(2)临诊常见的疾病 有注射青霉素、使用磺胺类药物、注射异种动物血清、接种疫苗、饲喂某些饲料、接触植物花粉和霉菌孢子等引起的过敏反应。

(3)变态反应的防治措施 防治变态反应的发生要从变应原及机体的免疫反应两方面考虑。临床上采取的防治措施有以下几个方面：

①确定变应原。要尽可能找出变应原,避免动物与之的再次接触。查找过敏原可通过询问病史和皮试来完成。

过敏反应的确诊比较困难,因为无论是确定过敏原还是检测特异性抗体 IgE 或总 IgE 水平,都不是一般实验室能做到的。所以,使用非特异性的脱敏药和避免动物再次接触可能的过敏原(如更换新的不同来源的垫草或饲料等)是控制过敏反应较易实行的措施。

②脱敏疗法。临床上在使用异种动物血清或免疫球蛋白进行治疗时,可能会引起过敏反应,要注意预防。主要采用急性脱敏疗法改善机体的异常免疫反应,可以避免动物血清过敏症的发生。

方法是在给动物大剂量注射异种免疫血清进行治疗之前,可将血清加温至 30℃ 后使用,并且先少量多次皮下或肌内注射血清的方法。如给动物首次皮下注射 0.2~2.0 mL,间隔 15~30 min 后再注射中等剂量血清 10~100 mL,若无严重反应,15~30 min 后可注射至全量血清。其原理是:小剂量变应原注入已致敏机体,与肥大细胞和嗜碱性粒细胞表面的少量 IgE 结合,释放少量的组胺等活性物质,不至于引发临床症状,活性物质很快失活,经短间隔、多次注射变应原,使体内 IgE 消耗完,最后注射完剩余的血清便不会发病。但这种脱敏是暂时的,该机体以后再注射免疫血清,机体将重建敏感状态。

③药物治疗。肾上腺素能抑制粒细胞释放活性物质,缓解平滑肌痉挛,可用于过敏性休克的抢救。如果动物在注射后短时间内出现不安、颤抖、出汗或呼吸急促等急性全身性过敏反应症状,首先用 0.1% 的肾上腺素皮下或肌肉内注射(大动物 5~10 mL、中小动物 2~5 mL),并采取其他对症治疗措施。常用的药物有肾上腺糖皮质激素如地塞米松、氢化可的松等,抗组胺药物如苯海拉明、扑尔敏、异丙嗪等,具有解痉、降低毛细血管通透性的维生素 C、钙制剂如葡萄糖酸钙、氯化钙等药物治疗,缓解和消除过敏症状。另外,还可以强心、补液等辅助疗法。在动物可能接触过敏原之前,一定预先制备好 0.1% 的肾上腺素溶液备用。

2. 细胞毒型(Ⅱ型)变态反应

Ⅱ型变态反应是由抗体直接作用于细胞或组织上的抗原,引起细胞损伤或溶解,所以又称为抗体依赖性细胞毒型或细胞溶解型变态反应。

由 IgG 或 IgM 类抗体与细胞表面的抗原结合,或与吸附于细胞表面的相应抗原、半抗原结合,在补体、吞噬细胞及 NK 细胞等参与下,引起的以细胞裂解死亡为主的病理损伤。

(1)发生机理 引起Ⅱ型变态反应的变应原可以是体内细胞本身的表面抗原,如血型抗原;也可以是吸附在细胞表面的抗原,如药物半抗原、荚膜多糖、细菌内毒素脂多糖等,药物半抗原等可与血细胞牢固地结合形成完全抗原。这两种抗原均能刺激机体产生细胞溶解性抗体(IgG 和 IgM),这些抗体与细胞上的相应抗原结合,或与吸附于细胞表面的相应抗原、半抗原发生特异性结合反应,形成抗原-抗体-血细胞复合物。通过以下三种途径将复合物中的血细胞杀死:①激活补体系统,引起靶细胞溶解;②促进吞噬细胞的吞噬作用(调理作用),吞噬破坏靶细胞;③通过结合 K 细胞、NK 细胞等而 ADCC 作用杀伤靶细胞。

(2)临诊常见的疾病 临床上常见的细胞毒型变态反应疾病有输血反应、新生畜溶血性贫血、药物和传染性病原体引起的溶血性贫血等。

3.免疫复合物型（Ⅲ型）变态反应

Ⅲ型变态反应是机体在某些状态下,抗原与体内相应的抗体(IgG,IgM)结合形成的免疫复合物未被单核吞噬细胞系统等及时清除,则可在局部或其他部位的毛细血管内沿其基底膜沉积,激活补体吸引中性粒细胞的聚集,从而引起血管及其周围的炎症,故又称为免疫复合物型或血管炎型变态反应。

（1）发生机理 引起Ⅲ型变态反应的变应原可以是异种动物血清、病原微生物、寄生虫和药物等。参与反应的抗体主要为 IgG,也有 IgM 和 IgA。

某些病原微生物、异种动物血清等抗原进入机体,能刺激机体产生相应的抗体(IgG、IgM 或 IgA),这些抗原与相应的抗体结合形成抗原-抗体复合物,即免疫复合物。

因抗原、抗体的比例不同,形成的复合物大小和溶解性也不同。当抗原、抗体比例合适或抗体量略多于抗原量时,可形成颗粒较大的不溶性免疫复合物,易被吞噬细胞吞噬、消化、降解而清除;当抗原量过多于抗体量时,则形成细小的可溶性复合物,易通过肾小球滤过而随尿液排出体外。所以上述两种复合物对机体都没有损害作用。只有当抗原量略超过抗体量,可形成中等大小的免疫复合物时,既不易被吞噬细胞吞噬,又不能通过肾小球滤过随尿液排出体外,故会较长时间地存留在血流中,当血管壁通透性增高时,可沉积于血管壁、肾小球、关节滑膜和皮肤等组织上,激活补体,引起相应的组织器官的炎症、水肿、出血和局部组织坏死等一系列反应。

（2）临诊常见的疾病 临床上常见的免疫复合物型疾病有急性血清病、系统性红斑狼疮、溶血性链球菌感染后引起的肾小球肾炎、类风湿性关节炎、局部免疫复合物病（Arthus 反应）等。

由感染病原微生物引起的免疫复合物 在慢性感染过程中,如 α-溶血性链球菌或葡萄球菌性心内膜炎,或病毒性肝炎、寄生虫感染等,这些病原持续刺激机体产生弱的抗体反应,并与相应抗原结合形成免疫复合物,吸附并沉积在周围的组织器官。临床上具有Ⅲ型变态反应性质的动物疾病已发现不少（表 2-9）。

表 2-9 有显著Ⅲ型变态反应成分的传染病

疾病	主要病变	疾病	主要病变
猪丹毒	关节炎、皮肤疹块	貂阿留申病	肾小球肾炎、贫血、动脉炎
马腺疫	紫癜	猪瘟	肾小球肾炎
金黄色葡萄球菌	皮炎	牛病毒性腹泻	肾小球肾炎
犬感染性肝炎	眼色素层炎、肾小球肾炎	马病毒性动脉炎	动脉炎
猫白血病	肾小球肾炎	马传染性贫血	贫血、肾小球肾炎
猫传染性腹膜炎	腹膜炎、肾小球肾炎	犬恶丝虫病	肾小球肾炎

4.迟发型（Ⅳ型）变态反应

Ⅳ型变态反应是由效应 T 细胞与相应抗原作用后,引起的以单核细胞浸润和组织细胞损伤为主要特征的炎症反应。反应发生缓慢,当机体再次接受相同抗原刺激后,通常需经12～72 h 或更长时间方可出现炎症反应,因此又称迟发型超敏反应。与抗体和补体无关,而与效应 T 细胞和吞噬细胞及其产生的细胞因子或细胞毒性介质有关。

(1)发生机理　引起Ⅳ型变态反应的变应原可以是微生物、寄生虫和异体组织或是以蛋白质为载体结合的半抗原复合物(如某些药物)。

迟发型变态反应属于典型的细胞免疫反应。当机体受到某种变应原如结核分支杆菌、副结核分支杆菌、布氏杆菌等初次刺激时,使体内 T 淋巴细胞母细胞化,进一步分化成效应性 T 淋巴细胞,使机体致敏(这一时期需要 1～2 周),当机体再次接触相同抗原时,效应性 T 淋巴细胞释放多种淋巴因子,吸引和激活吞噬细胞向抗原集中,并加强吞噬,形成以单核细胞、淋巴细胞等为主的局部浸润,导致局部组织肿胀、化脓等炎性变化。同时巨噬细胞释出的溶酶体酶能损伤邻近组织细胞,使组织变性甚至坏死。再加上皮肤反应因子和淋巴毒素的作用,使局部毛细血管通透性增加而充血、水肿。在反应中,淋巴毒素、杀伤性 T 淋巴细胞均能直接杀伤靶细胞。抗原被消除后,炎症消退,组织即恢复正常。此型反应表现较突出的是局部炎症。

结核分支杆菌、布鲁氏菌、鼻疽杆菌等细胞内寄生菌,在传染的过程中,能引起以细胞免疫为主的Ⅳ型变态反应。这种变态反应是以病原微生物或其代谢产物作为变应原所引起的,是在传染过程中发生的,因此称为传染性变态反应。临床上对于这些细胞内寄生菌引起的慢性传染病,常利用传染性变态反应来诊断。如结核菌素试验就是典型的传染性变态反应。结核菌素试验阳性,表明该动物已感染结核病,为检疫提供可靠的诊断依据。利用鼻疽菌素进行鼻疽病的检疫原理也是如此。

(2)临诊常见的疾病　临床常见的Ⅳ型变态反应疾病有接触性皮炎、传染性变态反应及组织器官移植排斥反应等。

上述四型变态反应可部分或同时存在于同一个体,同一种变应原在不同条件下亦可能引起不同型的变态反应。如青霉素可引起过敏性休克(Ⅰ型)、溶血性贫血(Ⅱ型)、血清病(Ⅲ型)、接触性皮炎(Ⅳ型)。

● 任务 2-11　认识常见的动物病原细菌

【任务描述】

畜禽细菌性传染病占动物传染病的 50% 左右,如大肠杆菌病、沙门氏菌病、链球菌病、布鲁氏菌病、猪肺疫、炭疽、猪丹毒等,这些疾病的发生给畜牧业带来了极大的经济损失。在细菌病中仅有少数可根据流行病学、典型临床症状、病理剖检变化做出诊断外,多数都可通过微生物学检测来确诊,并通过疫苗和敏感的药物进行防治。因此,在动物生产过程中,必须做好细菌病的防治工作。对于发病的群体,及时而准确地做出诊断是十分重要的。通过本任务的学习,认识常见的动物病原细菌,学会用微生物学检测的方法诊断几种主要的畜禽细菌病,为今后从事畜禽的饲养和诊断、防治细菌感染性疫病的发生奠定坚实基础。

【任务目标】

(1)熟悉大肠杆菌、沙门氏菌、葡萄球菌、链球菌、多杀性巴氏杆菌、布鲁氏菌、炭疽杆菌等几种常见的动物病原细菌的生物学性状、致病性和防治措施;掌握主要的动物病原细菌感染的实验室检测方法。

(2)能结合临床细菌病病例设计相应动物细菌病的实验室检测方案并实施。

【相关知识】

一、大肠杆菌

大肠埃希氏菌俗称大肠杆菌,为德国科学家 Escherich 首先发现(1885 年)。大肠杆菌是人和动物肠道后段的正常菌群,维持着肠道的正常生理功能,一般不致病,并能合成维生素 B 和维生素 K,产生大肠菌素,抑制致病性大肠杆菌生长,对机体有利;部分菌株具有致病性或条件致病性,致病性大肠杆菌能使畜禽发生肠道疾病或肠道外感染;在环境卫生和食品卫生学上,常被用作粪便直接或间接污染的检测指标;本菌还是分子生物学和基因工程中重要的实验材料和研究对象。

(一)生物学特性

1. 形态与染色特性

大肠杆菌为两端钝圆、中等大小的直杆菌,$(0.4\sim0.7)\mu m \times (2.0\sim3.0)\mu m$,散在或成对。大多数菌株有周身鞭毛和普通菌毛,少数菌株兼有性菌毛,除少数菌株外,通常无可见荚膜,但常有微荚膜,不形成芽孢。对碱性染料着色良好,菌体两端偶尔略深染,应注意与巴氏杆菌经美蓝或瑞氏染色呈现的两极着色相区别。革兰氏染色阴性(图 2-38)。

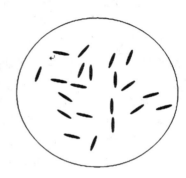

图 2-38　大肠杆菌

2. 培养特性

本菌为需氧或兼性厌氧菌,在普通培养基上生长良好,最适温度 37℃,最适 pH7.2～7.6。在普通肉汤培养基中,呈均匀浑浊生长,管底有黏性沉淀物,液面管壁有菌环,培养物常有特殊的粪臭味。在普通琼脂平板上培养 18～24 h 后,形成灰白色、圆形、隆起、表面光滑、湿润、半透明、边缘整齐或不太整齐(运动活泼的菌株)、中等偏大的菌落,直径为 2～3 mm。在肠道菌鉴别培养基上形成特征性菌落,如在麦康凯琼脂上形成红色菌落;伊红美蓝琼脂上形成紫黑色带金属光泽的菌落;SS 琼脂上一般不生长或生长较差,生长者呈红色;远藤氏琼脂上形成带金属光泽的红色菌落;三糖铁琼脂斜面上,因产酸使斜面和底层均呈黄色,底层有气泡,不产生硫化氢。一些致病性菌株(如仔猪黄痢和水肿病菌株)在血液琼脂平板上可产生 β 溶血。

3. 生化特性

本菌能发酵多种糖类产酸产气,如葡萄糖、麦芽糖、甘露醇等产酸产气,大多数菌株可迅速发酵乳糖产酸产气,约半数菌株不分解蔗糖。吲哚和 MR 试验均为阳性,V-P 试验和枸橼酸盐利用试验均为阴性,不产生硫化氢,不分解尿素。

4. 抗原结构

大肠杆菌的抗原主要有菌体抗原(O)、鞭毛抗原(H)和表面抗原(K)3 种。它们是本菌血清型分型及鉴定的依据。目前已确定的大肠杆菌 O 抗原有 173 种,H 抗原有 60 种,K 抗原有 103 种。多数肠毒素性大肠杆菌都有菌毛(F)抗原,最近 F 抗原被用于血清学鉴定。因此,有人认为自然界中可能存在的大肠杆菌血清型高达数万种,但致病性大肠杆菌血清型数量是有限的。

(1)O 抗原　是存在于细胞壁上的多糖抗原,对热稳定,121℃加热 2h 不破坏其抗原性。

每个菌株只含 1 种 O 抗原,其种类用阿拉伯数字表示。可用单因子抗 O 血清做玻片或试管凝集试验进行鉴定。

(2)K 抗原 是菌体表面的一种对热不稳定的多糖或蛋白质抗原,多存在于被膜或微荚膜中,个别存在于菌毛中。具有 K 抗原的菌株不能被其相应的抗 O 血清凝集,称为 O 不凝集性。加热至 60℃ 30 min 可消除这种作用。根据耐热性不同,K 抗原又分成 L、A 和 B 三型,菌株不同,K 抗原的存在及含量也不同。在 80 种 K 抗原中,除 K88 和 K99 是两种蛋白质 K 抗原外,其余均属多糖 K 抗原。

(3)H 抗原 是一类不耐热的鞭毛蛋白抗原,加热至 80℃ 或经酒精处理后即可破坏其抗原性,有鞭毛的菌株一般只含有 1 种 H 抗原,其种类用阿拉伯数字表示。H 抗原能刺激机体产生高效价凝集抗体。

大肠杆菌的血清型通常用 O:K:H 排列形式的抗原结构式表示,如 O_{111}:K_{58}(B):H_{12},表示该菌具有 O 抗原 111,B 型 K 抗原 58,H 抗原为 12。

致人畜腹泻的产肠毒素大肠杆菌,除含 K 抗原外,还可含有蛋白质性黏附素抗原。对黏附素抗原应并列写于多糖 K 抗原之后。如:O_8:K_{87},K_{88}:H_{19} 中 K_{88} 即为黏附素抗原。

5.抵抗力

大肠杆菌耐热,加热 60℃ 15 min 仍有部分细菌存活。在自然界生存力较强,土壤、水中可存活数周至数月,在温度较低的粪便中存活更久。对一般消毒剂敏感,5% 石炭酸、3% 来苏儿、0.1% 高锰酸钾等 5 min 内可将其杀死。对磺胺类、链霉素、氯霉素、庆大霉素、卡那霉素、新霉素、多黏菌素、金霉素等敏感,但大肠杆菌耐药菌株多,临床中应先进行抗生素敏感试验选择适当的药物以提高疗效。某些化学药品如胆酸盐、亚硒酸盐、煌绿等对大肠杆菌有较强的选择性抑制作用。

(二)致病性

大肠杆菌多数是条件致病菌,在正常条件下存在于人和动物的肠道内,是不致病的共栖菌,在特定条件下可致大肠杆菌病,如移位侵入肠外组织或器官而致病。但少数是病原性大肠杆菌,与人和动物的大肠杆菌病密切相关,在正常情况下,极少存在于健康机体内。根据毒力因子与发病机制的不同,可将与动物疾病有关的病原性大肠杆菌分为 5 类:产肠毒素大肠杆菌(ETEC)、产类志贺毒素大肠杆菌(SLTEC)、肠致病性大肠杆菌(EPEC)、败血性大肠杆菌(SEPEC)及尿道致病性大肠杆菌(UPEC)。其中研究的最清楚的是前两种。

1.产肠毒素大肠杆菌(ETEC)

ETEC 是一类致人和幼畜(初生仔猪、断奶仔猪、犊牛及羔羊)腹泻最常见的病原性大肠杆菌,初生幼畜被 ETEC 感染后常因剧烈水样腹泻和迅速脱水死亡,发病率和死亡率均很高。其致病力主要由黏附素性菌毛和肠毒素两类毒力因子构成,二者密切相关且缺一不可。

(1)黏附素性菌毛 是 ETEC 的一类特有菌毛,能黏附于宿主的小肠上皮细胞,故又称其为黏附素或定居因子,对其抗原亦相应称作黏附素抗原或定居因子抗原。ETEC 必须首先黏附于宿主的小肠上皮细胞,才能避免肠蠕动和肠液分泌的清除作用,使 ETEC 得以在肠内定居和繁殖,进而发挥致病作用。目前,在动物 ETEC 中已发现的黏附素有 F4(K_{88})、F5(K_{99})、F6(987P)、F41、F42 和 F17。黏附素虽然不是导致宿主腹泻的直接致病因子,但它是构成 ETEC 感染的首要毒力因子。

(2)肠毒素 是 ETEC 产生并分泌到胞外的一种蛋白质性毒素,按其对热的耐受性不同可分为不耐热肠毒素(LT)和耐热肠毒素(ST)两种。LT 对热敏感,65℃加热 30 min 即被灭活,作用于宿主小肠和兔回肠可引起肠液积蓄,此毒素可应用家兔肠袢试验做测定。ST 通常无免疫原性,100℃加热 30 min 不失活,可透析,能抵抗脂酶、糖化酶和多种蛋白酶作用,对人和猪、牛、羊均有肠毒性,可引起肠腔积液而导致腹泻。

2.产类志贺毒素大肠杆菌(SLTEC)

SLTEC 是一类产生类志贺毒素(SLT)的病原性大肠杆菌。在兽医临床主要与猪的水肿病、犊牛出血性结肠炎、幼兔腹泻等疾病相关。在动物,SLTEC 可致猪的水肿病,以头部、肠系膜和胃壁浆液性水肿为特征,常伴有共济失调、麻痹或惊厥等神经症状,发病率低但致死率很高。

引起猪水肿病的 STEC 有 2 类毒力因子。一种是黏附性菌毛,多为 F18ab 菌毛,少数为 K88 等,F18ab 菌毛是一个重要的毒力因子,有助于 STEC 在猪肠黏膜上皮细胞上定居和繁殖,大多数猪水肿病菌株(主要为 O139、O141、O138)都有该菌毛。另一种为志贺毒素 2 型变异体(Stx2e),Stx2e 是一种蛋白质性细胞毒素,是引起猪水肿病的直接毒力因子,可引起血管内皮损伤,血管通透性改变,导致病猪出现水肿和典型的神经症状。

3.禽致病性大肠杆菌(APEC)

APEC 是一类致禽类急性、系统性疾病的病原性大肠杆菌,主要表现为气囊炎、肺炎、心包炎、肝周炎、腹膜炎、输卵管炎等,有时表现为急性败血症。已知 APEC 中主要的血清型有 O_1:K_1、O_2:K_1、O_{78}:K_{80} 等。新近发现某些禽源大肠杆菌与新生儿脑膜炎大肠杆菌相关。

(三)微生物检测

(1)采集病料 根据感染情况采取相应的病料。对幼畜腹泻及猪水肿病可采取粪便(水样便、血样便取 1~3 mL,成型便取指甲大小,也可用棉拭子插入直肠 3~5 cm 处采集),注意在病畜腹泻急性期及在抗生素治疗前采取,死后采取各段小肠内容物、黏膜刮取物以及相应肠段的肠系膜淋巴结等;对败血症病例可无菌采取病变内脏组织(心、肝、脾、肾、淋巴结等)及血液等。采集的样品应尽可能在动物濒死期或死亡不久,并在低温下尽快送检。

(2)直接涂片镜检 可采取病料(肠黏膜、血液、肝及脾等组织)涂片染色镜检。如发现有革兰氏染色阴性、散在或成对、中等大小、两端钝圆的直杆菌,即可初步诊断。但有时在病料中很难看到典型的细菌。

(3)分离培养 常用麦康凯或伊红美蓝琼脂等选择性培养基和血液琼脂培养基。对败血症病例可无菌采集其病变内脏组织及血液等,直接在血琼脂和麦康凯(或伊红美蓝)平板上划线分离培养。对幼畜腹泻及猪水肿病病例各段小肠内容物、黏膜刮取物以及相应肠段的肠系膜淋巴结等病料分别在麦康凯(或伊红美蓝)琼脂和血液琼脂平板上划线分离培养。经 37℃ 24 h 培养后,观察菌落的形成及特征,并涂片革兰氏染色镜检。

(4)生化试验 挑取麦康凯平板上的红色菌落或血平板上呈 β 溶血(仔猪黄痢与水肿病菌株)的典型菌落 5~10 个,分别转种三糖铁(TSI)琼脂斜面和普通琼脂斜面做初步生化鉴定和纯培养,经 37℃ 24~48 h 培养后,观察菌落的形成及特征。将符合大肠杆菌结果的纯培养物进一步进行常规生化试验鉴定,以确定分离株是否为大肠杆菌。分别进行糖发酵试验、吲哚试验、MR 试验、V-P 试验、枸橼酸盐利用试验、硫化氢试验等,观察结果。

值得注意的是,从病畜分离到的大肠杆菌,未必就是病原菌,必须经病原性鉴定,如肠毒素测定、黏附素测定、回归本动物试验等,最后作血清学定型。

（5）动物试验　取分离菌的纯培养物接种试验动物，观察试验动物的发病情况，并做进一步细菌学检查。

（6）血清学分型鉴定　将 TSI 琼脂斜面上符合大肠杆菌的生长物或普通琼脂斜面纯培养物做 O 抗原鉴定，进一步通过对毒力因子的检测便可确定其属于何类致病性大肠杆菌。兽医临床血清型鉴定一般只检测 O 抗原和菌毛抗原，K 抗原和 H 抗原一般不检测。

方法是挑取符合大肠杆菌生化反应的被检菌株培养物分别与分组 OK 多价因子血清做平板凝集或试管凝集试验，确定血清型。再根据 OK 分组所组成的 OK 单因子血清做凝集试验，以及将被检菌株的培养物经 121.3℃加热处理 2 h，以破坏其 K 抗原后再与 O 单价因子血清做凝集试验，以确定 O 抗原。对动物致病性大肠杆菌 O 抗原鉴定时，应首先按表 2-10 所列与各种疾病相关的常见 O 抗原群逐一加以鉴定，这就大大缩小 O 抗原鉴定范围和工作量。

表 2-10　动物主要病原性大肠杆菌与 O 抗原群的关系

大肠杆菌类型	疾病	最常见 O 抗原群
产肠毒素大肠杆菌（ETEC）	初生仔猪腹泻（仔猪黄痢）	8,45，60,101,115,138,139，141，147,149,157
	初生犊牛（羔羊）腹泻	8,9,20,101
	断乳仔猪腹泻	8,138,139,141,147,149,157
产类志贺毒素大肠杆菌（SLTEC）	猪水肿病	139（最多见），138,141,45,8
	犊牛出血性结肠炎	5,26,111,103
败血性大肠杆菌（SEPEC）	猪败血症（以多浆膜炎）	20,165
	犊牛、羔羊败血症	78（最多见），15,35,115,117,137
	鸡大肠杆菌败血症、气囊炎、脑膜炎、输尿管炎、肠炎、肉芽肿	1,2,78,35
肠致病性大肠杆菌（EPEC）	猪腹泻	O45:K"E65"
尿道致病性大肠杆菌（UPEC）	犬和猫尿道感染（膀胱炎、尿道炎、输尿管炎、前列腺炎、肾盂肾炎）	2,4,683
	鹅生殖器官大肠杆菌感染	141,1,7
	牛乳腺炎	2,8,21,81,86

近年来 PCR 技术已被广泛用来快速鉴定变异性大肠杆菌，主要检测病原性大肠杆菌的黏附素、肠毒素等特异性基因。

（四）防治

目前国内外已有多种预防幼畜腹泻的实验性或商品化菌苗。主要有单价或多价菌毛抗原的灭活全菌苗或亚单位苗，以及类毒素苗、LT-B 亚单位苗、志贺毒素 B 亚单位苗等；还有基因工程疫苗等。预防仔猪腹泻可用大肠杆菌腹泻 K88- K99-987P 三价活菌苗，或大肠杆菌 K88-K99 二价基因工程疫苗，在母猪产前 1 个月进行免疫接种，临产前 15 d 再注射 1 次，可使新生仔猪从初乳中获得被动免疫。

预防禽大肠杆菌病、猪水肿病，通常可选择对本地区流行的 3～4 种常见的 O 抗原的野毒菌株，制成灭活疫苗，可有较好的预防效果。利用微生物制剂调整腹泻仔猪的肠道菌群，也已在我国一些地区使用。在已发生仔猪黄痢的猪群中，仔猪出生后立即口服或肌注 ETEC 肠毒素抗血清，可获得预防效果。发病初期仔猪用此血清也可取得较好治疗效果。

抗菌药物的治疗最好选用经药敏试验确证为高效的抗生素,并正确使用,防止产生耐药性和残留。

二、沙门氏菌

沙门氏菌是肠杆菌科沙门菌属的细菌,是一群寄生于人和动物肠道内、生化特性和抗原结构相似,兼性厌氧,革兰氏阴性无芽孢直杆菌。

沙门氏菌种类繁多,目前已发现2 500多个血清型,且不断有新的血清型出现,绝大多数沙门氏菌对人和动物有致病性,能引起人和动物的多种不同临床表现的沙门氏菌病。有些专对人致病,有些专对动物致病,也有些对人和动物都能致病,并是人类食物中毒的主要病原之一,在医学、兽医和公共卫生上均十分重要。目前,对沙门氏菌或亚种成员的鉴定主要根据生化试验,而血清型分型可作为一项亚种水平以下的鉴定内容。

(一)生物学特性

1.形态与染色特性

沙门氏菌的形态和染色特性与大肠杆菌相似,呈直杆状,$(0.4 \sim 0.7) \mu m \times (1.0 \sim 3.0) \mu m$,革兰氏阴性。除鸡白痢沙门氏菌和鸡伤寒沙门氏菌无鞭毛不运动外,其余均有周鞭毛,大多数有菌毛,一般无荚膜,不形成芽孢。

2.培养特性

本菌培养特性与大肠杆菌相似。只有鸡白痢、鸡伤寒、羊流产和甲型副伤寒等沙门氏菌在普通琼脂培养基上生长贫瘠,形成较小的菌落。培养基中加入硫代硫酸钠、胱氨酸、血清、葡萄糖、脑心浸液和甘油等均有助于本菌生长。在远藤氏、麦康凯、SS琼脂平板等肠道杆菌鉴别或选择性培养基上,大多数菌株因不发酵乳糖而形成无色菌落或与培养基颜色一致的淡橘红色菌落,可与大肠杆菌区别。如远藤琼脂和麦康凯琼脂培养时形成无色透明或半透明的菌落,SS琼脂上产生H_2S的致病性菌株,菌落中心呈黑色,而大肠杆菌在此培养基上因发酵乳糖均形成红色菌落。本菌属在培养基上也有S-R变异。

3.生化特性

大多数沙门氏菌发酵糖类时均产气,但伤寒和鸡伤寒沙门杆菌不产气。多数沙门氏菌不发酵乳糖(亚利桑那沙门氏菌除外)和蔗糖,能发酵葡萄糖、麦芽糖(多数鸡白痢菌株除外)和甘露醇产酸产气(猪伤寒不发酵),吲哚试验阴性,甲基红试验阳性,V-P试验阴性,枸橼酸盐利用试验阳性(猪伤寒、鸡白痢、鸡伤寒不利用),不分解尿素,能产生硫化氢(猪伤寒不产生,猪霍乱、猪伤寒、鸡伤寒不定)。生化反应对鉴定沙门氏菌有重要意义。

4.抗原构造

沙门氏菌具有菌体(O)抗原、鞭毛(H)抗原、毒力(Vi)抗原3种抗原。O抗原和H抗原是其主要抗原,构成绝大部分沙门氏菌血清型鉴定的物质基础,其中O抗原又是每个菌株必有的成分。根据O抗原分群,H抗原分型,Vi抗原是微荚膜成分。

(1)O抗原 是存在于菌体细胞壁表面的多糖抗原,能耐热100℃2 h不被破坏,也不被乙醇或0.1%石炭酸破坏。O抗原有许多组成成分,通以小写阿拉伯数字来表示。一个菌体可有几种O抗原成分,例如A群的乙型副伤寒沙门氏菌有1、4、5、12,甲型副伤寒沙门氏菌有1、2、12。有些抗原是几种菌共有的,将具有共同O抗原的沙门氏菌归为一群,可将沙门氏菌分为 A、B、C$_1$～C$_4$、D$_1$～D$_3$、E$_1$～E$_4$、F、G、H……Z 和 O$_{51}$～O$_{63}$ 以及 O$_{65}$～O$_{67}$ 计 51 个 O 群,包括 58 种 O 抗原。对人和动物致病的沙门氏菌绝大多数在 A～F 群。沙门氏菌经酒精处理破坏鞭毛抗原后的菌液,即为血清学反应用的 O 抗原,与 O 血清做凝集反应时,经过较长时间,可以出现颗粒状不易分散的凝集现象。

(2)H 抗原　是鞭毛蛋白抗原,共有 63 种,对热不稳定,60℃ 30～60 min 或经乙醇处理后被破坏,但能抵抗甲醛。具有鞭毛的沙门氏菌新培养物经甲醛处理后,即为血清学上所使用的抗原,此时鞭毛已被固定,且能将 O 抗原全部遮盖,而不能与相应抗 O 抗体反应。H 抗原分为第 1 相和第 2 相 2 种,其中第 1 相 H 抗原仅少数沙门氏菌具有,称为特异相,用小写英文字母表示,如 a、b、c、d 等;第 2 相 H 抗原为多种沙门氏菌共有,称为非特异相,除少数用小写英文字母表示外均用阿拉伯数字表示,如 1、2、3、4 等。只含 1 相 H 抗原沙门氏菌称为单相菌,同时具有第 1 相和第 2 相 H 抗原的沙门氏菌称为双相菌。同一 O 群的沙门氏菌又根据它们的 H 抗原的不同再细分成许多不同的血清型。

(3)Vi 抗原　为沙门氏菌的微荚膜成分,因与毒力有关而命名为 Vi 抗原。不稳定,经 60℃加热、石炭酸处理或人工传代培养易破坏或丢失。从病料标本中新分离出的伤寒杆菌、丙型副伤寒杆菌等有此抗原,但在普通培养基上多次传代后易丢失此抗原,这种变异称为"V-W 变异"。Vi 抗原存在于细菌表面,它能阻碍 O 抗原与相应抗体的特异性结合,称为 O 不凝集性。Vi 抗原的抗原性弱,刺激机体产生较低效价的抗体;细菌被清除后,抗体也随之消失,故测定 Vi 抗体有助于对伤寒带菌者的检出。

用已知的沙门氏菌 O 和 H 单因子血清做玻板凝集试验,可确定沙门氏菌的血清型或抗原式,对可能有 Vi 抗原的菌株还需要用 Vi 抗血清鉴定。沙门氏菌的血清型表示方法是 O 抗原:第 1 项 H 抗原:第 2 项 H 抗原。例如:鼠伤寒沙门氏菌血清型为 1,4,[5],12:i:1,2,即表示该菌具有 O 抗原 1,4,[5],12,第 1 项 H 抗原为 i,第 2 项 H 抗原为 1,2,括号中抗原表示该抗原可能无。如有 Vi 抗原可写在 O 抗原之后,如伤寒沙门氏菌血清型为 9,12,Vi:d:—。

5.抵抗力

本菌的抵抗力中等,与大肠杆菌相似,不同的是亚硒酸盐、煌绿等染料对本菌的抑制作用小于大肠杆菌,故常用其制备选择培养基,有利于分离粪便中的沙门氏菌。沙门氏菌在水中能存活 2～3 周,在粪便中可活 1～2 个月。对热的抵抗力不强,60℃ 15 min 即可杀死,5％石炭酸、0.1％的升汞、3％的来苏儿 10～20 min 内即被杀死。

多数菌株对土霉素、四环素、链霉素和磺胺类药物等产生了抵抗力,对阿米卡星、头孢曲松、氟苯尼考敏感。

(二)致病性

沙门氏菌均有致病性,动物宿主极其广泛,是一种重要的人畜共患病的病原。沙门氏菌的毒力因子有多种,其中主要的有脂多糖、肠毒素、细胞毒素及毒力基因等。隐性感染或康复带菌,可间歇排菌,成为主要传染来源。本菌通过动物消化道传播,也可通过自然交配或人工授精传播,还可以通过子宫内感染或带菌禽蛋垂直传播。卫生不良、应激以及发生病毒或寄生虫感染等,均可增加易感动物发生沙门氏菌病。本菌常侵害幼龄、青年动物,引发败血症、胃肠炎及其他组织局部炎症,对成年动物则往往引起散发性或局限性沙门氏菌病,发生败血症的怀孕母畜可表现流产,在一定条件下也能引起急性流行性暴发。

与畜禽有关的沙门氏菌主要有:猪霍乱沙门氏菌,主要引起幼猪和架子猪的败血症以及肠炎;马流产沙门氏菌,使怀孕母马发生流产或公马睾丸炎;鼠伤寒沙门氏菌,引起各种畜禽、犬、猫及实验动物的副伤寒,表现胃肠炎或败血症,也可引起人类的食物中毒;肠炎沙门氏菌,主要引起畜禽的胃肠炎及人类肠炎和食物中毒;鸡白痢沙门氏菌,使雏鸡发生白痢,成年鸡主要感染生殖器官,呈慢性局部炎症或隐性感染,该菌可通过种蛋垂直传播。除了鸡和雏鸡沙门氏菌外,绝大多数沙门氏菌培养物经口、腹腔或静脉接种小鼠,能使其发病死亡。但致死剂量随着接种途径和菌种毒力不同而异。豚鼠和家兔对本菌的易感性不及小鼠。

(三)微生物学检测

(1)采集病料　根据病型不同采取不同的病料,如粪便、肠内容物、阴道分泌物、精液、血液或病变的组织器官(肝、脾及肠系膜淋巴结)等。

(2)直接涂片镜检　可采取病料(肠黏膜、血液、肝及脾等组织)涂片染色镜检。如发现有革兰氏染色阴性、散在或成对、中等大小、两端钝圆的直杆菌,即可初步诊断。

(3)分离培养　对未污染的被检组织可直接在普通琼脂、血琼脂或肠道杆菌鉴别培养基平板上划线分离培养;对已污染的被检材料如饮水、粪便、饲料、肠内容物和已败坏组织等,因含杂菌数远超过沙门杆菌,故常需在增菌培养基增菌后再进行分离,接种后于37℃12～24 h培养后,观察菌落的形成及特征,并涂片革兰氏染色镜检。如未出现疑似本菌菌落,则需从已培养48 h的增菌培养物中重新划线分离一次。

增菌培养基最常用的有亮绿-胆盐-四硫黄酸钠肉汤、四硫黄酸盐增菌液(TTB)、亚硒酸盐胱氨酸增菌液(SC)以及亮绿-胱氨酸-亚硒酸氢钠增菌液等,这些培养基能抑制其他杂菌生长而有利于沙门杆菌大量繁殖,接种量为培养基量的1/10,即1 g(1 mL)样品接种于10 mL培养基中。缓冲蛋白胨水(BP)培养基常用于前增菌处理,使样品在干燥和冷冻过程中受到损伤或处于濒死状态的沙门氏菌修复和复苏,再选择性增菌,可以提高检出率。

鉴别培养基常用SS、伊红美蓝(EMB)、麦康凯(MC)、去氧胆盐钠-枸橼酸盐等琼脂,必要时还可用亚硫酸铋和亮绿中性红等琼脂。绝大多数沙门氏菌因不发酵乳糖,故在这类平板上生长的菌落颜色与大肠杆菌不同。如能在增菌培养的同时,又直接在上述鉴别培养基上做浓厚涂布及划线分离,也可能获得纯培养。

(4)生化试验　挑取鉴别培养基上的几个可疑菌落分别纯培养,同时分别接种三糖铁(TSI)琼脂和尿素琼脂,37℃培养24 h,进行初步生化试验鉴定。若反应结果均符合沙门氏菌者,则取TSI琼脂的培养物或与其相应菌落的纯培养物做沙门氏菌O抗原群和生化特性进一步鉴定,必要时可做血清型分型。

(5)血清学分型鉴定　凡是生化结果符合沙门氏菌属的菌株,用抗血清玻片凝集试验鉴定分离株的血清型。一般只鉴定该菌是否属于A～F群中的沙门氏菌。

分群的方法　在洁净的玻片上(或平皿)滴加沙门氏菌A～F多价抗O血清1滴(或接种环2满环),挑取TSI琼脂斜面菌落或与纯培养菌落在血清中混匀成浓菌液,轻摇玻片,在黑色背景下,2 min内(室温20～25℃)观察凝集颗粒,以判断该菌是否为沙门氏菌。同时设生理盐水对照。在生理盐水中自凝者不能分群。进一步用代表A群(O_2)、B(O_4)、C_1(O_7)C_2(O_8)、D(O_9)、E(O_3)、F(O_{11})的O因子血清分别作同样的玻片凝集反应,以确定沙门氏菌的群别。再用各种O抗原单因子血清进行检测相应群的O抗原的组成鉴定。

定型的方法　菌群确定后,再查沙门氏菌抗原表,用该群所含的可能的第一相或第二相H抗血清以检测其H抗原,确定血清型,写出抗原式。查对有关沙门氏菌的抗原表即可知被检菌为哪种沙门氏菌。

此外,还可用 A~F 群单克隆抗体通过直接凝集、乳胶颗粒凝集试验、ELISA、PCR、免疫磁力分离法、对流免疫电泳和核酸探针等方法可进行快速诊断。

(四)防治

目前应用的兽用疫苗多限于预防各种家畜特有的沙门氏菌病,例如仔猪副伤寒弱毒冻干苗、马流产沙门氏菌灭活疫苗,均有一定的预防效果。

防控家禽沙门氏菌病主要应严格实行卫生检验和检疫规程,并采取防止饲料和环境污染等一系列规程性措施,净化鸡群,并颁发证书。一些国家自实行防控计划以来,已消灭或控制了鸡白痢和鸡伤寒。药物治疗有明显的疗效,由于本属菌的耐药菌株不断在增加,治疗之前最好做药敏试验选高敏药物,用于临床治疗。

三、葡萄球菌

葡萄球菌广泛分布于自然界,如土壤、空气、水、饲料、物体表面及人和动物的皮肤、黏膜、消化道、呼吸道及乳腺中。多数为非致病菌,少数可导致疾病。致病性葡萄球菌是最常见的化脓性细菌之一,80%以上的化脓性疾病由本菌引起,主要引起各种化脓性疾患、败血症或脓毒血症,也可污染食品、饲料则可引起食物中毒。

(一)生物学特性

1.形态与染色特性

葡萄球菌呈球形或卵圆形,直径 $0.5\sim1.5~\mu m$,为不规则葡萄串状排列,但在脓汁、乳汁或液体培养基中常呈单个、成双或短链状排列,易误诊。无芽孢,无鞭毛,除少数菌株外一般不形成荚膜。易被常用的碱性染料着色,革兰氏染色阳性,但衰老、死亡或被白细胞吞噬后,以及耐青霉素的菌株可呈革兰氏阴性(图 2-39)。

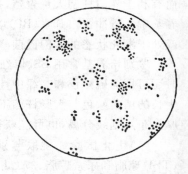

图 2-39　葡萄球菌

2.培养特性

本菌为需氧或兼性厌氧菌,营养要求不高,在普通培养基上生长良好,在含有血液和葡萄糖的培养基中生长更佳,麦康凯培养基上不生长。$28\sim38$℃均能生长,致病菌最适温度为 37℃,最适 pH 为 $7.2\sim7.6$。在普通肉汤培养基中生长迅速,24 h 后呈均匀混浊生长,培养 $2\sim3$ d 后可形成很薄的菌环,在管底则形成多量黏稠沉淀,振荡后,沉淀物上升,旋即消散;在普通琼脂平板上形成圆形、隆起、边缘整齐、表面光滑、湿润、有光泽、不透明的菌落。不同种的菌标产生不同的脂溶性色素,如金黄色、白色、柠檬色。多数致病性葡萄球菌在血液琼脂平板上形成明显的 β 溶血环,菌落较大。大多数致病菌株耐高浓度 NaCl($10\%\sim15\%$),故对严重污染的病料可用高盐的却蒲曼琼脂分离细菌。

3.生化特性

触酶阳性;氧化酶阴性;耐热核酸酶试验阳性;多数菌株能分解葡萄糖、乳糖、麦芽糖和蔗糖,产酸而不产气;能还原硝酸盐;不产生靛基质;V-P 试验阳性;致病性葡萄球菌能在有氧和无氧条件下分解甘露醇,还可产生血浆凝固酶,非致病性葡萄球菌无此作用,在鉴别上具有重要意义。

4. 分类

根据产生色素和生化反应不同,将葡萄球菌分为金黄色葡萄球菌、表皮葡萄球菌和腐生葡萄球菌3种。其中金黄色葡萄球菌多为致病菌,产生金黄色色素,凝固酶阳性,能分解甘露醇,致病性强;表皮葡萄球菌偶尔致病,产生白色和柠檬色色素,凝固酶阴性,不分解甘露醇;腐生葡萄球菌一般不致病。

5. 抗原结构

葡萄球菌的细胞壁抗原构造比较复杂,主要含有多糖抗原及蛋白质抗原两种。

(1)多糖抗原 为半抗原,具有型特异性,存在于细胞壁,借此可以分型。金黄色葡萄球菌的多糖抗原为 A 型,化学组成为磷壁酸中的 N-乙酰葡胺核糖醇残基。表皮葡萄球菌的为 B 型,化学成分为磷壁酸中的 N-乙酰区糖胺甘油残基。

(2)蛋白抗原 所有人源菌株均有葡萄球菌蛋白 A(SPA),动物源菌株则少见。SPA 是一种单链多肽,存在于菌细胞壁的一种表面蛋白,位于菌体表面,与细胞壁的黏肽呈共价相结合,是完全抗原,具属特异性。它能与人及多种哺乳动物血清中的 IgG 的 Fc 段非特异性结合,结合后的 IgG 仍能与相应抗原进行特异性反应,因而可用含 SPA 的葡萄球菌作为载体,结合特异性抗体,进行协同凝集试验,用于多种微生物抗原的免疫学检测。

6. 抵抗力

在无芽孢细菌中,葡萄球菌对外界环境的抵抗力最强。耐干燥,在干燥的脓汁或血液中可存活 2~3 个月。耐热,80℃ 30~60 min 才被杀死,煮沸可迅速被杀死。5%石炭酸、0.1%升汞中 10~15 min、70%酒精在数分钟内即可杀死本菌,1:20 000 洗必泰、消毒净、新洁尔灭和 1:10 000 度米芬可在 5 min 内杀死本菌,1%~3%龙胆紫溶液用于治疗、防止葡萄球菌引起的创伤化脓症。对磺胺类药物敏感性较低;对青霉素、金霉素、红霉素、新霉素等抗生素敏感,但易产生耐药性,对青霉素 G 的耐药菌株可达 90%以上。

(二)致病性

致病性葡萄球菌能产生多种酶和毒素,如溶血毒素、血浆凝固酶、杀白细胞素、肠毒素等,可引起畜禽各种化脓性疾病,如动物的创伤感染、脓肿和蜂窝织炎;鸡关节炎;猪、羊皮炎;牛及羊的乳房炎,在许多地区金黄色葡萄球菌是奶牛乳房炎最主要的病原等。如细菌扩散至血液,可引起败血症或脓毒败血症。大多数动物对其有很强的抵抗力。实验动物中家兔最为易感。

葡萄球菌产生的肠毒素可引起人或动物的急性胃肠炎即食物中毒。与产毒菌株污染了牛奶、肉类、鱼、虾、蛋类等食品或饲料有关,在 20℃以上经 8~10 h 即可产生大量的肠毒素。肠毒素是一种可溶性蛋白质,耐热,经 100℃煮沸 30 min 不易被破坏,也不受胰蛋白酶的影响,故误食污染肠毒素的食物进入人或动物的消化道,经 1~6 h 潜伏期,引起头晕、恶心、呕吐及腹泻等急性胃肠炎症状。发病急,病程短,1~2 d 可自行恢复,预后良好。

(三)微生物学检测

1. 病料的采集

根据不同的病型应无菌操作采取不同的病料,如化脓性病灶取脓汁或渗出液,乳腺炎取乳汁,败血症取血液,中毒症取剩余食物、呕吐物或粪便等。

2. 直接涂片镜检

取病料直接进行涂片、革兰氏染色、镜检,如见有大量典型的葡萄球菌可初步诊断。但此菌在脓汁中常呈成双或短链状,不易确认,应进一步做培养检查。

3.分离培养

将病料接种于血液琼脂平板和麦康凯琼脂平板,其中血液、乳汁等病料还需经增菌肉汤(10％血清葡萄糖营养肉汤)培养后再划线接种血液琼脂平板,食物中毒病人的呕吐物、粪便或剩余食物等需要在高盐甘露醇血液琼脂平板上进行分离,37℃,24～48 h培养后观察,麦康凯琼脂平板不生长,根据其菌落特征、色素形成情况、有无溶血,取可疑菌落进行涂片、染色、镜检鉴定。致病性葡萄球菌的主要特点:菌落呈金黄色,周围有明显的β溶血现象,革兰氏染色阳性,典型葡萄串状排列球菌。进一步鉴定还要做凝固酶试验、分解甘露醇试验等生化试验进行鉴定。必要时可做动物接种试验。

4.生化试验

取纯培养物作生化试验,根据结果判定。本菌属触酶试验阳性,可与链球菌相区别。多数菌株能分解葡萄糖、乳糖、麦芽糖和蔗糖,产酸而不产气。致病性葡萄球菌的主要特点:血浆凝固酶试验阳性;发酵甘露醇。

5.动物试验

实验动物中家兔最为易感,皮下接种24 h纯培养物1.0 mL/只,可引起局部皮肤溃疡坏死;静脉接种0.1～0.5 mL/只,于24～48 h死亡。剖检可见浆膜出血,肾、心肌及其他脏器出现大小不等的脓肿。能够致死动物或者内脏出现脓肿可以确定有毒力。

对接种后发病、死亡家兔的肝脏进行病原菌重分离。进行菌落涂片、革兰氏染色、显微镜检查,观察所分离菌株是否为原接种菌。如果是则进一步确定病原菌为金黄色葡萄球菌。

发生食物中毒时,还要就进行肠毒素检查。可将从呕吐物、粪便、剩余食物中分离到的葡萄球菌或直接用可疑病料接种到普通肉汤培养基中,置于20％CO_2条件下培养40 h,离心沉淀后取上清液,隔水100℃煮沸30 min以破坏其他毒素,6～8周龄的幼猫腹腔内注射,注射前喂以食物,注射后15 min到4 h内出现呕吐、腹泻、体温升高(猫正常体温为38～39℃)或死亡等急性症状,表明有肠毒素存在的可能。此外,还可以采用反向间接血凝(RPHA)、ELISA、放射免疫或DNA探针等方法快速检测葡萄球菌肠毒素。

(四)防治

人畜对致病性葡萄球菌有一定的天然免疫力,只有当皮肤黏膜受创伤后,或机体免疫力降低时,才易引起感染。患病后所获免疫力不强,难以防止再次感染。所以应注意卫生,对皮肤创伤应及时清洗、消毒处理;发病后通过抗菌素药敏试验选择敏感药物进行治疗,避免滥用抗生素,防止耐药性产生;加强饲养管理,定期消毒圈舍。

四、链球菌

链球菌(*Streptococcus*)是化脓性球菌的另一类常见的细菌,广泛分布于自然界,如水、空气、乳汁、人及动物体表、鼻咽部、消化道、呼吸道、泌尿生殖道、人和动物粪便中都有链球菌的存在。链球菌种类很多,有些是非致病菌,有些构成人和动物的正常菌群,致病性链球菌可引起人畜的各种化脓性疾病、肺炎、脑膜炎、乳腺炎、猩红热、败血症以及链球菌变态反应性疾病等。

无乳、停乳、乳房3种链球菌都是牛乳腺炎的病原体,在自然界中分布广泛,凡是有乳牛的地方,皆有存在。常存在于乳牛的皮肤、乳头及乳房内,通过挤乳人员的手或挤乳机械以及蝇类的机械携带而传播。

（一）生物学特性

1.形态与染色特性

链球菌呈球形或卵圆形，直径 0.6～1.0 μm，呈链状排列，故名为链球菌。链的长短不一，短者 4～8 个细菌组成，长者有 20～30 个细菌组成。菌链的长短与菌种及生长环境有关，一般致病性菌株的链较长，非致病性菌株链较短；液体培养基中常呈长链，而在固体培养基及浓汁中常呈短链；病料多呈长链，但败血症猪体分离的菌株多为成双或短链。大多数链球菌在幼龄培养物或病料中可见到荚膜，继续培养则荚膜消失，本菌无芽孢和鞭毛（D 群一些菌株除外），革兰氏染色阳性，老龄的培养物或被吞噬细胞吞噬的细菌呈阴性（图 2-40）。

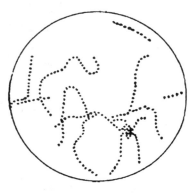

图 2-40　链球菌

2.培养特性

本菌为需氧或兼性厌氧菌，有少数为厌氧菌。对营养要求较高，在加有血液、血清、腹水、葡萄糖等培养基中才能生长良好。最适温度 37℃，最适 pH7.4～7.6。在血液琼脂平板上形成灰白色、圆形、隆起、表面光滑、边缘整齐、细小露滴状的菌落；不同菌株有不同溶血现象。在血清肉汤中生长，初呈均匀浑浊，后呈长链的细菌沉于试管底部，上清透明。

3.分类

目前链球菌属共有 30 多个种，比较常见的有 10 余种（表 2-11）。此外，还可根据溶血特征、抗原构造分类。

表 2-11　与兽医学及医学有关的主要链球菌

兰氏分群	种名	溶血类型	宿主	所致疾病	突然寄生部位
A	化脓链球菌	强 β	人	猩红热、脓肿、风湿等	人上呼吸道
			牛	乳腺炎（罕见）	
			驹	淋巴腺炎	
B	无乳链球菌	弱 β(α、γ)	牛、绵羊、山羊	慢性乳腺炎	乳腺管
			人及犬	新生儿（犬）败血症	母体阴道
			猫	肾及尿路感染	
C	停乳链球菌	α	牛	急性乳腺炎	口腔、生殖道
			羔羊	多发性关节炎	
	马链球菌马亚种	β	马	马腺疫、乳腺炎及出血性紫癜	马扁桃体
D	牛链球菌	α	多种动物	机会感染	多种动物肠道
R(D)	猪链球菌 2 型	α	猪（断乳至 6 月龄）	脑膜炎、关节炎、败血症	扁桃体及鼻腔
			人	脑膜炎及败血症	猪
S(D)	猪链球菌 1 型	α(β)	猪（2～4 周）	脑膜炎、关节炎、肺炎、败血症	扁桃体及鼻腔
未定型	乳房链球菌	α(γ)	牛	乳腺炎	皮肤、阴道及扁桃体
	肺炎链球菌	α	人及灵长类	肺炎、败血症及脑膜炎	上呼吸道

(1)按溶血能力分类 根据链球菌在绵羊血液琼脂平板上的溶血现象不同分成3类,在鉴定链球菌的致病性方面有一定的意义。

①甲型(α)溶血性链球菌。菌落周围有1～2 mm宽的草绿色不完全溶血环,红细胞未溶解,此绿色物质可能是细菌产生的过氧化氢使血红蛋白氧化成正铁血红蛋白的氧化产物。本型链球菌致病力不强,通常寄居在人畜的口腔、呼吸道及肠道中的正常菌群,多为条件性致病菌,可引起局部化脓性炎症。

②乙型(β)溶血性链球菌。能产生强烈的链球菌溶血素,红细胞完全溶解,在菌落周围形成2～4 mm的完全透明溶血环,此菌又称溶血性链球菌,其致病力最强,能引起人、畜多种疾病。

③丙型(γ)链球菌。不产生溶血素,菌落周围无溶血环,亦称非溶血性链球菌。一般无致病性,常存在于乳汁和粪便中。

(2)抗原结构 链球菌的抗原结构比较复杂,包括属特异、群特异及型特异3种抗原。

①属特异性抗原。为细菌的核蛋白抗原,又称P抗原,无特异性,为非特异性抗原,各种链球菌均同,并与葡萄球菌属有交叉。

②群特异性抗原。为存在于链球菌细胞壁中的多糖抗原,又称C抗原,系统族特异性抗原,是兰氏分类的基础,依此可将乙型溶血性链球菌分为A、B、C、D、E、F、G、H、K、L、M、N、O、P、Q、R、S、T、U、V等20个血清群,常见的A～G群。对人有致病性的90%属于A群(化脓性链球菌),动物病原菌以B群、C群较多,其他群少见。引起猪链球菌的主要是C群、D群、E群、L群。

③型特异性抗原。为链球菌细胞壁的蛋白质抗原,又称表面抗原,位于C抗原的外层,其中分为M、T、R、S等4种不同性质的蛋白质抗原成分,具有型特异性,M抗原与致病性及免疫性有关。同族链球菌可根据表面抗原不同进行分型,如A族链球菌可据此分为60多个型。

根据荚膜多糖抗原的差异,猪链球菌分为35个血清型(1～34及1/2)及相当数量无法定型的菌株,其中1、2、7、9型是猪的致病菌。2型最为常见,也最重要,它可感染人致死。1998年至2005年在我国曾有猪链球菌2型大范围感染猪的报道。

4. 生化反应

触酶试验阴性,本属细菌都能发酵葡萄糖、蔗糖产酸不产气,对其他糖的利用能力则因菌种不同而异(表2-12)。

表 2-12 主要病原链球菌的特性

菌种	兰氏分群	6.5%NaCl生长	马尿酸钠	七叶苷	甘露醇	山梨醇	乳糖	菊糖	棉实糖	海藻糖	水杨苷	CAMP
猪链球菌	R、S	—	—	d	—	—	+	(+)	(+)	+	+	
无乳链球菌	B	—	—	—	—	—	+	—	—	+	(+)	+
停乳链球菌	C	—	—	+	—	—	+	—	—	+	—	—
乳房链球菌	—	(+)	+	+	+	+	+	+	—	+	+	

续表 1-12

菌种	兰氏分群	6.5%NaCl生长	马尿酸钠	七叶苷	甘露醇	山梨醇	乳糖	菊糖	棉实糖	海藻糖	水杨苷	CAMP
化脓链球菌	A	—	—	—	d	—	+	—	—	+	+	+
肺炎链球菌	—	—	—	(+)	—	—	+	+	+	+	d	—

注：＋阳性反应，—阴性反应，(＋)反应缓慢，d 阳性或阴性因菌株而不同。

5.抵抗力

本菌的抵抗力不强，对热敏感，60℃ 30 min 即被杀死，煮沸可很快被杀死，在干燥尘埃中可存活数日，但在病料中于阴暗处可存活 1～2 个月。对一般消毒剂敏感，在 5% 石炭酸、0.1% 新洁尔灭、0.1% 高锰酸钾溶液中很快死亡，对肥皂液很敏感；耐药性低，对青霉素、红霉素、氯霉素、四环素、庆大霉素、头孢菌素类和磺胺类药物等都很敏感。青霉素是治疗链球菌感染的首选药物。

(二)致病性

本菌可产生多种酶和外毒素。如透明质酸酶、蛋白酶、链激酶(链球菌溶纤维蛋白酶)、脱氧核糖核酸酶、核糖核酸酶、溶血素、红疹毒素及杀白细胞素等。溶血素有溶解红细胞、杀死白细胞及毒害心脏的作用，主要有"O"和"S" 2 种。在血液琼脂平板上所出现的透明溶血现象即为"S"溶血素所致，能破坏白细胞和血小板，给动物静注可迅速致死；注射小鼠腹腔，引起肾小管坏死。红疹毒素为人类猩红热的主要致病物质，是 A 群链球菌产生的一种外毒素，使病人产生红疹了；该毒素是由蛋白质组成，具有抗原性，对细胞或组织有损害作用，还有内毒素样的致热作用。

链球菌引起动物和人类的多种疾病。猪、马、牛、羊、犬、猫、鸡、实验动物和野生动物的化脓性炎症(疖痈、蜂窝组织炎、乳房炎、急性扁桃腺炎、脓肿、气管炎、肺炎等)、败血症和脓毒血症等；人类感染链球菌，可引起猩红热、风湿热(以关节炎、以肌炎为主)、急性肾小球肾炎、丹毒等疾病。

不同血清群的链球菌所致动物的疾病也不同。C 群的某些链球菌，常引起猪的急性或亚急性败血症、脑膜炎、关节炎及肺炎等；D 群的某些链球菌可引起小猪心内膜炎、脑膜炎、关节炎及肺炎等；E 群主要引起猪淋巴结脓肿，以颌下、咽部、颈部等处淋巴结化脓和形成脓肿为特征；L 群可致猪的败血症、脓毒败血症；B 族链球菌又称无乳链球菌，当机体免疫功能低下时，可引起皮肤感染、心内膜炎、产后感染、新生儿败血症和新生儿脑膜炎。

无乳、停乳、乳房 3 种链球菌可引起牛、山羊和绵羊的急性、慢性乳腺炎，其中最常见的是无乳链球菌，对其他家畜未发现致病作用。无乳链球菌能引起婴儿败血症、人的心内膜炎、脑膜炎和肺炎等。感染牛、山羊和绵羊发生乳腺炎后，3 种菌均不产生慢性的免疫，目前也无可靠的多价菌苗。实验动物中只有小鼠和家兔对停乳链球菌敏感。

(三)微生物学检测

1.采病料

根据链球菌所致疾病不同，可无菌操作采取相应的病料，如脓汁、乳汁、关节液；脑膜炎型的脑脊液及脑组织;败血症动物的血液、脾、肝、肾和肺等组织标本送检。

2.直接涂片镜检

直接取适宜的病料或脓汁、脑脊液、乳汁等离心沉淀物涂片、革兰氏染色、镜检,如发现革兰氏阳性呈链状排列的球菌,无芽孢,可初步诊断。在链球菌败血症羊、猪等动物组织涂片中,链球菌常成双排列,有荚膜,以瑞氏染色或姬姆萨染色比革兰氏染色更清楚。在腹腔或心包等组织液中则呈长链,但荚膜不如组织涂片中明显。乳汁中无乳链球菌常呈长链,停乳链球菌形成中等长度的链,乳房链球菌的链较短,有时成双排列,3 种菌株均无荚膜。

3.分离培养

无菌操作将病料分别接种于血液琼脂平板、麦康凯琼脂平板和营养肉汤(10%血清)后,37℃培养 24~48 h 后,观察菌落特征、生长表现和溶血现象。链球菌在麦康凯琼脂平板上不生长;鲜血琼脂平板上形成灰白色、圆形、隆起、表面光滑、边缘整齐、细小露滴状的菌落,多数致病菌株有溶血现象;血清肉汤中生长初呈均匀浑浊,管底出现絮状沉淀,上清透明。取典型菌落和肉汤培养物进行涂片、革兰氏染色、镜检如呈革兰氏阳性、短链状或长链状排列的球菌,尤其是在血清肉汤中常呈长链状排列,比较典型可鉴定。必要时作生化试验及血清学试验,确定链球菌的群及型。

猪链球菌 2 型在绵羊血平板呈 α 溶血,马血平板则为 β 溶血;引起乳腺炎的链球菌中,在鲜血琼脂平板上出现 β 溶血则疑为无乳链球菌,如果为 α 溶血,疑为停乳链球菌或者乳房链球菌,如为 γ 溶血,则疑为乳房链球菌。

有 β 溶血的菌落,应与葡萄球菌区别。疑有败血症的血标本,应先在葡萄糖肉汤中增菌后再在血平板上分离鉴定。生化试验以及动物试验(小白鼠、家兔)有助于链球菌的鉴定。

4.生化试验

镜检形态符合链球菌特性,且触酶试验阴性细菌,即鉴定为链球菌属细菌。取纯培养物分别接种于乳糖、菊糖、甘露醇、山梨醇、水杨苷等发酵管培养基,37℃培养 24 h,观察结果。

对乳腺炎的检查,应着重检查无乳、停乳、乳房 3 种链球菌、葡萄球菌等。对无乳、停乳、乳房 3 种链球菌的生化鉴定,可用马尿酸钠水解试验、七叶苷、甘露醇、山梨醇等发酵试验区别,同时做 CAMP 试验。若细菌 CAMP 试验阳性,不水解七叶苷和马尿酸钠,即鉴定为无乳链球菌;若细菌 CAMP 试验阴性,不水解七叶苷和马尿酸钠,即鉴定为停乳链球菌;若细菌 CAMP 试验阴性,水解七叶苷和马尿酸钠,即鉴定为乳房链球菌。

5.血清学试验

可使用特异性血清,对所分离的链球菌进行血清学分群和分型。有商品化的兰氏分群检测试剂盒,可区分 A~G 群。可以利用免疫荧光抗体试验甲型鉴定,近几年已将分子生物学手段用于致病性链球菌的检测。

6.动物试验

对猪链球菌病病原毒力的鉴定,可取上述病料制成 1:(5~10)乳剂或 24 h 肉汤纯培养物,给家兔皮下或腹腔注射 1~2 mL,或小白鼠皮下注射 0.2~0.5 mL,接种动物死亡后,从心血、脾脏涂片或分离培养,如能获得细菌或与原接种菌一致,经生化鉴定后即可确诊。

乳房炎乳汁中停乳链球菌对小鼠和家兔最为敏感。将其 18 h 血清肉汤培养物 0.5 mL 注入小白鼠腹腔,或给家兔静脉接种 1~2 mL,可使动物在 1 周内死亡。对接种后发病、死亡小鼠(家兔)的肝脏进行病原菌重分离,进行菌落涂片、革兰氏染色、显微镜检查,观察所分离菌株是否为原接种菌。如果是则进一步确定病原菌为停乳链球菌。无乳链球菌、乳房链球菌并不能使试验动物致死。

(四)防治

链球菌感染后,可产生特异免疫,主要是 M 蛋白的抗体(IgG),具有保护作用。由于型别多,无交叉免疫性。对链球菌感染的防治原则与葡萄球菌相似,链球菌可通过飞沫传播和伤口感染,应对病畜和带菌者及时治疗,以减少传染源;加强卫生管理,做好消毒工作;临床用药最好通过药物敏感试验选择敏感药物。对发生猪链球菌病的地区,可用灭活疫苗或弱毒冻干苗进行预防接种,有一定的免疫效果。

五、多杀性巴氏杆菌

多杀性巴氏杆菌(*Pasteurella multocida*)是引起多种畜禽巴氏杆菌病(亦称出血性败血症,简称"出败")的病原体,主要引起动物出血性败血症或传染性肺炎。本菌分布广泛,正常存在于多种健康动物的口腔和咽部黏膜,一般不致病,当动物处于应激状态,机体抵抗力低下时,细菌侵入体内,大量繁殖并致病,发生内源性感染,是一种条件性致病菌。发病时,转移到各个组织脏器、体液和分泌物中。

(一)生物学特性

1.形态与染色特性

多杀性巴氏杆菌呈球杆状或短杆状,两端钝圆,中央凸起、近似椭圆形,大小为$(0.2\sim0.4)\mu m\times(0.5\sim2.5)\mu m$,多单在,有时成双排列。无鞭毛,无芽孢,新分离的强毒菌株有荚膜,但经培养后荚膜迅速消失。革兰氏染色阴性,病畜禽的血液涂片或组织触片用瑞氏或美蓝染色时,可见典型的两极着色(菌体两端染色深,中间浅)(图 2-41)。

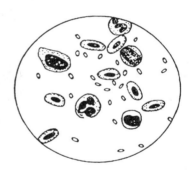

图 2-41　多杀性巴氏杆菌

2.培养特性

本菌为需氧或兼性厌氧菌,最适温度为 37℃,pH 为 7.2~7.4。对营养要求较严格,在普通培养基上生长贫瘠,在加有血液、血清或微量血红素的培养基中生长良好。在血液琼脂平板上培养 24 h,形成灰白色、圆形、湿润、边缘整齐、表面光滑、闪光的露珠状小菌落,不溶血。在麦康凯琼脂上不生长。在血清肉汤中,初期呈轻度浑浊生长,4~6 d 后上层清朗,管底出现黏稠沉淀,震摇后不分散,表面形成菌环。血清琼脂平板上菌落形态与血液琼脂相似,于 45°角折射光线下观察,可见有不同色泽的荧光。根据菌落表面有无荧光及荧光的颜色,可分为 3 型,即蓝绿色荧光型(Fg)、橘红色荧光型(Fo)和无荧光型(Nf)。Fg 型菌对猪、牛、羊等有强大毒力,对禽类的毒力较弱;Fo 型菌对禽类有强大毒力,对畜类毒力较弱;Nf 型菌对畜禽的毒力都很弱。在一定条件下,Fg 型和 Fo 型可以发生相互转变。根据菌落形态可分为黏液型(M)、平滑型(S)和粗糙型(R),M 型和 S 型含有荚膜物质。

3.生化特性

本菌可分解葡萄糖、蔗糖、果糖、甘露糖和半乳糖,产酸不产气,多数菌株可发酵甘露醇,一般不发酵乳糖、麦芽糖、鼠李糖、水杨苷、肌醇、菊糖和侧金盏花醇。靛基质试验阳性,MR 和

V-P 试验均为阴性,不利用枸橼酸盐,产生硫化氢,不液化明胶,触酶和氧化酶均为阳性。

4. 抗原与血清型

本菌主要以其荚膜抗原(K 抗原)和菌体抗原(O 抗原)区分血清型,前者有 6 个型,后者分为 16 个型。1984 年 Carter 提出本菌血清型的标准定名:以阿拉伯数字表示菌体抗原型,大写英文字母表示荚膜抗原型。菌株的血清型可用 O 抗原:K 抗原表示,我国分离的禽多杀性巴氏杆菌以 5∶A 为多,其次为 8∶A;猪的以 5∶A 和 6∶B 为主,8∶A 和 2∶D 其次;牛、羊的以 6∶B 为多;家兔的以 7∶A 为主,其次是 5∶A。C 型菌是犬、猫的正常栖居菌,E 型主要引发牛、水牛的流行性出血性败血症(仅见于非洲),F 型主要发现于火鸡。

5. 抵抗力

本菌抵抗力不强,易被阳光、热或普通的消毒药杀死。如在阳光中曝晒 10 min,在 56℃ 15 min 或 60℃ 10 min 可被杀死;在干燥空气中 2～3 d 可死亡;本菌易自溶,在无菌蒸馏水和生理盐水中很快死亡。厩肥中可存活 1 个月,埋入地下的病死鸡尸,经 4 个月仍残留活菌。冻干菌种在低温中可保存长达 26 年。2% 来苏儿、3% 石炭酸、3% 福尔马林、10% 石灰乳、0.5%～1% 氢氧化钠等 5 min 可杀死本菌。对链霉素、磺胺类及许多新的抗菌药物敏感。

(二)致病性

本菌对鸡、鸭、鹅、野禽、猪、牛、羊、马、兔等多种动物都有致病性,自然情况下,家畜中猪最易感,致猪肺疫;禽类中以鸭最易感,其次是鸡、鹅,引起禽霍乱。牛、羊、马、兔等发生出血性败血症。

本病最急性型主要表现出血性败血症变化并迅速死亡;亚急性型于黏膜、关节等部位出现出血性炎症等;慢性型则呈现萎缩性鼻炎(猪、羊),关节炎及局部化脓性炎症等。实验动物中小鼠和家兔最易感,鸽对禽巴氏杆菌易感性强。

(三)微生物学诊断

可参照 NY/T 564—2002 猪巴氏杆菌病诊断技术、NY/T 563—2002 禽霍乱诊断技术、GB/T 27530—2011 牛出血性败血病诊断技术、NY/T 567—2002 兔出血性败血症诊断技术等规程进行检测。

1. 采集病料

可无菌操作采集血液、渗出液、心血、肝、脾、淋巴结、骨髓等新鲜病料。

2. 直接涂片镜检

将病料直接涂片或触片,用碱性美蓝或瑞氏染色液和革兰氏染色,镜检,如发现典型的两极着色的球杆状或短杆状,结合流行病学及剖检变化,即可作初步诊断。但慢性病例或腐败材料不易发现典型菌体,需进行分离培养和动物试验。

3. 分离培养

取上述病料同时接种血液琼脂、麦康凯琼脂平板和血清肉汤培养基,37℃ 24 h 培养后,观察生长性状。麦康凯琼脂上不生长,血液琼脂平板上生长良好且无溶血性,挑取菌落涂片染色镜检,为革兰氏阴性的球杆菌。将此菌接种在三糖铁培养基上可生长,并使底部变黄。必要时可进一步作生化试验鉴定。

4. 动物试验

取 1∶10 病料乳剂或 24 h 肉汤培养液或菌落混悬液 0.2～0.5 mL,皮下或肌肉注射小鼠、家兔或鸡、鸽(禽霍乱),动物多于 $24\sim48$ h 死亡。死亡剖检观察病变并镜检以及血液琼脂平板进一步分离进行确诊。在采取材料作培养、镜检完毕后,尚须对试验动物尸体进行剖检作病理变化观察。在接种局部可见到肌肉及皮下组织发生水肿和炎性病灶;胸腔和心包有浆液性纤维素性渗出物;心外膜有多数出血点;淋巴结水肿并增大;肝脏淤血(如用鸡接种,可见到密布的小点坏死灶)。

由于巴氏杆菌在健康动物呼吸道内常可带菌,所以应参照患畜的生前临床症状和剖检变化,结合分离菌株的毒力试验,做出最后诊断。

5.血清学试验

若要鉴定荚膜抗原和菌体抗原型,则要用抗血清或单克隆抗体进行血清学试验,以鉴定菌体抗原和荚膜抗原。检测动物血清中的抗体,可用试管凝集、间接凝集、琼脂扩散试验或ELISA。

(四)防治

定期预防接种是控制巴氏杆菌病的重要措施。猪可选用猪肺疫活疫苗、猪肺疫氢氧化铝甲醛菌苗、口服猪肺疫活疫苗;牛用氢氧化铝凝胶灭活疫苗、油乳剂灭活疫苗;禽用禽霍乱731、G190E40 弱毒苗和禽霍乱氢氧化铝菌苗、禽霍乱油乳剂灭活苗等进行预防。

发病后,迅速采取消毒、隔离、治疗等措施。必要时应用高免血清或用菌苗作紧急预防接种。链霉素、土霉素、四环素、盐酸环丙沙星或磺胺类等药物都有良好的治疗效果。

六、布鲁氏菌

布鲁氏菌是多种动物和人布鲁氏菌病的病原,广泛分布世界各地,不仅危害畜牧生产,而且严重损害人类健康,因此在医学和兽医学领域都极为重视。

(一)生物学特性

1.形态与染色特性

布鲁氏菌呈球状、球杆状或短杆状,新分离菌趋向球形。大小为 $(0.5\sim0.7)\mu m\times(0.6\sim1.5)\mu m$,多单在,很少成双、短链或小堆状。无芽孢、无鞭毛、无荚膜。病料中或初次分离的形态较小,传代培养后,猪种和牛种逐渐变为杆状,而羊种仍呈球杆状。革兰氏染色阴性,姬姆萨染色呈紫色。但常用科兹洛夫斯基染色法(即柯氏染色法),布鲁氏菌呈红色,其他组织细胞与杂菌均呈绿色或蓝色。

2.培养特性

本菌为专性需氧菌,牛布鲁氏菌、羊布鲁氏菌在初次分离培养时,需在含 $5\%\sim10\%$ CO_2环境中才能生长,但在人工培养基上移种几次后,即能适应大气环境,最适温度 $37\,^{\circ}\!C$,最适的pH$6.6\sim7.2$。对营养要求较高,普通琼脂上生长贫瘠,在含有血液、血清、葡萄糖、甘油、肝浸液及胰化酪蛋白大豆胨等培养基上生长良好,实验室常用肝汤琼脂、马铃薯浸汁琼脂、胰蛋白胨琼脂、改良厚氏培养基。本菌生长缓慢,初次分离培养 $5\sim10$ d(以后培养 48 h 后)才能看到菌落。血清肝汤琼脂或胰蛋白胨琼脂培养 $2\sim3$ d 后,形成湿润、圆形、隆起、边缘整齐、无色透明和闪光的露滴状小菌落。血液琼脂培养 $2\sim3$ d 后,形成圆形、隆起、灰白色、不溶血的小菌落。麦康凯上不能生长。在液体培养基中轻微混浊生长。布鲁氏菌常易发生 S-R 变异。鸡胚培养也能生长。

3．抗原结构

布鲁氏菌抗原结构非常复杂，各种布鲁氏菌的菌体表面含有两种抗原物质，即 M（羊布鲁氏菌抗原）和 A 抗原（牛布鲁氏菌抗原）。这两种抗原在各个菌株中含量各不相同。如羊布鲁氏菌以 M 抗原为主，A：M 约为 1：20；牛布鲁氏菌以 A 抗原为主，A：M 约为 20：1；猪布鲁氏菌介于两者之间，A：M 约为 2：1。

4．分类

布鲁氏菌属根据生物学特性、抗原构造等，可分成 6 个种。分别是羊布鲁氏菌（又称马尔他布鲁氏菌）、牛布鲁氏菌（又称流产布鲁氏菌）、猪布鲁氏菌、犬布鲁氏菌、沙林鼠布鲁氏菌和绵羊布鲁氏菌。我国流行的主要是羊、牛、猪三种布鲁氏菌，其中以羊布鲁氏菌病最为多见。

5．抵抗力

本菌对外界的抵抗力较强，但在阳光直射和干燥的条件下抵抗力较弱，直射阳光下可存活 4 h；在病畜脏器和分泌物中，一般能存活 4 个月左右，在食品中约能生存 2 个月 。流产胎儿中至少 75 d，子宫渗出物中 200 d。但对湿热的抵抗力敏感，60℃加热 30 min 或 75℃加热 5 min 即被杀死，煮沸立即死亡。对链霉素、氯霉素和四环素等均敏感。对一些消毒剂也很敏感。2％石炭酸、来苏儿、火碱溶液或 0.1％升汞，可于 1 h 内杀死本菌；5％新鲜石灰乳 2 h 或 1％～2％福尔马林 3 h 可将其杀死，0.5％洗必泰或 0.01％度米芬、消毒净或新洁尔灭，5 min 内可杀死本菌。

（二）致病性

本菌可通过消化道、皮肤及吸血昆虫等传播途径侵入动物机体。可产生毒性较强的内毒素。光滑型的流产布氏杆菌入侵机体黏膜屏障后，被吞噬细胞吞噬成为细胞内寄生菌，并在淋巴结中生长繁殖形成感染灶。一旦侵入血液，则出现菌血症。

本菌能引起人畜的布鲁氏菌病，其中羊、牛、猪等动物最易感，马、狗等也会感染。常引起母畜流产，公畜的关节炎、睾丸炎等。本菌的侵袭力很强，可通过健康的皮肤与黏膜进入机体。不同种别的布鲁氏菌各有一定的宿主动物，例如我国流行的 3 种布鲁氏菌中，马尔他布鲁氏菌的自然宿主是绵羊和山羊，也能感染牛、猪、人及其他动物；流产布鲁氏菌的自然宿主是牛，也能感染骆驼、绵羊、鹿等动物和人；猪布氏杆菌的自然宿主主要是猪，但大多也可以感染人和犬、马、啮齿类等动物。人与病畜及流产材料接触，饮用病畜的乳和乳制品后，可引起感染，发生波状热、关节痛、全身乏力，并形成带菌免疫。在上述 3 型布鲁氏菌中，以马尔他布鲁氏菌对人的致病作用最大，猪布鲁氏菌次之，流产布鲁氏菌最小。由马尔他布鲁氏菌和猪布鲁氏菌引起的感染，不仅临床症状比较重，而且治疗较难，容易复发。

（三）微生物学检测

参照 GB/T 18646—2002 动物布鲁氏菌病诊断技术规程进行检测。

本菌传染性大，要注意防止实验室污染。布鲁氏菌病常表现为慢性或隐性感染，其诊断和检疫主要依靠血清学检查及变态反应检查。细菌学检查仅用于发生流产的动物和其他特殊情况。

1．细菌学检查

采集病料最好取流产胎儿的胃内容物、肺、肝和脾以及流产胎盘和羊水等作为病料，直接涂片，作革兰氏和柯氏染色镜检，若发现革兰染色阴性、柯氏染色为红色的球状菌或短小杆菌，即可做出初步诊断。必要时选择适宜培养基进行细菌的分离培养和动物接种。

2.血清学检查

（1）凝集试验 家畜感染本病 4～5 d 后，血清中开始出现 IgM，随后产生 IgG，其凝集效价逐渐上升，特别是在母畜流产后的 7～15 d 增高明显。

平板凝集反应简单易行，适合现场大群检疫。试管凝集反应可以定量，特异性较高，有助于分析病情。如在间隔 30 d 的两次测试中均为阳性结果，且第二次效价高，说明感染处于活动状态。本试验已作为国际上诊断布鲁氏菌病的重要方法。

（2）补体结合反应 家畜自然感染本菌后，通常于 7～14 d 内，血液中即会出现补体结合抗体 IgG，保持时间一般比较长，而且敏感性和特异性都较高，在布鲁氏菌病诊断上有重要价值。

（3）全乳环状反应 是用已知的染色抗原检测牛乳中相应抗体的方法。患病奶牛的牛乳中常有凝集素，它与染色抗原凝集成块后，被小脂滴带到上层，故乳脂层为有染色的抗原抗体结合物，下层呈白色，即为乳汁环状反应阳性。此法操作简单，适用于奶牛群的检测。

3.变态反应检查

皮肤变态反应一般在感染后的 20～25 d 出现，因此不宜作早期诊断。本法适于动物的大群检疫，主要用于绵羊和山羊，其次为猪。检测时，将布鲁氏菌水解素 0.2 mL 注射于羊尾根皱襞部或猪耳根部皮内，24 h 及 48 h 后各观察反应一次。若注射部发生红肿，即判为阳性反应。此法对慢性病例的检出率较高，且注射水解素后无抗体产生，不妨碍以后的血清学检查。

凝集反应、补体结合反应、变态反应出现的时间各有特点，即动物感染布鲁氏菌后，首先出现凝集反应，消失较早；其次出现补体结合反应，消失较晚；最后出现变态反应，保持时间也较长。在感染初期阶段，凝集反应常为阳性，补体结合反应为阳性或阴性，变态反应则为阴性。到后期慢性或恢复阶段，则凝集反应和补体结合反应均转为阴性，仅变态反应呈现阳性。因此有人主张，为了彻底消除各类病畜，应同时使用三种方法综合诊断。

（四）防治

严格执行畜群全面检疫及时淘汰病畜，做好疫苗免疫工作。我国已研制了布鲁氏菌弱毒苗。对于布鲁氏菌病常在地区的家畜，每年要定期预防注射，常用的疫苗有：猪布鲁氏菌 2 号弱毒菌苗（S_2），毒力稳定，使用安全，免疫力好，对山羊、绵羊、猪和牛都有较好的免疫效力，可接种任何年龄的动物，也可接种怀孕动物而不引起流产，可用口服、皮下注射、肌肉注射及气雾免疫等方法接种。免疫期牛为 2 年，羊为 3 年，猪为 1 年。

马耳他布鲁氏菌 5 号弱毒活苗（简称 M_5 苗），可用于绵羊、山羊、牛和鹿的免疫。接种方法为气雾、皮下注射、肌肉注射和口服等，免疫期为 2～3 年。最适用于羊群气雾免疫，但不能用于孕羊。

七、炭疽杆菌

炭疽杆菌（*Bacillus anthracis*）是引起人类、各种家畜和野生动物炭疽病的病原，可引起多种动物急性败血症死亡。本病呈地方性流行。有一定的季节性，多发生在吸血昆虫多、雨水多、洪水泛滥的季节。因本菌能引起感染局部皮肤等处发生黑炭状坏死，故名炭疽病。

(一)生物学特性

1. 形态及染色

本菌为革兰氏阳性粗大杆菌,(1~1.5)μm×(3~8)μm,菌体两端平切,无鞭毛。在动物体内菌体单在或3~5个菌体形成短链,在菌体相连处有清晰的间隙,呈竹节状。在猪体内形态较为特殊,菌体常为弯曲或部分膨大,多单在或2、3相连。人工培养基中形成长链。在动物体或含有血清的培养基上形成荚膜,在培养基上或外界氧气充足,温度适宜(25~30℃)的条件下易形成芽孢,在活体或未经解剖的尸体内,则不能形成芽孢。芽孢椭圆形,位于菌体中央,芽孢不大于菌体(图2-42)。

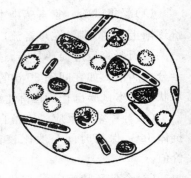

图 2-42　炭疽杆菌

2. 培养特性

本菌为需氧菌,但在厌氧的条件下也可生长。最适温度37℃。最适 pH 7.2~7.6。营养要求不高,普通培养基中即可生长良好。在普通琼脂上培养24 h后,强毒菌株形成灰白色不透明、大而扁平、表面干燥、边缘呈卷发状的粗糙(R)型菌落,无毒或弱毒菌株形成稍小而隆起、表面为光滑湿润、边缘比较整齐的光滑(S)型菌落。在血液、血清琼脂平板上或在碳酸氢钠琼脂上,置于5%CO₂环境中培养,强毒株可形成圆形凸起、光滑湿润、有光泽的黏液(M)型菌落,无毒菌株和类炭疽仍保持其粗糙型特点。在血琼脂上一般不溶血,但个别菌株也可轻微溶血。菌落有黏性,用接种针钩取可拉成丝,称为"拉丝"现象。

普通肉汤培养基中培养24 h后,上部液体仍清朗透明,液面无菌膜或菌环形成,管底有白色絮状沉淀,若轻摇试管,则絮状沉淀徐徐上升,卷绕成团而不消散。

在明胶穿刺培养中,细菌除沿穿刺线生长外,整个生长物好似倒立的雪松状。经培养2~3 d后,明胶上部逐渐液化呈漏斗状。

在含青霉素 0.5 IU/mL 的培养基中,幼龄炭疽杆菌细胞壁的肽聚糖合成受到抑制,形成原生质体互相连接成串,称为"串珠反应"。若培养基中青霉素含量加至 10 IU/mL,则完全不能生长或轻微生长。这是炭疽杆菌所特有的,可与其他需氧芽孢杆菌鉴别。

3. 生化特性

本菌能分解葡萄糖产酸不产气,不分解阿拉伯糖、木糖和甘露醇。能水解淀粉、明胶和酪蛋白。V-P 试验阳性,不产生吲哚和 H₂S,能还原硝酸盐,触酶阳性。

4. 抗原构造

已知炭疽杆菌有荚膜抗原、菌体抗原、保护性抗原和芽孢抗原 4 种主要抗原成分。

(1)荚膜抗原　仅见于有毒株,与毒力有关。由 D 谷氨酰多肽构成,是一种半抗原,可因腐败而被破坏,失去抗原性。此抗原的抗体无保护作用,但其反应性较特异,据此建立各种血清型鉴定方法,如荚膜肿胀试验及荧光抗体法等,均呈较强的特异性。

(2)菌体抗原　是存在于细菌细胞壁及菌体内的半抗原,此抗原与细菌毒力无关,性质稳定,即使经煮沸或高压蒸汽处理,其抗原性也不被破坏,这是 Ascoli 反应加热处理抗原的依据。此法特异性不高,与其他需氧芽孢杆菌能发生交叉反应。

(3)保护性抗原(PA)　是一种胞外蛋白质抗原成分,在人工培养条件下亦可产生,为炭疽毒素的组成成分之一,具有免疫原性,能使机体产生抗本菌感染的保护力。

(4)芽孢抗原　是芽孢的外膜、中层、皮质层一起组成的炭疽芽孢的特异性抗原,具有免疫原性和血清学诊断价值。

5.抵抗力

本菌繁殖体的抵抗力不强,60℃ 30～60 min 或 75℃ 5～15 min 即可被杀死。常用消毒药均能在较短时间内将其杀死。对青霉素、链霉素等多种抗生素及磺胺类药物高度敏感,可用于临床治疗。在未解剖的尸体中,细菌可随腐败而迅速崩解死亡。

芽孢的抵抗力特别强,在干燥状态下可长期存活。需经煮沸 15～25 min,121℃高压蒸汽灭菌 5～10 min 或 160℃干热 1 h 方被杀死

实验室干燥保存 40 年以上的炭疽芽孢仍有活力。干燥皮毛上附着的芽孢,也可存活 10 年以上。牧场如被芽孢污染,传染性常可保持 20～30 年。常用的消毒剂是新配的 20％石灰乳或 20％漂白粉作用 48 h,0.1％升汞作用 40 min 或 4％高锰酸钾 15 min。炭疽芽孢对碘特别敏感,0.04％碘液 10 min 即可将其破坏,但有机物的存在对其作用有很大影响。除此之外,过氧乙酸、环氧乙烷、次氯酸钠等都有较好的效果。

(二)致病性

炭疽杆菌的毒力主要与荚膜和毒素有关。在入侵机体生长繁殖后,形成荚膜,从而增强细菌抗吞噬能力,使之易于扩散,引起感染乃至败血症。炭疽杆菌产生的毒素有水肿毒素、致死毒素两种,其毒性作用主要是直接损伤微血管的内皮细胞,增强微血管的通透性,改变血液循环动力学,损害肾脏功能,干扰糖代谢,血液呈高凝状态,易形成感染性休克和弥漫性血管内凝血,最后导致机体死亡。

炭疽杆菌可引起各种家畜、野兽和人类的炭疽病,牛、绵羊、鹿的易感性最强,马、骆驼、猪、山羊等次之,犬、猫、食肉兽则有相当大的抵抗力,禽类一般不感染。实验动物中,小白鼠、豚鼠、家兔和仓鼠最敏感,大鼠则有抵抗力。此菌主要通过消化道传染,也可以经呼吸道、皮肤创伤或吸血昆虫传播。食草动物炭疽常表现急性败血症,菌体通常要在死前数小时才出现于血液。猪炭疽多表现为慢性的咽部局限感染,犬、猫和食肉兽则多表现肠炭疽。

(三)微生物学检测

可参照 NY/T 561—2002 动物炭疽诊断技术规程进行检测。

新鲜疑似炭疽病料标本可以通过细菌学检查和血清学检测来确诊,血清学检测是用已知的抗血清做沉淀试验进行抗原性鉴定。炭疽沉淀原耐腐败和高温,对于腐败、陈旧脏器及尸体的标本仍能检出结果,所以常用于可疑皮张及其动物尸体的检疫。此外对分离可疑菌的鉴定时也常用。

1.细菌学检查

(1)采集病料 疑似炭疽病畜尸体应严禁解剖。需要在当地动物防疫监督机构专业技术人员监督下进行采集病料,送符合规定的实验室进行诊断。

疑为炭疽动物,除慢性者外,均予生前将耳部消毒后取血液,病变部取水肿液或渗出液等直接涂于载玻片上,自然干燥后,将玻片涂面相对叠好,中间用火柴棒隔开,以线捆扎,外用塑料纸包好。或用灭菌脱脂棉、滤纸、布片吸取血液等放于小试管中,待检。死后自消毒的耳根部或四肢末端部采取血液滴于玻片上;或用细绳在耳根部紧扎两道,在两绳之间将耳割下,以 5％苯酚溶液浸湿的棉布包好,放广口瓶中待检,取血后耳切口处应立即用烧红的烙铁烧灼止血或用浸透 0.2％升汞的棉球将其覆盖,严防污染并注意自身防护。皮肤炭疽可采取病灶水

肿液或渗出物,肠炭疽可采取粪便。已经错剖的疑似炭疽动物尸体,可取脾、肝、肾等脏器置于试管中,待检。

(2)涂片镜检　病料涂片、自然干燥,火焰固定,如涂片较薄,也可用无水甲醇或乙醇固定。以碱性美蓝、瑞氏染色或姬姆萨染色法染色镜检,如发现有典型的炭疽杆菌,即可作出初步诊断。也可用雷比格尔氏荚膜染色法染色,结果发现菌体周围的荚膜染成淡紫色。材料不新鲜时菌体易消失,但荚膜抗腐败能力较强,荚膜仍可残留,称为"菌影"。

(3)分离培养　用接种环钓取血液、水肿液、渗出物等病料,直接接种于普通琼脂或血液琼脂平板培养基表面;脏器标本应切成几个不同的断面,压印于平板表面上,置 37℃ 培养 18～24 h,观察有无典型的炭疽杆菌菌落。同时涂片作革兰氏染色镜检。

(4)动物感染试验　将被检病料或培养物用生理盐水制成 1:5 乳悬液,皮下注射小鼠 0.1 mL 或豚鼠、家兔 0.2～0.3 mL。动物通常于注射后 24～36 h(小鼠)或 2～3 d(豚鼠、家兔)死于败血症,剖检可见注射部位皮下呈胶样浸润及脾脏肿大等病理变化。取血液、脏器涂片镜检,当发现竹节状有荚膜的大杆菌时,即可诊断。

2.血清学检查

(1)Ascoli 氏沉淀反应　Ascoli 于 1902 年创立,是用加热抽提待检炭疽菌体多糖抗原与已知抗体进行的沉淀试验。在一支小玻璃管内把疑为炭疽病死亡的动物尸体组织的浸出液与特异性炭疽沉淀素血清重叠,如在二液接触面产生灰白色沉淀环,即可诊断。本法适用于各种病料、皮张、甚至严重腐败污染的尸体材料,方法简便,反应清晰,故应用广泛。但此反应的特异性不高,因而使用价值受到一定影响。

(2)间接血凝试验　此法是将炭疽抗血清吸附于炭粉或乳胶上,制成炭粉诊断或乳胶诊断血清。然后采用玻片凝集试验的方法,检查被检样品中是否含有炭疽芽孢。若被检样品每毫升含炭疽芽孢 7.8 万个以上,可判为阳性反应。

(3)协同凝集试验　此法可快速检测炭疽杆菌或病料中的可溶性抗原。将炭疽标本的高压灭菌滤液滴于玻片上,加 1 滴含阳性血清的协同试验试剂,混匀后,于 2 min 内呈现肉眼可见凝集者,即为阳性反应。

此外,还可应用串珠荧光抗体法、琼脂扩散试验等检测从动物体内分离出的细菌;也可应用酶标葡萄球菌 A 蛋白间接染色法和荧光抗体间接染色法等,检测动物体内的炭疽荚膜抗体进行诊断。

(四)防治

炭疽的预防关键应加强家畜炭疽的防治。及时发现病畜后,立即予以隔离或无害化处理。病畜尸体应焚烧或深埋于 2 m 以下。毛、革必须消毒处理。对易感染家畜进行预防接种。经常或近 2～3 年内称发生炭疽地区的易感动物,每年应做预防接种。常用的疫苗有无毒炭疽芽孢苗(对山羊不适用)及炭疽二号芽孢菌。接种后 14 d 产生免疫力,免疫期 1 年。对疫区牧民、屠宰员、兽医和皮毛等加工人员以及接触牲畜的其他有关人员,应预防接种人用炭疽减毒活疫苗。与牲畜经常接触者应每年接种一次。一旦感染科选用青霉素等抗生素治疗,必要时可用特异性抗血清,应在病初应用有良效。

【案例】云南宝山县 1976 年 8 月,某农民前往 1965 年曾流行过绵羊炭疽的草原驮肥料,每天驮一次,往返 8 次。末次途中,一骡发病,随即死亡,农民们立即将死骡抬至河边剖剥,并将肉分给其他人食用,在剖剥处把骡血及粪便洒在地面,并用河水洗骡肉及工具,使环境和河水遭到严重污染。河水经过的 12 个生产队,先后发生炭疽暴发,发生人皮肤炭疽 20 例,家畜患炭疽计 175 头,病死 65 头,造成严重损失——说明受染动物不可随便剖剥,以免污染环境,细菌芽孢抵抗力强,不易彻底消毒。

八、猪丹毒杆菌

猪丹毒杆菌(*E. rhusiopathiae*)是猪丹毒病的病原体,也称为"红斑丹毒丝菌"。猪丹毒特征病理变化为急性型的败血症全身变化,亚急性型的特征性疹块变化及慢性型的关节炎、心内膜炎和皮肤坏死等。也可感染人及其他动物,人感染发病称"类丹毒"。本菌广泛存在于猪、羊、鸟类、鱼类和其他动物体表、黏膜及肠道等处。认识该菌具有重要的兽医诊断和公共卫生意义。

(一)生物学特性

1.形态与染色

猪丹毒杆菌为两端钝圆,纤细的小杆菌,菌体正直或稍弯曲,大小为$(0.2\sim0.4)\mu m\times(0.8\sim2.5)\mu m$。在病料中细菌常呈单在、成双或成丛排列,尤其在白细胞内成丛存在,陈旧培养物或慢性病猪心脏疣状物和关节液中的细菌多为弯曲的长丝状,构成不分支的丝状菌团。无鞭毛,无荚膜,不形成芽孢。革兰氏染色阳性,在老龄培养物中菌体着色能力差,常呈阴性(图 2-43)。

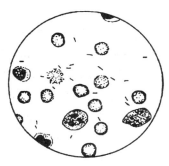

图 2-43 猪丹毒杆菌

2.培养特性

本菌为微需氧菌或兼性厌氧。最适温度为 $30\sim37℃$,最适pH7.2~7.6。对营养的要求较高,在普通琼脂培养基和普通肉汤中生长不良,如加入 0.5% 吐温-80、1% 葡萄糖或 5%~10% 血液、血清则生长良好。麦康凯琼脂上不生长。在血琼脂平板上经 37℃ 24~48 h 培养可形成圆形、表面光滑、边缘整齐、湿润、透明、灰白色、针尖大、露珠样的小菌落(S 型菌落来自急性猪丹毒病例,毒力极强),菌落稍带蓝绿色光泽,并形成狭窄的绿色溶血环(α 溶血环);慢性型病例形成 R 型菌落,边缘不整齐,表面呈颗粒状,较灰暗而密集,菌落呈土黄色,菌株毒力很低。在麦康凯培养基上不生长。在葡萄糖肉汤中轻度混浊,不形成菌膜和菌环,有少量颗粒样沉淀,振荡后呈云雾状上升。

3.生化特性

在加有 5% 马血清和 1% 蛋白胨水的糖培养基中可发酵葡萄糖、果糖、半乳糖和乳糖,产酸不产气,不发酵木糖、甘露醇、蔗糖、阿拉伯糖、麦芽糖、山梨醇、肌醇、水杨苷等。不产生靛基质,MR 及 V-P 试验阴性,产生 H_2S,不分解尿素。明胶培养基穿刺培养 2~3 d,沿穿刺线横向四周生长,呈试管刷状,但不液化明胶,过氧化物酶和氧化酶试验阴性,硝酸盐还原试验亦呈阴性。

4.抗原结构

本菌抗原结构复杂,具有耐热抗原和不耐热抗原。根据其对热、酸的稳定性,又可分为型特异性抗原和种特异性抗原。用阿拉伯数字表示型号,用英文小写字母表示亚型,目前已将其分为 25 个血清型和 1a、1b 和 2a、2b 亚型。大多数菌株为 1 型和 2 型,从急性败血症分离的菌株多为 1a 亚型,从亚急性及慢性病病例分离的则多为 2 型。

5.抵抗力

本菌是无芽孢杆菌中抵抗力最强的一种,尤其对腐败和干燥环境有较强的抵抗力。在干燥环境中能存活 3 周,在饮水中可存活 5 d,在污水中可存活 15 d,在深埋的尸体中可存活 9 个月,腐败猪粪中生活 5 个月,土壤中可长久存活,甚至繁殖。在熏制腌渍的肉品中可存活 3～4 个月,肉汤培养物封存于安瓿中冷冻真空干燥条件下可存活 30 年。但对湿热较敏感,70℃经 5～15 min 可完全杀死。对消毒剂抵抗力不强,2%氢氧化钠、2%福尔马林、1%漂白粉等均可在短时间内杀死本菌,用 10%石灰乳或 0.1%过氧乙酸涂刷墙壁和喷洒猪圈是目前较好的消毒方法。本菌对石炭酸的抵抗力较强(在 0.5%石炭酸中可存活 99 d),青霉素对本病有明显疗效,也有一定诊断意义。

(二)致病性

本菌经过消化道感染,进入血流,而后定殖在局部或引起全身感染。由于神经氨酸酶的存在有助于菌体侵袭宿主细胞,故认为其可能是毒力因子。

在自然条件下,本菌可通过消化道或损伤皮肤、黏膜感染,也可经吸血昆虫传播。可使3～12 月龄猪发生猪丹毒,3～4 周龄的羔羊发生慢性多发性关节炎,禽类也可感染,称禽丹毒,鸡与火鸡感染后呈衰弱和下痢,鸭可出现败血症,并侵害输卵管。实验动物以小鼠和鸽子最易感,家兔和豚鼠抵抗力较强,实验感染时皮下注射 2～5 d 内呈败血症死亡。人多因皮肤创伤感染,发生皮肤病变,称"类丹毒"(以与化脓性链球菌所致的丹毒相区别),多发生于兽医、屠宰人员及渔业工作者等。

(三)微生物学检测

可参照 NY/T 566—2002 猪丹毒诊断技术规程进行检测。

1.采集病料

急性败血症病猪,生前可采取高热期病猪耳静脉采血,死后可无菌采取心血及新鲜肝、脾、肾、淋巴结等,尸体腐败可采取长骨骨髓;亚急性疹块型病猪可采取疹块边缘皮肤及渗出液;慢性心内膜炎病例,可用心脏瓣膜疣状增生物和肿胀部关节液。可现场实时涂片或将病料置于冰瓶中送实验室做细菌学检查。

2.直接涂片镜检

将上述病料直接触片或涂片、革兰氏及瑞氏染色、镜检。如发现典型革兰氏阳性,单在、成双或成丛排列纤细的小杆菌,尤其在白细胞内成丛存在,即可初步诊断。慢性病猪多为不分支弯曲的长丝状。

3.分离培养

将新鲜病料标本接种于血液琼脂或 10%健康马血清马丁琼脂平板上和 1%葡萄糖肉汤培养基中,经 37℃培养 24～48 h,观察有无针尖状典型菌落,并在周围呈 α 溶血,挑取单个菌落涂片染色镜检,观察形态,接种于血液或血清琼脂斜面上纯培养,再进一步作明胶穿刺接种及生化反应鉴定。

4.生化试验

纯培养物接种于葡萄糖、果糖、半乳糖和乳糖发酵管,产酸不产气,不发酵木糖、甘露醇、蔗糖等。H_2S 试验阳性,靛基质、MR 及 V-P 试验阴性,过氧化物酶氧化酶试验阴性。

5.动物试验

当标本含菌量极少,或已被污染,直接进行细菌的分离培养较为困难,可进行动物试验。

另外,为了确诊,亦可用含葡萄糖的肉汤液体培养物接种试验动物。

将 1:(5~10)病料制成乳剂或 24 h 肉汤培养物,给小白鼠皮下注射 0.2 mL 或鸽子胸肌注射 1 mL,若病料中有猪丹毒杆菌,则接种的动物于 2~5 d 内死亡。同时接种豚鼠(1 mL)未死亡,也无反应。死后取心脏和心血等病料涂片染色镜检或进一步接种于血液琼脂平板分离培养,根据菌落特征及细菌形态进行确诊。

6.血清学诊断

可用血清培养凝集试验、SPA 协同凝集试验、琼脂扩散试验、免疫荧光法等进行诊断。血清培养凝集试验用于血清抗体检测和免疫水平评价;SPA 协同凝集试验用于该菌鉴别和菌株分型;琼脂扩散试验用于菌株血清型鉴定;荧光抗体可直接用于检查病料中的细菌,快速做出诊断。

(四)防治

做好免疫接种工作,在猪丹毒常发区和集约化猪场,每年春、秋季节注射猪丹毒氢氧化铝甲醛苗定期进行预防注射,能有效地预防猪丹毒。还可用猪丹毒 GC₄₂ 弱毒菌苗,或猪瘟-猪丹毒-猪肺疫三联弱毒疫苗,以及猪瘟-猪丹毒二联弱毒苗等,根据具体情况选用。马或牛制备的抗猪丹毒血清,可用于紧急预防和治疗。也可用青霉素治疗猪丹毒,效果良好。此外,四环素、林可霉素、泰乐菌素等也有很好的疗效。

九、厌氧性病原梭菌

梭菌(*Clostridium*)是一群革兰氏阳性的厌氧大杆菌,主要存在于土壤、污水和人畜肠道及腐败物中,均能形成芽孢且芽孢直径一般大于菌体,致使菌体形如梭状,故称为梭菌。本群的细菌有 80 多种,其中多为非病原腐生菌,部分为病原菌,多为人兽共患病病原。常见的病原菌约 11 种,在适宜环境中均能产生强烈外毒素和侵袭性酶类,是其主要的致病因素。主要有破伤风梭菌导致破伤风;产气荚膜梭菌可至气性坏疽;肉毒梭菌引起肉毒中毒等。

(一)破伤风梭菌

破伤风梭菌(*Cl. tetani*)又名破伤风杆菌,是引起人、兽共患破伤风(强直症)的病原菌。破伤风梭菌以芽孢形式大量存在于人和动物肠道及粪便中,由粪便污染土壤,经伤口感染产生强烈的外毒素引起疾病。如不及时处理,发病后死亡率极高。

1.生物学特性

(1)形态与染色 破伤风梭菌为两端钝圆、菌体细长、正直或略弯曲的杆菌,大小为(0.5~1.7)μm×(2.1~18.1)μm,长度变化大。多单在,有时成双,偶有短链,在湿润琼脂表面上,可形成较长的丝状。大多数菌株具周鞭毛而能运动,无荚膜。在动物体内外均能形成芽孢,芽孢呈圆形,位于菌体顶端,横径大于菌体,呈鼓槌状,是本菌形态上的特征。幼龄培养物(繁殖体)为革兰氏阳性,但培养 24 h 以后带上芽孢的菌体易转为革兰氏阴性(图 2-44)。

(2)培养特性 本菌为严格厌氧菌,接触氧后很快死亡。最适生长温度为 37℃。最适 pH7.0~7.5。营养要求不高,在

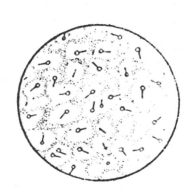

图 2-44 破伤风梭菌

普通琼脂平板上呈泳动性生长,培养 24~48 h 后,菌落中心紧密,周围疏松,边缘似羽毛状,整个菌落呈小蜘蛛状,易在培养基表面迁徙扩散;在血琼脂平板上生长,可形成直径 4~6 mm 的菌落,菌落扁平、半透明、灰色,表面粗糙、无光泽,边缘不规则,常伴有狭窄的 β 溶血环。在一般琼脂表面不易获得单个菌落,扩展成薄膜状覆盖在整个琼脂表面上,边缘呈卷曲细丝状。在厌气肉肝汤或疱肉培养基培养,肉汤轻微混浊,有细颗粒或黏稠状沉淀,肉渣部分被消化,微变黑,产生气体,有腐败臭味。培养 48 h 后,在 30~38℃ 适宜温度下形成芽孢,温度超过 42℃ 时芽孢形成减少或停止。20%胆汁或 6.5%NaCl 可抑制其生长。

(3)生化特性 生化反应不活泼,一般不发酵糖类,只轻微分解葡萄糖,形成靛基质,V-P 和 MR 试验均为阳性,产生硫化氢,不分解尿素,能液化明胶,不能还原硝酸盐。神经氨酸酶阴性,脱氧核糖核酸酶阳性。对蛋白质有微弱消化作用。

(4)抗原与变异 本菌具有不耐热的鞭毛抗原,用凝集试验可分为 10 个血清型,其中第Ⅵ型为无鞭毛不运动的菌株,我国常见的是第Ⅴ型。各型细菌都有一个共同的耐热菌体抗原,均能产生抗原性相同的外毒素,此外毒素能被任何一个型的抗毒素中和。

(5)抵抗力 本菌繁殖体抵抗力不强,但其芽孢的抵抗力极强。芽孢在土壤中可存活数十年,湿热 100℃ 10~90 min、105℃ 25 min、120℃ 20 min 可杀死。干热 150℃ 1 h 以上可杀死芽孢,5%石炭酸、0.1%升汞作用 15 h 可杀死芽孢。对青霉素敏感,磺胺类药物对本菌有抑制作用。

2.致病性

破伤风梭菌主要产生两种外毒素,即破伤风痉挛毒素和溶血毒素。溶血毒素,不耐热,对氧敏感,可使马及家兔的红细胞崩解其作用可被相应抗血清中和,与破伤风梭菌的致病性无关。破伤风痉挛毒素为主要准备物质,是一种神经毒素,为蛋白质,由十余种氨基酸组成,不耐热,65℃ 可破坏,易被肠道蛋白酶所破坏,故口服毒素不起作用。破伤风毒素的毒性非常强烈,仅次于肉毒毒素。破伤风梭菌没有侵袭力,只在污染的局部组织中生长繁殖,一般不入血流。毒素在局部产生后,进入血流,主要作用于神经系统,导致超反射反应(兴奋性异常增高)和骨骼肌痉挛,使动物出现特征性的强直症状。破伤风梭菌毒素具有良好的免疫原性,经甲醛处理可制成类毒素,可产生坚强的免疫,能有效预防本病的发生。

破伤风梭菌芽孢主要借助土壤、污染物等通过破损的皮肤黏膜(自然外伤、分娩损伤或断脐、去势、断尾及其他外科手术等的人工伤口)侵入机体,即可在其中发育繁殖,产生强烈毒素,引发破伤风。但破伤风梭菌是厌氧菌,在健康组织中,于有氧的环境下,其生长繁殖受到抑制,而且易被吞噬细胞消灭,所以在一般伤口中不能生长。破伤风梭菌感染的重要条件是伤口的厌氧环境,如在深而窄的伤口,有泥土或异物污染,或大面积创伤、烧伤、坏死组织多,局部组织缺血或同时有需氧菌或兼性厌氧菌混合感染,有利于形成良好的厌氧环境,芽孢发芽转变成菌体,在局部大量生长繁殖,产生外毒素而致病。

在自然条件下,各种动物对破伤风毒素的感受性,以马最易感,猪、牛、羊、猫和犬次之,人很敏感,禽类和冷血动物不敏感,幼龄动物比成年动物更敏感。实验动物中以小鼠和豚鼠感受性最强。

3.微生物学检测

通常根据有无创伤病史和破伤风特征性的临床症状即可做出诊断,一般不需微生物学诊断,仅在必要时才进行检验。

（1）采集病料　可采取创伤部位的分泌物或坏死组织等。

（2）直接涂片镜检　将病料涂片，固定，革兰氏染色镜检，观察有无一端有圆形鼓槌状的梭菌，革兰氏染色阳性，可初步诊断。

（3）分离鉴定　采集病料，接种厌气肉肝汤或疱肉培养基，于 75～85℃ 水浴中加热 30 min，杀死无芽孢细菌，置 37℃ 厌氧培养 2～4 d 后，必要延长至 12 d。有细菌生长者，取培养液涂片染色镜检，如有典型鼓槌状杆菌，再将培养物离心沉淀物接种于含新霉素或卡那霉素等抑制其他需氧菌生长的血液琼脂平板，只接半面，在 37℃ 厌氧条件下培养 2～3 d，用放大镜观察，可见丝状生长并覆盖在培养基的表面典型菌落。从生长区的边缘移植，即可获得破伤风梭菌纯培养。有时需重复接种 2～3 次才能得到纯培养，然后将纯培养物进行染色镜检，生化鉴定。

（4）动物试验　破伤风梭菌有不产生毒素的菌株，而毒素是其致病因子，因此须对分离菌株进行毒素检测。常用小鼠做破伤风毒素的毒力试验和保护性试验，以确定毒素的有无及性质。

用小鼠 2 只，一只皮下注射破伤风抗毒素 0.5 mL（1 500 IU/mL），作为保护性试验（对照）另一只不注射，于 1 h 后分别于后腿肌肉注射分离菌培养物上清液 0.25 mL。观察 12～24 h，未注射抗毒素的小鼠出现破伤风症状，即从注射的后腿僵直逐渐发展到尾巴僵直，最后出现全身肌肉痉挛，抽搐，脊柱向侧面弯曲，前腿麻痹，最终因窒息或呼吸衰竭而死亡（毒力试验阳性）。注射破伤风抗毒素的小鼠不发病（保护性试验阳性），说明培养物中有破伤风梭菌毒素存在，即可确诊。

4. 防治

破伤风一旦发病，治疗困难，应以预防为主。

主动免疫预防可用明矾沉淀破伤风类毒素，注射后 1 个月产生免疫力，免疫期 1 年。若第 2 年再注射一次，则免疫力可持续 4 年。破伤风治疗或紧急预防可用破伤风抗毒素血清，在患病早期使用足量注射，迅速产生被动免疫力，能持续 14～21 d，但要防止马抗毒素血清过敏性休克的发生。实践证明，同时注射抗毒素和类毒素，预防效果好，且互不干扰。

大剂量的青毒素（或四环素）能有效地抑制破伤风梭菌在局部病灶中繁殖，并且对混合感染的其他细菌也有作用，故亦可用于治疗。若已确诊为破伤风时，应及时采取给予适当的镇静剂和肌肉解痉剂等措施，以预防因呼吸肌痉挛而窒息死亡。

（二）魏氏梭菌

魏氏梭菌（*Cl. welchii*）又称产气荚膜杆菌，是气性坏疽的主要病原菌。在自然界分布极广，可见于土壤、污水、饲料、食物、粪便以及人畜肠道中。在一定条件下，也可以引起多种严重疾病。气性坏疽是一种严重的创伤感染，以局部水肿、产气、肌肉坏死及全身中毒为特征。

1. 主要生物学特性

（1）形态与染色　魏氏梭菌为两端钝圆的粗大杆菌，大小为 (0.6～2.4)μm×(1.3～19.0)μm，单在或成双，有时也可成短链排列。革兰氏染色阳性。无鞭毛，不运动。偏端芽孢呈椭圆形，芽孢直径不比菌体大，位于中央或末次端。培养时芽孢少见，必须在无糖培养基中才能形成芽孢。在脓汁、坏死组织或感染动物脏器的涂片上，可见有明显的荚膜，无鞭毛，不能运动（图 2-45）。

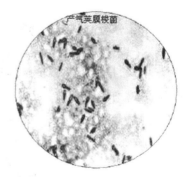

图 2-45　产气荚膜杆菌

(2)培养特性　本菌对厌氧要求并不严,在普通平板上形成灰白色、不透明、表面光滑、边缘整齐的菌落。有些菌落中间有突起,外周有放射状条纹,边缘呈锯齿状。在血液琼脂平板上,多数菌株有双层溶血环,内环透明,外环淡绿。在疱肉培养基中肉渣不被消化,有时呈肉红色。在牛乳培养基中,8～10 h 后能分解乳糖产酸,并使酪蛋白凝固,产生大量气体,冲开凝固的酪蛋白成海绵状碎块,管内气体常将覆盖在液体上的凡士林层向上推挤,气势凶猛,称为"暴烈发酵"或"汹涌发酵",是本菌的特点之一。

(3)抵抗力　本菌在含糖的厌氧肉肝汤中,因产酸于几周内即可死亡,而在无糖厌氧肉肝汤中能生存数月。芽孢在 90℃ 30 min 或 100℃ 5 min 死亡,而食物中毒型菌株的芽孢可耐煮沸 1～3 h。

2.致病性

魏氏梭菌由消化道或伤口侵入机体,产生致死毒素、坏死毒素和溶血毒素等多种外毒素和酶,引起局部组织的分解、坏死、产气、水肿和全身中毒。

魏氏梭菌能引起人畜多种疾病,如人和动物创伤性感染恶性水肿、羔羊痢疾、羊猝狙、羊肠毒血症和仔猪红痢等。其中最重要的是气性坏疽。

实验动物以豚鼠、小鼠、鸽和幼猫最易感,家兔次之。

3.微生物学检测

(1)细菌检查　本菌 A 型所致气性坏疽及引起人食物中毒的微生物学诊断,主要依靠细菌分离鉴定。从伤口深部取材涂片,革兰氏染色镜检,可见革兰氏阳性大杆菌,并有荚膜,常伴有其他杂菌,白细胞甚少,形态不规则,这是气性坏疽标本涂片的特点。进一步分离培养与鉴定、动物试验等确诊。

其余各型所致的各种疾病,均系细菌在肠道内产生毒素所致,细菌本身不一定侵入机体;同时正常人畜肠道中也有此菌存在,在非本菌致死的动物也很容易于死亡后被细菌侵染。因此,从病料中检出该菌,并不能说明他就是病原。所以细菌学检查只有当分离到毒力强大的细菌时,才具有一定的参考意义。

(2)毒素检查　肠内容物毒素检查是有效的微生物诊断方法。具体方法是取回肠内容物,如采集量不够,可采空肠后段或结肠前段内容物,加适量灭菌生理盐水稀释,经离心沉淀后去上清液分成两份,一份不加热,一份加热(60℃ 30 min),分别静脉注射家兔(1～3 mL)或小鼠(0.1～0.3 mL)。如有毒素存在,不加热组动物常于数分钟至十几小时内死亡,加热组动物不死亡。

4.防治

可用"三联灭活苗"或"五联灭活苗"预防由本菌引起的羊快疫、羊猝疽、羊肠毒血症、羔羊痢疾、羊黑疫;用 C 型魏氏梭菌氢氧化铝和仔猪红痢干粉菌苗预防由本菌引起的仔猪红痢。治疗本病,早期可用多价抗毒素血清,并结合抗生素和磺胺类药物,有较好的疗效。

(三)肉毒梭菌

肉毒梭菌(*Cl. botulinum*)最初于 1896 比利时学者 Van Ermengemcong 从腊肠中发现,所以本菌又称腊肠中毒杆菌,是引起食物中毒的病原菌。本菌是一种厌氧腐生性细菌,广泛分布于沼泽土壤和动物粪便中。肉毒梭菌不能在活的机体内生长繁殖,即使进入人畜消化道,亦随粪便排出。当在有适当营养、厌氧环境中时,即可生长繁殖并产生强烈的肉毒毒素,人畜食入含有此毒素污染的食品、饲料或其他物品时,引起以肌肉麻痹为主要表现的肉毒中毒症,死亡率极高。

1. 生物学特性

（1）形态与染色特性　肉毒梭菌多呈粗大直杆状，两端钝圆，大小为$(0.9\sim1.2)\mu m\times(4\sim6)\mu m$，多单在或成对，偶见短链状排列。无荚膜，有周鞭毛，芽孢呈椭圆形，比菌体宽，位于菌体偏端，使菌体膨大，呈汤匙状或网球拍状，易于在液体和固体培养基上形成。革兰氏染色阳性。

（2）培养特性　本菌对为专性厌氧菌，对温度要求因菌株不同而异，一般最适生长温度为$30\sim37℃$，多数菌株在$25℃$和$45℃$可生长。产毒素的菌株最适生长温度为$25\sim30℃$，最适pH为$7.8\sim8.2$。6.5%氯化钠、20%胆汁和pH8.5抑制其生长。对营养要求不高，在普通培养基中能生长，形成直径$3\sim5\ mm$不规则的菌落，但其培养特性极不规律，甚至同一菌株也是变化无常。在血液琼脂平板上，生长旺盛，可形成圆形、灰白色、半透明，直径$1\sim6\ mm$的扁平或中央隆起的不规则大菌落，有β溶血现象。在疱肉培养基中生长良好，能消化肉渣，使之变黑并产生恶臭气味。

（3）生化特性　本菌的生化反应变化很大，即使同一型的各菌株之间也不完全一致。一般情况下，本菌能发酵葡萄糖、麦芽糖及果糖，产酸产气。不发酵乳糖，不形成靛基质，MR试验和VP试验阴性，能产生硫化氢，不还原硝酸盐，液化明胶，不分解尿素。

（4）抵抗力　肉毒梭菌繁殖体抵抗力中等，加热$80℃\ 30\ min$或$100℃\ 10\ min$能将其杀死。但芽孢抵抗力极强，不同型菌的芽孢抵抗力不同。多数菌株的芽孢，在湿热$100℃\ 5\sim7\ h$，高压$105℃\ 100\ min$或$121℃\ 15\ min$、干热$180℃\ 15\ min$可被杀死。肉毒毒素不耐热，加热$80℃\ 30\ min$或煮沸$10\ min$即被破坏。但消化酶不能破坏它，肉毒毒素耐酸，尤其对酸在pH3$\sim$6范围内毒性不减弱，正常胃液于$24\ h$内不能将其破坏。但对碱敏感，在pH8.5以上即被破坏。此外，0.1%高锰酸钾也能破坏毒素。

（5）抗原结构　根据毒素抗原性的不同，目前可将肉毒梭菌分为A、B、C、D、E、F、G等七个型，其中C型还可分为C_α和C_β两个亚型。各型毒素之间抗原性不同，其毒素只能被相应型别的抗毒素所中和。

2. 致病性

肉毒梭菌厌氧条件下可产生毒性极强的外毒素即肉毒毒素，毒力最强的是A型菌产生的A型毒素。肉毒毒素的化学本质是蛋白质，不耐热，对酸性及蛋白酶抵抗力较强，pH3$\sim$6时毒性仍保持稳定，不被胃肠液破坏。该毒素的毒性是目前已知生物毒素中最强的一种，比氰化钾强1万倍（$1\ mg$纯化结晶的肉毒毒素能杀死2 000万只小白鼠），对人的致死量小于$1\ \mu g$。一般来说，经口投毒致死量要比腹腔注射致死量大数万倍乃至数十万倍。

在自然条件下，家畜对肉毒毒素很敏感，其中马、骡的中毒多由C_β型或D型毒素引起；牛由C、D型毒素引起；羊和禽类由C型毒素引起（水禽软颈病）；猪主要由A、B型毒素引起。人由A、B、E、F型毒素引起。肉毒毒素具有嗜神经性，毒素被人、畜禽食入后，通过消化道吸收，可出现特征性的神经中毒症状，引起运动肌麻痹，从眼部开始，表现为斜视，复视，眼睑下垂，瞳孔放大，继而咽部肌肉麻痹，咀嚼吞咽困难，呕吐，膈肌麻痹，呼吸困难，心肌麻痹而死亡。

肉毒毒素对小鼠、大鼠、豚鼠、家兔、犬、猴等实验动物以及鸡、鸽等禽类都敏感，但易感程度因动物种属及毒素型别而异。

3. 微生物学检测

肉毒梭菌本身无致病力，主要作毒素检测（小鼠）。

（1）肉毒毒素检测 被检物可以采取可疑中毒的饲料、食品、患畜的呕吐物、粪便、胃肠内容物与血清等。若为液体材料，可直接离心沉淀；固体或半流体材料则可制成乳剂，于室温下浸泡数小时甚至过夜后再离心。

毒素检出试验 取上清液分为 2 份，其中一份调 pH 至 6.2，并按终浓度为 10％的量加入 10％胰酶（活力 1：250）水溶液，混匀，经常轻轻搅动，于 37℃作用 60 min，然后进行检测。取上述两种处理的毒素液，分别腹腔注射小鼠 2 只，每只 0.5 mL，观察 4 d。若有毒素存在，小鼠一般多在注射后 24 h 内发病，主要表现为竖毛、失声、眼睑下垂、四肢麻痹瘫痪、呼吸困难、呼吸呈风箱式、腰部凹陷、宛若蜂窝状等症状，最终因呼吸麻痹死亡。一般超过 96 h 者不再可能发病。

毒素中和试验 取上清液分为 2 份，其中一份与抗毒素混合，37℃作用 30 min，而后分别腹腔注射小鼠 2 只，每只 0.5 mL，观察 4 d。若有毒素存在，小鼠一般多在注射后 24 h 内发病、死亡，接种抗毒素混合物的小鼠则得到保护，证明被检材料中含有肉毒毒素。

另外，还可以用反向间接血凝试验检测肉毒毒素。

（2）细菌分离鉴定 利用本菌芽孢耐热性强的特性，将待检病料煮沸 1 h 以杀灭非芽孢杂菌后，接种血琼脂平板进行厌氧培养。或将接种检验材料于疱肉培养基，于 80℃加热 30 min，37℃培养 24～48 h，然后，挑选可疑菌落，涂片染色镜检检查细菌的形态；并将培养上清液进行毒素检测及培养特性检查，以确定分离菌的型别。

4. 防治

在动物肉毒中毒症多发地区，可用明矾沉淀类毒素做预防注射，有效免疫期可持续 6～12 个月，也可用氢氧化铝或明矾菌苗接种。人畜一旦出现肉毒中毒症后，可立即用足量的多价肉毒抗毒素血清进行紧急预防和治疗，同时加强护理和对症治疗，尤其是维持呼吸功能，降低死亡率。若毒素型别已确定，则应用同型抗毒素血清治疗。预防肉毒梭菌食物中毒，主要是要加强食品卫生管理和监督，食品加热消毒是预防本病的关键，定期进行食品安全检测。

十、分支杆菌

分支杆菌属的成员是一类细长或稍弯的杆菌，因有分枝生长的趋势而得名。该属细菌的共同特点是：各成员均好氧，菌体平直或微弯细长，无鞭毛和芽孢，菌体胞壁中含有大量类脂质成分，形成粗糙的畏水性菌落，革兰氏染色阳性，不易着色，并均具有抗酸染色的特性称为抗酸杆菌。对营养要求高，多数菌株生长缓慢。本属菌在自然界广泛分布，许多是人和动物的病原菌。分支杆菌属主要有 3 种：结核分支杆菌（人型）、牛分支杆菌、禽分支杆菌，是引起人类以及畜禽共患的慢性结核病的病原体。下面主要介绍牛分支杆菌。

（一）主要生物学特性

1. 形态与染色

结核分支杆菌菌体细长、平直或稍弯的杆菌，端极钝圆，大小为（0.2～0.5）μm×（1.5～4.0）μm。单在或分枝状排列。牛分支杆菌菌体短而粗，禽分支杆菌最短且具有多形性，可呈杆状、球菌状、链球状。无荚膜、无鞭毛、无芽孢。在陈旧的培养物或干酪性病灶内的菌体可见分枝现象，形态常不典型，可呈颗粒状，串球状，短棒状，长丝形等。革兰氏染色阳性，但革兰氏染色时不易着色,有抗酸染色特性。一般常用莱-钠氏(Ziehl-Neelsen)抗酸染色后,结核杆菌染成红色,背景细胞及其他非抗酸菌为蓝色。

2.培养特性

本菌为专性需氧菌,营养要求较高,需要特殊营养条件才能生长。最适温度为 37℃,禽分支杆菌可在 42℃生长。最适 pH6.4～7.0,禽分支杆菌 pH7.2。常用的培养基有罗杰二氏培养基(内含蛋黄、甘油、马铃薯、无机盐及孔雀绿等)、改良罗杰二氏培养基或裴氏培养基等。结核分支杆菌生长缓慢,需 14～15 h 分裂一次,如加入 5%～10% CO_2 或 5%甘油可刺激结核分支杆菌的生长,但 5%甘油对牛分支杆菌生长有抑制作用。接种后培养 3～4 周才出现肉眼可见的菌落。菌落为表面粗糙、干燥、坚硬、显著隆起、呈颗粒状、乳酪色或黄色,类似菜花状;在液体培养基中,其表面形成厚皱菌膜,培养液一般保持清亮。

3.抵抗力

由于本菌细胞壁中含有多量的类脂和蜡质而表现某些理化因子的抵抗力较强。对干燥、寒冷具有抵抗力,在干痰中存活 6～8 个月,若黏附于尘埃上,保持传染性 8～10 d,在水中存活 5 个月,在土壤存活 7 个月。但对湿热的抵抗力弱,60℃ 30 min 或煮沸即可杀死。对一般消毒药具有较强的抵抗力,但无机酸、有机酸、碱性和季铵盐类消毒剂不能有效杀灭本菌。在 3%HCl 或 NaOH 溶液中能耐受 30 min,因而常以酸碱中和处理严重污染的检材,杀死杂菌和消化黏稠物质,提高检出率。对紫外线、酒精的抵抗力弱。在 70%乙醇、10%漂白粉及碘化物中迅速死亡。

本菌对链霉素、异烟肼、对氨基水杨酸和环丝氨酸等药物敏感,易产生耐药性。而对常用的磺胺类、青霉素及其他广谱抗生素均不敏感。

(二)致病性

结核杆菌的致病作用可能是细菌在组织细胞内顽强增殖引起炎症反应,以及诱导机体产生迟发型变态反应性损伤有关。结核杆菌可通过呼吸道、消化道和破损的皮肤黏膜进入机体,侵犯多种组织器官,引起相应器官,引起相应器官的结核病,其中以肺结核最常见。动物则常见内脏(如肠道等)结核。

牛分支杆菌主要引起牛结核病,其他家畜、野生反刍动物、人、灵长目动物、犬、猫等肉食动物均可感染。实验动物中豚鼠、兔有高度敏感性,对小鼠有中等致病力,对家禽无致病性;禽分支杆菌主要引起禽结核,也可引起猪的局限性病灶;结核分支杆菌可使人、畜禽及野生动物发生结核病,山羊和家禽对结核分枝杆菌不敏感;牛分支杆菌和人结核分支杆菌毒力较强,禽分支杆菌则较弱。

(三)微生物学检测

参照 GB/T 18645—2002 动物结核病诊断技术规程进行检测。

1.细菌学诊断

取患病器官的结核结节及病变与非病变组织直接涂片;乳汁以 2 000～3 000 r/min 离心 40 min,分别取脂肪层和沉淀层涂片。涂片干燥固定后经抗酸染色,如发现红色成丛杆菌时,可做出初步诊断。必要时用 4% NaOH 或 3% HCl 或 6% H_2SO_4 处理 15 min 中和、离心取沉淀物涂片作抗酸染色检查、分离培养或动物试验鉴定。

2.变态反应诊断

本法是临床结核病检疫的主要方法。目前所用的诊断液为提纯结核菌素(PPD),诊断方法为皮内试验。

目前亦有应用间接血凝试验、荧光抗体、ELISA 试剂盒等血清学诊断方法,但变态反应诊断应用得最广泛。

(四)防治

人类广泛采用卡介苗接种,免疫期达 4～5 年。对饲养的牛群每年春、秋进行检疫净化牛羊群为主要防治措施。结核菌素变态反应检测阳性者,要隔离饲养,检出患结核病的动物或动物发病后一般不做治疗,直接淘汰作无害化处理。家禽结核病一般无治疗价值,贵重动物可用异烟肼、链霉素、对氨基水杨酸等治疗。

项目三 病毒感染的实验室检测

▲【项目描述】

病毒性传染病除少数如绵羊痘等可根据症状、流行病学、病理变化做出诊断外,大多数病毒性传染病的确诊,必须在临床诊断的基础上进行实验室检测,以确定病毒的存在或检出特异性抗体。病毒感染的实验室检测在正确采集病料的基础上进行,常用的诊断方法有:病毒的形态学检查、病毒的分离培养与鉴定、病毒感染的血清学检测、病毒感染的分子生物学检测等,从而得到病毒感染的证据。本项目通过临床常发生的具体病例进行病毒感染的实验室检测,用实验结论指导生产,提出正确的防治措施。为今后从事畜禽的饲养和诊断、防治病毒感染性疫病的发生奠定坚实基础。

▲【学习目标】

熟悉病毒感染的实验室检测方法,掌握病毒的形态结构、增殖培养特性,了解病毒的其他特性及其在生产中的应用,认识常见的动物病毒的生物学特性、致病性、微生物学检测方法及其防治措施;能够正确进行病毒感染病料的采集,能识别常见病毒的形态学特征,能够正确进行病毒的分离培养和血清学鉴定,并能用实验结论指导生产,提出正确的防治措施。

培养学生独立工作能力和团队合作意识,培养观察、分析问题和解决问题的能力,严格按照操作规程操作,具有质量意思,建立与时俱进的观念,及时了解检测技术的新进展。

◉ 任务 3-1 病毒的形态学检查

【任务描述】

病毒是以病毒颗粒的形式存在,病毒粒子形体微小,可以通过细菌滤器,必须在电子显微镜下才能看见,光学显微镜下只能看到病毒形成的包涵体。本任务在微生物检测室,以小组为单位观看病毒的电镜下照片和在光学显微镜下检查病毒病料中包涵体,学会病毒的形态学检查,为某些病毒病的诊断提供依据。

【任务目标】

(1)熟悉病毒的特点、分类及病毒的抵抗力;掌握病毒的形态结构和化学组成及其功能;熟悉病毒感染的实验室检测方法和重要动物病毒的形态学特征;了解形成包涵体现象及其实践应用意义。

(2)能够识别电镜下病毒粒子的形态学特征;能够观察包涵体的形态特征。

【必备技能】

一、准备试验材料

(1)仪器　显微镜、多媒体。

(2)材料　香柏油、二甲苯、擦镜纸、包涵体的标本片、病毒电镜照片、病毒的教学幻灯片、图片或挂图等。

二、方法与步骤

(一)病毒电子显微镜下形态的观察

(1)观察电子显微镜下病毒的形态照片。

(2)放映病毒的形态结构教学幻灯片。通过观看病毒的电镜下照片、幻灯片、多媒体等,了解病毒(口蹄疫病毒、传染性胃肠炎病毒、新城疫病毒、禽流感病毒、腺病毒、狂犬病病毒、大肠杆菌噬菌体、马立克氏病病毒、鸭瘟病毒、小鹅瘟病毒等)的形态结构特点,以及其与被感染细胞的关系。

(二)病毒包涵体的光学显微镜下观察

(1)观察有包涵体的标本片。用狂犬病脑切片的内基氏小体或其他包涵体标本片示教,注意包涵体的形态、存在部位及染色特点。

若有狂犬病的病料组织,采集的大脑海马角,可用清洁的玻片作触片,干燥后置于甲醇中固定,以塞勒(Seller)氏染色法或曼(Mann)氏染色检查狂犬病的包涵体。

也可取狂犬大脑海马角部位神经组织病理切片固定后用苏木精-伊红(HE)染色,置于普通光学显微镜下观察。

镜下特点:狂犬病的包涵体在神经组织的细胞浆内,可见一个或数个、圆形或椭圆形、染成红色(嗜酸性)的包涵体(内基氏小体),直径平均为 $3\sim10~\mu\mathrm{m}$,神经细胞染成蓝色,间质为粉红色。

(2)放映病毒包涵体的教学幻灯片。

【相关知识】

一、病毒的特征

病毒(virus)是一类只能在适宜活的易感细胞内寄生的非细胞型微生物。病毒性传染病具有传播快、流行广、死亡率高的特点,迄今还缺乏确切有效的防治药物,对人类、畜禽造成严重的危害,给畜牧业带来巨大的经济损失。近 20 年来,不断有新的病毒被发现,例如 1998 年报道致人和猪脑炎并死亡的尼帕病毒;2003 年发现源于动物、引起人急性死亡的 SARS 冠状病毒等。因此,学习和研究病毒有关的基本知识和检验技术,对于诊断和防治病毒性传染病有着十分重要的意义。

(一)病毒的基本特征

病毒是一类体积微小、结构简单、性质十分特殊的生命形式。与其他生物相比,具有下列基本特征:

形体微小,可以通过细菌滤器,必须在电子显微镜下才能看见;没有细胞结构,主要由核酸和蛋白质组成;只含有一种类型核酸(DNA 或 RNA);病毒缺乏完整的酶系统,不能在无生命的培养基上生长,只能寄生在适宜的活细胞内;病毒的增殖方式为复制;病毒对抗生素不敏感,具有明显的抵抗力,而对干扰素敏感,可抑制其增殖,具有广谱抗病毒作用。由于病毒性感染缺乏特效药物治疗,因此采用疫苗免疫进行预防和控制病毒性疾病显得十分重要。病毒与其他微生物的主要鉴别要点见表 3-1。

表 3-1　病毒与其他微生物的主要鉴别要点

微生物类别	在无生命的培养基上生长	二分裂繁殖	核酸	核糖体	对抗生素的敏感性	对干扰素的敏感性
病毒	－	－	D/R	－	－	＋
细菌	＋	＋	D＋R	＋	＋	－
霉形体	＋	＋	D＋R	＋	＋	－
立克次氏体	－	＋	D＋R	＋	＋	－
衣原体	－	＋	D＋R	＋	＋	＋

(二)病毒的分类

病毒的种类繁多,其分类方法有多种。如根据核酸类型分为 DNA 病毒和 RNA 病毒;根据病毒感染的对象不同,又可分为动物病毒、植物病毒、昆虫病毒和噬菌体等。其中,噬菌体是一些专门寄生在细菌、放线菌、真菌、支原体或螺旋体等微生物体内的病毒。

目前,国际公认的病毒分类和命名的权威机构为国际病毒分类委员会(ICTV),病毒分类的根据是病毒的形态与结构、核酸与多肽、复制以及对理化因素的稳定性等诸多方面。随着分子生物学的发展,病毒基因组特征在病毒分类上的意义也越来越重要。从第6 次病毒分类报告开始,把病毒分为 3 大类。即 DNA 病毒类、DNA 反转录与 RNA 反转录病毒类、RNA 病毒类。第 7 次分类报告之后,病毒分类形成了类(目)、科(亚科)、属(种)的分类系统。有的病毒分类地位不确定,而类病毒和朊病毒在目前分类中亦属病毒之内。

(三)病毒的形态特征

1.病毒的大小

一个完整的发育成熟的具有感染能力的病毒个体称为病毒粒子、病毒子或病毒体。病毒一般是以病毒颗粒或病毒子的形式存在,具有一定的形态结构和传染性。

病毒的大小是指该病毒体的大小。病毒是自然界中最小的微生物,其测量单位为纳米(nm),需借助电子显微镜(电镜)放大几万至几十万倍才能观察到。各种病毒的大小相差悬殊,较大的病毒如痘病毒,其大小为 300 nm×250 nm×100 nm,相当于支原体的大小,用适当方法染色后,在光学显微镜下勉强可以看到;中等大小病毒如流感病毒,其直径为 80～120 nm;较小的病毒如圆环病毒,直径仅 17 nm。绝大多数病毒直径在 150 nm 以下,所以能通过 0.22 μm 的滤器。

2.病毒的形态特征

(1)病毒的电子显微镜下形态　电子显微镜可把物体放大数十万或数百万倍,可以观

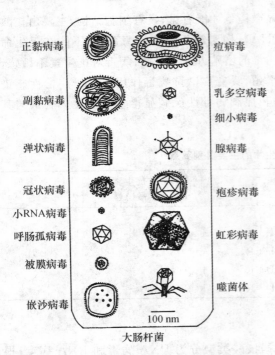

图 3-1 主要动物病毒的形态与大肠杆菌的相对大小

察病毒颗粒的形态和超微结构。病毒在电子显微镜下观察有多种形态,主要有以下5种形态(图3-1)。

①球形。多数人类和动物的病毒多为球形或近似球形,如各种疱疹病毒、腺病毒、黏病毒等。

②砖形。病毒中较大的一类病毒多呈长方形,很像砖块。如各类痘病毒(牛痘病毒、天花病毒等)。

③子弹形。病毒呈圆筒形,一端钝圆,另一端平齐,形似子弹头。如狂犬病病毒、动物水泡性口炎病毒等。

④蝌蚪形。有一个六角形多面体的"头部"和一条细长的"尾部"组成,如大多数噬菌体的典型特征。也有一些噬菌体无尾。

⑤杆形或丝形。多见于植物病毒,如烟草花叶病毒、苜蓿花叶病毒等。但人和动物的某些病毒也有呈丝状,如流感病毒、麻疹病毒、家蚕核型多角体病毒等。

病毒的大小和形态特征,可供鉴定病毒时参考。

(2)病毒的光学显微镜下形态——包涵体 某些病毒在细胞内增殖后,于细胞内形成的一种用普通光学显微镜可以观察到有与正常细胞结构和着色不同的圆形或椭圆形的特殊"斑块",称为包涵体(inclusion body, or inclusion)。包涵体是某些病毒感染细胞产生的特征性的形

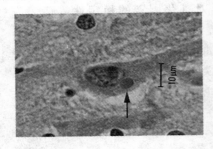

图 3-2 狂犬病的包涵体

态变化,可通过固定染色后在光学显微镜下检测。包涵体本质是:①有些病毒的包涵体就是病毒成分的蓄积,如狂犬病病毒产生的内基氏小体(Negri)是堆积的核衣壳;②有些是病毒合成的场所,如痘病毒的病毒胞浆或称病毒工厂;③有的是由大量晶格样排列的病毒颗粒制成,如腺病毒、呼肠孤病毒的包涵体;④有些是病毒感染引起的细胞退行性变化的产物,如疱疹病毒感染所产生的"猫头鹰眼",是感染细胞中心染色质浓缩,经固定后位于中心的核质与周边染色质之间形成的一个圈,清晰可辨。几种病毒感染细胞后形成的不同类型的包涵体见图3-2和图3-3。

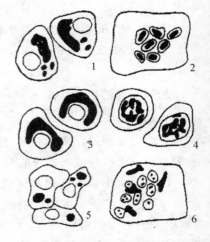

图 3-3 病毒感染细胞后形成不同类型的包涵体

1.痘病毒 2.单纯疱疹病毒
3.呼肠孤病毒 4.腺病毒
5.狂犬病病毒 6.麻疹病毒

　　因包涵体与病毒的增殖、存在有关,而且病毒不同,所形成包涵体的形状(圆形或无规律形态)、大小(较大或较小)、数量(单个或多个)、染色特性(嗜酸性,伊红染成粉红色或嗜碱性,苏木精染成蓝色)及其存在细胞的种类和在细胞中的位置(细胞核内或胞浆内)等均不相同,有一定规律性,各具有本病毒的特征,故可作为诊断某些病毒病的依据。如狂犬病病毒主要在病犬大脑海马角、小脑、延脑的神经细胞浆内形成嗜酸性圆形或椭圆形的包涵体,即内基氏小体(Negri body),可从疑为狂犬病的脑组织切片用苏木精-伊红(H-E)染色或触片用姬姆萨氏染色或塞勒(Seller)氏染色法染色镜检,可诊断为狂犬病;伪狂犬病病毒在神经细胞核内形成嗜酸性包涵体。包涵体检查某些能形成包涵体的病毒性传染病的诊断具有重要意义,但包涵体的形成有个过程,出现率也不是100%,所以,在进行包涵体检查时应注意。包涵体检查可作为病毒感染的辅助诊断,但不是特异性试验。能形成包涵体的重要畜禽病毒见表3-2。

表 3-2　能产生包涵体的重要畜禽病毒

病毒名称	感染动物	感染细胞	包涵体	
			形成部位	染色特性
痘病毒类	人、马、牛、羊、猪、鸡等	皮肤的棘层细胞	胞浆内	嗜酸性或嗜碱性
狂犬病病毒	狼、马、牛、猪、人、猫、羊、禽等	唾液腺及中枢神经细胞	胞浆内	嗜酸性
伪狂犬病病毒	犬、猫、猪、牛、羊等	脑神经细胞和淋巴细胞	胞核内	嗜酸性
副流感病毒Ⅲ型	牛、马、人等	支气管、肺泡上皮细胞及肺的间隔细胞	胞浆及胞核内均有	嗜酸性
马鼻肺炎病毒	马属动物	支气管及肺泡上皮细胞、肺间隔细胞、肝细胞、淋巴结的网状细胞等	胞核内	嗜酸性
鸡新城疫病毒	鸡	支气管上皮细胞	胞浆内	嗜酸性
传染性喉气管炎病毒	鸡、火鸡、孔雀	上呼吸道的上皮细胞	胞核内	嗜酸性

(四)病毒的结构及化学组成

　　病毒的基本结构主要由核酸(核心)与蛋白质衣壳(外壳)两部分构成的。核酸和衣壳的复合体称为核衣壳。最简单的裸露病毒即有核衣壳组成。此外,有些病毒在核衣壳外面还有一层富含脂质的外膜称为囊膜(包膜)。有的囊膜上还有纤突(图3-4和图3-5)。

　　病毒粒子的基本化学成分是核酸和蛋白质,囊膜病毒还有脂类、糖类等其他成分。

　　1. 核酸

　　病毒的核心是核酸,核酸存在于病毒的中心部分,又称芯髓。一种病毒只含有一种类型的核酸,即 DNA 或 RNA。核酸可以是单股或双股。病毒核酸与其他生物的核酸构型相似,DNA 大多数为双股,RNA 多数为单股。DNA 或 RNA 构成病毒的基因组成,是病毒的遗传物质,包含着该病毒编码

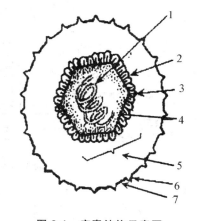

图 3-4　病毒结构示意图
1.核酸　2.衣壳　3.壳粒　4.多肽链
5.核衣壳　6.纤突　7.囊膜

的全部遗传信息,控制着病毒的遗传、变异、增殖和对宿主的感染性等特性。

病毒核酸可用化学方法从病毒颗粒中提取出来。从某些病毒提取的核酸,如果进入易感细胞,表现出与完整病毒一样传染性,这种失去衣壳保护仍具有感染性的裸露的核酸称为传染性核酸。传染性核酸的感染范围比完整病毒颗粒更广,但易被体液中核酸酶等因素破坏,因此感染性比完整的病毒体要低。

2. 衣壳

病毒的衣壳是包围在病毒核酸外面的一层外壳。衣壳的化学成分为蛋白质,是由许多蛋白质亚单位,即多肽链构成的壳粒组成的,在病毒核酸控制下于感染细胞内合成的。壳粒是衣壳的基本单位,即电镜下可见的形态单位。每个壳粒又由一条或多条多肽链组成,这些分子对称排列,围绕着核酸形成一层保护性外壳。不同种类的病毒衣壳所含的壳粒数目不同,是病毒鉴别和分类的依据之一。由于核酸的形态和结构不同,壳粒围绕着核酸的排列方式也不同,因而形成了几种对称形式,它在病毒分类上可作为一种指标。在动物病毒中衣壳结构的对称形式主要有以下 3 种。

(1)二十面体对称 二十面体对称又称为立体对称。核衣壳形成球状结构,壳粒以二十面体对称形式排列,壳粒排列形成 20 个等边三角形面、12 个顶、20 个面和 30 条棱的多面体(图3-5)。大多数球状病毒呈这种对称型,包括大多数 DNA 病毒、反转录病毒及微 RNA 病毒。

(2)螺旋对称 壳粒以螺旋状对称排列的病毒呈杆状或丝状外观(图3-5)。壳粒有规则地沿着中心轴呈螺旋排列,进而形成高度有序、对称的稳定结构。核酸位于衣壳内侧的螺旋状沟中,多数为单链 RNA。此类衣壳的病毒甚多,包括正黏病毒科、副黏病毒科、弹状病毒科、冠状病毒科等。

(3)复合对称 有少数病毒(如噬菌体、痘病毒)的衣壳既有螺旋对称结构,又有二十面体对称,具有复合对称衣壳结构(图3-6)。

衣壳的主要功能:一是包裹核酸,形成保护性外壳,保护病毒免受核酸酶及外界理化因素破坏;二是病毒表面的蛋白质能与易感细胞表面受体结合,与病毒的吸附、侵入和感染易感细胞有关。此外,病毒的衣壳蛋白是重要的抗原物质。

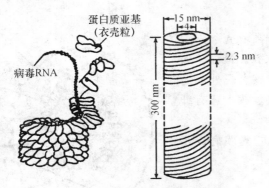

图 3-5 烟草花叶病毒的结构示意图

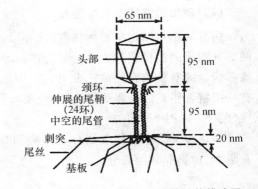

图 3-6 大肠杆菌 T4 噬菌体结构模式图

3. 囊膜

有些病毒在核衣壳的外面还包有一层由类脂、蛋白质和糖类构成的囊膜(图3-7)。囊膜来源于宿主细胞,是某些病毒复制成熟后,在出芽释放的过程中通过宿主细胞膜或核膜时获得的,所以具有宿主细胞的类脂成分,易被脂溶剂如乙醚、氯仿和胆盐等溶解破坏,从而使有囊膜的病毒失去感染性。囊膜对衣壳有保护作用,且与病毒的抗原性和病毒对宿主细胞的亲和力有关。病毒粒子囊膜中的蛋白质对于易感细胞表面受体的特殊亲和力,是某些病毒感染必不可少的前提。有囊膜的病毒称为囊膜病毒,无囊膜的病毒称为裸露病毒。

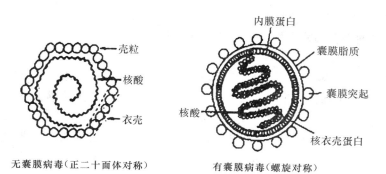

图 3-7 病毒结构模式图

4.纤突

有些病毒的囊膜表面具有呈放射排列的突起,称为纤突,又称囊膜粒或刺突。纤突实质上是囊膜上的特异的蛋白质由很多亚单位(多肽)与多糖、脂类呈共价结合,常组成糖蛋白亚微结构。镶嵌在脂质层中向外突出形成的。例如流感病毒囊膜上的纤突有血凝素(HA)和神经氨酸酶(NA),二者均为病毒特有的糖蛋白(图 3-8)。纤突不仅具有抗原性,而且与病毒的致病力及病毒对易感细胞的亲和力有关。因此一旦病毒失去囊膜上的纤突,也就失去了对易感细胞的感染能力。

5.触须样纤维

某些病毒虽没有囊膜,但有其他一些特殊结构,如腺病毒在核衣壳的各个顶角上有 12 根细长的"触须"样纤维突起,顶端膨大,似大头针状。"触须"样纤维是由线状聚合多肽和一球形末端蛋白所组成。该纤维吸附到敏感细胞上,抑制宿主细胞蛋白质代谢,毒害宿主细胞,与致病作用有关。此外,还具有凝集某些动物的红细胞的作用(图 3-9)。

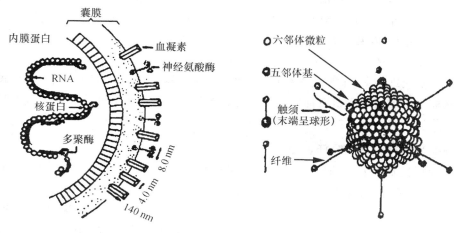

图 3-8 病毒的囊膜结构(流感病毒)　　　图 3-9 腺病毒体的表面结构模式图

了解病毒的形态结构、化学组成及功能,不仅对病毒的分类和鉴定有重要意义,同时也有助于理解病毒的宿主范围、致病作用及亚单位疫苗的研制。

(五)病毒的抵抗力

病毒对外界理化因素的抵抗力与细菌的繁殖体相当。研究病毒的抵抗力,对于病毒病的鉴定和防治、病毒的保存和病毒性疫苗的制备有重要意义。

1. 物理因素

多数病毒耐冷不耐热。通常温度越低,病毒生存时间越长。在 $-25\,℃$ 下可保存病毒,$-70\,℃$ 以下更好。在干冰的 $-70\,℃$ 和液氮的 $-196\,℃$ 能长期保存其感染性。病毒对高温敏感,多数病毒在 $55\,℃$ 经 30 min 即被灭活,$100\,℃$ 可在几秒钟内灭活,因此必须低温保存病毒标本和疫苗等。但个别病毒,如猪瘟病毒能耐受更高的温度。病毒对干燥的抵抗力与干燥的速度和病毒的种类有关。如水疱液中的口蹄疫病毒在室温中缓慢干燥,可生存 3～6 个月;若在 $37\,℃$ 下快速干燥并被灭活。痂皮中的痘病毒在室温下可保持毒力 1 年左右。冻干法是保存病毒的良好方法(加入乳糖或脱脂乳冻干可长期保存病毒),但不能反复冻融。病毒对紫外线敏感,大量紫外线短时间照射和长时间日光照射也能杀灭病毒。

2. 化学因素

(1)甘油　50%甘油可抑制或杀灭大多数非芽孢细菌,但多数病毒对其有较强的抵抗力,可以存活数日,甚至几年,因此生产实践中常用 50%甘油缓冲生理盐水保存或寄送被检病毒材料,同时采取冷藏措施,效果较为理想。

(2)脂溶剂　脂溶剂能破坏病毒囊膜而使其灭活。常用乙醚或氯仿等脂溶剂处理病毒,以检查其有无囊膜。

(3)pH　病毒一般能耐 pH5～9,通常将病毒保存于 pH7.0～7.2 的环境中。但病毒对酸碱的抵抗力差异很大。如肠道病毒对酸的抵抗力很强,而口蹄疫病毒则很弱,pH6.0～6.5 和 pH8.0～9.0 均可迅速灭活。酸、碱溶液是病毒学实践中常用的消毒剂。例如,实验室常用 1%的盐酸溶液浸泡玻璃器皿和塑料制品,如吸管、微量培养板、滴定板等。

(4)化学消毒药　病毒对碱类、氧化剂(过氧化氢、高锰酸钾、漂白粉等)、重金属盐类和能与蛋白质结合的消毒药等都很敏感。实践中常用苛性钠、石炭酸和来苏儿等进行环境消毒,实验室则常用高锰酸钾、双氧水等消毒,对不耐酸的病毒可选用稀盐酸消毒。甲醛能有效地降低病毒的致病力,而对其免疫原性影响不大,在制备灭活疫苗时,常用作灭活剂。

3. 抗生素和中草药

由于病毒缺乏细胞壁、细胞膜等结构,因此一般抗生素对病毒无抑制作用,但在病毒分离时可在待检标本中加入抗生素以抑制细菌的生长便于分离病毒。有些中草药如板蓝根、大黄、柴胡等对某些病毒有一定的抑制作用。

(六)离心与病毒的滤过特性

由于病毒颗粒质量极轻,即使在高速离心时也难以下沉。一般以 3 000～4 000 r/min 的速度离心时,病毒处在上清液中。因此,可以用离心的方法除去病毒材料中的大分子物质及细胞性颗粒。同时,病毒颗粒极其细小,对于孔径为 0.22 μm 的滤膜或滤器,细菌一般不能通过,但大多数病毒能滤过。由于病毒能通过孔径细小的细菌滤器,故人们曾称病毒为滤过性病毒。利用这一特性,可将材料中的病毒与细菌分开。但滤过性并非病毒独有的特性,有些支原体、衣原体、螺旋体也能够通过细菌滤器。随着科学技术的进步,人们已经可以生产出不同孔径的滤器,并已有了能够抑留病毒的滤膜。常用滤膜的孔径有 $0.45~\mu m$ 和 $0.22~\mu m$ 两种。

(七)病毒的变异

病毒同其他生物一样,具有变异性。由于病毒缺乏独立的酶系统,必须寄生在特定的组织细胞内,所以容易受到宿主细胞内环境的影响,加之病毒增殖迅速,短期内可产生大量的子代病毒,这些都决定了病毒遗传的较大变异性。病毒的变异现象主要有毒力变异、抗原变异、空斑变异等。在自然条件下,某些病毒如流感病毒等存在有不同毒力的毒株。用人工方法也可诱导病毒发生毒力减弱变异,如狂犬病毒在兔脑内连续传代后对犬及人的毒力显著降低,可用来制备预防狂犬病的疫苗制剂。流感病毒易发生抗原变异形成新的变异株,使人和禽类失去原有的抵抗力从而引起大流行。

二、病毒感染

病毒感染指病毒侵入体内并在靶器官细胞中增殖,与机体发生相互作用的过程。病毒性疾病指感染后常因病毒的种类、宿主状态不同而发生轻重不一的具有临床表现的疾病。有时虽发生病毒感染,但并不形成损伤或疾病。

病毒感染的途径主要有水平传播和垂直传播。水平传播指不同动物个体之间的传播。病毒主要通过呼吸道、消化道、泌尿生殖道、密切接触、破损皮肤(动物咬伤、媒介昆虫叮咬、注射)等途径。垂直传播指存在于母体的病毒,经胎盘或产道等直接进入子代形成感染,常导致先天性病毒感染综合征、流产等。垂直传播是病毒重要的传播方式。

三、病毒感染的实验室检测方法

病毒性传染病具有传播快、流行广、死亡率高的特点,迄今还缺乏确切有效的防治药物,对人类、畜禽造成严重的危害,给畜牧业带来巨大的经济损失。除少数如绵羊痘等可根据症状、流行病学、病理变化做出诊断外,大多数病毒性传染病的确诊,必须在临床诊断的基础上进行实验室检测,以确定病毒的存在或检出特异性抗体。病毒感染的实验室检测在正确采集病料的基础上进行,常用的诊断方法有:病毒的形态学检查(电镜下病毒颗粒形态观察、光学显微镜下病毒包涵体检查)、病毒的分离培养与鉴定、病毒的血清学检测、病毒的分子生物学检测等。通过这些实验室检测得到的病毒感染证据。其中,病毒的形态学检查、通过各种免疫标记技术检测病毒抗原或抗体以及利用核酸杂交、PCR 技术检测病毒核酸是病毒感染的快速诊断。

(一)病料的采集、保存与运送

病毒性病料的采集与保存是否恰当,直接影响到病毒检测的成功率。用于分离病毒的标本应含有足够量的活病毒,因此必须根据病毒的生物学特性、病毒感染的特征、流行病学规律以及机体的免疫保护机制,来选择所需要采集标本的种类、确定最适采集时间和标本处理的方法。与细菌性病料的采集相比,不同之处主要有以下几点:

1. 病料的采集

(1)采样的时机　最理想的时机,是在发病初期体温升高期间(急性期即症状刚出现,机体尚未产生抗体之前)采集;濒死动物的样品或死亡之后立即采集的样品也有利于病毒的分离。血清学诊断的标本应取双份血清(发病早期和恢复期各采集一份),以便了解血清中抗体滴度的消长程度。第 1 份尽可能在发病后立即采取,第 2 份在发病后 3~4 周采取。如抗体效价增高 4 倍以上才有诊断意义。

免疫效果检测 冻干苗免疫 14 d,灭活苗苗免疫 21 d,每群血清至少 30 份,进行抗体水平检测。

疫情监测或流行病学调查时采集血清、各种拭子(咽喉拭子和泄殖腔拭子)、体液、粪尿或皮毛样品等。采样数量依据感染率的高低,一般可每群随机抽检 30~60 头(只)。

疫病检测 采集抗凝血、血清、有病变的脏器组织等。有病死时,可采 2~3 头(只)病死畜禽的器官组织。

(2)病料的选择 不同病毒感染采集不同的样品,应从病畜体内存在病毒最多的器官或组织采取病料。一般按下列原则选择病料:由感染部位采取,如呼吸道感染采集咽喉分泌物;中枢神经系统感染采集脑脊液;消化道感染采集粪便;发热性疾患或非水疱性疾患采集咽喉分泌物、粪便或全血;水疱性疾患采集水疱皮或水疱液;有病毒血症时采取血液;剖检的尸体一般采集有病变的器官或组织。另外,病料采集还必须无菌操作,如有细菌污染,可通过加抗菌素(青霉素、庆大霉素)、过滤和离心等方法处理。

2.病料的保存与运送

病毒离开活体后在室温下会很快死亡,绝大多数病毒对热不稳定,所以病料已经采集要立即冷藏送检,并处理后应立即接种。暂时不能检查和分离培养时,可置于 4℃冷藏保存。若需要运送或保存,数小时内固体病料(组织、粪便)可置于 50%甘油磷酸盐缓冲液(含复合抗生素)中低温下保存运送;液体病料采集后可直接加入一定量的青霉素和链霉素或其他抗生素、制霉菌素以防细菌和霉菌的污染;用于抗体检测的血清可加入防腐剂,放 4℃保存,试验前血清标本以 56℃ 30 min 处理去除非特异性物质及补体。若要较长时间冻存的标本,一般要保存于－70℃以下,忌置于－20℃,因为该温度对有些病毒活性有影响。现场采集的样品要尽快将被检材料放入装有干冰或水冰块的空容器内(冷藏瓶)送到实验室检验。

对本身带有杂菌(如棉拭子、粪便等)或易受污染的病料,在病毒分离培养时,应使用抗生素,以免杂菌污染细胞或鸡胚,而影响病毒分离。

(二)病毒的形态学检查

1.光学显微镜检查法

光学显微镜主要用于病毒病料中包涵体的检查。方法是将被检材料样品,如从狂犬病病犬采集的大脑海马角,直接制成涂片、组织切片或冰冻切片,染色后,用普通光学显微镜直接检查。这种方法对某些能形成包涵体的病毒性传染病的诊断具有重要意义,如狂犬病病毒、痘病毒。但包涵体的形成有个过程,出现率也不是 100%,所以,在进行包涵体检查时应注意。包涵体检查可作为病毒感染的辅助诊断,不是特异性试验。

2.电子显微镜检查法

电子显微镜可把物体放大数十万或数百万倍,可以观察病毒颗粒的形态和超微结构,且可从病毒颗粒形态上做出明确的鉴别诊断。常用的方法有超薄切片技术和负染技术。

超薄切片技术主要用于观察感染细胞内的病毒形态和存在部位。超薄切片的样品必须采自活体,经固定、脱水、包埋,用特殊专用的切片机切片,再用 1%~3%饱和醋酸铀乙醇溶液在室温下染色 30 min 后,才可在电镜下观察。

负染技术快速、简单,主要用于检测细胞外游离的病毒,特别适用于难以培养的病毒。待检样品要尽可能纯净,先将病料处理、离心后收集上清液或将细胞培养物冻融、离心后收集上清液,再取少量这样的病毒悬液经 1%～3% 钨磷酸盐溶液染色 0.5～1 min 后,立即在电镜下观察。在兽医学临床诊断上,该方法对某些形态特征明显的病毒如疱疹病毒、痘病毒等所致的传染病,结合临床症状及流行病学资料,常可以做出快速的初步诊断或确诊。

(三)病毒的分离培养与鉴定

病毒的分离培养与鉴定可作为病毒感染提供最为直接的病原学证据,同时可作为进一步的病毒学研究提供材料。但方法复杂、要求严格且需较长时间,故不适合临诊诊断,只适用于病毒的实验室研究或流行病学调查。

1.病毒的分离培养

将采集的病料接种动物、禽胚或组织细胞,可进行病毒的分离培养。供接种或培养的病料应作适当的除菌等处理,以保证病毒分离的成功几率。除菌方法有细菌滤器过滤、高速离心和用抗生素处理 3 种。

采集的器官或组织如肺脏、脑、肝、脾、淋巴结等,可取一小块进行充分研磨,加入青霉素、链霉素的 Hank's 液,离心后取上清液作为接种物;鼻液、浓汁、乳汁等分泌物或渗出物、粪便,应加入高浓度的抗生素,充分混匀后,置 4℃冰箱内作用 4～6 h 或过夜,离心后取上清液作为接种物;咽喉拭子在取样后应迅速将其浸泡入含有 2% 犊牛血清和一定浓度的青霉素、链霉素的 Hank's 液中,充分刷洗棉拭子,反复冻融 3～5 次,离心后取上清液作为接种物。

如用口蹄疫的水疱皮病料进行病毒分离培养时,将送检的水疱皮置平皿内,以灭菌的 pH7.6 磷酸盐缓冲液洗涤 4～5 次,并用灭菌滤纸吸干,称重后置于灭菌乳钵中剪碎、研磨,加 Hank's 液制成 1:5 悬液,为防止细菌污染,每毫升加青霉素 1 000 IU,链霉素 1 000 μg,置 2～4℃冰箱内作用 4～6 h,然后以 8 000～10 000 r/min 速度离心沉淀 30 min,吸取上清液做接种用。不同的病料可采用不同的除菌方法。

将处理好的病毒液接种于动物、鸡胚或组织细胞以达到分离和培养病毒的目的;或观察接种对象的变化,出现死亡或病变时(有的病毒须盲目传代后才能检出),通过病毒抗原的检测,对病毒进行进一步鉴定。

2.分离病毒的鉴定

(1)显微镜检查

①电子显微镜检查。根据观察到病毒粒子的形态、大小、对称性、排列及在细胞内的位置等特征进一步鉴定。

②倒置显微镜检查。病毒的细胞培养物出现的 CPE 通常可用倒置显微镜观察,一般要求每天检查 1～2 次。如细胞的凝缩、团聚、细胞浆的颗粒变性等都可在不染色的情况下看到。

③荧光显微镜检查。病毒的细胞培养物不出现 CPE 时,需要利用荧光抗体技术,借助荧光显微镜进行病毒的鉴定。

④光学显微镜检查。病毒的细胞培养物,如欲检查细胞的包涵体或详细观察细胞的变化,可将细胞培养物染色后用光学显微镜观察。

(2)病毒的核酸型鉴定 常用的方法为卤化核苷酸法。如 FLDR(氟脱氧尿核苷)或 IUDR (碘脱氧尿核苷)为常用的卤化核苷酸,它们是 DNA 代谢抑制剂。当用单层细胞培养病毒时,加入含有 FUDR 或 IUDR 细胞的营养液,DNA 病毒的复制受到抑制,而绝大多数 RNA 病毒不受影响。

（3）病毒理化特性测定

①热敏感性试验。有些病毒对热敏感，$50\,℃\,30\,min$ 可被灭活。但因病毒的敏感性受细胞营养液中某些物质浓度的影响，故在试验时应注意条件要一致。

②阳离子稳定性试验。某些病毒如肠道病毒和呼肠孤病毒可被高浓度二价阳离子如 $MgCl_2$ 所稳定，$50\,℃$ 维持 $60\,min$ 不被灭活。也有另外一些病毒如腺病毒、疱疹病毒和痘病毒则可使其增加了对热的敏感性。

③酸敏感性试验。某些病毒如口蹄疫病毒在 pH3.0 溶液中作用 $30\,min$，可使其感染力降低，而对另一些病毒如猪水疱病病毒则没有作用。

④胰蛋白酶敏感试验。某些病毒如肠道病毒、冠状病毒和轮状病毒等对胰蛋白酶有较强抵抗力，而另一些病毒如疱疹病毒和痘病毒等则对胰蛋白酶敏感。

⑤脂溶剂敏感试验。大多数有囊膜病毒对脂溶剂敏感，经乙醚或氯仿等脂溶剂处理后即可失去感染力。

此外，还可以通过血清学诊断、分子生物学诊断进一步鉴定。

（四）动物接种试验

病毒病的诊断也可应用动物接种试验来进行。取病料或分离到的病毒处理后接种实验动物，通过观察记录动物的发病时间、临床症状及病变甚至死亡的情况，也可借助一些实验室的方法来判断病毒的存在。此方法尤其在病毒毒力测定上应用广泛。

（五）病毒感染的血清学诊断

病毒的血清学诊断主要有两个目的，一是应用已知特异性抗体鉴定病毒的种类乃至型别；二是由发病动物采集血清标本，应用全病毒或特异性病毒抗原，测定发病动物体内的特异性抗体，或进一步比较动物急性期和恢复期血清中的抗体效价，了解抗体是否有明显的增长，从而判定病毒感染的存在。血清学诊断在病毒性传染病的诊断及流行病学调查中占有重要地位，常用的方法有血凝和血凝抑制试验、琼脂扩散试验、凝集试验、中和试验、补体结合试验、免疫标记技术、酶联免疫吸附试验等。根据实际情况，可选择特异性强、灵敏度较高的血清学试验进行诊断。

（六）病毒感染的分子生物学诊断

分子生物学诊断包括对病毒核酸（DNA 或 RNA）和蛋白质等的测定。主要是针对不同病原微生物所具有的特异性核酸序列和结构进行测定。其特点是反应的灵敏度高，特异性强，检出率高，是目前最先进的诊断技术。常用的分子生物学诊断技术主要有核酸探针、PCR 技术、DNA 芯片技术等。其中 PCR 和核酸杂交技术又以其特异、快速、敏感、适于早期和大量样品检测等优点，成为当今病毒病诊断中最具应用价值的方法，使临床病毒学诊断迈向一个新的水平。

1. PCR 诊断技术

PCR 技术是一种广泛用于检测病毒核酸和病毒感染诊断的分子生物学技术，又称聚合酶链式反应，是 20 世纪 80 年代中期发展起来的一项极有应用价值的技术。PCR 技术就是根据已知病原微生物特异性核酸序列（目前可在因特网 Genebank 中检索到大部分病原微生物的特异性核酸序列）设计合成与其 5′端同源，3′端互补的两条引物。在体外反应管中加入待检的病原微生物核酸（称模板 DNA）、引物、dNTP 和具有热稳定性的 DNA Taq 聚合酶，在适当条件下（Mg^{2+}离子，pH等），置于PCR仪上，经过变性、复性、延伸，三种反应温度为一个循环，进行20～30次循环。如果待检的病原微生物核酸与引物上的碱基匹配，合成的核酸产物就会以2^n（n为循环次数）递增。产物经琼脂糖凝胶电泳，可检测到预期大小的DNA条带出现，就可做出诊断。PCR用于DNA病毒的检测。

此技术具有特异性强、灵敏度高、操作简便、快速、重复性好和对原材料要求较低等特点。它尤其适用于那些培养时间较长的病原菌的检查，如结核分支杆菌、支原体等。PCR的高度敏感性使该技术在病原体诊断过程中极易出现假阳性，避免污染是提高PCR诊断准确性的关键环节。

常用检测病原体的PCR技术有逆转录PCR（RT-PCR）、免疫PCR等。

RT-PCR是将mRNA在逆转录酶的作用下，反转录为cDNA（互补DNA）然后以cDNA为模板进行的PCR扩增，通过对扩增产物的鉴定，检测mRNA相应的病原体。

免疫PCR是将一段已知序列的质粒DNA片段连接到特异性的抗体（多为单克隆抗体）上，从而检测未知抗原的一种方法，集抗原-抗体反应的特异性和PCR扩增反应极高的灵敏性于一体。该技术的关键是连接已知抗体与DNA之间的连接分子，,此分子具有两个结合位点，一个位点与抗体结合，另一个位点与质粒DNA结合。当抗体与特异性抗原结合，形成抗原抗体-连接分子-DNA复合物，再用PCR扩增仪扩增连接的DNA分子，如存在DNA产物即表明DNA分子上连接的抗体已经与抗原发生结合，因为抗体是已知的，从而能检出被检抗原。

2.核酸杂交技术

核酸杂交技术是利用核酸碱基互补的理论，将标记过的特异性核酸探针同经过处理、固定在滤膜上的DNA进行杂交，以鉴定样品中未知的DNA。由于每一种病原体都有其独特的核苷酸序列，所以应用一种已知的特异性核酸探针，就能准确地鉴定样品中存在的是何种病原微生物，进而做出疾病诊断。核酸杂交技术敏感、快速、特异性强，特别是结合应用PCR技术之后，对靶核酸检测量已减少到皮克（pg）水平。如检测牛白血病病毒，只要取1～2个感染细胞或$10^{-5}\,\mu g$的宿主DNA，经PCR增扩后，进行斑点杂交试验，即可得出阳性结果，PCR技术为检测那些生长条件苛刻、培养困难的病原微生物，为潜伏感染或整合感染动物的检疫提供了极为有用的手段。

3.核酸分析技术

核酸分析技术包括核酸电泳、核酸酶切电泳、寡核苷酸指纹图谱和核苷酸序列分析等技术，它们都已开始用于病原体的鉴定。如一些RNA病毒如轮状病毒、流感病毒，由于其核酸具多片段性，故通过聚丙烯酰胺凝胶电泳分析其基因组型，便可做出快速诊断。又如DNA病毒如疱疹病毒等，在限制性内切酶切割后电泳，根据呈现的酶切图谱可鉴定出所检病毒的类型。

◉ 任务 3-2　病毒的鸡胚接种

【任务描述】

病毒不能在无生命培养基中生长，必须在易感的活细胞内进行分离培养，通常采用动物接种法、鸡胚接种法、组织细胞培养法。因鸡胚接种培养方法简便、敏感，又可获得高滴度病毒，是病毒培养中最常用的方法之一。本任务在微生物检测室通过鸡新城疫病毒的鸡胚接种，学会病毒的分离培养方法,为进一步鉴定病毒打基础。

【任务目标】

(1)理解病毒复制的基本过程;了解病毒感染的致病机制;熟悉病毒分离培养常用的方法;掌握病毒的干扰现象及干扰素的概念、分类、作用机制,明确干扰素在实践中的应用价值;掌握鸡胚接种培养病毒的方法,明确鸡胚培养病毒在实践中的应用价值。

(2)能利用鸡胚尿囊腔接种培养鸡新城疫病毒,能熟练地接毒和收获病毒,具备对病毒进行分离培养及鉴定的能力。

【必备技能】

一、准备试验材料

(1)仪器 孵化箱(恒温箱)、冰箱、超净工作台、高压蒸汽灭菌器、煮沸消毒锅、照蛋器、高速离心机、组织匀浆器、细菌过滤器(450 nm)。

(2)材料 蛋架、研钵、锥子、中号镊子、眼科镊(或眼科剪)、酒精灯、一次性注射器(1 mL)、无菌加盖塑料离心管、灭菌胶头滴管、灭菌吸管、灭菌青霉素瓶、针头、试管、试管架、灭菌平皿、玻璃棒、小烧杯、铅笔、封蜡(固体石蜡加 1/4 凡士林,熔化)、胶布、橡皮乳头、青霉素、链霉素、灭菌生理盐水、2.5%碘酊棉球、75%酒精棉球、5%石炭酸或 3%来苏儿、水盆等。

(3)其他 新城疫病毒悬液(疑似鸡新城疫病毒的病料或新城疫病毒接种材料或新城疫Ⅰ系、Ⅳ系弱毒疫苗接种为例)、受精卵(种鸡未经新城疫免疫的健康鸡群的受精卵,自产出后不超过 10 d,以 5 d 以内最佳)或 9~11 日龄 SPF 鸡胚。

二、方法与步骤

(一)鸡胚接种前的准备

1. 鸡胚的准备

目前理想的鸡胚是 SPF 鸡胚。据国际标准规定,鸡胚不应含有鸡特定的 22 种病原体,如新城疫病毒、传染性法氏囊病毒、马立克氏病病毒、鸡痘病毒和传染性支气管炎病毒等。但由于 SPF 鸡饲养条件严格,价格昂贵,商品化种蛋供不应求,所以常用非免疫鸡胚代替。

应选择健康无病非免疫鸡群(无母源抗体)或 SPF 鸡群的新鲜受精蛋,自产出后不超过 10 d,以 5 d 内的蛋为最好。孵育前的受精蛋不宜高温保存,最好保存于 4~10℃条件下。为便于照蛋观察,以来航鸡蛋或其他白壳蛋为好。

孵育前,将受精卵用约 40℃温水洗净,再用 0.1%新洁尔灭(温度 40℃)浸泡消毒 10~15 min,晾干,将受精蛋大头向上垂直放置,置于温度为 37.5℃(最低可用 36℃,高可到 39.5℃)的孵化箱或恒温箱中孵育,相对湿度为 50%~60%。每日应 180°翻蛋 2~3 次,以保证气体交换均匀,鸡胚发育正常。第 4 日起,用照蛋器在暗室观察鸡胚发育情况。发育正常的鸡胚照蛋时可见清晰的血管及活的鸡胚的暗影,转动鸡胚可见胚体活动;未受精卵照蛋时无血管,只见模糊的卵黄黑影;濒死或死亡鸡胚活动呆滞或不能主动运动,血管昏暗或断折沉落。随后每天观察一次,检查鸡胚孵育情况,应及时淘汰未受精和死亡的鸡胚。生长良好的鸡胚一直孵育至接种前备用(具体胚龄视拟培养的病毒种类和接种途径而定)。

2.鸡胚结构的认识

通过照蛋技术,来认识鸡胚的基本结构(图3-10)。

(1)卵壳 鸡胚的最外层为石灰质的卵壳,上有气孔供气体交换。

(2)壳膜 紧贴在卵壳里面,两层,很易与卵壳分离,其功能是使气体分子与胚胎内的液体分子在内外进行交换,因此在孵育时需要有一定的湿度和空气。如果湿度太低,鸡胚就容易脱水,引起鸡胚死亡。气流不通,鸡胚缺氧,同样会造成鸡胚死亡。

(3)气室 位于鸡胚的钝头,是壳膜在卵的大头处两层分开形成一个气室,其功能是呼吸和调节胚内压力。

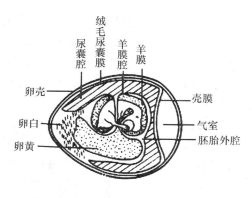

图3-10 9～11日龄鸡胚结构示意图

(4)绒毛尿囊膜 紧贴在壳膜里面,在10日龄鸡胚此膜已扩展合拢,覆盖卵的大部。它是胚胎的呼吸器官,由三个胚层组成:外胚层为绒毛膜上皮;内胚层为尿囊膜上皮;两膜所夹为中胚层(绒毛膜和尿囊膜中胚层融合而成)含有小动脉、小静脉、毛细血管丛和淋巴隙。由于胚胎的肺发育不完善,此时绒毛尿囊膜代行胚胎呼吸器官的作用,气体的交换是在绒毛尿囊膜的血管内通过卵壳进行的。

(5)尿囊腔 绒毛尿囊膜内胚层上皮包围整个尿囊,即尿囊腔是胚胎的排泄器官,内含有尿囊液初为透明液体,成分极类似于生理盐水溶液,以后则尿酸盐含量增高。在6～7日胚龄时约为1 mL,12～13日龄时最高,平均达6 mL左右,且尿囊液呈碱性,以后渐趋酸性,出壳前量极少,pH约为6。

(6)羊膜 它包围在鸡胚外面的最内层包被,系外胚层和中胚层形成,与尿囊膜粘连在一起,羊膜腔内含羊水,胚胎浸于其中。在13日胚龄时羊水量可达2～3 mL,羊水开始清朗,蛋白含量低,到12～14日龄卵白进入羊膜腔,使羊水变成淡黄色,稠度增加,蛋白含量高。

(7)卵黄囊 附着于胚胎上的是卵黄囊,其膜系由内胚层和中胚层形成,内包卵黄,是胚胎发育的养料。6日龄后已包围整个卵囊,它由卵黄囊蒂与胚连接,使卵黄营养物通过膜上血管不断吸入鸡胚。在12～13日龄以后囊脆弱易破,处理时要小心。

(8)卵白 卵的尖端是卵白,是胚胎发育晚期的养料。

3.病料的采集与处理

(1)病料的采集 无菌操作采取病料。活鸡可用灭菌的棉拭子从气管或泄殖腔采集病理分泌物或排泄物(新鲜粪便),对雏鸡采集拭子容易造成损伤,可采集新鲜的粪便;发病初期死亡鸡取脑、肺脏和脾脏等,发病后期死亡鸡取脑和脊髓。脑组织含毒量高,不易污染,且易磨碎。如果死亡时间较长,可取气管或骨髓(含毒时间长)。采用气管棉拭子或泄殖腔棉拭子是采取新城疫病料的常用方法。

若不能马上进行检测,可将病料置于含抗生素的等渗的pH7.2 PBS或50%甘油缓冲盐水内,抗生素视当时条件而定,但组织和气管拭子保存液中应含青霉素(2 000 IU/mL)、链霉素(2 mg/mL)、卡那霉素(50 μg/mL)或庆大霉素(50 μg/mL)和制霉菌素(1 000 IU/mL),如怀疑有支原体存在可加入土霉素(50 mg/mL);而粪便和泄殖腔拭子保存液抗生素浓度应提高5倍。加入抗生素后应调pH7.4(用0.2 mol/L磷酸氢二钠)。在室温放置1～2 h后样品应尽快处理,没有条件的可在4℃冰箱中作用4～8 h或过夜,或37℃作用30 min,以确保无菌。采集或处理的样品可在 2~8℃条件下保存,但不宜超过 24 h。若需长期保存,应置于低温条件下保存(−70℃贮存最好),但避免反复冻融(最多冻融 3 次),应及早处理。采集的样品密封后,用保温瓶加冰密封,尽快运送到实验室。

(2)病料的处理 要分离培养的病毒材料应是无菌的,因此在处理材料的过程中,应严格按照无菌操作进行。最好是将采集的样品分别处理,但工作中常将组织和器官混合,而对气管和泄殖腔拭子则分别处理。

①组织病料的处理。无菌操作取组织病料,加入少量灭菌 pH7.2 PBS 或生理盐水,应剪碎用组织匀浆器(脑组织可用玻璃棒在试管内搅拌)制成乳剂后按 10%~20%(g/mL)补足 pH7.2 PBS 或生理盐水制成悬浮液;在 4℃下,悬浮液经 3 000~4 000 r/min 离心 10~15 min,收集上清液;取上清液中加入青霉素 2 000 IU/mL 和链霉素 2 mg/mL,置室温下作用 1~2 h 或置于 4℃冰箱中作用 4~8 h 或过夜,以抑制可能污染的细菌,此上清液经无菌检验后作为接种材料。也可以经细菌滤器滤过除菌,取滤液备用。

②粪便或肠道病料的处理。肠道病料处理方法同组织病料。粪便直接用含抗生素(抗生素浓度应提高 5 倍,还可加庆大霉素 50 μg/mL)的等渗 pH7.2 PBS 或生理盐水制成 10%~20%(g/mL)悬浮液,静置离心,方法同上。

③棉拭子。将采集病料的棉拭子直接浸入 2~3 mL 含抗生素(泄殖腔拭子抗生素浓度应提高 5 倍)的等渗 pH7.2 PBS 或生理盐水中,充分振荡,反复将棉拭子充分捻动、拧干后弃之。静置离心,方法同上。

(二)鸡胚接种

以新城疫病毒的鸡胚尿囊腔接种为例。

1. 照蛋

选用 9~11 日龄发育良好的鸡胚,以照蛋器照蛋,用铅笔标出气室及胚胎位置,并在气室中心或远离胚胎侧气室边缘距气室底边 0.5 cm 标出接种部位(避开大血管处),标明胚龄及日期,气室朝上立于蛋架上。

2. 接种

先后用 2.5%碘酊棉及 75%酒精棉消毒接种部位的蛋壳表面,用经火焰消毒的钢锥在气室的中心或侧边钻一个小孔(注意要恰好使蛋壳打通而又不伤及壳膜),用 1 mL 一次性注射器(18 mm 长针头)吸取病毒液,针头沿孔垂直或稍斜插入气室(图 3-11),刺入尿囊腔(0.5~1 cm),注入 0.1~0.2 mL。注射后,拔出针头,用熔化的石蜡封孔,气室朝上立于蛋架上,置于 37℃恒温箱内直立孵化 3~7 d。

3. 接种后观察

18 h 后每 8 h 照蛋 1 次,观察胚胎存活情况。若发生细菌污染或机械损伤,鸡胚一般于 18 h 内死亡。死胚的特点:血管变细、变黑或胚体不动。弃去接种后 18 h 内死亡的鸡胚。接种强毒和中等毒力毒株的鸡胚通常在接种后 36~96 h 死亡(尿囊液中含有大量病毒,呈高血凝性)。弱毒株可能不使鸡胚死亡,但尿囊液能

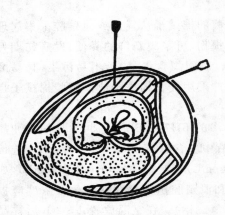

图 3-11 尿囊腔接种的两种途径示意图

凝集鸡的红细胞。

4.收获病毒液

收获的时间视病毒的种类而定。新城疫病毒在鸡胚接种 18～48 h 即可收获病毒。一般收获尿囊液。收获前,将 18 h 以后死亡的、濒死的以及结束孵化时存活的鸡胚,置于 4℃冰箱中冷藏 4～24 h(气室向上),使活胚冻死,血管收缩,血液凝固以免收获时流出的红细胞与尿囊液或羊水中的病毒发生凝集,影响实验结果。

收获时,将鸡胚气室朝上立于蛋架上,用碘酊和酒精消毒气室部位蛋壳,无菌操作轻轻用镊子敲打并揭去气室顶部蛋壳及壳膜,形成直径为 1.5～2.0 cm 的开口,用灭菌镊子夹起并撕开或用眼科剪剪开气室中央的绒毛尿囊膜,再用无菌镊子轻轻按住鸡胚,然后用无菌吸管从破口处吸取尿囊液,注入灭菌青霉素瓶或试管内冷藏保存,每胚可得 5～6 mL。收获时注意将吸管尖置于胚胎对面,管尖放在镊子两头之间,否则游离的膜便会挡住管尖吸不出液体。收获的尿囊液应清亮,混浊则说明细菌污染应废弃。收获的病毒液经无菌检验合格者后,冰冻保存,作进一步鉴定或种毒之用。收获完毕,观察鸡胚,看有无典型的病理变化。鸡新城疫病毒生长后,鸡胚全身皮肤出血点,特别是头、肢体明显,且以脑后最显著;尿囊液澄清。

5.检测

收获的鸡胚尿囊液,用血凝及血凝抑制试验鉴定有无新城疫病毒增殖。血凝试验(HA)确定收获的尿囊液中病毒是否有血凝性;血凝抑制试验(HI)是病毒鉴定试验,确定尿囊液中的病毒是否为新城疫病毒,即用已知鸡的新城疫阳性血清,与鸡胚尿囊液做血凝抑制试验,如出现血凝现象被抑制时,证明此病毒为新城疫病毒,反之不是。快速鉴定病毒血凝性的方法是收集的尿囊液分别滴于反应板中,再加入等量的 1%鸡红细胞,振荡后 4℃静置 30 min 观察结果。如果出现血凝,则可进一步测定血凝滴度。若血凝滴度很低,需将血凝阳性的样品进行传代以获得中量毒力。若血凝阴性,可将原尿囊液进行无菌检验,如有细菌存在,可经 450 nm滤膜过滤或离心除菌,加入一定量的抗生素后盲传 2 代,仍为血凝阴性,则认为新城疫病毒分离阴性。血凝及血凝抑制试验鉴定的方法见项目三中的任务 3-3。

尿囊液做血凝试验病毒能凝集鸡的红细胞,HA 效价≥4 log2,且标准新城疫阳性血清对其 HI 效价≥4 log2,判为新城疫病毒阳性。如确诊还需对确定存在新城疫病毒繁殖的尿囊液进行毒力测定。

如果被检材料没有血凝活性或血凝效价很低,则可用初代分离的尿囊液继续传两代,若仍为阴性,则认为新城疫病毒分离阴性。

6.消毒

将用过的镊子、剪刀等用具放入煮沸锅 5～10 min 消毒处理,取出后洗净擦干包好,高压灭菌待用;一次性注射器、卵壳、鸡胚等置于消毒液中浸泡过夜或高压灭菌,然后弃掉;超净工作台内用紫外线灯消毒 30 min;操作者需用消毒液洗手后方可离开实验室。

(三)注意事项

(1)鸡胚接种需严格无菌操作,减少污染,尽可能在无菌工作台上进行。

(2)操作时应细心,以免引起鸡胚的损伤。

(3)病毒培养应保持恒定的适宜条件,如温度、湿度和翻动等必须适当,并要全程保持稳定。

(4)鸡胚孵化期间,箱内应保持新鲜空气流通,特别是孵化 5～6 d 后,鸡胚发育加快,氧气需要量增大,如空气供应不足,会导致鸡胚大量死亡。如采用普通恒温箱培养,则不应完全密闭,应定期开启以保持箱内空气新鲜。

(5)接种后每天检查 3~4 次。接种后 18 h 内死亡的鸡胚多数是由于鸡胚受损或污染细菌引起,一般弃去。但有些病毒(如高致病力禽流感病毒)也可能会在短时间内引起鸡胚死亡,这时应对可疑尿囊液做进一步鉴定。

(6)收毒结束,注意用具、环境的消毒处理。实验用病毒材料均可能引起人感染或污染环境,务必严格消毒灭菌。

(7)病毒液使用前及收获后,必须先做无菌检验,确定无菌后方能使用或保存。

【相关知识】

一、病毒的增殖

(一)病毒增殖的方式

由于病毒缺乏完整的酶系统,无细胞器,自身不能独立进行物质代谢和能量代谢,故不能在无生命的培养基中生长繁殖,增殖时必须依靠宿主细胞合成核酸和蛋白质,甚至是直接利用宿主细胞的某些成分,因此病毒必须在敏感的活细胞中寄生和增殖。

病毒增殖的方式是复制。病毒的复制是利用宿主细胞提供的原料、能量、酶和生物合成的场所,在病毒核酸遗传密码的控制下,于宿主细胞内复制出病毒的核酸和合成病毒的蛋白质,再进一步装配成大量的子代病毒,并将其释放到细胞外的过程。

(二)病毒的复制过程

病毒的复制过程大致可分为吸附、穿入、脱壳、生物合成、装配与释放 5 个主要阶段(图 3-12)。不同病毒的增殖过程在细节上有所差异。

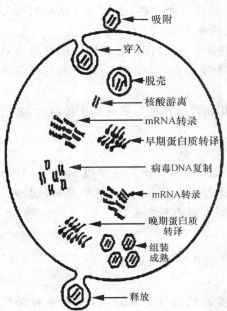

1. 吸附

病毒附着在宿主细胞的表面称为吸附。病毒以其表面的特殊结构与宿主细胞的病毒受体发生特异性结合的过程,这是发生感染的第一步。分两阶段完成,即可逆吸附和不可逆吸附阶段。首先,病毒靠静电引力吸附于细胞表面,这种结合是可逆的、非特异性的。然后病毒吸附蛋白与细胞表面病毒受体的特异性结合,这种结合是不可逆的。这也是病毒感染具有明显选择性的原因。如流感病毒包膜表面的血凝素。

吸附作用受许多内外因素的影响,如细胞代谢抑制剂、酶类、脂溶剂、抗体,以及温度、pH、离子浓度等。

2. 穿入

穿入是指病毒吸附于细胞表面后,病毒或其一部分进入宿主细胞的过程。侵入的方式因病毒或宿主细胞种类的不同而异。病毒侵入宿主细胞有 4 种

图 3-12 病毒的复制过程示意图

（图中标注）吸附、穿入、脱壳、核酸游离、mRNA转录、早期蛋白质转译、病毒DNA复制、mRNA转录、晚期蛋白质转译、组装成熟、释放

方式：

（1）吞饮作用　当病毒与受体结合后，在细胞膜的特殊区域与病毒一起内陷，整个病毒被吞入胞内，形成吞饮泡（内吞小体）。多数病毒按此方式侵入。

（2）受体作用　病毒颗粒与宿主细胞膜上的受体相互作用，使其核衣壳穿入细胞浆中，如脊髓灰质炎病毒。

（3）膜融合　病毒囊膜与宿主细胞膜融合，将病毒的内部组分释放到细胞质中，如流感病毒。

（4）直接进入　某些病毒以完整的病毒颗粒直接通过宿主细胞膜穿入细胞浆中，如呼肠孤病毒。

3. 脱壳

脱壳是病毒侵入后，病毒的囊膜和或衣壳被除去而释放出病毒核酸的过程。病毒脱壳包括脱囊膜和脱衣壳两个过程。没有囊膜的病毒，则只有脱衣壳的过程。

有囊膜病毒多数是在侵入过程在细胞表面脱囊膜，如疱疹病毒的囊膜可与细胞膜融合，同时在细胞浆内释放核衣壳；有的病毒囊膜如痘病毒则在吞饮泡内脱去囊膜。

有的病毒在细胞膜上脱掉衣壳，病毒核酸直接进入细胞内，如口蹄疫病毒。而大多数病毒衣壳的脱落，主要发生在细胞浆或细胞核。由吞饮方式进入细胞浆的病毒，在其吞饮泡与溶酶体融合后，经溶酶体酶的作用脱壳。

痘病毒需在吞噬泡中溶酶体酶的作用下部分脱壳，然后启动病毒基因部分表达出脱壳酶，在脱壳酶作用下完全脱壳。某些在细胞核内增殖的 DNA 病毒如腺病毒，在未被完全脱壳的情况下就进入细胞核内。也有个别病毒的衣壳不完全脱去就能进行复制，如呼肠孤病毒。

4. 生物合成

生物合成包括核酸复制与蛋白质合成。病毒脱壳后，释放核酸，这时在细胞内查不到病毒颗粒，故称为隐蔽期，为病毒增殖过程中最主要的阶段。此时，宿主细胞在病毒遗传信息的控制下合成病毒的核酸、蛋白质及所需的酶类，包括病毒核酸转录或复制时的聚合酶，最后是由新合成的病毒成分装配成完整的病毒粒子。

5. 装配与释放

装配是在病毒感染的细胞内，将分别合成的病毒核酸和蛋白质组装为成熟病毒粒子的过程。由于病毒的种类不同，在细胞内复制出子代病毒的核酸与合成的蛋白质，在宿主细胞内装配的部位也不同。大多数 DNA 病毒，在核内复制 DNA，在胞浆内合成蛋白质，转入核内装配成熟（痘病毒则是其全部成分及装配均在胞浆内完成）；而 RNA 病毒多在细胞浆内复制核酸、合成蛋白质并装配成熟。装配后，结构和功能完整的病毒叫病毒子。有囊膜的病毒还需在核衣壳外面形成一层囊膜才算是成熟的病毒子。

释放是指病毒粒子从被感染的细胞内转移到外界的过程。主要有两种方式：破胞释放和芽生释放。

（1）破胞释放　无囊膜病毒在细胞内装配完成后，借助自身的降解宿主细胞壁或细胞膜的酶裂解宿主细胞，当细胞完全裂解时，子代病毒便一起释放到胞外，宿主细胞死亡。

（2）芽生释放　有囊膜的病毒在宿主细胞内合成衣壳蛋白时，还合成囊膜蛋白，经添加糖残基修饰成糖蛋白，转移到核膜、细胞膜上，取代宿主细胞的膜蛋白。宿主核膜或细胞膜上有该病毒特异糖蛋白的部位，便是出芽的位置。在细胞浆内装配的 RNA 病毒（如副流感病毒），宿主细胞膜上在感染过程中已整合有病毒的特异抗原成分(如血凝素与神经氨酸酶),当出芽时外包上一层质膜成分,并产生纤突。若在核内装配的 DNA 病毒(如单纯疱疹病毒),出芽时包上一层核膜成分成为囊膜,并逐渐从胞浆中释放到细胞外;另一部分能通过核膜裂隙进入胞浆,获取一部分胞浆膜而成为囊膜,沿核周围与内质网相通部位从细胞内逐渐释放;有的先包上一层核膜成分,后又包上一层质膜成分,其囊膜由两层膜构成,两层囊膜上均带有病毒编码的特异蛋白、血凝素、神经氨酸酶等,宿主细胞并不死亡。

有些病毒如巨细胞病毒、疱疹病毒,往往通过胞间连丝或细胞融合方式,从感染细胞直接进入另一正常细胞,很少释放于细胞外。

抗病毒的血清能与病毒表面的抗原结合,在病毒进入宿主细胞前阻止其对宿主细胞的吸附与穿入,使细胞得到保护从而免受病毒的感染,因此要早期应用。

二、病毒的致病性

病毒是严格细胞内寄生的微生物,其致病机制与细菌有很大区别,且致病性作用复杂。主要的致病机制是由于病毒在宿主细胞内大量增殖,通过干扰宿主细胞的营养和代谢,引起宿主细胞水平和分子水平的病变,导致机体组织器官的损伤和功能改变,造成机体持续性感染。病毒感染免疫细胞导致免疫系统损伤,造成免疫抑制及免疫性病理变化也是重要的致病机制之一。

病毒对其宿主的致病作用,包括对宿主细胞的致病作用和对整个机体的致病作用两个方面。

(一)病毒感染对宿主细胞的致病作用

1. 干扰宿主细胞的功能

(1)抑制或干扰宿主细胞的生物合成 大多数杀伤性病毒所转译的早期蛋白质能抑制宿主细胞 RNA 和蛋白质合成,随后 DNA 的合成也受到抑制,从而使细胞的新陈代谢功能中断造成细胞破坏死亡。如小 RNA 病毒、疱疹病毒和痘病毒。

(2)破坏宿主细胞的有丝分裂 病毒在宿主细胞内复制,能干扰宿主细胞的有丝分裂,形成多核的合胞体或多核巨细胞。如痘病毒、疱疹病毒和副黏病毒。

(3)细胞转化 病毒的 DNA 与宿主细胞的 DNA 整合,从而改变宿主细胞遗传信息的过程,称为转化。转化后的细胞不被破坏,而具有高度生长和增殖的势能,分裂周期缩短,并能持续地旺盛生长,这种转化后的细胞在机体内可能形成肿瘤。如乳多空病毒、腺病毒、疱疹病毒、反转病毒等。

(4)抑制或改变宿主细胞的代谢 病毒进入宿主细胞后,其 DNA 能在几分钟内对宿主细胞 DNA 的合成产生抑制;同时,病毒抢夺宿主细胞生物合成的场所、原料和酶类,产生破坏宿主细胞 DNA 及代谢酶的酶类;或产生宿主细胞代谢酶的抑制物,从而使宿主细胞的代谢发生改变或受到抑制。

2. 损伤宿主细胞的结构

(1)细胞病变 病毒在宿主细胞内大量复制时,其代谢产物对宿主细胞具有明显的毒性,能导致宿主细胞结构的改变,出现肉眼或镜下可见的病理变化,即细胞病变(CPE)。如空斑形成、细胞浊肿。

(2)包涵体形成 某些病毒感染细胞后,新复制的子病毒及其前体在宿主细胞内大量堆积,形成在普通光学显微镜下可见的特殊结构,即为包涵体;或病毒在宿主细胞内复制时,形成病毒核酸和蛋白质集中合成和装配的场所即"病毒工厂",也是一种镜下可见的细胞内的特殊结构,也称为包涵体。它的出现可影响细胞的正常结构和功能,导致细胞死亡。

(3)溶酶体的破坏 某些病毒进入宿主细胞后,首先使宿主细胞溶酶体膜的通透性增高,进而使溶酶体膜破坏,溶酶体被释放而使宿主细胞发生自溶。

(4)细胞融合 病毒破坏溶酶体使宿主细胞发生自溶后,溶酶体酶被释放到细胞外,作用于其他细胞表面的糖蛋白,使其结构发生变化,从而使相邻细胞的胞膜发生融合,形成合胞体,成为多核巨细胞。

(5)红细胞的凝集和溶解 某些病毒的表面具有一些称为血凝素的特殊结构,能与宿主红细胞的表面受体结合,使红细胞发生凝集,称为病毒的血凝作用,如新城疫病毒、流行性感冒病毒、狂犬病病毒;还有些病毒能溶解宿主的红细胞,称为病毒的溶血作用,如新城疫病毒、流行性感冒病毒。

3.引起宿主细胞死亡和崩解

病毒在宿主细胞内复制,一方面,病毒粒子及病毒代谢产物对宿主细胞的结构造成严重破坏,严重干扰宿主细胞的正常生命活动,引起宿主细胞的死亡;另一方面,不完全病毒在宿主细胞内复制出大量的子病毒后,以宿主细胞破裂的方式释放,造成宿主细胞死亡,这种作用称为杀细胞效应。

(二)病毒感染对宿主机体的致病作用

1.病毒直接破坏机体的结构

病毒对宿主细胞的损伤导致机体结构的破坏。有些病毒能破坏宿主毛细血管内皮和基底膜,造成其通透性增高,导致全身性出血、水肿、局部缺氧和坏死,如猪瘟病毒、新城疫病毒、马传染性贫血病毒等。有些病毒能在宿主血管内产生凝血作用,导致机体微循环障碍,严重者发生休克,如新城疫病毒、流行性感冒病毒等。还有些病毒则引起细胞的转化形成肿瘤,与其他健康组织争夺营养并对其周围组织造成压迫,使健康组织萎缩,机体消瘦,如鸡马立克氏病病毒、牛白血病病毒、禽白血病病毒。有些病毒能破坏神经细胞的结构,引发机体的神经症状,如狂犬病病毒。有些病毒能破坏肠黏膜柱状上皮,使小肠绒毛萎缩,影响营养和水分的吸收,引起剧烈的水样腹泻,如猪传染性胃肠炎病毒、猪流行性腹泻病毒等。

2.病毒的代谢产物对机体的致病作用

病毒在复制的过程中产生的一些代谢产物,与宿主体内的某些物质结合而影响这些物质的功能发挥,或吸附于某些细胞的表面,改变细胞表面的抗原性而出现自身抗原,激发机体的变态反应而造成组织损伤,如水貂阿留申病毒、马传染性贫血病毒、淋巴细胞脉络丛脑膜炎病毒。代谢产物还可通过改变机体的神经体液功能而发挥致病作用。

病毒在破坏宿主细胞的过程中能释放出一些病理产物,可继发性地引起机体的结构和功能破坏。如细胞破裂后释放出来的溶酶体酶,可造成组织细胞的溶解和损伤,释放出来的5-羟色胺、组胺、缓激肽等可引发局部炎症反应。

三、病毒的干扰现象与干扰素

(一)干扰现象

当两种病毒同时或先后感染同一宿主细胞时,可发生一种病毒抑制另一种病毒复制的现象,称为病毒的干扰现象。前者称为干扰病毒,后者称为被干扰病毒。

1.病毒干扰的类型

(1)自身干扰 一株病毒在其高度增殖时的自身干扰。

(2)同种干扰 同种病毒不同型或株之间的干扰。

(3)异种干扰 异种病毒之间的干扰,这种干扰现象最为常见。

另外,灭活病毒也可干扰活病毒的增殖。

干扰现象的意义在于一方面可终止感染,另一方面在疫苗研制和应用时应避免干扰现象对免疫效果的降低。病毒之间的干扰现象已应用于控制有毒力的病毒感染发生暴发流行,如减毒活疫苗能阻止以后毒力较强的病毒感染,另外,病毒的干扰现象如发生在不同的疫苗之间,则会干扰疫苗的免疫效果,因此在实际防疫工作中,应合理使用疫苗。尤其的是活疫苗使用,应尽量避免由于疫苗病毒之间的干扰现象给免疫带来的影响(主要体现在不同疫苗使用的时间间隔上)。此外,干扰现象也被用于病毒细胞培养增殖情况的测定,主要用于不产生细胞病变,没有血凝性的病毒的测定和鉴定。

2.病毒之间产生干扰现象的机理

(1)占据或破坏细胞受体 两种病毒感染同一细胞,需要细胞膜上相同的受体,先进入的病毒首先占据细胞受体或将受体破坏,使另一种病毒无法吸附和穿入易感细胞,增殖过程被阻断。这种情况常见于同种病毒或病毒的自身干扰。

(2)争夺酶系统、生物合成原料及场所 两种病毒可能利用不同的受体进入同一细胞,但它们在细胞中增殖所需细胞的主要原料、关键性酶及合成场所是一致的,而且是有限的。因此,先入者为主,强者优先,一种病毒占据有利增殖条件而正常增殖,另一种病毒则受限制,增殖受到抑制。

(3)干扰素的产生 病毒之间存在干扰现象的最主要原因是先进入的病毒可诱导细胞产生干扰素,抑制病毒的复制,是机体抗病毒免疫的重要内容。

(二)干扰素

干扰素是机体活细胞受病毒或干扰素诱生剂的作用下产生的一种低分子糖蛋白,能抑制多种病毒的增殖,这种低分子糖蛋白称为干扰素。

1.干扰素的作用机制

干扰素不能直接抑制病毒的增殖,而是在细胞内产生,可释放到细胞外,并随血液循环至全身,被机体中具有干扰素受体的细胞吸收后,在细胞内合成第二种物质,即抗病毒蛋白质。该抗病毒蛋白能抑制病毒蛋白质的合成,从而抑制入侵的病毒增殖,起到保护细胞和机体的作用。细胞合成干扰素不是持续的,而是细胞对强烈刺激如病毒感染时的一过性的分泌物,于病毒感染后4 h开始产生,病毒蛋白质合成速率达到最大时,干扰素的产量达高峰,然后逐渐下降。

病毒是最好的干扰素诱生剂,一般认为,RNA病毒诱生干扰素产生的能力较DNA病毒强;RNA病毒中,正黏病毒(如流感病毒)诱生能力最强;DNA病毒中痘病毒诱生能力较强,带囊膜的病毒比无囊膜的病毒的诱生能力强。有的病毒的弱毒株比自然强毒株诱生能力强,如新城疫病毒的LaSota株和Mukteswar株比自然强毒株诱生能力强,但有的病毒诱生能力与毒力无明显关系,甚至有的恰好相反;有些灭活的病毒也可诱生干扰素,如新城疫病毒和禽流感病毒等。此外,细菌内毒素、某些微生物如布鲁氏菌、李氏杆菌、支原体、立克次氏体及某些合成的多聚物如硫酸葡萄糖等也属于干扰素诱生剂。

2.干扰素的类型

干扰素自 1957 年被发现以来,在人的体内已发现大约 24 种干扰素,动物的干扰素因研究得不够深入,目前发现的较少。干扰素属于正常细胞调节蛋白,即细胞因子。根据其蛋白质结构及化学性质不同可分为 α、β、γ 三个类型。其中 α 干扰素主要由白细胞和其他多种细胞在受到病毒感染后产生,人类的 α 干扰素至少有 22 个亚型,动物的较少;β 干扰素由成纤维细胞和上皮细胞受到病毒感染时产生,只有 1 个亚型;而 γ 干扰素由 T 淋巴细胞和 NK 细胞在受到特异抗原或有丝分裂原的刺激后产生,它是一种免疫调节因子,主要作用于 T、B 淋巴细胞和 NK 细胞,增强这些细胞的活性,促进抗原的清除。所有哺乳动物都能产生干扰素,而禽类体内无 γ 干扰素。

3.干扰素的性质

干扰素对热稳定,60℃ 1 h 一般不能灭活,在 pH3～10 范围内稳定。但对胰蛋白酶和木瓜蛋白酶敏感。

4.干扰素的生物学活性

(1)抗病毒作用　干扰素具有广谱抗病毒作用,其作用是非特异性的,即对同种和异种病毒均有效,例如副黏病毒感染产生的干扰素对披盖病毒完全有效。甚至对某些细菌、立克次氏体等也有干扰作用。但干扰素的作用具有明显的动物种属特异性,即由某一种属动物产生的干扰素,只能保护同种属或非常接近的种属动物细胞。如牛干扰素不能抑制人体内病毒的增殖,鼠干扰素不能抑制鸡体内病毒的增殖。这是因为一种动物的细胞膜上只有本种动物干扰素的受体,此点在干扰素临床应用中应注意。

(2)免疫调节作用　主要是 γ 干扰素的作用。γ 干扰素可作用于 T 细胞、B 细胞和 NK 细胞,增强它们的活性。

(3)抗肿瘤作用　干扰素不仅可抑制肿瘤病毒的增殖,而且能抑制肿瘤细胞的生长;同时,又能调动机体的免疫机能,如有活化巨噬细胞的作用,增强巨噬细胞的吞噬能力;加强 NK 细胞等细胞毒细胞的活性,从而加快对肿瘤细胞的清除;干扰素还可以通过调节癌细胞基因的表达实现抗肿瘤的作用。

四、病毒的培养技术

病毒缺乏完整的酶系统,又无核糖体等细胞器,所以不能在无生命的培养基上生长,必须在活细胞中增殖。因此,培养病毒必须选用适合病毒生长的活细胞。人工培养病毒的方法主要有动物接种法、禽胚培养法和组织细胞培养法 3 种。病毒的人工培养是病毒实验研究以及制备疫苗和特异性诊断制剂的基本条件。

(一)动物接种法

动物接种是培养病毒的一种古老方法,主要用于病毒分离鉴定、制造疫苗和诊断液、病毒毒力及疫苗免疫效果测定等。分离的标本接种于实验寄主的种类和接种途径主要取决于病毒寄主范围和组织嗜性,同时还应考虑操作、培养及结果判定的简便。

动物病毒标本可接种于敏感动物的特定部位,嗜神经病毒(脑炎病毒)接种于动物脑内,嗜呼吸道病毒接种于动物鼻腔。病毒经注射、口服等途径接种到易感动物体内后可大量增殖,观察动物表现(发病、死亡)及剖检病理变化,必要时做病理组织学检查或必要的血清学试验,以判断病毒增殖情况。

　　动物接种分本动物接种和实验动物接种两种方法。例如,应用健康鸡作鸡新城疫病毒接种试验等。常用的实验动物有小白鼠、家兔、豚鼠、鸡等。实验动物应该是健康的,血清中无相应病毒的抗体,并符合其他要求。为了避免培养病毒的污染,动物接种常用无特定病原体动物(SPF)或无菌动物(GF)。

　　优点:方法简单,可测定病毒的致病性,可用于无法通过鸡胚或细胞培养的病毒。

　　缺点:动物的品质、个体差异、体液因素、难以管理、成本高等,以及可能携带病原体等,会直接或间接地干扰研究结果和生物制品的质量。因此许多病毒的培养已由细胞培养法或鸡胚培养法代替。

(二)禽胚培养法

　　禽胚培养法可用于病毒分离鉴定,也可用于病毒增殖、制备抗原或疫苗生产。禽胚接种在基层生产中应用相当广泛,用来培养某些对禽胚敏感的动物病毒的一种培养方法。不但来自禽类的病毒可在鸡胚中繁殖,来自哺乳动物的病毒如犬瘟热病毒、乙脑病毒、狂犬病病毒等也可鸡胚中繁殖。目前鸡胚尤其是 SPF 鸡胚、非免疫鸡胚被广泛应用于多种病毒的分离、疫苗和诊断抗原的制备等实践生产中,除病毒外,衣原体、立克次氏体也可用鸡胚来培养,衣原体可鸡胚卵黄囊繁殖,致死鸡胚;部分立克次氏体也可在卵黄囊中繁殖。

　　禽胚是正在发育的禽的胚胎。其组织分化程度低,病毒易于在其中增殖,来自禽类的大多数病毒可在相应的禽胚中增殖,其他动物病毒有的也可在禽胚内增殖。

　　禽胚接种的优点在于感染的胚胎组织中病毒含量高,培养后易于采集和处理;禽胚来源充足,操作简单而经济;鸡胚接种技术比组织培养容易成功,也比接种动物来源容易,无饲养管理及隔离等的特殊要求;对接种的病毒不产生抗体;且鸡胚一般无病毒隐性感染,同时它的敏感范围很广,多种病毒均能适应。所以,禽胚培养是目前较常用的病毒培养方法。但缺点是鸡胚中可能带有垂直传播的病原体,也有母源抗体(卵黄抗体)干扰的问题,因此最好选择 SPF 胚,但由于 SPF 鸡饲养条件严格,价格昂贵,商品化种蛋供不应求,常用非免疫鸡胚代替。

　　禽胚中最常用的是鸡胚,病毒在鸡胚中增殖后,可根据鸡胚病变和病毒抗原的检测等方法判断病毒增殖情况。病毒导致鸡胚病变常见的有以下 4 个方面:一是鸡胚死亡,胚胎不活动,照蛋时血管变细或消失;二是鸡胚充血、出血或出现坏死灶,常见在胚体的头、颈、躯干、腿等处或通体出血;三是鸡胚畸形;四是鸡胚绒毛尿囊膜上出现痘斑。然而许多病毒缺乏特异性的病毒感染指征,必须应用血清学反应或病毒学相应的检测方法来确定病毒的存在和增殖情况。

　　鸡胚接种时,应根据不同的病毒采用不同的接种途径(图 3-13),并选择相应日龄的鸡胚。如绒毛尿囊膜接种,用 10～12 日龄鸡胚,主要用于痘病毒和疱疹病毒等嗜皮肤性的病毒分离和增殖,在绒毛尿囊膜上可形成肉眼可见的痘斑;尿囊腔接种,用 9～11 日龄鸡胚,主要用于正黏病毒和副黏病毒的分离和增殖;

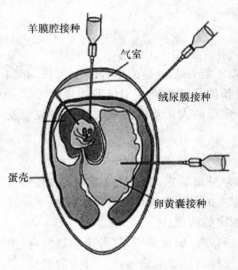

图 3-13　病毒鸡胚接种部位

(图中标注:羊膜腔接种、气室、绒尿膜接种、蛋壳、卵黄囊接种)

卵黄囊接种,用6~8日龄鸡胚,主要用于虫媒披膜病毒及鹦鹉热衣原体和立克次氏体等的增殖;羊膜腔接种,选用11~12日龄鸡胚,主要用于正黏病毒和副黏病毒的分离和增殖,此途径比尿囊腔接种更敏感,但操作较困难,且鸡胚易受伤致死。适于鸡胚接种的病毒如表3-3所示。

表3-3 适于鸡胚接种的病毒

病毒名称	增殖部位	病毒名称	增殖部位
禽痘及其他动物痘病毒	绒毛尿囊膜	禽脑脊髓炎病毒	卵黄囊内
禽马立克氏病病毒	卵黄囊内、绒毛膜	鸭肝炎病毒	绒毛尿囊腔
鸡传染性喉气管炎病毒	绒毛尿囊膜	鸡传染性支气管炎病毒	绒毛尿囊腔
鸭瘟病毒	绒毛尿囊膜	小鹅瘟病毒	鹅胚绒毛尿囊腔
人、畜、禽流感病毒	绒毛尿囊腔、羊膜腔	马鼻肺炎病毒	卵黄囊内
鸡新城疫病毒	绒毛尿囊腔、羊膜腔	绵羊蓝舌病病毒	卵黄囊内

常用的鸡胚接种方法有尿囊腔接种法、绒毛尿囊膜接种法、卵黄囊接种法、羊膜腔接种法,有时可采用静脉接种法或脑内接种法。接种后的鸡胚一般37℃孵育,相对湿度60%。根据接种途径收获相应的材料。如绒毛尿囊膜接种收获接种部位的绒毛尿囊膜;尿囊腔接种收获尿囊液;卵黄囊接种收获卵黄囊及胚体;羊膜腔接种收获羊水。至于选用何种接种方法,应考虑所接种病毒的最适感染部位、最佳接种胚龄和获得最大的病毒滴度等。

(1)尿囊腔接种法 选取9~11日龄鸡胚,因为这时尿囊液积存最多。尿囊腔接种方法、病毒收获方法、消毒方法参见本任务实施中鸡胚接种鸡新城疫病毒。

(2)绒毛尿囊膜接种法

①接种方法。人工气室部接种法 选取10~12日龄鸡胚横放。经照视后画出气室边界,在胚胎附近略近气室端血管较少的部位作标记,消毒后,钻一小孔,以刚刚钻破蛋壳而不伤及壳膜为佳,小心挑起卵壳,造成卵窗,见到壳膜(白色、无血管而有韧性),用消毒针头小心挑开壳膜,切勿伤及壳膜下的绒毛尿囊膜(薄而透明,有丰富血管)。另外在气室的顶端钻一小孔,用橡皮乳头吸出气室内的空气,使卵窗部位的绒毛尿囊膜下陷形成人工气室(在卵窗壳膜刺破处滴加一滴灭菌生理盐水,此时生理盐水自破口处流至绒毛尿囊膜,以利两膜分离)。接种时针头与卵壳成直角。用注射器或无菌吸管通过卵窗滴0.05~0.1 mL(2~3滴)病毒液于绒毛尿囊膜上(图3-14)。用透明胶纸封住卵窗或用玻璃纸盖于卵窗上,周围用石蜡封固,同时封闭气室端的小孔。人工气室向上横卧孵化,不许翻动。每日自卵窗处观察,经48~96 h,病变明显,鸡胚可感染死亡。痘苗病毒适宜于在绒毛尿囊膜上生长,经培养后,产生肉眼可见的白色痘疱样病变,似小结节或白色小片云翳状。温度对痘苗病毒病灶的形成影响显著,应严格控制培养温度在37℃,高于40℃的培养温度鸡胚不能产生典型病灶。

气室接种法 画出气室边界,消毒后于气室部位距分界线3~5 mm处打一小孔(比注射针头略大)。然后

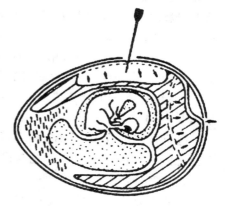

图3-14 鸡胚绒毛尿囊膜人工气室接种

用细针头斜向蛋壳面插入约 5 mm,再退出于气室内注入病毒液,病毒液即可慢慢渗透到绒毛尿囊膜上。石蜡封口,继续孵化。

②收获方法。用碘酊消毒卵窗周围卵壳,用无菌镊子扩大卵窗至绒毛尿囊膜下陷的边缘,除去卵壳及壳膜,注意勿使其落入绒毛尿囊膜上,另用无菌镊子轻轻夹起绒毛尿囊膜,用无菌剪刀沿人工气室周围将接种的绒毛尿囊膜全部剪下,置于加有灭菌生理盐水的平皿内,观察病变。病变明显的膜,可放入 50% 甘油的小瓶中冷冻保存。

③消毒。同尿囊腔接种法。

（3）卵黄囊接种法

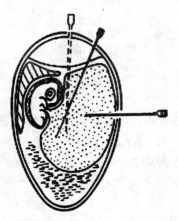

图 3-15　卵黄囊接种法

①接种方法。选用 6～8 日龄鸡胚,画出气室和胚胎位置,垂直放置在固定的卵架上,用碘酊及酒精棉球消毒气室端,在气室的中央打一小孔,针头沿小孔垂直刺入约 3 cm 向卵黄囊内注入 0.1～0.5 mL 毒病液(图 3-15)。拔出针头,用熔化的石蜡封孔,直立孵化 3～7 d。孵化期间,每晚照蛋,观察胚胎存活情况,弃去接种后 24 h 内死亡的鸡胚. 因胚胎及卵黄囊位置已定,也可从侧面钻孔,将针头插入卵黄囊接种。侧面接种不易伤鸡胚,但针头拔出后,接种液有时会外溢一点,需用酒精棉球擦去。

②收获方法。将濒死或死亡的鸡胚气室部用碘酊及酒精棉球消毒,直立于卵架上,无菌操作轻轻敲打并揭去气室顶部蛋壳。用另一无菌镊子撕开绒毛尿囊膜,夹起鸡胚,切断卵黄带,置于无菌平皿内。如收获鸡胚,则除去双眼、爪及嘴,置于无菌小瓶中保存;如收获卵黄囊,则用无菌镊子将绒毛尿囊膜与卵黄囊分开,将后者贮于无菌小瓶中。收获的鸡胚或卵黄囊,经无菌检验后,放置于－25℃冰箱内冷冻保存,－70℃贮存更好。

③消毒。同尿囊腔接种法。

（4）羊膜腔接种

①接种方法。选用 11～12 日龄鸡胚,经照视后画出气室位置并消毒,并在胚胎最靠近卵壳的一侧做记号。按绒毛尿囊膜接种法造成人工气室,撕去卵壳膜,用无菌镊子夹起绒毛尿囊膜,在无大血管处切一 0.5 cm 小口。用灭菌无齿弯头镊子夹起羊膜,针头刺破羊膜进入羊膜腔,注入病毒液 0.1～0.2 mL(图 3-16)。用透明胶纸封住卵窗或用玻璃纸盖于卵窗上,周围用石蜡封固,同时封气室端小孔,横卧孵化,不许翻动,每日检查发育情况,24 h 内死亡者弃去。通常培养 3～5 d。

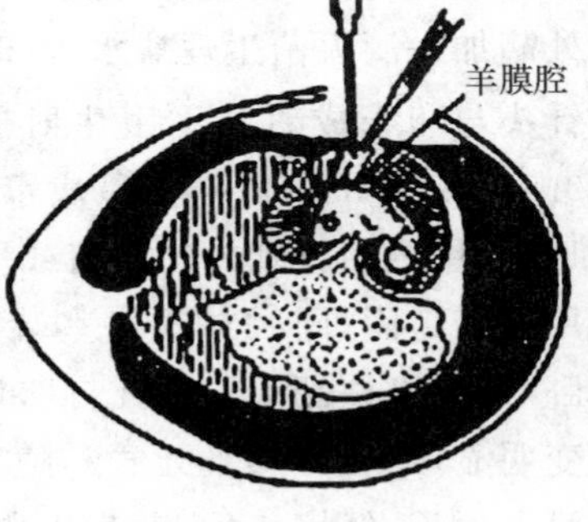

羊膜腔

图 3-16　羊膜腔接种

也可在照蛋器下从气室将注射器针头向鸡胚刺入,深度以接近但不刺到鸡胚为度,因为包围鸡胚外面的就是羊膜腔。用石蜡封闭接种口后,将鸡胚直立孵化,气室向上。

②收获方法。用碘酊消毒卵窗周围,用无菌镊子扩大卵窗至绒毛尿囊膜下陷的边缘,除去卵壳、壳膜及绒毛尿囊膜,倾去尿囊液。夹起羊膜,用尖头毛细吸管或注射器穿入羊膜腔,吸取

羊水,装入无菌小瓶中冷冻保存。一般每卵可收获 0.5～1 mL。

③消毒。同尿囊腔接种法。

(三)组织细胞培养法

组织细胞培养法指用体外培养的组织块或单层细胞分离增殖病毒的方法。泛指用动物的体外组织、器官及细胞进行的病毒培养方法。包括组织培养法和细胞培养法。

1.组织培养法

组织培养即将器官或组织小块于体外细胞培养液中培养存活后,接种病毒,观察组织功能的变化,如气管黏膜纤毛上皮的摆动等。

2.细胞培养法

细胞培养是用细胞分散剂将动物组织细胞消化成单个细胞的悬液,适当洗涤后加入营养液,使细胞贴壁生长成单层细胞。病毒感染细胞后,大多数能引起细胞病变,称为病毒的致细胞病变作用(简称CPE),表现为细胞变形(如细胞圆缩、肿大、形成合胞体或空泡等),胞浆内出现颗粒化、核浓缩、核裂解等,借助倒置显微镜即可观察到。还有的细胞不发生病变,但培养物出现红细胞吸附及血凝现象(如流感病毒等)。有时还可用免疫荧光技术等血清试验检查细胞中的病毒。或者用电镜直接观察到病毒粒子。细胞培养用于多种病毒的分离、培养和检测中和抗体。因此,细胞培养对病毒的诊断和研究具有重要作用,是目前主要的病毒分离培养技术。

(1)细胞培养法的优点及用途 组织细胞培养病毒有许多优点:一是离体活组织细胞不受机体免疫力影响,很多病毒易于生长;二是便于人工选择多种敏感细胞供病毒生长;三是易于观察病毒的生长特征;四是便于收集病毒做进一步检查。因此,细胞培养比鸡胚培养法更经济、效果更好、用途更广,是疫苗生产、病毒病诊断、病毒研究、病毒纯化和中和抗体效价测定的良好方法。但此法由于成本和技术水平要求较高,操作复杂,所以在基层单位尚未广泛应用。

(2)培养病毒所用的细胞

①原代细胞。将动物组织用胰蛋白酶等消化、分散、处理成单层细胞,再培养于培养器皿中。大多数组织均可制备原代细胞,肾和睾丸细胞最为常用,甲状腺细胞生长较慢,只用于某些特定的病毒如猪传染性胃肠炎病毒的培养。原代细胞对病毒较易感,尤其是来源于胚胎和幼畜的组织细胞。最好用 SPF 动物的组织,以免携带潜伏的病毒。

②二倍体细胞株。将长成的原代细胞从瓶壁上消化下来分散成单个细胞再做继续培养传代,就是继代细胞,其细胞染色体数与原代细胞相同,仍为二倍体,且对病毒的易感性与原代细胞相同,从样品中分离病毒时,常常采用此类细胞。

③传代细胞系。传代细胞则多数来自人和动物的肿瘤组织,部分来自发生突变的正常细胞,染色体数目不正常,为异倍体,它们可以在体外无限的传代。传代培养方便,因此使用广泛。兽医实验室常用的传代细胞很多,如 Vero(非洲绿猴肾细胞)、CEF(鸡胚成纤维细胞)、PK-15 株(猪肾上皮细胞)、K-L 株(中国仓鼠肺细胞)、D-K 株(中国仓鼠肾细胞)、MDCK 株(犬肾细胞)、BHK-21 株(乳仓鼠肾细胞)等,并由专门机构负责鉴定和保管。

(3)细胞培养的方法 用细胞培养病毒的常用方法有静置培养法和旋转培养法,特殊情况下也可采用悬浮培养或微载体培养技术。

◉ 任务 3-3　病毒的血凝与血凝抑制试验检测

【任务描述】

有些病毒表面具有血凝素,能凝集鸡、豚鼠、人等红细胞,而出现血凝现象,这对于病毒的诊断具有重要的意义。可利用病毒的血凝特性,通过红细胞凝集试验来检测样品中是否有血凝特性的病毒存在或测定病毒的血凝滴度;当病毒与相应的抗病毒抗体结合后,病毒凝集红细胞的特性会受到抑制,而出现血凝抑制现象,具有特异性的,可以通过病毒的血凝抑制试验检测动物血清中的血凝抑制抗体的效价,也可以用已知的抗血清鉴定未知的病毒。

本任务是在养殖场和微生物检测室利用鸡新城疫病毒(未知病毒、已知病毒)的血凝试验与血凝抑制试验(微量法),学会血凝试验和血凝抑制试验的操作过程和注意事项,学会利用血凝试验来推测被检材料中有无病毒存在以及病毒的滴度测定,学会利用血凝抑制试验进行病毒鉴定和抗体检测,为临床应用奠定基础。

【任务目标】

(1)理解病毒的血凝(HA)及血凝抑制(HI)试验(微量法)的原理;明确血凝及血凝抑制试验在实践中的应用价值;掌握血凝价和血凝抑制效价的判定方法和标准。

(2)能够进行病毒的血凝(HA)及血凝抑制(HI)试验(微量法)的操作及结果判定;能利用病毒的血凝试验和血凝抑制试验诊断病毒及抗体测定,并能根据实验结果指导生产实践;能够正确使用和维护微量移液器、离心机、微量振荡器等。

【任务实施】

一、准备试验材料

(1)仪器　恒温箱、普通托盘天平、普通离心机、微型振荡器、微量移液器(50 μL、1 mL、10 mL)、高压蒸汽灭菌器。

(2)器材　微量移液器吸头及吸头盒、定量移液管、板式微量移液器架、96 孔 V 形血凝反应板、烧杯、禽用采血器或 5 mL 注射器、具盖塑料离心管、指型离心管 1.5 mL、试管架等。

(3)试剂及辅料　pH7.2 磷酸盐缓冲液(PBS)或生理盐水、3.8%柠檬酸钠溶液、新城疫病毒液(被检新城疫病毒鸡胚培养的尿囊液,3 000 r/min 离心 15 min 取上清液或新城疫标准抗原:lasota 种毒感染的鸡胚尿囊液,HA 效价在 1∶640 以上,或其他毒株生产的抗原)、被检血清、新城疫标准阳性血清(HI 效价为 1∶640)、新城疫标准阴性血清、75%酒精棉球、标签纸若干、细记号笔、口罩、一次性手套等。

pH7.2 磷酸盐缓冲液(PBS)配制:

氯化钠(NaCl)8.0 g,氯化钾(KCl)0.2 g,磷酸氢二钠(Na_2HPO_4)1.44 g,磷酸二氢钠(NaH_2PO_4)0.24 g,加蒸馏水至 1 000 mL。

将上述成分依次溶解,用盐酸(HCl)调 pH 至 7.2,分装,121℃ 15 min 高压灭菌。

(4)实验动物　非免疫公鸡。

二、方法与步骤

参照 GB/T 16550—2008 新城疫诊断技术进行。

(一)被检血清的制备

1. 翅静脉采血分离血清

采血量少时多采用翅静脉采血。

(1)侧卧保定禽只,展开翅膀,露出腋窝部,拔掉羽毛,在翅下静脉处用75%酒精棉球消毒。

(2)拇指压迫近心端,待血管怒张后,用装有细针头的注射器,有翼根向翅方向平行刺入静脉,放松对近心端的按压,缓慢抽取血液。或者,从无血管处向翅静脉丛刺入,见有血液回流,即可把针芯向外拉使血液流入采血针,此法翅膀不宜瘀血。

(3)达到所需血量后,将针头拔出,同时用干酒精棉球按压针眼处止血,并做好记录。

(4)将采血器的活塞微微拔出一些,使针筒内留有部分空气,然后将一次性采血器倾斜放置或把血液注入无菌的干燥试管中倾斜放置,在室温(25℃)下静置2~4 h(防止暴晒),待血液完全凝固后自然析出或低速离心获得被检血清。

2. 心脏采血分离血清

雏鸡采血和成年鸡采血量多时多用心脏采血。

(1)雏鸡心脏采血 左手抓鸡,右手手持采血针,平行颈椎从胸腔前口插入,回抽见有回血时,即把针芯向外拉使血液流入采血针。分离血清方法同上。

(2)成年鸡心脏采血 右侧卧保定,在触及心搏动明显处,或胸骨脊前端至背部下凹处连线的1/2处消毒,垂直或稍向前方刺入2~3 cm,回抽见有回血时,即把针芯向外拉,使血液流入采血针。分离血清方法同上。

(二)1%鸡红细胞(RBC)悬液的制备

采集至少3只SPF公鸡或健康无新城疫抗体的非免疫公鸡的抗凝血液(血:3.8%柠檬酸钠溶液=5:1),放入离心管中,加入3~4倍体积的PBS或生理盐水混匀,以2 000 r/min离心5~10 min,去掉血浆和白细胞层,重复以上过程,反复洗涤3次(洗净血浆和白细胞),最后吸取压积红细胞用PBS或生理盐水配成体积分数为1%的悬液,于4℃保存备用。

(三)病毒的血凝(HA)试验

1. 操作方法

(1)加稀释液 在96孔V形微量血凝反应板上,自第1孔至第12孔每孔各加入25 μL PBS(或生理盐水)。

(2)用倍比稀释法稀释病毒 换吸头,然后在第1孔中加入新城疫病毒液(被检病毒的尿囊液或新城疫标准抗原)25 μL,吹打3~5次,充分混匀后移出25 μL加入到第2孔,混匀后吸取25 μL加入到第3孔,依次进行系列倍比稀释到第11孔,最后从第11孔吸取25 μL弃之。设12孔不加病毒液,为PBS(或生理盐水)对照。

(3)补加稀释液 换吸头,每孔再加25 μL PBS或生理盐水。

(4)加红细胞 换吸头,每孔加入25 μL 1%鸡红细胞悬液。

(5)振荡混匀、静置观察 立即振荡混匀反应混合液,置室温20~25℃下静置40 min观察结果,若环境温度太高,放4℃静置60 min,待PBS(或生理盐水)对照孔的红细胞成明显的纽扣状沉到孔底时判定结果(表3-4)。

表 3-4　病毒血凝试验操作术式（以新城疫病毒为例）　　　　　　　　　　μL

孔号	1	2	3	4	5	6	7	8	9	10	11	12
稀释倍数	2^1	2^2	2^3	2^4	2^5	2^6	2^7	2^8	2^9	2^{10}	2^{11}	盐水对照
生理盐水	25	25	25	25	25	25	25	25	25	25	25	25
病毒液	25	25	25	25	25	25	25	25	25	25	弃25	—
生理盐水	25	25	25	25	25	25	25	25	25	25	25	25
1%鸡红细胞	25	25	25	25	25	25	25	25	25	25	25	25
感作	20~25℃左右 40 min，或 4℃ 60 min											
结果举例	+	+	+	+	+	+	+	+	±	±	—	—

2. 结果判定及记录

"+"表示红细胞完全凝集。红细胞凝集后均匀平铺于反应孔底面一层，边缘不整呈锯齿状，且上层液体中无悬浮的红细胞。

"-"表示红细胞不凝集。红细胞全部沉淀于反应孔底部中央，呈小圆点状，边缘整齐。

"±"表示红细胞部分凝集。红细胞凝集情况介于"+"与"-"之间。

新城疫病毒液能凝集鸡的红细胞，但随着病毒液被稀释，其凝集红细胞的作用逐渐变弱。稀释到一定倍数时，就不能使红细胞出现明显的凝集，从而出现可疑或阴性结果。能使一定量红细胞完全凝集的病毒最大稀释倍数为该病毒的血凝滴度（血凝效价），即一个血凝单位（HAU），常以 2^n 表示。

在 PBS（或生理盐水）对照孔出现正确结果的情况下，将血凝板倾斜，从背侧观察，看红细胞是否沿倾斜面呈线状（泪珠状）流淌。若红细胞呈线状流淌，表明红细胞没完全凝集或没凝集；若不呈线状流淌，表明红细胞胞完全凝集。表 3-4 所表示的病毒的血凝效价为 2^8（8 log2）（1：256）。即病毒稀释到 1：256 时，每 25 μL 中含 1 个血凝单位的病毒（1 单位病毒）。凝集孔数越高，病毒凝集效价越高。

3. HA 试验的目的

主要是测定病毒的血凝性和血凝效价，用于确定血凝抑制试验所用病毒的稀释倍数。

对于被检样品，如果尿囊液中有新城疫等具有血凝性的病毒存在，就会出现红细胞凝集现象。对于血凝试验呈阳性的样品应采用新城疫标准阳性血清进一步血凝抑制试验，来判定是否为新城疫病毒。

（四）病毒的血凝抑制（HI）试验

1. 4 个血凝单位（4HAU）病毒液的制备

在血凝抑制试验时，病毒抗原液 25 μL 内须含有 4 个血凝单位。根据 HA 试验测定的病毒的血凝滴度，判定 4 个血凝单位的稀释倍数。用 PBS（或生理盐水）稀释病毒液，配制成 4 个血凝单位的病毒液。稀释倍数按下式计算：

4 个血凝单位病毒的稀释倍数＝病毒的血凝滴度/4

如表 3-4 的病毒 HA 血凝滴度为 256 倍（2^8），其 4 个血凝单位病毒的稀释倍数为 64 倍（2^6），即 1 mL 病毒液加 63 mL PBS（或生理盐水），混匀即成。

2. 操作方法

血凝板的每排孔可检测 1 份血清样品，同时设阳性血清与阴性血清对照。

（1）加稀释液　在 96 孔 V 形血凝反应板上，自第 1 孔~11 孔各加入 25 μL PBS（或生理盐水)。第 12 孔加入 50 μL PBS(或生理盐水)。

（2）用倍比稀释法稀释血清　换一吸头，在第 1 孔加入 25 μL 血清(被检血清或标准的阳性血清)，充分混匀后移出 25 μL 至第 2 孔，依次类推，倍比稀释至第 10 孔，第 10 孔稀释混匀后弃去 25 μL，第 11 孔为阳性对照，第 12 孔为 PBS(或生理盐水)对照。

（3）加病毒液、混匀静置　换一吸头，在第 1 孔至第 11 孔各加入 25 μL 含 4 个血凝单位的病毒，轻叩反应板，使反应物混合均匀，置 20～25℃室温下静置不少于 30 min，或 4℃不少于 60 min。

（4）加红细胞、混匀静置观察　换一吸头，每孔加入 25 μL 1‰鸡红细胞悬液，轻晃混匀后，置 20～25℃室温下静置约 40 min，若环境温度太高，则在 4℃静置 60 min，当 PBS(或生理盐水)对照孔的红细胞呈明显的纽扣状沉到孔底时判定结果，方法见表 3-5。

表 3-5　病毒血凝抑制试验操作术式　　　　　　　　　　　μL

孔号	1	2	3	4	5	6	7	8	9	10	11	12
稀释倍数	2^1	2^2	2^3	2^4	2^5	2^6	2^7	2^8	2^9	2^{10}	阳性对照	盐水对照
等渗 PBS	25	25	25	25	25	25	25	25	25	25	25	50
被检血清	25	25	25	25	25	25	25	25	25	弃 25	—	
4 个血凝单位病毒	25	25	25	25	25	25	25	25	25	25	25	—
感作	20～25℃不少于 30 min，或 4℃不少于 60 min											
1‰鸡红细胞	25	25	25	25	25	25	25	25	25	25	25	25
感作	20～25℃约 40 min，或 4℃60 min											
结果举例	—	—	—	—	—	±	±	＋	＋	＋	＋	—

3. 结果判定及记录

在 PBS(或生理盐水)对照孔出现正确结果的情况下，将血凝板倾斜，从背侧观察，看红细胞是否呈线状(泪珠)流淌。凡沉淀于孔底的红细胞沿反应孔倾斜面向下呈泪线状流淌，且呈现现象与盐水对照孔一样者为红细胞完全不凝集。

只有当阴性血清与标准抗原对照的 HI 滴度不大于 2 log2，阳性血清与标准抗原对照的 HI 滴度与已知滴度相差在 1 个稀释度范围内，并且所用阴、阳性血清都不发生自凝的情况下，HI 试验结果方判定有效。

以出现红细胞完全不凝集(红细胞完全流淌即完全抑制红细胞凝集)的血清最高稀释稀释倍数为该血清的血凝抑制滴度(血凝抑制价)，一般用 n log2(n 为血清的稀释倍数)。表 3-5 所示的血清的血凝抑制效价为 1：32 倍(2^5)，表示为 5 log2。

4. HI 试验的目的

对于被检样品中病毒鉴定时，用已知新城疫阳性血清鉴定被检尿囊液中的病毒是否为新城疫病毒。对于血清中抗体检测时，用已知病毒来检测被检血清中抗体效价，判定疫苗免疫效果。

5. 新城疫血凝抑制试验抗体监测结果分析及应用

鸡群的 HI 滴度以抽检样品 HI 滴度的几何平均数表示。

（1）确定首免日龄　雏鸡新城疫(ND)疫苗最适首次免疫时间，主要是根据其血清中母源抗体的水平下降到 3 log2 的时间来确定。雏鸡体内的 HI 抗体的半衰期为 4.5 d。

根据 1 日龄雏鸡的 HI 抗体滴度,结合其半衰期(每 4.5 d 约下降 1 个滴度),可推算出其下降到 3 log2 的时间。

计算公式:首免日龄＝4.5(半衰期)×(1 日龄 HI 抗体以 2 为底的对数值－4)＋5

例如,雏鸡 1 日龄时 H1 抗体平均滴度为 5 log2,则 9.5 日龄为 3 log2;1 日龄时为 6 log2,则 14 日龄为 3 log2,依此类推。如果 1 日龄雏鸡的 HI 抗体滴度低于 16,1 日龄就应首免。大型鸡场于每次接种前尚应监测,以便调整免疫时间。

(2)检测免疫效果 鸡群免疫后 10～14 d,抽样采血检测 HI 效价,若 HI 抗体滴度比免疫前增加 2 个以上,则为免疫合格;若免疫前后抗体滴度无变化,则应重新免疫。

对鸡群进行抗体监测时,采样应具有足够的数量和一定的代表性。血样数根据鸡群的大小而定,一般万只以上鸡群按 0.5% 采样,小型鸡群按 1% 采样。采样时应从鸡群的多个位置随机抽样采血,采集病弱鸡只应单独标明,便于结果分析。

监测时间与使用的疫苗有关,用 IV 系和克隆 30 苗免疫鸡群应每月监测 1 次,用 I 系和油乳苗免疫的鸡群应每隔 2 个月监测 1 次。

(3)血清学诊断 各类疫苗免疫鸡后,正常情况 HI 抗体效价保持一定的水平,如用弱毒活疫苗免疫后,HI 效价可达 1∶(16～64)(4 log2～6 log2);用油乳剂苗,HI 效价可达 1∶(256～512)(8 log2～9 log2),最高可达 1∶2 048(11 log2)。

一般蛋、种鸡群 ND 抗体在正常检测离散范围应为 6 log2～12 log2,离散范围越小越能说明鸡群免疫应答反应好;肉鸡群 ND 抗体正常检测离散范围在 0 log2～10 log2 之间。

①当发现鸡 HI 抗体异常升高,一般蛋、种鸡群抗体滴度＞13 log2,且离散范围大,如 6 log2～15 log2,提示该鸡群可能感染了新城疫强毒,须结合临床症状和病理剖检变化,可确诊该鸡群已受到新城疫强毒感染;肉鸡群抗体滴度≥11 log2,提示鸡群可能受外界毒株感染所致。

②HI 抗体效价在 5 log2～10 log2 之间,则对新城疫病毒有不同程度的免疫力,其中,高效价的,对新城疫强毒有坚强的免疫力,且持续时间较长;低效价的,对新城疫病毒感染有免疫力,但持续时间较短,近期内应考虑加强免疫。

③HI 抗体效价≤4 log2,则对新城疫强毒感染抵抗力不足,需马上进行免疫。

④抗体水平高低不齐,相差 5 个滴度,为非典型新城疫。

(五)注意事项

(1)因不同鸡只的红细胞对新城疫病毒的敏感性不同,一般 HI 滴度相差 1～2 个滴度,所以试验时最好用至少 3 只公鸡混合的红细胞。

(2)配置 1% 红细胞悬液时不能用力振荡,以免把红细胞膜震破,造成溶血,影响试验效果。

(3)在滴加材料时,注意每滴加一种材料更换一个吸头,以免病毒与红细胞混合,影响试验效果。

(4)稀释时将材料充分混匀后再吸出滴入下一孔中。

(5)新城疫病毒、禽流感病毒等表面不仅具有血凝素(HA),还具有神经氨酸酶(NA),可破坏病毒的血凝性,使病毒从吸附的红细胞解脱。所以适时观察结果,以免时间过长,红细胞从病毒表面脱落造成错判。

(6)HA 效价高于 11 log2 和 HI 效价高于 10 log2 时可继续增加稀释的孔数。

（7）每次测定应设已知滴度的标准阳性血清与阴性血清对照。

（8）怀疑传染病时，采血过程应防止血液流散，检验后的残余血液及所用器皿亦应进行消毒处理，注意个人防护。

【相关知识】

一、病毒的血凝现象

许多病毒表面有血凝素（HA），能与鸡、豚鼠、人等红细胞表面受体（多数为糖蛋白）结合，从而出现红细胞凝集现象，称为病毒红细胞凝集现象，简称病毒的血凝。据此原理进行的试验称为病毒的血凝试验。病毒的血凝现象是非特异性的。正黏病毒、许多副黏病毒、呼肠孤病毒、大多数披膜病毒、某些痘病毒、弹状病毒以及一些腺病毒、肠病毒和细小病毒等具有血凝特性。病毒粒子穗状突起的血凝素与红细胞表面的附着现象，在电镜下可以清楚地看到。

正黏病毒和副黏病毒不仅具有血凝素（HA），还具有神经氨酸酶（NA），是受体破坏酶，它有分解和破坏红细胞的黏蛋白受体的作用，使病毒从吸附的红细胞解脱。因此，这两种病毒凝集的红细胞在 37℃ 作用时，病毒粒子又可由红细胞表面脱落下来。而上述其他病毒只有血凝素，没有神经氨酸酶，故结合红细胞比较牢固。

各种病毒凝集红细胞的种类不同，有的凝集人和禽的红细胞，有的凝集豚鼠或大鼠的红细胞。各种病毒发生血凝现象要求的条件不同，有的需在严格的 pH 范围内凝集红细胞，有的病毒血凝现象具有温度依赖性。

二、病毒的血凝抑制现象

当病毒（血凝素）与相应的抗病毒血清（抗体）结合后，能使红细胞的凝集现象受到抑制，而不出现红细胞凝集现象，称为病毒红细胞凝集抑制现象，简称病毒的血凝抑制。据此进行的试验称为病毒的血凝抑制试验。病毒的血凝抑制现象是特异性的。能阻止病毒凝集红细胞的抗体称为红细胞凝集抑制抗体，其特异性很高。

三、实际应用

病毒的 HA-HI 试验，可用已知抗血清来鉴定未知病毒，也可用已知病毒来检测被检血清中的相应抗体效价。该方法可以用于禽流感、新城疫、鸡产蛋下降综合征（EDS-76）、流行性乙型脑炎、兔瘟、细小病毒病等具有血凝性的病毒性传染病的快速鉴定以及鸡新城疫、禽流感、EDS-76 等传染病的疫苗免疫效果的检测（OIE 标准）。

进行病毒鉴定时，先通过 HA 试验检查被检样品的尿囊液中病毒是否具有血凝性，若有血凝性，则根据试验结果对其进行定量，确定血凝价，再用已知标准阳性血清进一步做血凝抑制试验，检查血凝性能否被抑制，来判定是否为相应的病毒。

进行抗体检测时，先通过 HA 试验对已知病毒抗原进行定量，确定血凝价，然后通过血凝抑制试验检查其血凝性能否被待检血清抑制，来测定被检血清中抗体效价，确定抗体水平。

本试验简便、快速且特异性高，故在生产实践工作中多利用病毒的血凝和血凝抑制试验，用已知的病毒抗原检测被检鸡血清中是否含有相应的抗体及其血凝抑制滴度，从而用于免疫接种效果的监测及某些传染病的检测。

四、免疫监测与免疫效果检测

大部分疫苗接种动物后可产生特异性抗体,通过抗体来发挥免疫保护作用,因此通过抗体监测动物接种疫苗后是否想产生抗体以及产生了抗体水平的高低,即可评价免疫接种水平。

免疫接种前后一定时间应抽取一定比例免疫接种动物,进行免疫抗体监测,了解免疫效果。一个免疫程序实行一段时间后,可根据免疫效果、免疫检测情况,进行适当调整或继续实行。免疫接种是否达到了预期的效果,为改进免疫接种方法和改进疫苗质量可以通过抗体监测对免疫效果进行评价。

◉ 任务 3-4   病毒的琼脂扩散试验检测

【任务描述】

琼脂双向免疫扩散试验常用于定性检测,也可用于半定量检测。将对应的抗原与抗体分别加入琼脂凝胶板中的相邻近的小孔内,可各自向凝胶中自由扩散。当两者在最适当比例处相遇时发生特异性反应,即形成可见的白色沉淀线。根据有否出现沉淀线,可用已知的抗体检测样品中未知的抗原,或用已知的抗原检测血清样品中未知的抗体。此方法操作简洁、快速、所用的仪器少、结果易判断,在兽医临床上广泛应用于细菌、病毒鉴定及传染病的诊断和抗体的检测。本任务在养殖场和动物微生物检测室以鸡马立克氏病琼脂扩散试验检测为例,学会琼脂扩散试验的操作方法、结果判定和注意事项。

【任务目标】

(1)理解琼脂双向免疫扩散试验的原理;明确琼脂双向免疫扩散试验的应用价值;掌握琼脂扩散试验的操作方法、结果判定的和标准、结果分析及其实践意义。

(2)能够正确地进行病毒的琼脂扩散试验的操作及判定结果。

【必备技能】

一、准备试验材料

(1)器材   剪刀、镊子、搪瓷盘、玻璃棒、琼扩打孔器、8 号针头、酒精灯、微量加样器及吸头或胶头滴管、湿盒(带纱布)、恒温箱、平皿、烧杯、小试管等。

(2)药品   琼脂糖或优质琼脂粉、磷酸氢二钠($Na_2HPO_4 \cdot 12H_2O$)、磷酸二氢钾(KH_2PO_4)、氯化钠、硫柳汞、蒸馏水、生理盐水、鸡马立克氏病琼扩抗原、鸡马立克氏病标准阳性血清和阴性血清等。

(3)动物   疑似鸡马立克氏病病鸡。

二、方法与步骤

参照 GB/T 18643—2002 鸡马立克氏病诊断技术进行。

本试验即可以用于马立克氏病病毒抗原的检测,也可以用于马立克氏病病毒抗体的检测。一般在马立克氏病病毒感染 14～24 d 后检出病毒抗原,可在病毒感染 3 周后检出抗体。本方法可用于 20 日龄以上鸡羽髓抗原的检测和 1 月龄以上鸡的血清抗体检测。

(一)受检样品的采集与处理

(1)羽髓 自被检鸡的腋下、大腿部拔下新近长出的嫩毛或拔下带血的毛根,剪下毛根尖端下端 5～7 mm,每根加 1～2 滴蒸馏水在试管内用玻璃棒挤压,制备待检羽髓浸液。

(2)血清 自被检鸡的翅静脉采血,置于小试管或一次性注射器内,室温下析出血清或凝固后离心分离血清备用。

(二)1%琼脂板的制备

1. pH7.4 0.01 mol/L 磷酸盐缓冲液(PBS)的配制

磷酸氢二钠($Na_2HPO_4 \cdot 12H_2O$) 2.9 g,磷酸二氢钾(KH_2PO_4)0.3 g,氯化钠(NaCl) 8.0 g,蒸馏水加至 1 000 mL,混合后充分溶解调 pH7.4,121℃ 15 min 高压灭菌,4℃保存备用。

2. 1% 硫柳汞溶液的配制

硫柳汞 1.0 g,加蒸馏水至 100 mL,充分溶解即成。

3. 1% 琼脂板的制备

NaCl 8.0 g,pH7.4 0.01 mol/L PBS 液 100 mL,琼脂糖或优质琼脂粉 1.0 g,1%硫柳汞 1.0 mL。

将 NaCl 加入 PBS 液中,溶解后加入琼脂糖或优质琼脂粉,水浴中煮沸使琼脂充分融化后,加入 1%硫柳汞溶液 1.0 mL,混合均匀,冷却至 45～50℃,倒入灭菌的平皿内厚度为 3 mm (直径为 90 mm 平皿注入琼脂液 18～20 mL),待琼脂凝固后,倒置平皿以防水分蒸发,4℃冰箱中冷藏保存备用(时间不超过 2 周)。

也可根据待检血清样品的多少采用大、中、小三种不同规格的玻璃板。10 cm×16 cm 的玻璃板,注入琼脂液 40 mL;6 cm×7 cm 的注入 11 mL;3.2 cm×7 cm 的注入 6 mL。

(三)操作方法

1. 打孔

用直径 4 mm 或 3 mm 的打孔器在琼脂板上按 7 孔六角形图案打孔(中间 1 孔,周围 6 孔),将图案放在带有琼脂的平皿或玻璃板下面,照图案在固定的位置用打孔器打孔。目前多采用组合梅花形打孔器直接打孔。中心孔与外周孔距离为 3 mm。打孔时切下的琼脂可以吸出,也可以用 8 号针头挑出。挑出孔内琼脂时,针头斜面向上从孔的右侧边缘插入,轻轻向左侧方向移动,待空气进入孔底后,再向上挑出。注意勿损坏孔的边缘,避免琼脂层脱离平皿底部。

2. 封底

用酒精灯火焰轻烤平皿底部至琼脂轻微融化为止,封闭孔的底部,以防止样品溶液侧漏。

3. 编号、加样

按规定图形编号,用移液器或胶头滴管加样,注意不要产生气泡,每孔均以加满不溢出为度,每加一个样品应换一个吸头。

(1)血清抗体的检测 中间孔加入标准琼扩抗原(按产品使用说明书的要求用灭菌生理盐水稀释),标准阳性血清分别加入外周的第 1 孔、第 4 孔中,被检血清按顺序分别加入外周的第 2、3、5、6 孔中(图 3-17)。

(2)羽髓病毒抗原的检测 中间孔加入标准阳性血清(按产品使用说明书的要求用灭菌生理盐水稀释),标准阳性抗原悬液分别加入外周的第 1 孔、第 4 孔中,在外周的第 2、3、5、6 孔处

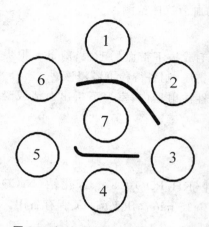

图 3-17 打孔、加样及结果判定示意图

1、4孔为标准阳性血清,7孔为标准抗原,

2、3、5、6为被检血清

(不打孔)按顺序分别插入被检鸡的羽毛髓质端(长度约 0.5 cm)或在第 2、3、5、6 孔中加入被检的羽髓浸出液(图 3-17)。

4.感作

加样完毕后,将琼扩板加盖,静置 5~10 min,待孔中抗原、血清吸收后,将平皿轻轻倒置,放入湿盒内,以防水分蒸发。置于 37℃温箱中反应,在 24 h 和 48 h 观察结果。

(四)结果判定及判定标准

将琼脂板置于日光灯或侧强光下观察,当标准阳性血清(图 3-17 中 1 和 4 号孔)与标准阳性抗原孔之间出现一条清晰的白色沉淀线,则试验成立。

1.血清检测

阳性结果　当被检血清(如图 3-17 中 2 号孔)与中心抗原孔之间出现明显沉淀线,且此沉淀线和标准阳性抗原与标准阳性血清孔间的沉淀线末端相融合,则被检血清判为阳性。

弱阳性结果　当标准阳性抗原与标准阳性血清孔间的沉淀线的末端在毗邻的被检血清孔(图 3-17 中 5 号孔)处的末端向中心孔方向弯曲时,则此孔的被检血清判为弱阳性。

阴性结果　当被检血清(如图 3-17 中 3 和 6 号孔)与标准阳性抗原孔之间无沉淀线,或标准阳性抗原与标准阳性血清孔之间的沉淀线末端向毗邻的被检血清孔直伸或向其外侧偏弯者,此被检血清判为阴性。

介于阴性、阳性之间为可疑。可疑应重检,仍为可疑判为阳性。

2.抗原检测

阳性结果　当被检抗原(图 3-17 中 2 号孔)与标准阳性血清孔之间出现明显沉淀线,且此沉淀线和标准阳性血清与标准阳性抗原孔的沉淀线末端相融合,此被检样品判为阳性。

弱阳性结果　当标准阳性血清与标准阳性抗原孔间的沉淀线的末端在毗邻的被检抗原孔(图 3-17 中 5 号孔)处的末端向中心孔方向弯曲时,则此孔的被检样品判为弱阳性。

阴性结果　当被检抗原(图 3-17 中 3 和 6 号孔)与标准阳性血清孔之间无沉淀线,或标准阳性血清与标准阳性抗原孔之间的沉淀线末端直向毗邻的被检抗原孔直伸或向其外侧偏弯者,此被检样品判为阴性。

介于阴性、阳性之间为可疑。可疑应重检,仍为可疑判为阳性。

(五)注意事项

(1)制备的琼脂板放在 4℃冰箱冷却后,打孔效果为佳。

(2)融化的琼脂倒入平皿时,注意使整个平板厚薄均匀一致,不要产生气泡。在冷却过程中,不要移动平板,以免造成琼脂表面不平整。

(3)打孔时注意避免产生裂缝或将琼脂与玻片脱离。

(4)封底要掌握好温度,不要过热。

(5)加样以加满为度,切勿溢出。

(6)加样后的琼脂板,切勿马上倒置以免液体流出,待孔中液体吸收一半后再倒置于湿盒内。

【相关知识】

一、琼脂扩散试验

(一)琼脂扩散试验概念

琼脂扩散试验简称琼扩试验,是抗原与相应抗体在含有电解质的琼脂凝胶中扩散,当两者在最适比例处相遇时,即发生结合反应,形成肉眼可见的白色沉淀线的试验。

琼脂是一种含有硫酸基的酸性多糖体,加热 98℃ 时能溶于水,45℃ 时冷却凝固后形成具有多孔网状结构的凝胶。1‰琼脂凝胶孔径约为 85 nm,可允许许多小于孔径的可溶性抗原、抗体在凝胶中自由扩散,由近及远形成浓度梯度,抗原抗体相遇后,在最适比例处形成大于凝胶孔径的较大颗粒物,不再扩散,则在凝胶中形成肉眼可见的沉淀线。

一种抗原抗体系统只出现一条沉淀带,复合物抗原中的多种抗原抗体系统均可根据自己的浓度、扩散系数、最适比例等因素形成自己的沉淀带。本法的主要优点是能将复合物中的抗原成分加以区分,根据沉淀带出现的数目、位置以及相邻两条沉淀带之间的融合、交叉、分支等情况,即可了解该复合抗原的组成。

(二)琼脂扩散试验的类型

琼脂扩散可分单扩散和双扩散。单扩散是抗原抗体中一种成分扩散,另一种成分均匀分布于凝固的琼脂凝胶中。双扩散则是两种成分在凝胶内彼此都扩散,根据扩散的方向不同又分为单向扩散和双向扩散。向一个方向直线扩散者称为单向扩散,向四周辐射扩散者称为双向扩散。故琼脂扩散试验可分为 4 种类型,即单向单扩散、单向双扩散、双向单扩散和双向双扩散。最常用的是双向双扩散。

1. 双向单扩散

双向单扩散又称辐射扩散,试验在玻璃板或平皿上进行。即在冷至 45℃ 左右 1.6%～2.0% 的琼脂中加入一定浓度的已知抗体的血清,制成厚 2～3 mm 的琼脂凝胶板,在板上打孔,孔径 3 mm,孔距 10～15 mm,于孔内滴加相应抗原后,置于密闭湿盒内,37℃ 温箱或室温扩散 24～48 h。抗原在孔内向四周辐射扩散,在比例适当处与琼脂凝胶中的抗体结合形成白色沉淀环。此白色沉淀环的大小随着扩散时间的延长而增大,直至平衡为止。沉淀环的面积与抗原浓度呈正比,因此可用已知浓度抗原制成标准曲线,即可用以测定抗原的量。

本法在兽医临床已广泛用于传染病的诊断,如马立克氏病的诊断。方法是:将马立克氏病高免血清浇成厚 2～3 mm 的血清琼脂平板,拔取病鸡新换的羽毛数根,自毛根尖端 1 cm 处剪下插入琼脂凝胶板上,阳性者毛囊中病毒抗原向周围扩散,形成白色沉淀环。

2. 双向双扩散

此法以 1% 的琼脂制成厚 2～3 mm 的凝胶板,在板上按设计图形、孔径和孔距打圆孔,封底后于相应孔内滴加抗原、阳性血清和待检血清或被检抗原,放于密闭湿盒内,置 37℃ 温箱或室温扩散 24～72 h,观察沉淀带。抗原、抗体在琼脂凝胶内相向扩散,在两孔之间比例合适的位置出现沉淀带,如抗原、抗体浓度基本平衡时,此沉淀带的位置主要决定于两者的扩散系数。但若抗原过多,则沉淀带向抗体孔增厚或偏移;若抗体过多则沉淀带向抗原孔偏移。

当用于检测抗原时,将抗体加入中心孔,待检抗原分别加入周围相邻孔,若均出现沉淀带且完全融合,说明是同种抗原;若两相邻孔沉淀带有部分相连并有交角时,表明二者在分子结构上有部分共同抗原决定簇;若两相邻孔沉淀带互相交叉,说明二者抗原完全不同。

当用于检测抗体时,将已知抗原置于中心孔,周围 1、2、3、4 孔分别加入待检血清,其余两对应孔加入标准阳性血清,若待检血清孔与相邻阳性血清孔出现的沉淀带完全融合,则判为阳性;若待检血清孔无沉淀带或出现的沉淀带与相邻阳性血清孔出现的沉淀带相互交叉,判为阴性;若待检血清孔无沉淀带,但两侧阳性血清孔的沉淀带在接近待检血清孔时向内弯曲,判为弱阳性,而向外弯曲,则判为阴性(图 3-18)。检测抗体时还可测定抗体效价,对被检血清进行倍比稀释,以出现沉淀带的血清最大稀释倍数为抗体效价或滴度。

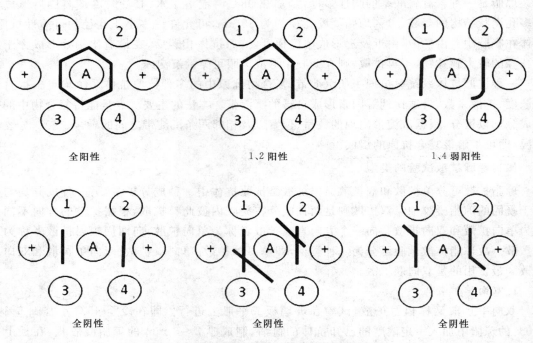

图 3-18 双向双扩散用于检测抗体结果判定

A 为抗原;+为阳性血清;1、2、3、4 为被检血清

目前,此法在兽医临床上广泛应用于细菌、病毒鉴定及传染病的诊断和抗体的检测,如检测鸡马立克氏病、鸡传染性法氏囊炎、禽流感、霉形体病、禽白血病、鸡传染性喉气管炎、口蹄疫、伪狂犬病、牛地方性白血病、马传染性贫血和蓝舌病等。已列入国家的检疫规程,成为上述几种疾病的重要检疫方法之一。

琼脂扩散结果受许多因素影响:①温度:在一定温度范围内扩散快,通常反应在 0~37℃下进行。温度高,分子运动加快,增加抗原抗体碰撞几率,反应会加快,但当温度超过 56℃时反应速度反而变慢,温度再高,抗原抗体复合物往往会重新解离,甚至会被破坏;反应温度低时,反应速度变慢,但抗原抗体结合完全,沉淀量增多,结果清晰,但温度过低也会导致实验失败;琼脂扩散试验最适的反应温度为 37℃,培育温度应恒定,如果波动太大,会使抗原抗体在扩散时形成不连续的浓度梯度,影响两者产生最适比,最终影响到实验结果。在双向扩散时,为了减少沉淀线变形并保持其清晰度,可在 37℃下形成沉淀线,然后置于室温或冰箱 4℃中为佳。②琼脂浓度:一般来说,琼脂浓度越大,沉淀线出现越慢。③琼脂板的厚度:琼脂板的厚度应为2～3 mm。如果琼脂板太厚,一方面可能导致抗原抗体复合物聚合量较少,形成的沉淀线不清晰,降低实验的敏感性;同时琼脂板太厚又可导致抗原或抗体扩散的不均匀性几率增大,可能出现琼脂底部与表面产生的沉淀线不在一个平面上,沉淀线发生扭曲,影响结果判断;相反,琼脂板太薄也会影响到实验的结果。④抗原抗体的孔间距离:抗原、抗体的孔距以3～5 mm为好,抗原抗体既能形成合适的浓度梯度又能充分结合。孔间距离过大时,沉淀线形成越慢,虽然能形成合适的浓度梯度,但由于抗原抗体量太少却不能充分结合,敏感性降低;相反孔距太小,试验敏感性提高,却不能形成合适的浓度梯度。⑤时间:如果反应时间太短,抗原抗体扩散和反应不完全,不能形成清晰的沉淀线;时间太长,抗原抗体会失去生物活性,导致已经形成的沉淀线发生解离消失。⑥空气湿度:如果空气中湿度太低,琼脂中的水分很容易蒸发,使琼脂网格中的水分减少,琼脂孔径变小,不利于抗原抗体的自由扩散,降低试验敏感度和精确度;湿度过大可能使琼脂表面形成水滴,导致使抗原、抗体发生混合,也会影响试验结果的判断等。

二、免疫电泳技术

(一)免疫电泳技术概念

免疫电泳技术是将凝胶扩散试验与电泳技术相结合的一种免疫检测技术。即将琼脂扩散置于直流电场中进行,让电流来加速抗原与抗体的扩散并规定其扩散方向,在比例合适处形成可见的沉淀带。此技术在琼脂扩散的基础上,提高了反应速度、反应灵敏度和分辨率。

(二)免疫电泳技术的类型

在临床上应用比较广泛的有对流免疫电泳和火箭免疫电泳等。

1. 对流免疫电泳

对流免疫电泳是将双向双扩散与电泳技术相结合的免疫检测技术。对流免疫电泳是在电场的作用下,利用抗原抗体相向扩散的原理,使抗原抗体在电场中定向移动,限制了双向双扩散时抗原、抗体向多方向的自由扩散,可以提高试验的敏感性,缩短反应时间。

大部分抗原在碱性溶液(pH>8.2)中带负电荷,在电场中向正极移动;而抗体带电荷弱,电泳时,由于电渗作用,向相反的负极移动。电泳时,若将抗体置于正极端,抗原置于负极端,通电后抗原抗体相向泳动,在两孔之间相遇形成沉淀线(图3-19)。

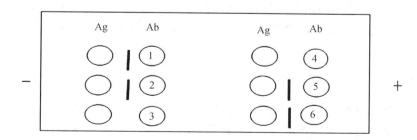

图 3-19 对流免疫电泳示意图

Ag 为抗原;Ab 为抗体;Ab1 为阳性血清;Ab4 为阴性血清;

2、3、5、6 为被检血清

对流免疫电泳技术比双向双扩散敏感 10～16 倍,并大大缩短了沉淀带出现的时间,简易快速,现已用于多种传染病的快速诊断,如猪传染性水泡病、口蹄疫等病毒病的诊断。

2.火箭免疫电泳

火箭免疫电泳是将辐射扩散与电泳技术相结合的一种血清学检测技术。其原理是抗原在直流电场的作用下在含有抗体的琼脂中定向泳动,抗原抗体发生特异性结合,在二者比例合适位置形成类似火箭样的沉淀峰。沉淀峰的高度与抗原的浓度成正比(图 3-20)。

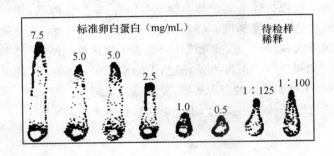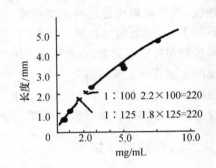

图 3-20　火箭免疫电泳示意图

● 任务 3-5　酶联免疫吸附试验(ELISA)检测

【任务描述】

酶联免疫吸附试验(ELISA)既可用于测定抗原,也可用于测定抗体,可用于口蹄疫、猪瘟、伪狂犬病、蓝耳病、圆环病毒病等疫病的检测。ELISA 常用的有间接法、夹心法、竞争法(阻断法)。本任务采用间接 ELISA 方法检测猪血清中抗猪瘟病毒抗体为例,学会 ELISA 验检测的操作过程、结果判定和注意事项。

试验时,在猪瘟抗原包被微孔板中,加入稀释的对照血清和待检猪的血清样品,经温育后,若样品中含有抗猪瘟病毒的特异性抗体,则将与检测板上抗原结合,经洗涤除去未结合的抗体和其他成分后,再加入酶标二抗,与检测板上抗原抗体复合物发生特异性结合,再经洗涤除去未结合的酶结合物,在孔中加 TMB 底物液,与酶反应形成蓝色产物,加入 HF 溶液终止反应后,用酶标仪 630 nm 波长测定各反应孔中的 OD 值。颜色深浅可以反映待测样品中抗体与固相抗原结合的量,颜色深表示结合的量多。适用于猪场猪瘟疫苗免疫状况的评价以及感染猪的血清学诊断。

【任务目标】

(1)了解酶联免疫吸附试验(ELISA)的基本原理和类型;明确 ELISA 试验在生产中的应用价值;知道猪群猪瘟抗体检测的意义;掌握间接 ELISA 试验的基本操作步骤和结果判定的方法和标准。

(2)能够进行 ELISA 试验检测猪瘟抗体,并正确判定结果。

【必备技能】

一、准备试验材料

（1）仪器　酶标检测仪、恒温箱、离心机、冰箱。

（2）材料　猪瘟病毒 ELISA 抗体检测试剂盒（含有 96 孔猪瘟病毒抗原包被板条、猪瘟病毒阴性对照血清、猪瘟病毒阳性对照血清、羊抗猪酶标二抗、20 倍浓缩洗涤液、底物液 A、底物液 B、终止液、样品稀释液、96 孔血清稀释板、自封袋、封板膜）、微量加样器（5～10 μL、20～200 μL、30～300 μL）及配套吸头、量筒、采血器、灭菌小瓶、吸水纸等。

（3）被检血清样品制备　采集被检猪的血液，按常规方法制备血清，标号后置于灭菌小瓶内，4℃或−30℃保存或直接待检。要求血清清亮，无溶血。

（4）洗涤液配制　使用前，浓缩的洗涤液应恢复至室温（25℃左右），并摇动使沉淀的盐溶解（最好在 37℃水中加热 5～10 min），然后用纯化水或去离子水作 20 倍稀释（例如：每板用 20 mL 浓缩液加上 380 mL 水），充分摇匀后备用。稀释好的洗涤液在 2～8℃可以存放 7 d。

（5）样品与对照稀释

①样品稀释。在血清稀释板中按 1∶40 的体积稀释待检血清样品（195 μL 样品稀释液中加 5 μL 待检血清样品）。

②对照稀释。在血清稀释板中按 1∶40 的体积分别稀释阳性对照和阴性对照（234 μL 样品稀释液中加 6 μL 对照血清）。

二、方法与步骤

以间接 ELISA 法检测猪瘟血清抗体为例，按照猪瘟病毒 ELISA 抗体检测试剂盒使用说明书进行。

（一）操作步骤

（1）取抗原包被板（根据样品多少，可拆开分次使用，未使用的板条尽快密封，2～8℃保存），将 100 μL 稀释好的待检血清样品分别加入到检测孔中，阴、阳性对照血清样品平行各加两孔，每孔 100 μL。轻轻振匀孔中样品（勿溢出），用封板膜盖板后置 37℃温育避光反应 30 min。

（2）甩掉孔中液体，每孔加入稀释好的洗涤液 200 μL，静置 3 min 倒掉，再在干净吸水纸上拍干，共计洗板 5 次。

（3）每孔加羊抗猪酶标二抗 100 μL，轻轻振匀，用封板膜盖板后置 37℃温育 30 min。

（4）洗涤 5 次，方法同 2。切记每次要在干净吸水纸上拍干。

（5）每孔先加底物液 A 50 μL、再加底物液 B 50 μL，混匀，室温（18～25℃）下避光显色 10 min。

（6）每孔加终止液 50 μL，10 min 内测定结果。

（7）轻轻振荡混匀，置于酶标仪上测定波长 630 nm 吸光值。

（二）结果判定

阳性对照孔平均 $OD_{630\,nm}$ 应大于或等于 0.60，阴性对照孔平均 $OD_{630\,nm}$ 应小于 0.30，试验才有效。

结果判定:被检样品的 $OD_{630\ nm}$ 值大于 0.35,则判为阳性;被检样品的 $OD_{630\ nm}$ 值小于 0.35,则为阴性。

注意:用 620~630 nm 波长测定结果均有效。

(三)注意事项

(1)试剂盒使用前应将各组分放置于室温至少 1 h,使所有的试剂盒组分在使用时都必须恢复到室温 18~25℃。使用后放回 2~8℃。

(2)不同批号试剂盒的试剂组分不得混用,使用试剂时应防止试剂污染。

(3)底物 B 不要暴露强光,避免接触氧化剂。

(4)未使用的抗原包被板切记不要撕开上面的封口膜。

(5)待检血清样品数量较多时,应先使用血清稀释板稀释完所有要检测血清样品,再将稀释好的血清转移到检测板,使反应时间一致。

(6)浓缩洗涤液用蒸馏水或去离子水稀释,如果发现有结晶加热使其溶解后再使用。

(7)每种液体试剂使用前均须摇匀。

(8)严格按照操作说明书可以获得最好的结果。

(9)操作时必须戴手套,穿工作服,严格执行消毒隔离制度。

(10)所有样品洗涤液和各种废弃物都应按传染物处理,高压灭菌 30 min 或用 5.0 g/L 次氯酸钠等消毒剂处理 30 min 后废弃。

【相关知识】

一、酶标记抗体技术的原理

酶标记抗体技术又称免疫酶技术,是根据抗原抗体反应的特异性和酶催化反应的高敏感性建立起来的一种免疫检测技术。以底物是否被酶催化分解显色来指示抗原或抗体的存在及位置,以显色的深浅来反映待测样品中的抗原或抗体的含量。

酶是一种催化剂,催化反应过程中不被消耗,能反复作用,微量的酶即可导致大量的催化过程,如果产物为有色可见物,则极为敏感。本法具有特异性强、敏感性高、简便、快速、易于标准化和商品化等优点,是当前应用最广、发展最快的一项新的免疫检测技术。用以在细胞或亚细胞水平上示踪抗原或抗体的所在部位,或在微克、纳克水平上测定它们的量。所以,可以对抗原或抗体进行定位、定性、定量的检测。

酶标记抗体技术的原理是通过化学方法将酶与抗体相结合,酶标记后的抗体仍然保持着与相应抗原结合的特性及酶的催化活性。酶标抗体与抗原结合后形成酶标抗原抗体复合物,复合物上的酶在遇到相应的底物时,催化底物呈现颜色反应(图 3-21)。

用于标记的酶主要有辣根过氧化物酶(HRP)、碱性磷酸酶、葡萄糖氧化酶等,其中以 HRP 应用最广泛,其次是碱性磷酸酶。HRP 广泛分布于植物界,辣根中含量最高。HRP 是由无色的酶蛋白和深棕色的铁卟啉构成的一种糖蛋白,相对分子质量为 40 000。HRP 的作用底物是过氧化氢,催化时需要供氢体,无色的供氢体氧化后生成有色产物,使不可见的抗原抗体反应转化为可见的呈色反应。常用的供氢体有 3,3′-二氨基联苯胺(DAB)和邻苯二胺(OPD),二者作为显色剂。因为它们能在 HRP 催化 H_2O_2 生成 H_2O 过程中提供氢,而自己生

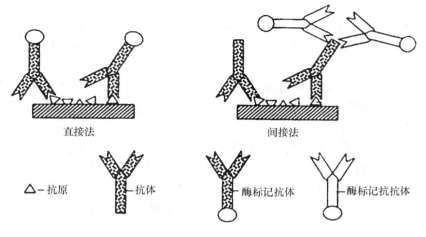

直接法　　　　　　　　　　间接法

△ – 抗原　　　 — 抗体　　　　 — 酶标记抗体　　　 — 酶标记抗抗体

图 3-21　酶标记抗体法示意图

成有色产物。DAB 反应后形成不溶性的棕色物质,可用光学显微镜和肉眼观察,适用于各种免疫酶组织化学染色法。OPD 氧化后形成可溶性产物,呈橙色,最大吸收波长为 492 nm,敏感性高,易被酸终止反应,呈现的颜色可数小时不变,可用肉眼判定。OPD 不稳定,须现用现配,常作为酶联免疫吸附试验中的显色剂。OPD 有致癌性,操作时应予注意。HRP 可用戊二醛交联法或过碘酸盐氧化法将其标记于抗体分子上制成酶标抗体。

二、酶标记抗体技术的方法

生产中常用的酶标抗体技术有免疫酶组化技术、酶联免疫吸附试验和斑点-酶联免疫吸附试验。

(一)免疫酶组化技术

免疫酶组化技术又称免疫酶染色法,是将酶标记的抗体应用于组织化学染色,以检测组织、细胞及固相载体上抗原或抗体的存在及其分布位置的技术。临床中可用于细胞或亚细胞水平上示踪抗原或抗体位置。

1. 标本制备和处理

用于免疫酶染色的标本有组织切片(冷冻切片或低温石蜡切片)、组织压印片、涂片以及细胞培养的单层细胞盖片等。这些标本的制备和固定与荧光抗体技术相同,但尚要进行一些特殊处理。

用酶结合物作细胞内抗原定位时,由于组织和细胞内含有内源性过氧化酶,可与标记在抗体上的过氧化物酶在显色反应上发生混淆。因此,在滴加酶结合物之前通常将制片浸于 0.3% H_2O_2 中室温处理 15～30 min,以消除内原酶。应用 1%～3% H_2O_2 甲醇溶液处理单纯细胞培养标本或组织涂片,低温条件下作用 10～15 min,可同时起到固定和消除内原酶的作用,效果比较好。

组织成分对球蛋白的非特异性吸附所致的非特异性背景染色,可用 10% 卵蛋白作用 30 min 进行处理,用 0.05% 吐温-20 和含 1% 牛血清白蛋白(BSA)的 PBS 对细胞培养标本进行处理,同时可起到消除背景染色的效果。

2.染色方法

可采用直接法、间接法、抗抗体搭桥法、杂交抗体法、酶抗酶复合物法、增效抗体法等各种染色方法,其中直接法和间接法最常用。反应中每加一种反应试剂,均需于 37℃作用 30 min,然后以 PBS 反复洗涤 3 次,以除去未结合物。

(1)直接法　以酶标抗体直接处理含待检抗原的标本,洗涤后浸入含有相应底物即过氧化氢和 DAB 的显色剂的反应液中,然后在普通光学显微镜下观察颜色反应,检测抗原抗体复合物的存在,即抗原所在部位呈棕黄色。

直接法主要用于细菌、病毒、寄生虫感染后在细胞水平上的定性定位。

(2)间接法　待检抗原的标本首先用相应的未标记的特异性抗体(一抗)处理,洗涤后再加相应酶标记的抗抗体(二抗)处理,洗涤后浸入含有相应底物即过氧化氢和 DAB 的显色剂的反应液中,然后在普通光学显微镜下观察颜色反应,经显色指示抗原-抗体-抗抗体复合物的存在。

3.显色反应

免疫酶组化染色中的最后一步是用相应的底物使反应显色。不同的酶所用底物和供氢体不同。同一种酶和底物如用不同的供氢体,则其反应物的颜色也不同。如 HRP 在组化染色中最常用 DAB,用前应以 0.05% mol/L,pH7.4～7.6 的 Tris-HCl 缓冲液配成 50～75 mg/100 mL 溶液,并加少量(0.01%～0.03%)H_2O_2 混匀后加于反应物中置室温 10～30 min,反应产物呈深棕色;如用甲萘酚,则反应产物呈红色,用 4-氯-1-萘酚,则呈浅蓝色或蓝色。

4.标本观察

显色后的标本可在普通显微镜下观察,抗原所在部位 DAB 显色呈棕黄色。亦可用常规染料作反衬染色,使细胞结构更为清晰,有利于抗原的定位。本法优于荧光抗体技术之处,在于无须应用荧光显微镜,且标本可以长期保存。

(二)酶联免疫吸附试验(ELISA)

酶联免疫吸附试验(ELISA)是以免疫学反应为基础,将抗原、抗体的特异性反应与酶对底物的高效催化作用相结合,在固相载体上进行的免疫酶测定技术,是当前应用最广、发展最快的一项新型检测技术。

1.基本原理

将抗原(或抗体)吸附于固相载体的表面,酶标记物与相应的抗体或抗原反应后,形成酶标记抗原抗体复合物,在遇到相应的底物时,复合物上的酶催化底物使其水解、氧化或还原生成可溶性或不溶性的有色物质,可根据颜色反应的深浅进行定性或定量分析。

由于酶的催化频率很高,故可极大地放大反应效果,为有色可见产物,从而使测定方法达到很高的敏感度。因此,本法具有特异性强、敏感性高、简便、快速、易于标准化和商品化等优点,是当前应用最广、发展最快的一项新技术,可以对抗原或抗体进行定量的检测。

2.固相载体

ELISA 常用的固相载体有聚苯乙烯微量滴定板、聚苯乙烯球珠等。聚苯乙烯微量滴定板(48 孔或 96 孔板)是目前最常用的载体,小孔呈凹形,空底呈平面,操作简便,适合于大批样品的检测。新板在使用前一般无须特殊处理,可直接使用或用蒸馏水冲洗干净,自然干燥后备用。一般均为一次性使用,如用已用过的滴定板,需进行特殊处理。

用于 ELISA 的另一种载体是聚苯乙烯珠,由此建立的 ELISA 又称微球 ELISA。珠的直径 0.5～0.6 cm,表面经过处理以增强其吸附性能,并可做成不同颜色。聚苯乙烯珠可事先吸附或偶联上抗原或抗体,制成商品,检测时将小球放入特制的凹孔板或小管中,加入待检标本将小珠浸没进行反应,最后在底物显色后比色测定。本法现已有半自动化装置,用以检验抗原或抗体,效果良好。

3.包被

将抗原或抗体吸附于固相载体表面的过程,称载体的致敏或包被。用于包被的抗原或抗体,必须能牢固地吸附在固相载体的表面,并保持其免疫活性。大多数蛋白质可以吸附于载体表面,但吸附能力不同。可溶性物质或蛋白质抗原,如病毒蛋白、细菌脂多糖、脂蛋白、变性的 DNA 等均较易被包被;较大的病毒、细菌或寄生虫等难于吸附,需要将它们用超声波打碎或用化学方法提取抗原成分,才能供试验用。

用于包被的抗原或抗体需纯化,纯化的抗原和抗体是提高 ELISA 敏感性与特异性的关键。抗体最好用亲和层析和 DEAE 纤维素离子交换层析方法提纯,也可用化学法提纯。有些抗原含有多种杂蛋白,须用密度梯度离心等方法除去,否则易出现非特异性反应。蛋白质(抗原或抗体)很易吸附于未使用过的载体表面,适宜的条件更有利于包被过程。包被的蛋白质数量通常为 1～10 μg/mL。高 pH 和低离子强度缓冲液有利于蛋白质包被,通常用 0.05 mol/L pH9.6 碳酸盐缓冲液(Na_2CO_3 1.59 g,$NaHCO_3$ 2.93 g,加水至 1 000 mL,4℃冰箱可保存 1 周)作包被液。一般包被采用 4℃冰箱过夜,也有在 37℃ 2～3 h 达到最大反应强度。包被后的滴定板可置于 4℃冰箱,可贮存 3 周。如真空塑料封口,于－20℃冰箱可贮存更长时间。用前充分洗涤。

4.试验方法

ELISA 试验的核心是利用抗原抗体的特异性吸附,在固相载体上一层层地叠加,可以是两层、三层甚至多层。整个反应都必须在抗原抗体结合的最适条件下进行。每层试剂均稀释于最适合抗原抗体反应的稀释液(0.01～0.05 mol/L pH7.4 PBS 中加吐温-20 至 0.05%,10%犊牛血清或 1%BSA)中,加入后置 4℃过夜或 37℃1～2 h。每加一层反应后均需充分洗涤。阳性、阴性应有明显区别。阳性血清颜色深,阴性血清颜色浅,二者吸收值的比值最大时的浓度为最适浓度。

ELISA 测定的方法中有 3 种必要的试剂:①固相的抗原或抗体;②酶标记的抗原或抗体;③酶作用的底物。根据试剂的来源和标本的性状以及检测具备的条件,可设计出各种不同类型的检测方法,常用的检测方法主要有以下几种。

(1)间接法 用于测定抗体。间接 ELISA 的操作是首先将抗原包被固相载体,洗涤(PBS-T)后封闭(1% BSA- PBS-T),再次洗涤后加入稀释好的待检血清样品(一抗),经孵育一定时间后,若待检血清中含有特异性的抗体,即与固相载体表面的抗原结合形成抗原-抗体复合物。洗涤除去其他成分,再加上酶标记的抗抗体(二抗),再次孵育,此时酶标二抗即可与一抗结合,从而使该抗体间接地标记上了酶,反应后洗涤,加入底物,在酶的催化作用下底物发生反应,产生有色物质。样品中含抗体越多,出现颜色越快越深见图 3-22。

间接 ELISA 中与包被好的抗原相结合的特异性抗体为非酶标的(此为第一抗体,一抗),经酶标的第二种抗体(即二抗)是与一抗特异性结合。最后加入底物显色并判读结果。最终的显色结果与一抗的量是正相关的。

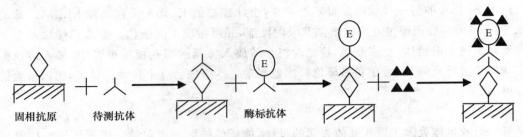

图 3-22   ELISA 间接法示意图

本法只要更换不同的固相抗原,可以用一种酶标抗抗体检测各种与抗原相应的抗体。间接法反应灵敏,且不必标记一抗,标记的二抗已经商品化,操作方便。

(2)双抗体夹心法   用于测定大分子抗原。此法是采用酶标抗抗体检测多种大分子抗原,它不仅不必标记每种抗体,还可提高试验的敏感性。将抗体(如豚鼠免疫血清 Ab1)吸附在固相载体上,洗涤除去未吸附的抗体,加入待测抗原(Ag)样品,使之与固相载体上的抗体结合,洗涤除去未结合的抗原,加入不同种动物制备的特异性相同的抗体(如兔免疫血清 Ab2),使之与固相载体上的抗原结合,洗涤后加入酶标记的抗 Ab2 抗体(如羊抗兔球蛋白 Ab3),使之结合在 Ab2 上。结果形成 Ab1-Ag-Ab2-Ab3-HRP 复合物。洗涤后加底物显色,呈色反应的深浅与样品中的抗原量呈正比见图 3-23。

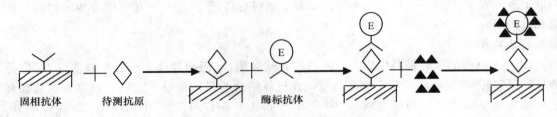

图 3-23   双抗体夹心法检测抗原

(3)酶标抗原竞争法   用于测定小分子抗原及半抗原。用特异性抗体包被固相载体,加入含待测抗原的溶液和一定量的酶标记抗原共同孵育,对照仅加酶标抗原,洗涤后加入酶底物。被结合的酶标记抗原的量由酶催化底物反应产生有色产物的量来确定。如待检溶液中抗原越多,被结合的酶标记抗原的量越少,显色就越浅。可用不同浓度的标准抗原进行反应绘制出标准曲线,根据样品的 OD 值求出检测样品中抗原的含量。

(4)SPA-ELISA   以 HRP 标记葡萄球菌蛋白 A(SPA)代替间接法中的酶标抗抗体进行的 ELISA。因 SPA 能与多种动物的 IgGFc 片段结合,可用 HRP 标记制成酶标记 SPA,而代替多种动物的酶标记抗抗体,该制剂有商品供应。

(5)阻断 ELISA   应用检测抗体。用包被固相载体,加入待检血清,然后加入酶标单克隆抗体,最后加底物显色。呈色反应的深浅与待检血清中的抗体水平呈反比。

此外,还有酶-抗酶抗体法、酶标抗体直接竞争法、酶标抗体间接竞争法等。比较常用的是 ELISA 双抗体夹心法及 ELISA 间接法。

5. 洗涤

在 ELISA 试验的整个过程中,需进行多次洗涤,目的是防止重叠反应,避免引起非特异吸附现象。因此洗涤必须充分。通常采用含助溶剂吐温-20(最终质量分数为 0.05%)的 PBS(NaCl 8.0g、KH$_2$PO$_4$ 0.2g、Na$_2$HPO$_4$ · 12H$_2$O 2.9g、KCl 0.2g、吐温-20 0.5 mL、加水至 1 000 mL,4℃冰箱保存)作洗涤液。洗涤时,先将前次加入的溶液倒空,在滤纸上拍干,然后加入洗涤液反复洗涤 5 次,每次 3 min,倒空,并用滤纸吸干。

6. 底物显色

与免疫酶组织化学染色法不同,本法必须选用反应后的产物为水溶性色素的供氢体,最常用的为邻苯二胺(OPD),产物呈棕色,可溶,敏感性高,但对光敏感,因此要避光进行显色反应。底物溶液应现用现配。底物显色以室温 10~20 min 为宜。反应结束,每孔加浓硫酸 50 μL 终止反应,其产物为黄色。也常用四甲基联苯胺(TMB)为供氢体,用氰氟酸终止,其产物为蓝色。

7. 结果判定

ELISA 试验结果可用肉眼观察,也可用 ELISA 测定仪测样本的光密度(OD)值。每次试验都需设阳性和阴性对照,肉眼观察时,如样本颜色反应超过阴性对照,即判为阳性。用 ELISA 测定仪来测定样本的光密度(OD)值,所用波长随底物供氢体不同而异,如以 OPD 为供氢体,测定波长为 492 nm,TMB 为 650 nm(氰氟酸终止)或 450 nm(硫酸终止)。结果可按下列方法表示。

①以 P/N 比值表示。样本的 OD 值与一组阴性样本 OD 值平均吸收值的比值,即为 P/N 比值,样本的 P/N 值≥1.5,2 或 3 倍,即判为阳性。

②用阳性"+"与阴性"-"表示。若样本的 OD 值超过规定吸收值判为阳性,否则为阴性(规定吸收值=一组阴性样本的平均吸收值+2 或 3 倍标准差)。

③以终点滴度(即 ELISA 效价,简称 ET)表示。将样本倍比稀释,测定各稀释度的 OD 值,高于规定吸收值(或 P/N 值大于 1.5,2 或 3 倍)的最高稀释度即仍出现阳性反应的最大稀释度,即为样本的 ELISA 滴度或效价。

目前多采用 ELISA 试剂诊断盒进行检测。本试验广泛用于猪瘟、猪传染性胃肠炎、猪繁殖呼吸道综合征、流行性乙型脑炎、伪狂犬病、弓形虫病、牛传染性鼻气管炎、口蹄疫、旋毛虫病和鸡新城疫等传染病的诊断和抗体监测。

三、酶标抗体技术的应用

此技术具有敏感、特异、简便、快速、易于标准化和商品化等优点,是当前应用最广、发展最快的一项新技术。目前已广泛应用于多种细菌病和病毒病的诊断和检测,并多数是利用商品化的试剂盒进行操作,如猪传染性胃肠炎、牛副结核病、牛结核病、鸡新城疫、牛传染性鼻气管炎、猪伪狂犬病、蓝舌病、蓝耳病、猪瘟、口蹄疫、沙门氏菌病等传染病的诊断和抗体监测。

◉ 任务 3-6 认识常见的动物病毒

【任务描述】

动物的病毒性传染病在动物疾病中占有很大的比例,而且许多动物病毒可以通过其肉、蛋、乳及其他畜产品造成传染。如口蹄疫病毒、新城疫病毒、猪瘟病毒、猪繁殖与呼吸综合征病毒等,传播快、流行广、死亡率高,迄今还缺乏确切有效的防治药物,危害畜牧养殖生产,具有重要的经济意义;有些病毒还是人类重要的病原或潜在病原,如高致病禽流感病毒、狂犬病病毒等对人类的健康构成了极大地威胁,具有重要的公共卫生意义,因此,认识常见的动物病毒是检测的一项很重要的内容。通过本任务的学习,学会用微生物学检测的方法诊断几种常见的畜禽病毒病,为今后从事畜禽的饲养和及时诊断、防治病毒感染性疫病的发生奠定坚实基础。

【任务目标】

(1)了解口蹄疫病毒、猪瘟病毒、猪繁殖与呼吸综合征病毒、新城疫病毒、禽流感病毒、传染性法氏囊病病毒等几种主要的动物病毒的生物学性状、致病性和综合防治措施;掌握主要的动物病毒病的实验室检测方法。

(2)能结合临床病毒病病例设计相应动物病毒病的实验室检测方案并实施。

【相关知识】

一、口蹄疫病毒

口蹄疫病毒(FMDV)是口蹄疫的病原体,能感染牛、羊、猪、骆驼等偶蹄动物,人类偶能感染。本病以急性、热性、高度接触传染性和快速远距离传播为特点。主要临床特征是患畜的口腔黏膜、舌、蹄部及乳房等部位发生特征性的水疱、破溃形成烂斑,且可能跛行。本病传染性极强,发病率可达 100%,有时甚至引起死亡,往往造成广泛流行,给畜牧生产带来巨大的经济损失,是当前各国最主要的家畜传染病之一。1898 年报道的口蹄疫病毒是人类历史上第一个被发现的动物病毒,也是目前研究最为深入的动物病毒之一。世界动物卫生组织(OIE)把口蹄疫列为 A 类疫病,我国也把口蹄疫定为 17 个一类疫病之一。

(一)生物学特性

1.形态与结构

FMDV 是单股 RNA 病毒,为微 RNA 病毒科、口蹄疫病毒属的成员。病毒粒子无囊膜,二十面体立体对称,呈球形或六角形,直径约 20~25 nm,衣壳上有 32 个壳粒。在胞浆内复制,用感染细胞做超薄切片,在电子显微镜下可看到胞浆内呈晶格状排列的口蹄疫病毒。

2.抗原特性

口蹄疫病毒具有多型性和易变异性。已知病毒有 7 个血清型,分别为 A、O、C、南非(SAT)1、南非(SAT)2、南非(SAT)3 及亚洲 1 型,各型之间无交互免疫作用。每一血清型又有若干个亚型,同一血清型的各亚型之间有一定的交叉免疫性,但也有不同程度的差异,这给疫苗的制备及免疫带来了很多困难。全世界目前的亚型的编码已达 70 多个,每年还会有新的亚型出现。我国口蹄疫的毒型为 O、A、亚洲 1 型。

3.抵抗力

病毒对外界环境的抵抗力很强。直射日光能迅速使口蹄疫病毒灭活,但污染物品如饲草、被毛和木器上的病毒却可存活几周之久。厩舍墙壁和地板上干燥分泌物中的病毒至少可以存活 1~2 个月。对紫外线、热、酸和碱敏感,病毒经 70 ℃ 10 min、80℃ 1 min、1%~2% NaOH 1 min 即被灭活,在 pH 3 的环境中可失去感染性,煮沸立即死亡。最常用的消毒液有 2%氢氧化钠溶液、10%石灰乳、0.2%～0.5%过氧乙酸、2%福尔马林和高锰酸钾等。

（二）致病性

在自然条件下，可致牛、猪、山羊和绵羊等偶蹄动物易感染口蹄疫病，水牛、骆驼、鹿等偶蹄动物也能感染，马和禽类不感染。实验动物中豚鼠最易感，但大部分可耐过，因此常用其做病毒的定型试验。乳鼠对本病毒也很易感，可用以检出组织上的微量病毒。皮下注射 7～10 日龄乳鼠，数日后出现后肢痉挛性麻痹，最后死亡，其敏感性比豚鼠足掌注射高 10～100 倍，甚至比牛舌下接种更敏感。小鼠化和兔化的口蹄疫病毒对牛毒力显著减弱，可用于制备弱毒疫苗。本病康复后获得坚强的免疫力，能抵抗同型强毒的攻击，免疫期至少一年，但可被异型病毒感染。

本病以高度接触性传染的方式迅速传播，常在牛群和猪群大范围流行，感染率很高，但致死率很低，危害极大。幼龄动物因心肌炎而死亡率升高。人类偶能感染，多发生于与患畜密切接触的人员或实验室工作人员，且多为亚临床感染，也可出现发热、食欲差及口、手、脚产生水疱等。发病初期的动物在症状未出现前就开始排毒，感染猪喷出的飞沫中含有大量的病毒，病毒可长距离经气雾传播。反刍动物感染的主要途径是通过吸入感染，但也可通过采食或接触污染物感染。病毒可在某些康复动物的咽部长时间存在，牛在感染后可长达 2 年，绵羊可达 6 个月，猪康复后可带毒 2～3 周。

（三）微生物学检测

本病根据流行病学、临诊症状和病理剖检的特点，一般不难做出疑似诊断，确诊或确定病毒型必须在指定的实验室按照 GB/T 18935－2003 口蹄疫诊断技术规程进行，采取患畜水疱液和水疱皮等进行病毒的分离和血清学鉴定。

口蹄疫常规鉴定内容是抗原鉴定和核酸鉴定。抗原鉴定使用的是免疫学方法，主要方法是微量补体结合试验（国际标准）、间接夹心 ELISA 试验（国际标准、国际贸易指定方法）、反向间接血凝试验（国内行业标准）等确定病毒的血清型和亚型；核酸鉴定最常用的是反转录-聚合酶链反应（RT-PCR）（国际标准），快速、敏感和可检样品广泛，经序列测定后，可明确被检病毒的血清型和基因型（O、A、C、Asia Ⅰ）。口蹄疫的检测有多种方法，OIE 推荐使用商品化及标准化的 ELISA 试剂盒诊断。如果水疱液或组织含有足够量的抗原，数小时之内就可获得结果。液相阻断 ELISA 试验（国际贸易指定方法）主要用于检测抗体。其目的一是检测口蹄疫病毒感染，广泛用于国际贸易中；二是监测免疫抗体，评价口蹄疫疫苗免疫效力。此外，还可以进行病毒感染相关抗原（VIA）琼脂凝胶免疫扩散试验（AGID）检测被检血清中的抗体。

1.病料采集

病料的采集应根据检验目的（病毒抗原、病毒抗体、病毒核酸等）选择样品，采集样品时要填写样品采集登记表。

送检的样品包括水疱液（至少 1 mL）、剥落的水疱皮（3～5 g）、O/P 液（食管-咽部刮取黏液）、抗凝血或血清（血液 10～15 mL/头）等。死亡动物则可采淋巴结（3～5 个）、脊髓（3～5 cm）、扁桃体和心脏（3～5 g）等组织。样品应密封冷冻保存，或组织病料置于 pH 7.6 的 50%甘油磷酸盐缓冲液中保存。每份样品的包装瓶上均要贴上标签，写明采样地点、动物种类、编号、时间等。尽快放入带有冰块的冷藏箱内，运送到检验单位。

2.病毒分离鉴定

送检的样品包括水疱液和水疱皮等，常用 BHK 细胞、HBRS 细胞等进行病毒的分离，做蚀斑试验,同时应用 ELISA 试剂盒诊断。如果样品中病毒的滴度较低,可用 BHK-21 细胞培养分离病毒,然后通过 ELISA 或中和试验加以鉴定。

3.动物接种试验

在严格隔离条件下,可将病料接种于易感动物。采水疱皮制成悬液,接种豚鼠跖部皮内,注射部位出现水疱可确诊。

4.血清学诊断

常用 ELISA、间接 ELISA 以及荧光抗体试验急性诊断。应用补体结合试验、琼脂扩散试验等血清学诊断可对口蹄疫血清型做出鉴定以及 RT-PCR 分子生物学诊断。

通过检测 3ABC(非结构蛋白)抗体可区分野毒感染与疫苗接种。免疫动物 3ABC 抗体阴性(疫苗中没有的非结构蛋白),感染动物则为阳性。

对口蹄疫的诊断还必须确定其血清型,这对本病的防治是极为重要的,因为只有同型免疫才能起到良好的保护作用。

(四)防治

本病康复后获得坚强的免疫力,能抵抗同型强毒的攻击,免疫期至少 1 年,但可被异型病毒感染。

由于病毒高度的传染力,防治措施必须非常严密。严格检疫,严禁从疫区调入牲畜,一旦发病,立即上报疫情,严格封锁现场,焚毁病畜,周边地区畜群紧急免疫接种疫苗,建立免疫防护带。

常发病地区定期应用同种血清型的口蹄疫疫苗进行预防接种,人工主动免疫可用弱毒苗或灭活苗及基因工程疫苗。弱毒苗有兔化口蹄疫疫苗、鼠化口蹄疫疫苗、鸡胚苗及细胞苗。灭活苗有氢氧化铝甲醛苗和结晶紫甘油疫苗。但是弱毒苗有可能散毒,并对其他动物不安全,例如用于牛的弱毒疫苗对猪有致病力,且弱毒疫苗中的活病毒可能在畜体和肉中长期存在,构成疫病散播的潜在威胁;而病毒在多次通过易感动物后可能出现毒力反相,更是一个不可忽视的问题。推荐使用浓缩的灭活苗进行免疫。我国对口蹄疫实行强制免疫制度。

二、狂犬病病毒

狂犬病病毒侵害动物的神经系统,能引起人和各种温血动物的狂犬病。感染的动物和人一旦发病,难免死亡。临床特征为各种形式的神经兴奋、狂暴和意思障碍,最后麻痹而死亡。病理组织学特征为脑神经细胞内形成嗜酸性包涵体即内基氏小体。狂犬病又称恐水症。

(一)生物学特性

1.形态与结构

狂犬病病毒是单股 RNA 病毒,为弹状病毒科、狂犬病病毒属的成员。病毒粒子呈子弹形,一端圆而细,另一端粗而平截,长 180～200 nm,直径 75～80 nm,具有囊膜及囊膜粒,圆柱状的核衣壳呈螺旋形对称,在胞浆内复制。病毒在动物体内主要存在于中枢神经组织、唾液腺和唾液内。在自然条件下,能使动物感染的强毒株称野毒或街毒。街毒对兔的毒力较弱,如用脑内接种,连续传代后,对兔的毒力增强,而对人及其他动物的毒力降低,称为固定毒,可用于疫苗生产。感染街毒的动物在脑组织神经细胞可形成胞浆包涵体即内基氏小体。通过实验动物继代后,病毒的毒力减弱,可用来制备弱毒疫苗。

2.抵抗力

本病毒能抵抗自溶及腐烂,在自溶的脑组织中可保持活力 7～10 d。反复冻融、紫外线照射、蛋白酶、酸、胆盐、乙醚、升汞、70%酒精、季铵盐类消毒剂、自然光及热等处理都可迅速降低病毒活力,56℃ 15～30 min 即可灭活病毒。3%石炭酸、0.1%升汞、1%来苏儿等均可迅速使其灭活。

(二)致病性

犬、猫等各种哺乳动物对狂犬病病毒都有易感性。实验动物中,家兔、大鼠、小鼠均可用人工接种而感染。鸽及鹅对狂犬病有天然免疫性。易感动物常因被疯犬、健康带毒犬或其他狂犬病患畜咬伤而发病。此外,当健康动物皮肤黏膜损伤时,接触病畜的唾液,也有感染的可能性。病毒存在于神经系统(大脑、延脑、小脑、脊髓和大的神经干)和唾液腺及唾液中,通过伤口侵入机体,在伤口附近的肌细胞内复制,而后通过感觉或运动神经末梢及神经轴索上行至中枢神经系统,在脑的边缘系统大量复制,导致脑损伤,出现行为失控、兴奋继而麻痹的神经症状。人也易感,注意人身防护,防止感染性病料或气溶胶进入黏膜和伤口。感染人和动物一旦发病,病死率几乎 100%。

(三)微生物学检测

根据明显的临诊症状,结合病史和病理变化进行综合分析,可以做出初步诊断,确诊需进行实验室诊断。在大多数国家仅限于获得认可的实验室及具有确认资格的人员才能做狂犬病的实验室诊断,按照 GB/T 18639－2002 狂犬病诊断技术规程进行。常用的诊断方法如下:

1.包涵体检查

取病死动物的脑组织(海马角、小脑和延脑等),用载玻片做成压印片。室温自然干燥,甲醇固定 2 min,滴加数滴塞勒染色液(由 2%亚甲蓝醇 15 mL,4%碱性复红 2～4 mL,纯甲醇 25 mL 配成),染 1～5 s,水洗干燥后镜检,阳性结果可见内基氏小体为樱桃红色,嗜碱性颗粒及细胞核呈深蓝色,细胞浆呈蓝紫色,间质则呈粉红色。有 70%～90%的病犬可检出胞浆包涵体,如出现阴性,应采用其他方法再进行检查。

2.血清学诊断

免疫荧光试验是世界卫生组织推荐的方法,是一种快速、特异性很强的方法。还可采用琼扩试验、ELISA、中和试验、补体结合试验等进行血清学诊断以及 RT-PCR 分子生物学诊断。必要时做病毒的分离和动物接种试验鉴定。

(四)防治

由于狂犬病的病死率高,人和动物又日渐亲近,所以对狂犬病的控制是保护人类健康的重要任务。目前各国采取的控制措施大致分为几个方面:扑杀狂犬病患畜,对家养犬猫定期免疫接种,检疫控制输入犬,捕杀流浪犬。这些措施大大降低了人和动物狂犬病的发病率。

狂犬病的疫苗接种分为 2 种:对犬等动物,主要是作预防性接种弱毒疫苗;对人,则是在被病犬或其他可疑动物咬伤后作紧急接种,使其在潜伏期内产生自动免疫。对经常接触犬、猫等动物的兽医或其他人员,也应考虑进行预防性接种。注意监测带毒的野生动物。发达国家对狐狸和狼投放含狂犬病弱毒疫苗的食饵,对臭鼬等野生动物使用基因工程重组疫苗。

被狂犬病可疑动物咬伤者,应立即用大量 20%肥皂水、0.1%新洁尔灭溶液或清水充分冲洗,再用 70%酒精或 2%～3%碘酒消毒,彻底清理伤口,注射狂犬病疫苗。必要时,应同时注射狂犬病免疫血清（或精制免疫球蛋白）。应将狂犬病尸体连同污物一起焚毁或深埋，不得留作他用。污染的场地、器械和工作服等应彻底消毒。

三、痘病毒

痘病毒可引起各种动物的痘病。痘病是一种急性和热性传染病，其特征是皮肤和黏膜发生特异性的丘疹和疱疹，通常取良性经过。各种动物的痘病中以绵羊痘和鸡痘最为严重，病死率较高。由山羊痘病毒引起的绵羊痘和山羊痘是 OIE 规定为 A 类疫病，我国也把绵羊痘和山羊痘定为 17 个一类疫病之一。我国把禽痘列入二类动物疫病。

（一）生物学特性

1. 形态与结构

引起各种动物痘病的痘病毒分别属于痘病毒科、脊椎动物痘病毒亚科的正痘病毒属、山羊痘病毒属、猪痘病毒属和禽痘病毒属，均为双股 DNA 病毒，有囊膜，呈砖形或卵圆形。砖形粒子大小约为长 220～450 nm，宽 140～260 nm，厚 140～260 nm，卵圆形者长 250～300 nm，直径为 160～190 nm。是动物病毒中体积最大、结构最复杂的病毒。多数痘病毒在其感染的细胞内形成胞浆包涵体，包涵体内所含病毒粒子又称原生小体。

大多数的痘病毒易在鸡胚绒毛尿囊膜上生长，并于接种后第 6 d 产生溃烂的病灶、灰白色斑点状的痘斑或结节性病灶。痘斑的形态和大小随病毒种类或毒株而不同。

2. 抵抗力

痘病毒对热的抵抗力不强。55℃ 20 min 或 37℃ 24 h 均可使病毒丧失感染力。对冷及干燥的抵抗力较强，冻干至少可以保存 3 年以上；在干燥的痂皮中可存活几个月。将痘病毒置于 50％甘油中，−15～−10℃ 环境条件下，可保存 3～4 年。在 pH3 的环境下，病毒可逐渐地丧失感染能力。紫外线或直射阳光可将病毒迅速杀死。0.5％福尔马林、3％石炭酸、0.01％碘溶液、3％硫酸、3％盐酸可于数分钟内使其丧失感染力。常用的 1％碱溶液或 70％酒精 10 min 也可以使其灭活。

（二）致病性

各种痘病毒感染寄主具有严格的专一性。绵羊痘病毒是山羊痘病毒属的病毒。病毒可通过空气传播，吸入感染，也可通过伤口和厩蝇等吸血昆虫叮咬感染。在自然条件下，只有绵羊发生感染，出现全身性痘疱，多在眼周围、唇、鼻、颊、四肢、尾内面及阴唇、乳房、阴囊和包皮上形成痘疹。肺经常出现特征性干酪样结节，感染细胞的胞浆中出现包涵体。各种绵羊的易感性不同，死亡率在 5％～50％不等。有些毒株可感染牛和山羊，产生局部病变。

鸡痘病毒是禽痘病毒属的代表种，在自然情况下，各种年龄的鸡都易感，但多见于 5～12 月龄的鸡。直接接触传播，脱落和碎散的痘痂是禽痘病毒散播的主要形式之一；蚊虫叮咬是夏秋的主要传播途径。有皮肤型和白喉型两种病型。皮肤型主要是在无毛或少毛部位的皮肤有增生型病变并结痂；白喉型则主要在口腔、咽喉部和气管等消化道和呼吸道黏膜表面形成白色不透明结节甚至奶酪样坏死的伪膜。

康复动物能获得坚强的终生免疫力。痘病毒的寄主亲和性较强，通常不发生交叉传染，但牛痘病毒例外，可以传染给人，症状很轻微，而且能使感染者获得对天花的免疫力。

（三）微生物学检测

痘病一般通过典型临床症状和发病情况即可作出初步诊断。应用组织学方法寻找感染上皮细胞内的大型嗜酸性包涵体和原生小体,也有较大的诊断意义。如需确诊,可采取痘疱皮或痘疱液、血清进行病毒的分离培养、琼脂扩散试验、中和试验、荧光抗体检测或电镜观察病毒颗粒进行病原学检测,按照 NY/T 576—2002 绵羊痘和山羊痘诊断技术及 NY/SY 170—2000 鸡痘诊断技术规程、SN/T 1226—2003 禽痘抗体检测方法规程进行。

1. 原生小体检查

对无典型症状的病例,采取痘疹组织涂片,按莫洛佐夫镀银法染色后,在油镜下观察,可见背景为淡黄色,细胞浆内有深褐色的球菌样圆形小颗粒,单在、成双、短链或成堆状,即为原生小体。

2. 病毒分离鉴定

必要时可取经研磨和抗菌处理的病料,用生理盐水制成乳剂,接种于鸡胚绒毛尿囊膜或采用划痕法接种于家兔、豚鼠等实验动物。适当培养后,观察鸡胚绒毛尿囊膜上生长的痘斑或动物皮肤上出现的特异性痘疹,进一步检查感染细胞胞浆中的原生小体进行鉴定。

3. 血清学诊断

将可疑病料做成乳剂并以此为抗原,同其阳性血清做琼脂扩散试验,如出现沉淀线,即可确诊。此外,还可用补体结合试验、中和试验等进行诊断。

(四)防治

主要采用疫苗的免疫接种,效果良好。鸡痘:鸡痘鹌鹑化弱毒疫苗,翅膀内侧无血管处皮下刺种,首免可在 25～30 日龄,二免在开产前(120 日龄)进行,接种后 4～6 d 在接种部位出现痘肿或结痂为合格,否则要更换疫苗再接种。绵羊痘:羊痘氢氧化铝疫苗,皮下注射 0.5～1 mL 或用鸡胚化羊痘弱毒疫苗,尾部或股内侧皮内注射 0.5～1 mL,4～6 d 后可产生坚强免疫力,免疫期均为 1 年。山羊痘:氢氧化铝甲醛灭活疫苗,皮下注射 0.5～1 mL,免疫期 1 年。目前有人用羔羊肾细胞培养致弱病毒试制弱毒疫苗。

四、猪瘟病毒

猪瘟病毒(CSFV)是猪瘟的病原体,只侵害猪,可引起各种年龄的猪只发病。该病为急性、热性、高度接触性的传染病。主要特征是病猪高热稽留,呈败血症状,心血管变性而引起全身各器官广泛性出血、梗死和坏死等表现,或者母猪发生繁殖障碍。该病毒感染后发病率极高,死亡率有时高达 80%～100%,呈全球流行,给养猪业造成严重经济损失,是猪最重要的一种传染病。OIE 将本病列入 A 类传染病之一,并规定为国际贸易重点检疫对象,我国将其列为一类动物疫病。

(一)生物学特性

1. 形态与结构

猪瘟病毒是单股 RNA 病毒,为黄病毒科、瘟病毒属的成员。病毒粒子呈球形,直径约为 38～44 nm,核衣壳为二十面体,有囊膜,囊膜上有类似穗样的糖蛋白纤突,在胞浆内复制,以出芽方式释放。

猪瘟病毒没有血清型的区别,只有毒力强弱之分。在强毒株、弱毒株或几乎无毒力的毒株之间,有各种逐渐过渡的毒株。近年来已经证实,猪瘟病毒与牛病毒性腹泻病病毒有共同的抗原性,既有血清学交叉反应,又有交叉保护作用。

本病毒只在猪源原代细胞如猪肾、睾丸和白细胞等或传代细胞如 PK-15 细胞、IBRS-2 细胞中增殖,但不能产生细胞病变。

2. 抵抗力

该病毒对理化因素的抵抗力较强,血液中的病毒 56℃ 60 min 或 60℃ 10 min 才能被灭活,室温能存活 2～5 个月,在冻肉中可存活 6 个月之久,病毒冻干后在 4～6℃ 条件下可存活一年。阳光直射 5～9 h 可失活,1%～2%烧碱或 10%～20%石灰水 15～60 min 能杀灭病毒。猪瘟病料加等量含 0.5%石炭酸的 50%甘油生理盐水,在室温下能保存数周,可用于送检材料的防腐。猪瘟病毒在 pH 5～10 条件下稳定,对乙醚、氯仿敏感,能被迅速灭活。

(二)致病性

猪瘟病毒只能感染猪,各种年龄、性别及品种的猪均可感染。野猪也有易感性。典型猪瘟为急性型,伴有高热、厌食、委顿及结膜炎;亚急性及慢性型的潜伏期及病程均延长,感染怀孕母猪导致死胎、流产、木乃伊胎或死产,所产仔猪不死者产生免疫耐性,表现为颤抖、矮小并终身排毒,多在数月内死亡。病毒最主要入侵途径是通过采食,扁桃体是最先定居的器官。组织器官的出血病灶和脾梗塞是特征性病变。肠黏膜的坏死性溃疡形成"纽扣状"可见于亚急性及慢性型病例。病死的慢性病猪最显著的病变是胸腺、脾及淋巴结生发中心完全萎缩。

人工接种后,除马、猫、鸽等动物表现感染(及临床症状)外,对其他动物均无致病性。能一过性的在牛、羊、兔、豚鼠和小鼠体内增殖,但不致病。人工感染于兔体后毒力减弱,如我国的猪瘟兔化弱毒株,已用其作为制造疫苗的种毒。病猪或隐性感染猪是主要的传染来源,既可水平传播,也可垂直传播。健康猪接触污染的饲料和饮水,通过消化道感染发病。此外,各种用具如车辆、猪场人员的衣着等都是传播媒介。

(三)微生物学检测

应在国家认可的实验室进行诊断,按照 GB/T 16551—2008 猪瘟诊断技术及 NY/SY 156—2000 猪瘟诊断技术规程进行。实验室诊断方法主要包括:兔体交互免疫试验、免疫酶染色试验、直接免疫荧光抗体试验、反转录聚合酶链式反应和病毒分离与鉴定试验等五种方法主要用于猪瘟病毒和抗原的诊断,以发现带毒猪和自然感染猪;猪瘟单抗体酶联免疫吸附试验和荧光抗体病毒中和试验主要用于猪瘟抗体的监测和免疫效果评估,其中,单抗体酶联免疫吸附试验主要用于猪瘟抗体的鉴别诊断,可区别诊断猪瘟自然感染猪,免疫猪,强、弱毒抗体阳性猪及猪瘟抗体阴性猪。

1. 病料的采集

无菌采集扁桃体、脾、肾、淋巴结、血液和回肠末段等。急性病例的首选病料是扁桃体,而慢性病料的首选病料则为回肠末段。注意应采集多个病猪的病料,且采集的病料不添加防腐剂,于低温条件下尽快送到实验室。

2. 病毒分离鉴定

是目前检测猪瘟病毒最确切的方法。采取疑似病例的扁桃体、脾、肾脏、淋巴结、血液等,经研磨、离心、除菌和过滤后,用 PK-15 株细胞(猪肾上皮细胞)或猪淋巴细胞分离培养病毒,因为不能产生细胞病变,通常接种后 24～72 h 用荧光抗体技术进一步检测细胞浆内病毒抗原。

3.兔体交互免疫试验

本方法的优点是能判定被检病料中存在的是猪瘟野毒株还是弱毒株,并且较敏感,但需要10 d 左右的时间才能获得结果。具体操作如下:

(1)样品处理 将病猪的淋巴结、脾脏和肾脏磨碎后用无热原性的生理盐水作1∶10稀释,加双抗(青霉素1 000 IU/mL 和链霉素各1 000 μg/mL)处理。

(2)接种家兔 将上述处理的样品肌肉注射3只健康家兔(体重2 kg 左右),每只5 mL,另设3只不注射病料而仅注射生理盐水的对照兔,24 h 后,每隔6 h 测体温1次,每天3~4次,并作记录,连续测温5 d。

(3)接种兔毒 接种样品5 d 后对所有家兔静脉注射用无热原性的生理盐水稀释成1 mL含有100个兔体最小感染量的猪瘟兔化弱毒(淋巴、脾脏毒),每只1 mL,同时增设2只仅注射猪瘟兔体弱毒的对照兔。24 h 后,每隔6 h 测体温1次,连续测96 h,注射生理盐水和仅注射猪瘟兔化弱毒的两组对照兔分别2/3和2/2出现定型热或轻型热,试验成立。

(4)判定标准 猪瘟强毒不引起家兔体温反应,但能使其产生免疫力,从而能抵抗猪瘟兔化弱毒的攻击。因此,可以利用猪瘟兔化弱毒攻击后是否出现体温反应作指标,以判定第1次接种病料中是否含有猪瘟病毒。实验组的试验结果判定见表3-6。

表3-6 兔体交互免疫试验结果判定

接种病料后体温反应	接种猪瘟兔化弱毒后体温反应	结果判定
—	—	含猪瘟强毒、野毒
—	＋	不含任何猪瘟病毒
＋	—	含猪瘟兔化弱毒
＋	＋	含非猪瘟病毒热原性物质
对照兔	＋	含猪瘟兔化弱毒

注:"＋"表示多于或等于2/3的动物有体温反应,"—"表示无体温反应。

4.血清学诊断

常用直接免疫荧光抗体法、酶标抗体法、荧光抗体病毒中和试验、猪瘟单抗体酶联免疫吸附试验等血清学实验来直接确诊。用RT-PCR 分子生物学诊断可快速检测感染组织中的猪瘟病毒核酸。

(四)防治

免疫接种是防治猪瘟的最重要手段,我国研制的猪瘟兔化弱毒疫苗是国际公认的有效疫苗,得到广泛应用,自2007年起将猪瘟纳入国家强制免疫范畴。猪瘟兔化弱毒苗有许多优点:对强毒有干扰作用,接种后不久即有保护力;接种后4~6 d 产生较强的免疫力,维持时间可达18个月,但乳猪产生的免疫力较弱,可维持6个月;接种后无不良反应,妊娠母猪接种后没有发现胎儿异常的现象;制法简单,效力可靠。细胞苗(犊牛睾丸细胞苗)和脾淋苗的免疫效果很好。

发达国家控制猪瘟的有效措施是"检测加屠宰";通过有效的疫苗接种,将需淘汰的猪降到最低数量,以减少经济损失;用适当的诊断技术对猪群进行检测,将检出阳性的猪全群扑杀。同时,尽可能消除持续感染猪不断排毒的危险性。猪瘟的消灭需要政府部门及各级人员高度负责。

五、猪繁殖与呼吸综合征病毒

猪繁殖与呼吸综合征病毒(PRRSV)主要危害种公猪、繁殖母猪及仔猪,是猪呼吸与繁殖综合征的病原体。该病是一种猪的高度接触性传染病,被感染猪主要表现为厌食、发热、耳发绀(故曾称为蓝耳病)、繁殖机能障碍(母猪发生流产、死胎、弱胎、木乃伊胎)和仔猪呼吸困难、高死亡率等特征,1987 年在美国、1990 年在欧洲相继发现,目前几乎遍及世界各国的家猪和野猪,给养猪场带来巨大损失。在 2006 年夏季,由 PRRSV 变异株引起的"高热综合征"在我国暴发,呈现高发病率和高死亡率的特点,成为危害我国养猪业的新疫病之一,我国将其称为"高致病性猪蓝耳病",列入一类动物疫病。

(一)生物学特性

1. 形态与结构

PRRSV 是单股 RNA 病毒,为动脉炎病毒科、动脉炎病毒属的成员。病毒粒子为球状颗粒,直径为 48~83 nm,核衣壳呈 20 面体对称,有囊膜。本病毒不凝集红细胞。

该病毒仅能在猪肺泡巨噬细胞和 CL-2621、MARC-145 细胞(二者来自于猴身细胞)上生长,并产生细胞病变。目前将 PRRSV 分为两个基因型,欧洲型和北美型,二者在抗原上有差异。

2. 抵抗力

该病毒对乙醚、氯仿敏感,不耐热,56℃ 45 min 或 37℃ 48 h 可彻底灭活。不耐酸碱,在 pH 低于 5 或高于 2 的环境中,病毒感染性将损失 90% 以上。甲醛熏蒸、5% 漂白粉溶液等具有消毒效果。-70℃ 可保存 4 个月。

(二)致病性

PRRSV 仅感染猪,不同年龄、性别和品种的猪均可感染,但易感性有一定差异。母猪和仔猪较易感,发病时症状较为严重。可造成母猪怀孕后期流产、死胎和木乃伊胎;仔猪呼吸困难,易继发感染,死亡率高;公猪精液品质下降。可经呼吸道感染,也可垂直传播。病毒侵害单核细胞和巨噬细胞造成免疫抑制。猪感染若干星期内于抗体存在的同时出现病毒血症,并持续感染而排毒,导致病毒在猪群中反复传播而难以根除。PRRSV 特异性抗体可增强病毒感染性,这种抗体依赖性增强作用是 PRRSV 的一个重要生物学特性。高致病性毒株感染可造成不同阶段猪的高发病率和高死亡率。

(三)微生物学检测

PRRS 的诊断方法有多种。依据流行病学、临床症状和病理变化只可做出初步诊断,确诊必须依靠实验室检查按照 GB/T 18090—2008 猪繁殖与呼吸综合征诊断方法规程进行。目前已建立和应用的实验室诊断技术有病毒的分离与鉴定、免疫过氧化物酶单层试验(IPMA)、间接免疫荧光试验(IFA)、间接酶联免疫吸附试验(间接 ELISA)和 RT-PCR 等。病毒的分离与鉴定多用于急性病例的确诊和新疫区的确定,RT-PCR 适用于该病病原的快速诊断。血清学方法主要用于检测 PRRSV 抗体。IPMA、IFA 和间接 ELISA 三者特异性相似,但以间接 ELISA 的敏感性最高,群体水平上进行血清学诊断较易操作、特异性强、敏感性高,但是对个体检测比较困难,有时出现非特异性反应,但是在 2~4 周后采血检测能够解决此问题。

当在临床上怀疑有 PRRSV 感染时,可根据实际情况,由上述几种方法中选用一种或两种方法进行确诊。对于未接种过 PRRS 疫苗的猪,经任何一种方法检测呈现阳性结果时,都可最终判定为 PRRSV 感染猪。对接种过 PRRS 灭活疫苗并在疫苗免疫期内的猪或已超越疫苗免疫期的猪,当病毒分离鉴定试验为阳性结果时,可终判为 PRRSV 感染猪;当仅血清学试验呈阳性结果时,应结合病史和疫苗接种史进行综合判定,不可一律视为 PRRSV 感染猪。

1.病料的采集

在流产猪崽中的病毒很快失活,应尽可能迅速采样。采集病猪的肺、扁桃体、脾、支气管淋巴结,流产胎儿的组织病料(肠、腹水),母猪血液、鼻拭子和粪便,哺乳仔猪的肺、脾、支气管淋巴结、血液等。

2.病毒分离鉴定

病毒培养较困难。将采集的病料制成病毒悬液(木乃伊胎儿和组织自溶胎儿不宜用于病毒分离),处理后接种于仔猪的肺泡巨噬细胞进行培养,观察细胞病变,再用免疫过氧化物酶法染色或间接免疫荧光试验进行鉴定。

3.血清学诊断

适合于群体水平检测,而不适合于个体检测。常用方法有间接 ELISA、间接免疫荧光抗体试验、免疫过氧化物酶单层试验等检测抗体。RT-PCR 分子生物学诊断适用于该病病原的快速诊断。

(四)防治

采取综合防治措施,提倡自繁自养,引种时严格检测,避免引进带毒猪和发病猪。目前国内已研制成功猪繁殖与呼吸综合征灭活疫苗和弱毒疫苗,预防接种是控制本病的有效途径。灭活疫苗安全性高,但免疫效果差,需要多次免疫,适用于母猪和种公猪配种前和每年的常规免疫;活疫苗免疫效果好,可适用于仔猪和保育猪免疫接种,但存在散毒和毒力返强的危险,应严格按疫苗说明书方法使用。我国对高致病性猪蓝耳病实行强制免疫制度,免疫密度要达到100%,免疫抗体合格率全年保持在 70% 以上。

六、猪传染性胃肠炎病毒

猪传染性胃肠炎病毒(TGEV)是猪传染性胃肠炎的病原体。猪传染性胃肠炎是一种高度接触性急性胃肠道传染病。临床特征为呕吐、水样腹泻和脱水。仅感染猪,而且各种年龄的猪均可感染,1 周龄以内的仔猪病死率可达 100%。大多数养猪国家都有本病发生,给养猪业造成巨大的经济损失。世界动物卫生组织(OIE)将本病定为 B 类传染病,我国将其列入三类动物疫病,是我国法定检疫的疫病。

(一)主要生物学特征

1.形态与结构

TGEV 是单股 RNA 病毒,为冠状病毒科、冠状病毒属。有囊膜,其表面有放射状纤突,为"冠状"结构。长 12~25 nm,病毒粒子多呈球形或椭圆形,直径为 80~160 nm。病毒粒子以磷钨酸负染色后,可见到一个电子透明中心或没有特征的核心。TGEV 只有一个血清型,各毒株之间有密切的抗原关系。本病毒不凝集红细胞。

该病毒不易在鸡胚和实验动物体内增殖,可在猪肾细胞、猪甲状腺细胞和睾丸细胞上增殖。IBRS-2、ST、PK-15 细胞系是实验室进行病毒增殖的常用细胞系。

2.抵抗力

病毒粒子对日光和热敏感,在阳光下 6 h 即被灭活,56℃ 45 min、65℃ 10 min 失去活性,37℃条件下存放 4 d,病毒感染性全部丧失。病毒对胰蛋白酶和猪胆汁有抵抗力,在 pH 4~8 条件下稳定,pH 2.5 时则失活。在低温条件下储存稳定,-20℃条件下储存 1 年,病毒滴度无明显下降。常用消毒药容易将其杀死,0.05%甲醛经 20 min,0.5%石炭酸经 30 min 可被灭活。

(二)致病性

TGEV 仅引起猪发病,各种年龄猪均可感染发病,1 周龄以内的仔猪突然发病,先呕吐,继而水样腹泻,粪便为黄色、绿色、白色等,可含有未消化的凝乳块。病猪明显脱水,出现症状后 2~7 d 死亡,病死率可达 100%;随着年龄增长临床症状渐轻,病死率逐渐降低,5 周龄以上仔猪的病死率降至 10%以下。病变仅限于胃肠道,包括胃肿胀及小肠肿胀,内含未吸收的乳。由于绒毛损坏,肠壁变薄,如将肠道浸于等渗的缓冲液中,清晰可见。病毒经消化道进入机体,潜伏期 18~72 h。病猪和带毒猪是主要传染源,从分泌物、排泄物及呼出气体排出病毒,可通过饲料、垫草及乳汁散布病毒,经消化道和呼吸道感染。

(三)微生物学检测

根据流行病学、临床症状和病理变化可以初步诊断,确诊需进行实验室诊断按照 NY/T 548—2002 猪传染性胃肠炎诊断技术规程进行。取疾病早期阶段的仔猪肠黏膜作涂片或冰冻切片,通过荧光抗体或 ELISA 可快速检出病毒。RT-PCR 可检测粪便中的 TGEV,同时与流行性腹泻病毒和/或猪呼吸道冠状病毒(PRCV)相区分。对扩增产物进行测序或酶切鉴定,能区分不同的 TGEV 毒株。

1.病料的采集

病毒主要存在于空肠、十二指肠及回肠的黏膜,在鼻腔、气管、肺的黏膜及扁桃体、颌下及肠系膜淋巴结等处也能查出病毒。急性病例采取空肠(中段)、扁桃体、肠系膜淋巴结等,慢性、隐性感染病例采取扁桃体。

采集病猪的肛门拭子、粪、一段空肠,两端扎住,取其内容物及小肠用于分离病毒,样品冷冻保存。

2.病毒分离鉴定

将采集的空肠在灭菌的平皿中剪碎及肠内容物,加含有双抗(青霉素 1 000 IU/mL 和链霉素 1 mg/mL)的 PBS 液制成 5 倍悬液,在 4℃下 3 000 r/min 离心 30 min,取上清液,经 0.22 μm 微孔滤膜过滤,分装,-20℃保存。

病毒分离可用猪甲状腺原代细胞、猪甲状腺细胞株 PD5 或睾丸细胞,产生细胞病变,再进一步用电镜观察、直接荧光法或 RT-PCR 进行鉴定。

3.动物接种试验

取病猪粪便或空肠组织,制成 5%~10%悬液,取上清液加抗生素处理后,喂给 2~7 日龄的仔猪,若病料中有病毒存在,仔猪常在 18~72 h 内发生呕吐及严重腹泻,并可引起死亡。

4.血清学诊断

检测病毒抗原的直接免疫荧光法、双抗体夹心 ELISA 及检测血清抗体的中和试验、间接 ELISA 试验技术。

取组织样本制成 $4 \sim 7\ \mu m$ 冰冻切片,或扁桃体、肠系膜淋巴结的横断面抹片,或刮取空肠黏膜面做压片,通过直接荧光抗体法,可快速检出病毒。也可取发病猪粪便或仔猪肠内容物,用浓盐水 $1:5$ 稀释,$3\ 000\ r/min$ 离心 $20\ min$,取上清液,经 $0.22\ \mu m$ 微孔滤膜过滤,通过双抗体夹心 ELISA 可检出病毒。

采集同一动物的发病初期及康复期(3 周后)双份血清样品($56℃$ 水浴灭活 $30\ min$)做血清抗体中和试验或间接 ELISA 检测抗体,若康复期血清滴度超过急性期 4 倍以上即为阳性。根据抗体消长规律确定病毒的感染情况,是最确实的诊断方法,具有流行病学价值。

(四)防治

避免从疫区和疫场引进猪;及时隔离病猪;做好卫生消毒。采取疫苗接种,使用我国研制的猪传染性胃肠炎弱毒疫苗,妊娠母猪于产前 $45\ d$ 肌肉注射 $1\ mL$,$15\ d$ 再滴鼻 $1\ mL$,可产生母源抗体,仔猪可通过吃母乳获得被动免疫效果。出生后 $1 \sim 2$ 日龄的仔猪进行口服接种,$4 \sim 5\ d$ 产生免疫力。每头新生仔猪口服 $10\ mL$ 康复猪的抗凝血或高免血液,连用 3 天,有很好防效。注意血清中的 IgG 抗体不能提供保护,非经肠免疫不能产生母源免疫,唯有通过黏膜免疫产生 IgA 抗体才有效。用强毒株灭活疫苗接种怀孕母猪也可使仔猪通过母源抗体获得最佳保护。

七、新城疫病毒

新城疫病毒(NDV)是鸡和火鸡新城疫的病原体。新城疫又称亚洲鸡瘟或伪鸡瘟,此病具有高度接触性致死性传染病,常呈败血症经过,死亡率在 90% 以上,对养鸡业危害极大。主要特征是呼吸困难、下痢(黄绿色或黄白色)、神经机能紊乱以及浆膜和黏膜显著出血。新城疫是 OIE 规定的 A 类疫病,许多国家都有相应的立法。我国将其列为一类动物疫病。

(一)生物学特性

1. 形态与结构

NDV 是 RNA 病毒,为副黏病毒科、副黏病毒亚科、腮腺炎病毒属成员。病毒粒子有的近似球形,有的呈蝌蚪状,直径 $150 \sim 300\ nm$,核衣壳螺旋对称,有囊膜。囊膜上的纤突有血凝素、神经氨酸酶和融合蛋白,它们在病毒感染过程中发挥重要作用。神经氨酸酶介导病毒对易感细胞的吸附作用;融合蛋白以无活性的前体形式存在,在细胞蛋白酶的作用下裂解活化,暴露出末端的疏水区导致病毒与细胞融合;血凝素能使鸡、鸭、鸽、火鸡、人、豚鼠和小鼠等的红细胞出现凝集,这种血凝性能被特异的抗血清所抑制。

该病毒只有一个血清型,但不同毒株的毒力有较大差异,根据毒力的差异可将新城疫病毒分成 3 个类型,强毒型、中毒型和弱毒型。

NDV 多用鸡胚尿囊膜、尿囊腔或鸡胚细胞来分离培养,引起的细胞病变主要是形成合胞体和蚀斑。

2. 抵抗力

本病毒对外界环境抵抗力较强,pH $2 \sim 12$ 的环境下 $1\ h$ 不被破坏;在新城疫暴发后的 $2 \sim 8$ 周,仍能从鸡舍内分离到病毒;在鲜蛋中经几个月,在冻鸡中经两年仍有病毒生存。$56℃$ 可存活 $30 \sim 90\ min$,$-20℃$ 条件下可存活几个月,$-70℃$ 可存活几年,其感染力不受影响。易被紫外线灭活。常用消毒剂有 2% 氢氧化钠、$3\% \sim 5\%$ 来苏儿、10% 碘酊、70% 酒精等,$30\ min$ 内即可将病毒杀灭。大多数去污剂能将它迅速灭活。在 37℃ 的孵化器内,有 0.1% 福尔马林熏蒸 6 h 便可把它灭活。

(二)致病性

NDV 对不同宿主的致病力差异很大。鸡、火鸡、珍珠鸡、鹌鹑和野鸡对 NDV 都有易感性,其中鸡对 NDV 的易感性最高。而水禽如鸭、鹅可感染带毒,但不发病。哺乳动物中,牛及猫也有感染死亡的病例。绵羊、猪、猴、小鼠及地鼠可用人工方法感染。人类也可因接触病禽和活疫苗而感染,引起结膜炎、流感样症状及耳下腺炎等,但很快便康复。NDV 对鸡的致病作用主要由病毒株的毒力决定,鸡的年龄和环境条件也有影响。强毒株可使鸡群毁灭,弱毒株仅引起鸡群呼吸道感染和产蛋量下降,但可迅速康复。一般鸡越小,发病越急。本病一年四季均可发生,病鸡和带毒鸡是主要传染源。病毒主要通过气雾、污染的饲料、饮水传播,也可由病鸡与健康鸡直接接触,经眼结膜、呼吸道、消化道、皮肤外伤及交配而发生感染。耐过鸡可通过分泌物及排泄物排毒至少 4 周,有的持续感染的鸡甚至在接种疫苗后仍能排出所感染的野毒 40 多 d。

病毒首先在呼吸道及肠道黏膜上皮细胞复制,借助血流扩散到脾及骨髓,产生二次病毒血症,从而感染肺、肠及中枢神经系统。因肺充血及脑内呼吸中枢的损伤导致呼吸困难。

抗体产生迅速,HI 抗体在感染后 4～6 周即可检出,并可持续至少 2 年。HI 抗体的水平是衡量鸡群免疫力的指标。雏鸡的母源抗体保护可达 3～4 周。血液中 IgG 不能预防呼吸道感染,但可阻断病毒血症;分泌型 IgA 在呼吸道及肠道的保护方面具有重大作用。

(三)微生物学检测

病毒分离与鉴定是诊断新城疫最可靠的方法,按照 GB/T 16550-2008 新城疫诊断技术规程进行。常用方法有鸡胚接种分离病毒、HA 与 HI 试验、荧光抗体试验或 RT-PCR 等诊断,并在国家认证的实验室进行。

1.病料的采集

无菌操作采取病料。活鸡可用灭菌的棉拭子从气管或泄殖腔采集病理分泌物或排泄物(新鲜粪便),对雏鸡采集拭子容易造成损伤,可采集新鲜的粪便;发病初期死亡鸡取脑、肺脏和脾脏等,发病后期死亡鸡取脑和脊髓。脑组织含毒量高,不易污染,且易磨碎。如果死亡时间较长,可取气管或骨髓(含毒时间长)。采用气管棉拭子或泄殖腔棉拭子是采取新城疫病料的常用方法。若不能马上进行检测,可将病料置于含抗生素的等渗的 pH7.2 PBS 或 50% 甘油缓冲盐水内,抗生素视当时条件而定。但组织和气管拭子 2～3 mL 保存液中应含青霉素(2 000 IU/mL)、链霉素(2 mg/mL)、卡那霉素(50 μg/mL)或庆大霉素(50 μg/mL)和制霉菌素(1 000 IU/mL),如怀疑有支原体存在可加入土霉素(50 mg/mL);而粪便和泄殖腔拭子保存液抗生素浓度应提高 5 倍。加入抗生素后应调 pH7.2(用 0.2 mol/L 磷酸氢二钠)。在室温放置 1～2 h 后样品应尽快处理,没有条件的可在 4℃ 冰箱中作用 4～8 h 或过夜,或 37℃ 作用 30 min,以确保无菌。采集或处理的样品可在 2～8℃ 条件下保存,但不宜超过 24 h。若需长期保存,应置于低温条件下保存(-70℃ 贮存最好),但避免反复冻融(最多冻融 3 次),应及早处理。采集的样品密封后,用保温瓶加冰密封,尽快运送到实验室。

按常规方法采血分离血清备用。

2.病毒分离鉴定

采取病鸡脑、肺、脾、肝和血液等病料制成的匀浆液,无菌处理后取上清液,接种 9～11 日龄鸡胚尿囊腔,分离病毒,检查死亡胚胎病变。收集尿囊液,用 1% 鸡红细胞做 HA 试验,若出现红细胞凝集,再用新城疫标准阳性血清做 HI 试验即可确诊。病毒分离试验只有在患病初期或最急性期才能成功。由于养禽业普遍应用 ND 活疫苗,且自然界中存在着大量不同毒力的毒株,故从动物体内分离获得的 NDV,不能对 ND 做出正确诊断,分离株有必要进一步测定其毒力。

3. 血清学诊断

HA-HI 试验:将收获的鸡胚尿囊液,用 HA 及 HI 试验鉴定有无新城疫病毒增殖。用 HA 确定收获的尿囊液中病毒是否有血凝性及血凝价,再用鸡的新城疫标准阳性血清与鸡胚尿囊液做 HI 试验,如出现血凝现象被抑制时,即可确定尿囊液中的病毒为新城疫病毒,反之不是。

检测鸡群的 HI 抗体可作为辅助诊断方法,只适用于未进行免疫接种鸡群的诊断。由于鸡群常接种疫苗,因此难以用单份血清的血凝抑制价评价,而应采集发病鸡群急性期和康复期的双份血清,用 HI 试验测其抗体,若康复期比急性期抗体效价升高 4 倍以上,即可确诊。也可用病鸡组织压印片进行荧光抗体试验确诊,此方法更快、更灵敏。

在慢性新城疫流行区,可用 HI 试验作为监测手段。近些年,一些单位研究的 ELISA 快速诊断方法及分子生物学的 PCR 技术,在 NDV 的诊断及进出口检疫中也被广泛应用。

(四)防治

防治必须采取综合性措施,包括卫生、消毒、检疫和免疫等。由于 NDV 只有 1 个血清型,所以疫苗免疫效果良好,定期预防接种是防治本病的关键。通常采用由天然弱毒株筛选制备的活疫苗及强毒株制备的油乳剂灭活苗。活疫苗接种后疫苗在体内繁殖,刺激机体产生体液免疫、细胞免疫和局部免疫;灭活苗接种后无病毒增殖,靠注射进入体内的抗原刺激产生体液免疫,对细胞免疫和局部免疫无大作用。

目前,我国常用的生产弱毒疫苗的毒株有 Mukte-swar 系(又称印度系)、B1 系、F 系以及 LaSota 系 4 种,制备的疫苗分别称为Ⅰ、Ⅱ、Ⅲ、Ⅳ系疫苗。其中Ⅰ系疫苗是一种中等毒力的活苗,致病力较强,适用于经过新城疫弱毒力的疫苗(如Ⅱ、Ⅲ、Ⅳ系)免疫过的鸡或 2 月龄以上的鸡接种,常用于加强免疫。多采用肌肉注射或皮下刺种的方法接种。不得用于雏鸡,对雏鸡使用后会引起较重的接种反应,甚至发病致死和排毒,国外有的国家禁止使用,我国家禽生产中也逐步停止使用。Ⅰ系疫苗的优点是免疫原性好,产生抗体速度快,3~4 d 即可产生免疫力,免疫期较其他活疫苗长,可达 1 年以上。在发病地区常用来做紧急预防接种。

新城疫Ⅱ、Ⅲ、Ⅳ系、克隆-30 疫苗毒力较弱,适用于所有年龄的鸡,其中克隆-30、Ⅳ系的效果好于Ⅱ系Ⅲ系,可作滴鼻、点眼、饮水、气雾免疫等,但气雾免疫最好在 2 月龄以后采用,以防止诱发慢性呼吸道疾病。

新城疫的免疫接种除使用弱毒疫苗外,近 10 年新城疫油佐剂灭活苗的应用也很广泛,灭活苗对鸡安全,效力可靠,免疫期长,对于各种日龄鸡的免疫均可使用,免疫方法为皮下或肌肉注射。但是注射后需 10~20 d 才产生免疫力。实践生产中,弱毒疫苗与灭活疫苗配合使用,活苗能促进灭活苗的免疫反应,能收到较好的免疫效果。

免疫接种时,必须根据免疫的流行情况、鸡的品种、日龄、疫苗的种类等制定好免疫程序,并按程序进行免疫。主要根据雏鸡母源抗体水平确定最佳首免日龄,以及根据疫苗接种后的抗体滴度和鸡群生产特点,确定加强免疫的时间。一般母源抗体 HI 在 2^3 时可以进行第一次免疫,在 HI 高于 2^3 时,进行首免几乎不产生免疫应答。在有条件的鸡场,定期检测鸡群血清 HI 抗体水平,全面了解鸡群的免疫状态,确保免疫程序的合理性以及疫苗接种效果。

由于鸡在免疫接种后 15 d 仍能排出疫苗毒,因此有些国家规定鸡在免疫接种 21 d 后才可调运。

八、禽流感病毒

禽流感病毒(AIV)是禽流感的病原体。禽流感又称欧洲鸡瘟或真性鸡瘟。该病是一种呼唤系统、全身性败血症等多种病症的禽类烈性传染病。该病的流行特点是发病急骤、传播迅速、感染谱广、流行范围大,并可引起鸡和火鸡等大批死亡,禽流感的暴发流行给养禽业造成很大的经济损失。主要症状是呼吸困难,头面部水肿,腹泻,产蛋下降,脚鳞出血,皮下、肌肉、黏膜、浆膜及各内脏器官广泛性出血为特征。高致病性禽流感(HPAI)已经被 OIE 定为 A 类传染病,并被列入国际生物武器公约动物类传染病名单。我国把高致病性禽流感列为一类动物疫病。

(一)生物学特性

1.形态与结构

AIV 是单股 RNA 病毒,为正黏病毒科、甲型流感病毒属的成员。典型病毒粒子呈球形,也有的呈杆状或丝状,直径 80~120 nm,核衣壳呈螺旋对称。外有囊膜,囊膜表面有许多放射状排列的纤突。纤突有两类,一类是血凝素(HA)纤突,现已发现 15 种,分别以 H_1~H_5 命名;另一类是神经氨酸酶(NA)纤突,已发现有 9 种,分别以 N_1~N_9 命名。H 和 N 是流感病毒两个最为重要的分类指标,不同的 H 抗原或 N 抗原之间无交互免疫力,二者以不同的组合产生多种不同亚型的毒株。H_5N_1、H_5N_2、H_7N_1、H_7N_7 及 H_9N_2 是引起鸡禽流感的主要亚型。不同亚型的毒力相差很大,高致病力的毒株主要是 H_5N_1 和 H_7N_7 的某些亚型毒株。禽流感病毒能凝集鸡、牛、马、猪和猴的红细胞,这种血凝性可被相应的免疫血清所抑制。

AIV 能在鸡胚、鸡胚成纤维细胞中增殖,病毒通过尿囊腔接种鸡胚后,经 36~72 h,病毒量可达最高峰,导致鸡胚死,并使胚体的皮肤、肌肉充血和出血。高致病力的毒株 20 h 即可致死鸡胚。大多数毒株能在鸡胚成纤维细胞培养形成蚀斑。

2.抵抗力

该病毒 55℃ 60 min 或 60℃ 10 min 即可失去活力。对高温、紫外线、甲醛、乙醚、大多数消毒药和防腐剂敏感,合成去污剂、肥皂和氧化剂也可使病毒灭活。在干燥的尘埃中能存活 14 d。

(二)致病性

AIV 宿主广泛,可感染鸡、火鸡、鸭、鸽、鹅、鹌鹑、麻雀等各种家禽及野禽,但以鸡和火鸡最为易感。脑内接种小鼠可使其发病,并可形成包涵体。禽流感发病急,致死率高达 40%~100%。本病一年四季均可发生,受感染禽是最重要的传染源,病毒可通过粪便排出,并可在环境中长期存活,尤其是在低温的水中。病毒可通过野禽传播,特别是野鸭。除了候鸟和水禽外,笼养鸟也可带毒造成鸡群禽流感的流行。也可能通过蛋传播。血及组织液中病毒滴度高,直接接触或间接接触均可传染。该病以急性败血症死亡到无症状带毒等多种病征为特征。高致病力毒株引起的高致病性禽流感,其感染后的发病率和病死率都很高,对养鸡业威胁很大。

少数高致病力毒株(H_5N_1)可感染人并致死。

感染鸡在发病后的 3～7 d 可检出中和抗体,在第 2 周时达到高峰,可持续 18 个月以上。

(三)微生物学检测

根据该病的流行病学特点、症状及病理变化可做出初步诊断,确诊要进行实验室检测按照 GB/T 18936—2003 及 NY/T 764～772—2002 高致性禽流感诊断防控的技术规程进行。

常用的方法有鸡胚接种分离病毒、HA 与 HI 试验、琼脂凝胶免疫扩散试验(AGID)、间接 ELISA 或 RT-PCR 等诊断。禽流感病毒的分离鉴定应在国务院认定的实验室中进行。病毒的分离对病毒的鉴定和毒力测定至关重要,鉴于高致病力毒株的潜在危险,一般实验室只作血清学或 RT-PCR 检测。

1.病料的采集

从病禽和病死禽中采集病料样品。活禽多采用咽喉拭子和泄殖腔拭子,死禽可采集肠内容物、泄殖腔或口鼻拭子、肺、气囊、脾、脑、肾、肝等,幼禽可用新鲜粪便代替。此外,鸡患高致病性禽流感时,血液中的病毒滴度极高,故可采集急性病鸡血液分离。所取样品不宜反复冻融,应及早处理。采样过程要注意无菌操作,同时避免污染环。采样人员要按 NY/T 768 要求加强个人防护。样品的保存和运输也要按照有关的规定和要求进行。样品的采集、处理、保存与运送方法同新城疫病毒。

按常规方法采血分离血清备用。

2.病毒分离鉴定

活禽可用棉拭子从病禽气管及泄殖腔采取分泌物或粪便,死禽采集气管、肝、脾等送检。常规方法除菌处理病料后,取上清液 0.1～0.2 mL 接种于 9～11 日龄 SPF 鸡胚尿囊腔,收集尿囊液,用 HA 测其血凝性。病毒分离呈阳性后,再用 HA-HI 试验和琼脂扩散试验对病毒进行型和亚型鉴定。高致病性病毒要进行致病力测定才能确定。

3.血清学诊断

病毒鉴定的实验主要有间接 ELISA 试验、琼脂凝胶免疫扩散试验(AGID)、HI 试验、神经氨酸酶抑制试验、免疫荧光试验等血清学诊断及 RT-PCR 分子生物学诊断、致病力测定试验等。

取分离物上清液做 HA 试验,如上清液可以凝集鸡的红细胞,则做 HI 试验,并据此确定其亚型。因新城疫病毒也能凝集鸡的红细胞,所以需用新城疫阳性血清同时做凝集抑制试验,以排除 NDV 的可能。HA、HI 特异性强,是鉴定亚型的常用方法,但操作过程烦琐费时,并且由于用已知 HA 亚型的抗血清检测不出新的 HA 亚型的 AIV,另外在进行 HI 试验时,应先除去特异性凝集反应,因为许多禽类血清都含有非特异性因子,能和红细胞表面受体竞争性地作用于病毒表面的血凝素而发生非特异性凝集反应,所以用该方法鉴定病毒不如琼脂扩散试验简便。

检测 HI 抗体:比较感染早期与 14 d 后 AIV 的 HI 抗体效价,上升 4 倍即可诊断为阳性病例,注意不同亚型之间的交叉反应的鉴别。

琼脂凝胶免疫扩散试验(AGID)是用来检测 A 型流感病毒群特异性血清抗体的一项试验,即用已知阳性血清和未知抗原进行 AGID 试验,因而适用于检测所有 A 型 AIV 感染产生的血清抗体,也适用于鉴定 AIV 病毒。受检样品是具有血凝素活性的鸡胚尿囊液。方法如下:

（1）抗原制备：取流感病毒感染 11 日龄 SPF 鸡胚尿囊膜不加任何稀释制成匀浆，反复冻融 3 次后 3 000 r/min 离心 30 min，取上清液加入甲醛（终浓度为 001%）灭活后即为抗原。

（2）在 8% 氯化钠 PBS（pH 7.4）制备的 1% 琼脂板上按梅花形打孔，经封底后，中央孔加抗原，外周孔加阳性血清、阴性血清和待检血清。置湿盒中于 37℃ 条件下作用 24～48 h，观察结果。

（3）在抗原孔与阳性血清孔之间出现沉淀线而与阴性血清孔之间不出现沉淀线时，抗原孔与待检血清孔之间出现沉淀线者判为阳性，不出现沉淀线者判为阴性。

AGID 简单易行，但是敏感性较差，易出现假阳性。

（四）防治

预防措施应包括在国际、国内及局部养禽场 3 个不同水平。高致病性禽流感被 OIE 列为 A 类疫病，一旦发生应立即上报。国内措施主要为防止病毒传入人及蔓延。养禽场还应侧重防止病毒由野禽传给家禽，要有隔离设施阻挡野禽。一旦发生高致病性禽流感，应立即采取隔离封锁等控制措施，对所有感染禽只和可疑禽只一律进行扑杀、焚烧，封锁区内严格消毒，采取果断措施防止扩散。同时要及时将病料送国家参考实验室进行病毒分离和定型鉴定。高致病性禽流感的扑灭，应按农业部颁布的处置方案进行。

灭活疫苗可用作预防之用，但接种疫苗能否防止带毒禽经粪便排毒，能否防止病毒的抗原性变异，均有待于进一步研究。

我国对高致病性禽流感实行强制免疫制度。免疫密度必须达 100%，抗体合格率达到 70% 以上。预防性免疫，要按农业部制定的免疫方案中规定的程序进行。所有疫苗必须采用农业部批准使用的产品，并有动物防疫监督机构统一组织、逐级供应。定期对免疫禽群进行免疫水平监测，根据群体抗体水平及时加强免疫。

九、马立克氏病病毒

马立克氏病病毒（MDV）是鸡马立克氏病的病原体。此病是一种传染性肿瘤疾病，主要特征是病鸡外周神经、性腺、肌肉、各种脏器和皮肤的单核细胞浸润或形成肿瘤。常使病鸡发生急性死亡、消瘦或肢体麻痹（一肢或两肢，呈"劈叉"姿势）、法氏囊萎缩、内脏肿瘤等病变。马立克氏病传染性强、危害性大，已成为危害养鸡业的主要传染病之一。我国将其列为二类动物疫病。

（一）生物学特性

1. 形态与结构

MDV 是双股 DNA 病毒，属于疱疹病毒科、疱疹病毒甲亚科的成员，又称禽疱疹病毒 2 型。MDV 在机体组织内以两种形式存在：一种是病毒颗粒外面无囊膜的裸体病毒，即不完整病毒，六角形，为二十面体对称，直径约为 80～170 nm，存在于肿瘤组织、血液、白细胞中，是一种严格的细胞结合病毒，与细胞紧密结合，离开了活体组织和活细胞很快死亡，也失去传染性；另一种为有囊膜的完整病毒，病毒近似球形，直径约为 275～400 nm，存在手羽毛囊上皮细胞及脱落皮屑中，属非细胞结合型，可脱离细胞而存活，具有高度传染性，在传播上具有极其重要的作用。在细胞内常可看到核内包涵体。

MDV 共分为 3 种血清型。其中，致病性的 MDV 及其人工致弱的疫苗株均为血清 1 型；

无毒力的自然分离株为血清 2 型;火鸡疱疹病毒(HVT)为血清 3 型,对火鸡可致产蛋下降,对鸡无致病性。用琼脂扩散试验、荧光抗体试验等方法区分以上 3 个血清型病毒。MDV 各血清型之间具有很多共同的抗原成分,可产生交互免疫,所以无毒力的自然分离株和火鸡疱疹病毒接种鸡后,均有抵抗致病力 MDV 感染的效力。疫苗接种后,常发现疫苗毒株和自然毒株在免疫鸡体内共存的现象,即免疫过的鸡群仍可以感染自然毒株,但并不发病死亡。若疫苗进入鸡体内的时间晚于自然毒株,则不产生保护力,所以应在鸡雏 1 日龄进行接种。

2.抵抗力

有囊膜的感染性病毒抵抗力强。随着病鸡皮屑的脱落,羽毛囊上皮细胞中的有囊膜的病毒会污染禽舍的垫草和空气,并借助它们进行传播。在垫草或羽毛中的病毒在室温下 4～8 个月和 4℃至少 10 年仍有感染性。禽舍灰尘中含有的病毒,在 22～25℃下至少几个月还具有感染性。多种化学消毒剂可灭活病毒。

(二)致病性

MDV 主要侵害雏鸡和火鸡,野鸡、鹌鹑和鹧鸪也可感染,但不发病。1 周龄内的雏鸡最易感,1 日龄雏鸡的敏感性比 14 日龄鸡高 1 000 多倍,随着鸡日龄增长,对 MDV 的抵抗力也随之增强。发病后不仅引起大量死亡,耐过的鸡也会生长不良,MDV 还对鸡体产生免疫抑制,这是疫苗免疫失败的重要因素之一。成鸡感染 MDV,带毒而不发病,但会成为重要的传染源。MDV 以水平方式传播,不经卵传递。马立克氏病根据临床症状可分为 4 种类型,内脏型(急性型)、神经型(古典型)、眼型和皮肤型。致病的严重程度与病毒毒株的毒力、鸡的日龄和品种、免疫状况、性别等有很大关系。隐性感染鸡可终生带毒并排毒,其羽毛囊角化层的上皮细胞含有病毒,是污染源,易感鸡通过吸入此种羽毛屑感染。一般认为哺乳动物对本病毒无易感性。病毒是细胞结合性疱疹病毒,靶细胞为 T 淋巴细胞。在 MDV 感染后 1～2 周,有免疫力的鸡体内可检测到沉淀抗体和病毒中和抗体。

(三)微生物学检测

MDV 是高度接触性传染病,在商品鸡群中普遍存在,只有一小部分感染鸡表现出症状。此外,接种疫苗的鸡虽然能得到保护不发生 MD,但仍能感染 MDV 强毒。因此,血清学方法(如琼脂扩散试验)检测羽髓病毒或抗体主要用于鸡群感染情况的监测,把检出病毒或特异性抗体不能作为诊断 MD 的标准,确诊必须根据流行病学、症状、病理变化、实验室检测等进行综合诊断,按照 GB/T18643—2002 鸡马立克氏病诊断技术和 NY/T 906—2004 马立克氏病强毒感染诊断技术规程进行。

1.病料的采集

用于分离 MDV 的样品首先是肿瘤细胞、肾细胞、脾细胞和血液中的白细胞。由于 MDV 在这些组织中是高度细胞结合性的,所以必须用全细胞作为接种物。羽毛囊中因为有带囊膜的 MDV,所以是从病鸡体内分离完整病毒粒子的唯一来源。

按常规方法采血分离血清备用。

2.病毒分离培养鉴定

采集病鸡的羽毛囊或脾脏,将脾脏用胰酶消化后制成细胞悬液或用鸡的羽髓液 0.2 mL,接种 4～5 日龄鸡胚卵黄囊或绒毛尿囊膜进行培养,在鸡胚绒毛尿囊膜上可出现痘斑;也可接种鸡肾细胞(CK)进行病毒培养,若有 MDV 增殖,可在细胞培养物中形成蚀斑现象。再做荧光抗体染色或电镜检查进行诊断。禽白血病病毒往往与本病毒同时存在,要注意鉴别。

3. PCR 鉴定

PCR 方法具有很强的特异性和敏感性,适于马立克氏病的早期诊断。

4. 血清学诊断

主要有琼脂扩散试验(AGID)、荧光抗体试验和间接血凝试验等方法可检测病毒。其中最简单的方法是琼脂扩散试验,中间孔加阳性血清,周围插入被检鸡羽毛囊,出现沉淀线即为阳性。

MD 琼脂扩散试验既可以用标准 MD 阳性血清检测被检鸡的羽髓中的 MDV 抗原,也可以用标准的 MD 抗原检测被检鸡群的 MDV 血清抗体,从而判定鸡群感染情况。该方法一般在 MDV 感染 14~24 d 后检出病毒抗原;抗体的检出一般在病毒感染 3 周后。

(四)防治

接种疫苗是预防本病的主要措施。由于雏鸡对 MDV 的易感性高,尤其是 1 日龄雏鸡易感性最高,所以防治本病的关键在于搞好育雏室的卫生消毒工作,防止早期感染,同时做好 1 日龄雏鸡的免疫接种工作,加强检疫,发现病鸡立即淘汰。

目前免疫接种常用疫苗有 4 类:强毒致弱 MDV 疫苗(如荷兰 CVI 988 疫苗)、天然无致病力疫苗(血清Ⅰ型 + Ⅲ型、血清Ⅱ型 + Ⅲ型)及三价苗(血清Ⅰ型 + Ⅱ型 + Ⅲ型)。疫苗的使用方法是 1 日龄雏鸡颈部皮下注射。

生产中应用的 MD 疫苗除 HVT 冻干苗以外均为细胞结合性疫苗,尚不能冻干,必须液氮中保存,故运输、保存和使用均应注意。

十、传染性法氏囊病病毒

传染性法氏囊病病毒(IBDV)是鸡传染性法氏囊病的病原体。IBD 最早在美国特拉华州甘保罗镇的肉鸡群中暴发,因此又称为甘保罗病。本病是幼龄鸡的一种急性高度接触性传染病,发病率高,病程短,主要侵害鸡的中枢免疫器官法氏囊,是一种免疫抑制性疾病,主要表现为腹泻(白色黏稠或水样稀粪)、颤抖、衰弱,特征性病变是法氏囊淋巴组织充血、出血和坏死,肾脏尿酸盐沉积(花斑肾)以及胸部、腿部肌肉出血等。我国将其列为二类动物疫病。

(一)生物学特性

1. 形态与结构

IBDV 是双股 RNA 病毒,为双股 RNA 病毒科、禽双 RNA 病毒属的成员。病毒粒子球形,直径 55~65 nm,二十面体对称,无囊膜,由 32 个壳粒组成。除了完整的病毒粒子外,还常有空衣壳。在胞浆内复制,并在胞浆中形成包涵体和有大量的病毒粒子组成的结晶体。该病毒有 2 个血清型,二者有较低的交叉保护,1 型为鸡源毒株,仅对鸡有致病性,火鸡和鸭为亚临床感染;2 型为火鸡源毒株,未发现有致病性。毒株的毒力有变强的趋势。IBDV 能在鸡胚、鸡胚成纤维细胞和法氏囊细胞中繁殖。

2. 抵抗力

IBDV 对理化因素的抵抗力较强。在鸡舍可存活 2~4 个月,耐热,56℃ 5~6 h,60℃ 30~90 min 仍有活力。但 70℃加热 30 min 即被灭活。病毒在 -20℃贮存 3 年后对鸡仍有传染性,在 -58℃保存 18 个月后对鸡的感染滴度不下降,并能耐反复冻融和超声波处理。在 pH 2 环境中 60 min 不灭活,对乙醚、氯仿、吐温和胰蛋白酶有一定抵抗力,在 3%来苏儿、3%石炭酸和 0.1%升汞液中经 30 min 可以灭活,但对紫外线有较强的抵抗力。

(二)致病性

IBDV 的天然宿主只限于鸡。2～15 周龄鸡较易感,尤其是 3～5 周龄鸡的法氏囊发育最完整、最易感。病死率达 5%～30%。1～14 日龄的鸡易感性较小,通常可得到母源抗体的保护。在法氏囊已退化的成年鸡呈现隐性感染。鸭、鹅和鸽不易感,鹌鹑和麻雀偶尔也感染发病,火鸡只发生亚临床感染。病鸡是主要的传染源,粪便中含有大量的病毒,可污染饲料、饮水、垫料、用具、人员等,通过直接和间接接触传染。昆虫亦可作为机械传播的媒介,带毒鸡胚可垂直传播。

IBDV 鸡使发生传染性法氏囊病,不仅能导致一部分鸡死亡,造成直接的经济损失,而且还可导致免疫抑制,从而诱发其他病原体的潜在感染而死亡或导致其他疫苗的免疫失败。目前认为该病毒可以降低鸡新城疫、鸡传染性鼻炎、鸡传染性支气管炎、鸡马立克氏病和鸡传染性喉气管炎等各种疫苗的免疫效果,使鸡对这些病的敏感性增加。

(三)微生物学检测

根据突然发病、传播迅速、发病率高、有明显的高峰死亡曲线和迅速康复、法氏囊水肿和出血等流行病学特点和病变特征可以做出诊断。确诊需要进行实验室诊断,按照 GB/T 19167－2003 传染性囊病诊断技术规程进行。常用的方法有传染性囊病病毒抗原的检测和检测特异性抗体的琼脂凝胶免疫扩散试验(AGID)、酶联免疫吸附试验(ELISA)、中和试验、RT-PCR 等。

1.病料的采集

病毒分离培养与鉴定一般采集病鸡的法氏囊和脾脏,因含病毒量较高且病毒存在的时间也较其他器官长,而肾脏、肝脏、胸腺等含病毒量较少。由于病毒血症的时间短暂(3～7 d),故应在发病早期采集病料。IBDV 对理化因素的抵抗力很强,可耐多次反复冻融,若病料暂时不用可置－20℃条件下保存。将采集的样品称重后置组织研磨器中磨碎,加入等量灭菌 PBS(0.01 mL,pH7.2)制成组织悬液,经 3 次反复冻融后,以 4 000 r/mim 离心 30 min,取上清液加入青霉素和链霉素各 2 000 IU/mL,在 4℃条件下作用 6～10 h,通过无菌检验后置－20℃保存备用。

被检血清样品:按常规方法采血分离血清,被检鸡血清应新鲜,分离后 56℃灭活 30 min,采血后分离的血清可以当天使用,也可置－20℃保存备用。

2.病毒分离培养鉴定

分离病毒常用鸡胚接种或雏鸡接种。

采取病鸡法氏囊,处理后取上清液 0.2 mL,接种 9～11 日龄 SPF 鸡胚绒毛尿囊膜,接种后胚胎 3～5 d 内死亡,检查其病变,表现为体表出血、肝脏肿大、坏死,肾脏充血、有坏死灶,肺脏极度充血,脾脏呈灰白色,有时有坏死灶,绒毛尿囊膜增厚,有出血斑点。收集 48 h 后死亡胚的绒毛尿囊膜和鸡胚组织。雏鸡接种通常用 3～5 周龄鸡经口接种,在感染后 48～72 h 出现临诊症状,4 d 后扑杀,可见法氏囊肿大、水肿出血。也可用鸡胚成纤维细胞进行培养,出现细胞病变并形成蚀斑。用已知阳性血清在鸡胚或 CEF 上做中和试验鉴定分离的 IBDV 或琼扩试验进一步鉴定。还可用 RT-PCR 等分子生物学技术进行快速诊断。

3.血清学诊断

可取囊组织的上清液用酶联免疫吸附试验(ELISA),也可取囊组织的触片或冰冻切片用荧光抗体试验检测 IBDV 抗原。检测抗体可用琼脂凝胶免疫扩散试验(AGID)。

琼脂凝胶免疫扩散试验既可检测抗原,也可检测抗体,进行流行病学调查和检查疫苗免疫后的 IBDV 抗体,但是本方法不能区分血清型差异,主要检查群特异性抗原。

琼脂凝胶免疫扩散试验和酶联免疫吸附试验主要用于传染性囊病的诊断与检疫。

(四)防治

平时加强对鸡群的饲养管理和卫生消毒工作,定期进行疫苗免疫接种,是控制本病的有效措施。高免卵黄抗体的使用在本病的早期治疗中有较好的效果。

目前常用的疫苗有活毒疫苗和灭活疫苗 2 大类。活毒疫苗有 2 种类型,一是弱毒疫苗,接种后对法氏囊无损伤,但抗体产生较迟,效价较低,在遇到较强毒力的 IBDV 时,保护率较低;二是中等毒力疫苗,用后对雏鸡法氏囊有轻度损伤作用,但对强毒 IBDV 侵害的保护率较好。两种活毒疫苗的接种途径为点眼、滴鼻、肌肉注射或饮水免疫。灭活疫苗有鸡胚细胞毒、鸡胚毒或病变法氏囊组织制备的灭活疫苗,此类疫苗的免疫效果较好,但必须皮下或肌肉注射。

提高种鸡的母源抗体水平,如种鸡在 18～20 周龄和 40～42 周龄经 2 次接种 IBD 油佐剂灭活苗后,雏鸡可以获得较整齐和较高的母源抗体,在 2～3 周龄内得到较好的保护,能防止早期感染和免疫抑制。但是,高母源抗体可干扰主动免疫,因此对雏鸡应选择合适的疫苗和首免日龄。

用琼脂扩散试验测定雏鸡母源抗体消长情况从而确定弱毒疫苗首免日龄。1 日龄雏鸡抗体阳性率不到 80% 的鸡群在 10～16 日龄间首免;阳性率达到 80%～100% 的鸡群,在 7～10 日龄再检测一次抗体,阳性率在 50% 时,可于 14～18 日龄首免。

十一、禽传染性支气管炎病毒

禽传染性支气管炎病毒(IBV)是禽传染性支气管炎的病原体。该病是一种急性、高度接触性传染的呼吸道疾病,常因呼吸道、肾或消化道感染而死亡,给养鸡业带来严重危害。主要特征是呼吸困难、气管发出啰音或喘鸣音、咳嗽、打喷嚏、幼鸡流鼻涕以及产蛋鸡群产蛋量下降和劣质蛋。肾型传支表现为肾肿大,出血,呈"花斑肾",肾炎综合征和尿酸盐沉积。我国将其列为二类动物疫病。

(一)生物学特性

1.形态与结构

IBV 是单股 RNA 病毒,为冠状病毒科、冠状病毒属的成员。病毒粒子为多边形,但大多略呈球形,大小为 90～200 nm。有囊膜,囊膜上有较长的棒状纤突,呈花瓣状,使整个病毒粒子呈皇冠状。核衣壳螺旋状对称。IBV 容易发生变异,各型之间仅有部分或完全没有交叉保护性,给传染性支气管炎的预防带来很大困难。病毒分为若干个血清型,已报道呼吸型 IBV 有 11 个血清型,肾型 IBV 有 16 个血清型,各血清型间没有或仅有部分交互免疫作用。未经处理的 IBV 不能凝集红细胞,但鸡胚尿囊液中的 IBV 经 1% 胰蛋白酶 37℃ 下处理 3 h 后,能凝集鸡的红细胞。

病毒能在鸡胚和鸡胚肾、肺、肝细胞培养物上生长。初次分离最好用 9～11 日龄鸡胚,经尿囊腔接种。随传代次数的增加,形成卷缩胚。

2. 抵抗力

多数 IBV 株经 56℃ 15 min 和 45℃ 90 min 被灭活。病毒不能在 −20℃ 保存,但感染的尿囊液在 −30℃ 下几年后仍有活性。感染的组织在 50% 甘油盐水中无须冷冻即可良好保存和运送。对乙醚和普通消毒剂敏感 1% 甲醛、0.01% 高锰酸钾溶液、1% 来苏儿溶液及 70% 乙醇 3~5 min 可将其杀灭。

(二)致病性

IBV 主要感染鸡,1~4 周龄的鸡最易感,表现为气喘、咳嗽及呼吸抑制,并可突然死亡。此外,还对雉、鸽、珍珠鸡有致病性。该病毒传染力极强,特别容易通过空气在鸡群中迅速传播,数日内可传遍全群。雏鸡患病后死亡率较高,蛋鸡产蛋量减少和蛋质下降,产软壳蛋、畸形蛋、"鸽子蛋"或粗壳蛋,蛋清稀薄如水。近年来还出现以肾、肠或腺胃病变为主的致病型。

感染后第 3 周产生大量中和抗体,康复鸡可获得约 1 年的免疫力。雏鸡可从免疫的母体获得母源抗体,这种抗体可保持 14 d,以后逐渐消失。

(三)微生物学检测

根据流行病学、临床症状和病理变化可初步诊断,确诊需经实验室检查如病毒的分离鉴定、对鸡胚致畸性检验、病毒的中和试验、琼脂扩散试验、ELISA 等方法,按照 GB/T 23197—2008 鸡传染性支气管炎诊断技术规程进行。

1. 病料的采集

IBV 主要存于病鸡的气管组织及其渗出物中,肝、脾和法氏囊中含病毒量较少。对呼吸道型病鸡应采集气管、肺或用棉拭子取呼吸道分泌物;对肾型或生殖道型的应采集肾脏或输卵管;对腺胃型的应采集盲肠、扁桃体、腺胃或泄殖腔棉拭子。可置于 −20℃ 条件下保存。

2. 病毒分离鉴定

采集感染初期的气管拭子或感染 1 周以上的泄殖腔拭子,经除菌处理后接种于鸡胚尿囊腔,至少盲传 4 代,根据死亡鸡胚特征性病变即鸡胚卷缩并矮小化,绒毛尿囊膜血管肿胀,可证明有病毒存在。感染鸡胚尿囊液不凝集鸡红细胞,但经 1% 胰酶或卵磷脂酶 C 在 37℃ 处理 3 h 后,则具有血凝性,可以进行 HA-HI 试验鉴定。也可用电镜、中和试验、琼脂扩散试验、ELISA 等进一步鉴定。

3. 血清学诊断

早期诊断可取气管黏膜涂片做直接免疫荧光染色可快速诊断。还可用中和试验、琼扩试验、HI 试验、ELISA 等诊断。目前 RT-PCR 或 cDNA 探针也已使用。

琼扩试验用感染鸡胚的绒毛尿囊膜制备抗原,按常规方法测定血清抗体。

HA-HI 试验,若鸡群没有接种过鸡传染性支气管炎疫苗,且有的鸡血清滴度达到 4 log2 以上,说明鸡群已受传染性支气管炎的感染。

(四)防治

我国一直采用以疫苗免疫为主的手段预防控制本病。严格执行隔离、检疫等卫生防疫制度,加强饲养管理,改善环境条件,对本病的防控十分重要。鸡舍保持通风换气,防止拥挤,注意保暖,补充维生素和矿物质饲料,增强鸡体抗病力,同时,配合疫苗进行人工免疫。常用的 M41 型的弱毒疫苗如 H120、H52 及其灭活油苗。H120 毒力较弱,对雏鸡安全,主要用于雏鸡早期免疫（3～10日龄）；H52毒力较强，适用于20日龄以上的鸡；免疫途径包括饮水、喷雾或点眼。各种日龄均可使用油苗。对肾型IB，弱毒疫苗有Ma-5，1日龄及15日龄各免疫1次。由于IBV不断出现新的变异株，免疫效果是个问题。

十二、减蛋综合征病毒

减蛋综合征病毒（EDSV）是减蛋综合征（EDS-76）的病原体。因1976年首次发现，特定名为减蛋综合征-1976。在临床上在饲养管理条件正常的情况下，主要表现为在产蛋高峰时突然群发性产蛋下降，以产无壳软蛋、薄壳蛋、退色蛋或畸形蛋为特征。该病在世界范围内已成为引起产蛋损失的主要原因。我国将其列为二类动物疫病。

（一）生物学特性

1.形态与结构

EDSV是双股DNA病毒，为腺病毒科、禽腺病毒属的成员。病毒粒子无囊膜，核衣壳为二十面立体对称，大小70～80 nm。EDSV含有红细胞凝集素，能凝集多种禽类如鸡、鸭、鹅、鸽等的红细胞，其凝集作用可被相应的EDS-76病毒抗血清所抑制，具有很高的特异性和敏感性。HI试验多采用微量法，所以，也叫微量血凝抑制试验（MHIT）。但不凝集鼠、兔、马、牛、羊、猪等哺乳动物的红细胞。

EDSV可在鸭胚尿囊腔、鸭源或鹅源肾或成纤维细胞中增殖，产生细胞病变和核内包涵体。EDSV只有一种血清型。

2.抵抗力

对乙醚、氯仿不敏感，能抵抗较宽的pH范围。室温下至少可以存活6个月，70℃经20 min或0.3%甲醛处理24 h可完全灭活，但56℃经3 h仍保持感染性。

（二）致病性

EDSV能引起鸡的减蛋综合征。本病的自然宿主主要是鸭和鹅，但发病一般仅见于产蛋鸡。各种日龄和品系的鸡均可感染，产褐壳蛋鸡尤为易感。在性成熟前病毒潜伏于感染鸡的输卵管、卵巢、咽喉等部位，感染鸡无临床症状且很难查到抗体；开产后，病毒被激活，并在生殖系统大量增殖。感染禽所产的蛋是主要的传染源，粪也带毒，造成污染。种禽场因孵化带毒种蛋全群感染。本病可水平传播，也可垂直传播。

（三）微生物学检测

根据临床症状诊断并不困难，确诊可作病毒分离或HA-HI、琼脂扩散试验或病毒中和试验检测抗体。鸡感染EDS-76病毒后，能产生高效价抗体，HI试验是诊断EDS-76最常用的血清学方法之一，按照NY/T 551－2002产蛋下降综合征诊断技术规程进行。

1.病料的采集

病毒广泛分布于病鸡各内脏器官，以输卵管、消化道、呼吸道、肝脏和脾脏中含病毒量最高。取病鸡的输卵管、气管、泄殖腔研磨匀浆，用生理盐水制成1%～3%的组织悬液，反复冻融3次，以3 000 r/min离心15 min，取上清液加青霉素2 000 IU/mL和链霉素2 mg/mL，4℃冰箱过夜后，置于－40℃保存备用。

2.病毒分离培养鉴定

采集病死鸡的输卵管、变形卵泡、无壳软蛋（发病初期，10 d内）、泄殖腔、肠内容物和粪便等病料,匀浆无菌处理后取上清液 $0.2\ mL$,接种于 $10\sim12$ 日龄鸭胚(无腺病毒抗体)尿囊腔培养。收集接种后 $120\ h$ 尿囊液,并盲传 $3\sim5$ 代,用血凝试验测其血凝性,血凝滴度可达 $2^{18}\sim2^{20}$。若有血凝性,进一步进行病毒鉴定。也可用鸭胚成纤维细胞分离该病毒。

3. 电镜观察

将尿囊液负染后用电镜观察,可见典型的腺病毒样形态。

4. 血清学诊断

用 HI 试验对分离到的病毒进行鉴定,若此病毒能被减蛋综合征的标准阳性血清所抑制,而不被 NDV、AIV、IBV 和支原体标准阳性血清所抑制,鸡群 HI 效价在 $1:8$ 以上,在可判为阳性,证明此鸡群已感染。

EDS-76 病毒能致细胞病变(CPE),并产生核内包涵体,这种作用可被特异性抗血清中和而消除,故可采用病毒的中和试验检验 EDS-76 病毒或血清抗体。

此外,也可用琼脂扩散试验、ELISA 和荧光抗体技术等进行诊断。

(四)防治

可用油佐剂灭活苗在产蛋前($110\sim130$ 日龄)预防免疫,免疫后 HI 抗体效价可达 $8\sim9\ log2$,免疫后 $7\sim10\ d$ 可检测到抗体,免疫期 $10\sim12$ 个月。能降低发病率,但不能防止病毒传播。由于本病能经胚胎垂直传播。所以应从非疫区鸡群引种,引进种鸡严格隔离饲养,产蛋后经 HI 监测,确认 HI 抗体阴性,才能留作种鸡用。从严格接种过疫苗对的鸡场引进鸡苗或种蛋。不少国家已建立无该病的种群,方法主要是防止鸡与其他禽类尤其是水禽接触,定期消毒各种设备,饮水经氯处理。

项目四　其他微生物感染的实验室检测

▲【项目描述】

　　引起动物发生传染病的病原体除了细菌和病毒以外,还有真菌、放线菌、支原体、螺旋体、立克次氏体及衣原体等其他病原微生物,其中有一些也可致动物疾病。临床上常见的致病微生物主要包括曲霉菌、牛放线菌、猪痢疾蛇形螺旋体、钩端螺旋体、猪肺炎支原体、鸡败血支原体等。通过学习以上其他微生物的生物学特性、致病性、微生物学检测方法及防治措施等基本知识和基本技能,为诊断和防治由其他微生物引起的传染性疾病打基础。

▲【学习目标】

　　了解真菌、放线菌、支原体、螺旋体、立克次体和衣原体的形态结构特征,并熟悉其主要的生物学特性、致病性、微生物检测方法及防治措施;能进行曲霉菌、鸡败血支原体、猪痢疾蛇形螺旋体等其他微生物的实验室检测。

　　培养学生独立工作能力和团队合作意识;培养观察、分析问题和解决问题的能力;提高学生综合能力与创新意识、树立较强的无菌观念;建立与时俱进的观念,培养不断学习新知识与新技术的能力。

● 任务 4-1　真菌感染的实验室检测

【任务描述】

　　真菌感染的诊断与细菌感染的诊断有相似之处,畜禽真菌性感染病少数如皮肤真菌感染、白色念珠菌、曲霉菌病等可根据发病特点、通过肉眼观察局部组织的典型病变特征做出初步诊断,多数需要在正确采集病料的基础上进行实验室检测,可通过形态结构观察、分离培养等做出诊断。但真菌的形态往往具有特征性,常可检查其菌丝或孢子做出诊断。中毒性疾病则应检测真菌毒素。本任务以检查鸡烟曲霉菌病为例,取疑似烟曲霉菌感染病鸡病变组织或器官涂片或压片镜检,取组织或器官划线培养,观察菌落特性及菌落压片镜检,学会真菌感染的实验室检测方法,从而鉴定真菌。

【任务目标】

　　(1)了解真菌的概念、基本形态结构特征、培养条件、基本分离方法和致病性;掌握白色念珠菌、曲霉菌等真菌的主要的生物学特性、致病性和微生物学检测方法和防治措施;掌握霉菌水浸片的制备和封闭标本的制备技术。

　　(2)能进行常见真菌感染的实验室检测,能观察并描述真菌的菌落特征及镜下菌丝和孢子的形态结构;能利用所学的知识和技能,设计曲霉菌等真菌感染的实验室诊断方案,提出正确的防治措施。

【必备技能】

一、准备试验材料

　　仪器:普通显微镜、恒温箱、高压蒸汽灭菌器、干热灭菌箱、冰箱。

　　材料:载玻片、盖玻片、灭菌试管、培养皿、接种环、接种针或解剖针、酒精灯、剖检盒、手术刀、手术剪刀、镊子、纱布、脱脂棉、加拿大树胶等。

　　试剂:20%氢氧化钾溶液、乳酸酚棉蓝染色液、美蓝染色液、沙保劳(Sabouraud)氏葡萄糖琼脂培养基或改良察贝克(Czapek)氏琼脂培养基或马铃薯培养基、体积分数为30%甘油缓冲液、来苏儿等。

　　(1)乳酸酚棉蓝染色液的制备

　　【成分】结晶石炭酸 20 g,乳酸 20 mL,甘油 40 mL,棉蓝 0.05 g,蒸馏水 20 mL。

　　【制法】将棉蓝溶于蒸馏水中,再加入结晶石炭酸、乳酸、甘油,混匀,备用。

　　(2)沙保劳(Sabouraud)氏葡萄糖琼脂培养基

　　【成分】葡萄糖 40 g,蛋白胨 10 g,琼脂粉 18～20 g,蒸馏水 1 000 mL。

　　【制法】将以上成分倒入烧杯或三角烧瓶内,先加少量蒸馏水加热溶解。待完全溶解后补足蒸馏水至所需要的总体积,调 pH 为 5.6,并加入氯霉素 50～100 μg/mL,用 4 层纱布过滤,按要求定量分装于小烧瓶或中试管内,塞以棉塞,再于棉塞外加包牛皮纸和油纸各一层,贴上标签,于 103.6 kPa 灭菌 10～15 min 后保存备用。

　　(3)改良察贝克(Czapek)氏琼脂培养基

　　【成分】蔗糖 30 g,硝酸钠($NaNO_3$)3 g,磷酸二氢钾(KH_2PO_4)1 g,硫酸镁($MgSO_4$)0.5 g,氯化钾(KCl)0.5 g,硫酸亚铁($FeSO_4 \cdot 7H_2O$)0.01 g,氯化钠(NaCl)60 g,琼脂粉 18～20 g,蒸馏水 1 000 mL。

　　【制法】同上。调 pH 为 6.7。

　　(4)质量浓度为 30%的甘油缓冲液

　　【成分】甘油(化学纯)30 mL,氯化钠(NaCl)0.5 g,磷酸氢二钠(Na_2HPO_4)1 g,蒸馏水加至 100 mL。

　　【制法】先用少量蒸馏水溶解氯化钠和磷酸氢二钠,再加入甘油,最后用蒸馏水补足量,混合,分装,于 103.6 kPa 灭菌 15～20 min 后保存备用。

二、方法与步骤

　　禽曲霉菌病是多种禽类、哺乳动物和人畜共患的一种真菌病。禽曲霉菌病的病变主要见于呼吸系统,在肺脏和气囊形成数量不等、粟粒大至绿豆粒大的黄白色或灰白色结节,结节质地较硬,切面呈同心圆轮层状。显微镜检查,见结节周边为淋巴细胞、多核巨细胞和成纤维细胞构成的肉芽组织,中央为干酪样坏死区,内含大量的霉菌菌丝体。可在气管黏膜、气囊、支气管、肺脏及腹膜表面形成大小不一的霉菌斑,菌斑上有灰绿色粒状物或绒球状菌丝体。此外,有时在眼睑内、肝、脾、肾、消化系统乃至神经系统表面也能发现类似的结节或菌斑病变。本病发生于世界各地,对雏鸡的危害最大,可引起幼雏大批死亡,造成重大经济损失。对曲霉菌病的诊断主要通过病理学检查和病原学检查。病理学检查(包括在病变组织内发现曲霉菌)可以确定病性,病原学检查不仅可以提高诊断率,而且能够鉴定曲霉菌菌种。下面以检查鸡烟曲霉菌病为例,参照 NY/T 559—2002 禽曲霉菌病诊断技术规程进行。

(一)样品采集

对病原学检查可疑的病禽,活禽取鼻腔分泌物、痰液,死禽应无菌操作采取带有病变(如肺部、气囊等呼吸器官的结节或霉菌斑等)的组织各数小块,置于灭菌容器(如中试管)内冷藏,并尽快送检,如果不能立即送检,可暂时保存于 30%甘油缓冲液中。

(二)制片压滴标本片镜检

用灭菌的接种环或镊子取病变结节置于洁净的载玻片上,用无菌手术刀切开,由切面刮取干酪样坏死组织,或由病变组织表面刮取霉菌斑,置于载玻片中央,加 1～2 滴乳酸酚棉蓝染色液或生理盐水或美蓝染色液,两手各持解剖针细心地将组织块或菌团撕扯开,压上干净盖玻片(注意勿产生气泡),制成压滴标本。如果组织碎块较硬,可改用 1～2 滴 20%氢氧化钾(KOH)溶液,并在火焰上微微加温后压片。显微镜检查时,先用低倍物镜发现目标,再用高倍物镜详细观察菌体形态。经棉蓝或美蓝染色的菌体呈蓝色。

(三)分离培养

取沙保劳氏葡萄糖琼脂培养皿或改良察贝克氏琼脂培养皿若干个(通常每份样品用 4个),做好标记。用灭菌的接种环冷却后钩取干酪样坏死组织或霉菌斑,均匀涂抹于培养基表面;或者用接种针蘸取样品,小块点播刺种于培养基表层。一般每个平皿点样 5～10 处。接种完毕,将接种耳或针在火焰上烧灼灭菌,将接种过的培养皿放在 27℃或 37℃恒温箱内进行培养。通常于 36 h 后即可见菌落出现,观察菌落特征。再用灭菌的接种针钩取少许纯霉菌菌落的边缘处带有孢子的菌丝,置于滴有乳酸酚棉蓝染色液的载玻片上,再细心地把菌丝挑成自然状态,然后盖上盖玻片镜检。

(四)结果观察与判定

镜检注意观察菌丝有无隔膜,有无足细胞等特殊形态的菌丝,孢子着生方式和孢子的形态、大小等。培养观察菌落的形态和颜色等特征。

引起禽曲霉菌病的病原体主要为曲霉属中的烟曲霉和黄曲霉,其次为构巢曲霉、黑曲霉和土曲霉等。这些曲霉菌都具有如下共同的形态结构:①菌丝:有分支,有中隔,细胞多核;②分生孢子梗:由特化的膨大而厚壁的菌丝细胞(即足细胞)的中部向上叉生而成;③顶囊:分生孢子梗顶端的膨大部分,呈球形、椭球形、烧瓶形或棍棒形;④小梗:被覆于顶囊周边,一层或两层。如为两层,则内层叫梗基,外层叫瓶梗;⑤分生孢子:成串排列于小梗的游离端。

但是不同的菌种在这些结构的形态上又有明显的不同。根据这些不同点,特别是分生孢子头(顶囊、小梗、分生孢子三部分的合称)的特征,结合菌落的形态和颜色,可将这几种曲霉菌区别开。禽曲霉菌病中常见曲霉菌形态见图 4-1。

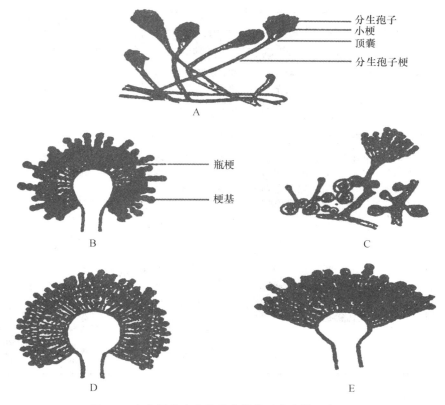

图 4-1 禽曲霉菌病中常见曲霉菌形态比较示意图

A. 烟曲霉 B. 黄曲霉 C. 构巢曲霉 D. 黑曲霉 E. 土曲霉

在可疑病禽(鸟)的病变组织中,观察到或分离出曲霉菌,即可确诊为禽曲霉菌病。如要确定为何种曲霉菌所感染,则需参照表 4-1,依据菌落和菌体的形态特征,对所分离的曲霉菌进行菌种鉴定。

表 4-1 常见曲霉菌鉴别

菌种	察贝克氏培养基上菌落形态	镜检菌体形态特征			
		分生孢子梗	顶囊	小梗	分生孢子
烟曲霉	生长快,绒毛状,气生菌丝直立而丰富,分生孢子头初为白色或微带蓝色,有呈绿色者,继而转变为黑褐色。菌落背面无色或呈黄色,老菌落则可呈暗红色	壁光滑,较短,近顶端粗大,绿色	分生孢子梗顶端的膨大似烧瓶形,直径在 20～30 μm,绿色	单层,较长,生于顶囊上半部,排列紧密多呈木栅状	球形或近球形,表面粗糙有细刺,带绿色,链状排列
黄曲霉	生长迅速,初似黄色粉末状,继而密集隆起,变为黄绿色,日久则成棕绿色。表面平坦或有放射状沟纹。菌落背面无色或带褐色	壁极粗糙,微弯曲,梗近顶囊处略膨大,无色	烧瓶形、球形或近球形,直径在 25～45 μm	双层者居多,第一层长球形或梨型,布满顶囊表面	球形、近球形或梨形,链状排列,表面粗糙

续表 4-1

菌种	察贝克氏培养基上菌落形态	镜检菌体形态特征			
		分生孢子梗	顶囊	小梗	分生孢子
构巢曲霉	生长快速,初为光滑绒毛状,亮绿色,平铺生长,继而变为暗绿色,中心呈粉末状,边缘有绒毛状菌丝。菌落背面深红色至紫红色。当闭囊壳形成时,菌落中心向外长出一些小白点,菌落呈黄褐色	壁光滑,极短,常有波状弯曲,近顶囊处稍膨大,带褐色或肉桂褐色	半球形,直径在 8 ~ 10 μm	双层,第一层梗基短,分布于顶囊的 1/2,呈放射状排列	球形,表面粗糙有小刺,绿色,链状排列
黑曲霉	生长快,初期有丰富的白色羊毛状气生菌丝,并常出现鲜黄色区域,继而变成粗绒状,黑色、黑褐色,表面呈粉末状。菌落背面无色,或仅中心部分略带黄褐色	壁厚,光滑,较长,无色或梗的上部稍带黄色	球形或近球形,直径 45~75 μm,无色或带黄褐色	双层,紧密排列于整个顶囊表面,呈放射状,褐色。瓶梗较短,第一层长球形	球形,褐色,表面极为粗糙,有小棘
土曲霉	生长较快,呈圆形,初平坦,或有放射状皱纹,渐而表面呈绒状,偶呈絮状,肉桂色或淡褐色。菌落背面培养基黄色或污褐色	壁光滑,无色,微弯曲,近顶囊处稍膨大	半球形,直径 10 ~ 16 μm	双层,第一层短,分布顶囊表面 2/3,放射排列,平行密集于顶囊顶部	球形或近球形,直径约 2 μm,表面光滑无棘,小而光滑,链状排列

(五)注意事项

(1)湿标本片制备过程中,加盖盖玻片时,为避免产生气泡,应先将其一边接触液滴,再慢慢放下盖玻片。

(2)样品采集时应无菌操作。

(3)挑取菌丝前后接种环均需要在酒精灯上烧灼灭菌。

(4)挑菌和制片时要细心,尽可能保持直接的自然状态,细心将菌丝分开。

(5)使用温箱培养霉菌时,注意保持潮湿避免培养基干燥。

(6)观察时,易用略暗光线,先用低倍镜观察,必要时更换高倍镜观察。

【相关知识】

一、真菌的概述

真菌是异养型单细胞(少数)或多细胞(多数)真核细胞型微生物,不含叶绿素,无根、茎、叶分化,大多数呈分支或不分支的丝状体,能进行有性和无性繁殖,营腐生或寄生生活。根据形态可分为酵母菌、霉菌和担子菌三大类群。其中酵母菌是一类单细胞真菌,而多数霉菌、担子菌等为多细胞真菌。

真菌种类多,数量大,分布广泛。真菌绝大多数对人和动物有益,被广泛应用于农业生产(如酵母菌发酵、青霉菌产生青霉素),但有少数真菌能引起人类和动植物发生疾病,称为病原性真菌。真菌 20 余万种,对人和动物致病的仅 100 余种。下面重点介绍酵母菌和霉菌。

(一)生物学特性

真菌细胞比细菌大几倍至几十倍,光学显微镜下放大 100～500 倍就可看清。

1.真菌的形态结构及菌落特征

(1)酵母菌 酵母菌是一类与发酵有关的微生物。多数酵母菌对人类是有益的,如用于酿酒、制馒头等。近年来又用于发酵饲料、单细胞蛋白质饲料、维生素、有机酸及酶制剂的生产等方面。但也有些种类的酵母菌能引起饲料和食品败坏,还有少数属于病原菌。

①形态结构。酵母菌为单细胞微生物,常呈球形、卵圆形、椭圆形、腊肠形、圆筒形,少数为瓶形、柠檬形和假丝状等。酵母菌细胞比细菌大得多,大小为(1～5)μm×(5～30)μm 或者更大,在高倍镜下即可清楚看到。具有典型的细胞结构,包括细胞壁、细胞膜、细胞质、细胞核及其他内含物等(图 4-2)。

②菌落。酵母菌的菌落与细菌相似,比细菌菌落大而厚,多呈油脂状或蜡质状,表面光滑、湿润、黏稠,多数为乳白色,少数是黄色或红色。酵母菌细胞生长在培养基的表面,菌落容易挑起。有些酵母菌表面是干燥粉末状的,有的培养时间稍长,菌落呈皱缩状,还有的形成同心圆状。

(2)霉菌 又称丝状真菌,凡是生长在营养基质上,能形成绒毛状、蜘蛛网状或絮状菌丝体的真菌,均称为霉菌。霉菌是工农业生产中长期广泛应用的一类微生物。它分解纤维素等复杂有机物的能力较强,同时也是青霉素、灰黄霉素、柠檬酸等的主要生产菌。有些霉菌是人和动植物的病原菌,有的能导致饲料、食物等霉败。

①形态结构。霉菌由菌丝和孢子构成。菌丝是由成熟的孢子萌发而成(图 4-3),菌丝顶端延长,旁侧分支,许多菌丝交织成菌丝体。菌丝是一种细微的管状结构,宽 3～10 μm,分有隔菌丝和无隔菌丝(图 4-4)。

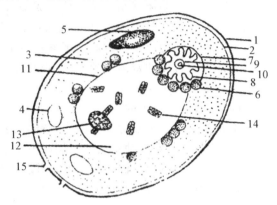

图 4-2 酵母菌细胞结构示意图

1.细胞壁 2.细胞膜 3.细胞质 4.脂肪体
5.肝糖 6.线粒体 7.纺锤体 8.中心染色质
9.中心体 10.中心粒 11.核膜 12.核质
13.核仁 14.染色体 15.芽痕

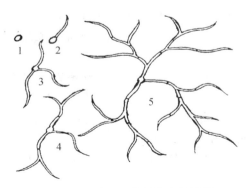

图 4-3 孢子萌发和菌丝的生长过程

1.孢子 2.孢子萌发 3～5.菌丝生长

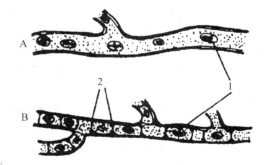

图 4-4 霉菌的菌丝

A.无隔菌丝 B.有隔菌丝 1.细胞核 2.横隔

无隔菌丝无横隔,整个菌丝为一个长管状的多核单细胞,如毛霉和根霉等;而有隔菌丝中有横隔,整个菌丝由分支成串的多细胞组成,每个细胞内含一个或多个细胞核,横隔上有小孔,相邻细胞之间的细胞核和细胞质可以流动,如青霉菌、曲霉菌等,绝大多数病原性霉菌为有隔菌丝。

菌丝的细胞结构基本与酵母菌相似,具有细胞壁、细胞膜、细胞质、细胞核及其内含物。

霉菌菌丝在功能上有了一定程度的分化,伸入培养基内或匍匐在培养基表面而吸收营养的菌丝称营养菌丝,伸向空中的菌丝称气生菌丝,产生孢子的气生菌丝称繁殖菌丝。

②菌落。霉菌菌落是由菌丝体构成的,比细菌、酵母菌的大而疏松,多呈绒毛状、絮状或蜘蛛网状。菌丝最初常为无色透明或灰白色,孢子形成后,菌落相应地呈黄、绿、青、黑、橙等颜色。有的霉菌因为产生色素而使菌落背面也带有颜色或使培养基变色。菌落特征是鉴定霉菌的重要依据。常见的霉菌有根霉、青霉和曲霉。

2.真菌的繁殖和分离培养

(1)真菌生长繁殖的条件

①营养。真菌多数为异养菌,其营养需要与细菌相似,但真菌对外界环境的适应能力强,对营养要求不高,对各种物质的利用能力更强,除能分解单糖和双糖外,真菌还能利用淀粉、纤维素、木质素及多种有机酸,在一般培养基上均能生长,常用弱酸性的沙保劳氏葡萄糖琼脂培养基,也可用麦芽汁葡萄糖琼脂和马铃薯葡萄糖琼脂培养基等。

②温度。真菌生长繁殖最适温度范围为20～30℃,但不同种类的真菌对温度要求也是不同的。如曲霉菌为28～30℃,青霉菌为20～25℃。寄生于内脏的病原真菌则在37℃左右时生长良好。分离时一般准备两份接种样,分别置于室温和37℃下培养。

③氧气。绝大多数的真菌具有需氧呼吸的特点,培养时供给充足的氧气。而酵母菌是兼性厌氧微生物,在有氧的条件下培养能产生大量繁殖菌体,而在厌氧条件下能发酵产生酒精。

④湿度与渗透压。真菌的生长繁殖除了水是必须外,空气的湿度对真菌生长的影响也很大。基质菌丝和气生菌丝适宜在潮湿的环境里,绝大多数真菌要求在高湿度的空气环境中形成繁殖器官,因此,空气湿度大,许多真菌更易于生长繁殖。

⑤pH。大多数真菌喜生长在酸性环境,在pH3～6生长良好,最适pH为5.5～6.5。

真菌的繁殖力很强,但生长速度比较缓慢,它在人工培养基中常需培养数天至十几天才能形成菌落。培养达到一定时间,一般应每天检查1次真菌的生长情况,或至少每周检查2次。

(2)真菌的繁殖方式　真菌能进行无性繁殖和有性繁殖。

①酵母菌。酵母菌主要以芽殖方式进行无性繁殖,但也能以两性孢子进行有性繁殖,如形成子囊,子囊破裂后释放出孢子。芽殖时,尚未脱落的芽体上又长出新芽体,则形成藕节状的假菌丝。

②霉菌。霉菌主要以产生各种无性和有性孢子进行繁殖,而以无性孢子繁殖为主,也能以菌丝片段繁殖新个体。

a.真菌无性繁殖时,不需经过两性细胞的结合,直接由营养菌丝的分化而形成无性孢子。常见的无性孢子有厚垣孢子、节孢子、芽孢子、分生孢子和孢子囊孢子等(图4-5)。

真菌繁殖时产生的各种各样的孢子其形状、大小、表面纹饰和色泽各不相同,结构也有一定的差异,这些都是鉴别真菌的依据。

b.真菌有性繁殖时,需由两个不同性别的细胞相互结合,经过质配阶段、核配阶段和减数分裂阶段而形成有性孢子。产生的孢子有卵孢子、接合孢子、子囊孢子和担孢子等(图4-6)。

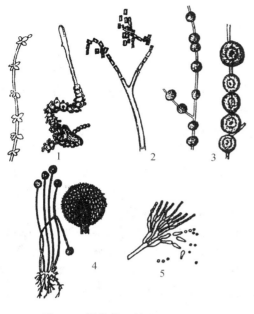

图 4-5　霉菌的无性孢子

1.芽孢子　2.节孢子

3.厚垣孢子　4.孢子囊　5.分生孢子

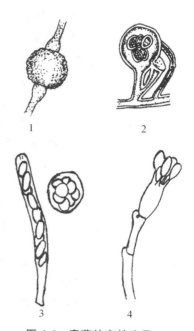

图 4-6　真菌的有性孢子

1.接合孢子　2.卵孢子

3.子囊孢子　4.担孢子

（3）真菌的分离培养

①分离方法。酵母菌的分离方法同细菌。霉菌、担子菌的分离方法有菌丝分离法、组织分离法和孢子分离法等 3 种常用方法。

a.菌丝分离法　在无菌条件下设法将切取菌体组织或带菌丝的基质等菌丝片段分离出来,使其在适宜的培养基上生长形成菌落,以获得纯菌种。

b.组织分离法　在无菌的条件下用镊子取出担子菌子实体内部的一小块组织,直接放在适宜的培养基上,可获得纯种。

c.孢子分离法　在无菌条件下利用无性和有性孢子在适宜条件下萌发,生长成新的菌丝体以获得纯种的一种方法。

②培养方法。真菌的培养方法有固体培养和液体培养两种基本方法。

a.固体培养法　实验室中用于菌种分离、菌种培养和研究,常用琼脂斜面和琼脂平板培养基,可观察和分离真菌的菌落或菌苔。在发酵饲料和制曲时,利用谷糠、麸皮等农副产品为原料,按真菌的营养要求搭配好,制成固体培养基作为发酵培养基(生产培养基),根据需要,经过灭菌后,接入菌种进行培养。

b.液体培养法　分浅层培养和深层培养两类。浅层培养多用于科研或数量较小的培养,常用浅盘或浅池进行培养。深层液体培养可用于生产单细胞蛋白饲料等,常用摇瓶机、摇床等设备,大量生产时用发酵罐。

（二）真菌的抵抗力

真菌的菌丝和孢子对热的抵抗力不强,加热 60～70℃ 1 h 即可将它们杀灭。但真菌对低温、干燥、日光、紫外线和常用的化学消毒剂均有较强的抵抗力。1%～3%石炭酸、10%的福尔马林均可杀灭。对灰黄霉素和制霉菌素以及硫酸铜等较敏感。

(三)真菌的致病性及免疫性

1.真菌的致病性

不同的真菌致病形式不同,有些真菌呈寄生性致病作用,有些真菌呈条件性致病作用,有些则产生毒素使动物中毒。真菌性疾病大致包括:

(1)致病性真菌感染 主要是外源性真菌感染,包括皮肤、皮下组织真菌感染和全身或深部真菌感染。如各种癣症、皮下组织真菌感染。

(2)条件致病性真菌感染 主要是内源性真菌感染,某些非致病性的或致病性极弱的一些真菌在机体免疫功能低下或菌群失调时所引起的感染。通常发生于长期应用广谱抗生素、激素及免疫抑制剂的过程中,如念球菌、曲霉菌感染均为条件性真菌感染。

(3)真菌变态反应性疾病 真菌性变态反应具有两种类型。一是感染性变态反应,它是一种迟发型变态反应,是在感染病原性真菌的基础上发生的;二是接触性变态反应,它的发生复杂,而且常见。通常是机体由于吸入或食入真菌孢子或菌丝而引起,分别属于Ⅰ～Ⅳ型变态反应。真菌性变态反应所致疾病的表现有过敏性皮炎、湿疹、荨麻疹和瘙痒症,过敏性胃肠炎,哮喘和过敏性鼻炎等。

(4)真菌性中毒 有些真菌在农作物、食物或饲料上生长,人及动物食用后可导致急性或慢性中毒。中毒的原因主要是真菌毒素,如黄曲霉菌的黄曲霉毒素、杂色霉菌的杂色霉素等可引起肝脏损害,有的还引起胰腺、肾脏损害,有的引起神经系统功能障碍,出现抽搐、昏迷等症状;也有的可致造血机能损伤。

(5)真菌毒素与肿瘤 已经证实真菌毒素有致癌作用。研究最多的是黄曲霉毒素,其毒性极强,动物实验证明,粮食中含有 0.015 mg/kg,食入后即可诱发肝癌。近几年又发现十余种毒素在动物身上可诱发多种肿瘤,如镰刀菌的 T-2 毒素可诱发大鼠的胃癌、胰腺癌、垂体和脑部肿瘤;最近又证实串珠镰刀菌的毒素与食道癌有相关性。

2.真菌的免疫性

机体对真菌的免疫包括非特异性免疫和特异性免疫两方面。真菌非特异性免疫包括皮肤黏膜与其所分泌的脂肪酸、乳酸的抗真菌作用,正常菌群的拮抗作用及吞噬细胞的吞噬作用。真菌特异性免疫主要是细胞免疫,血清中抗真菌抗体滴度虽然很高,可用于血清学诊断,但抗真菌的作用尚不能肯定。真菌的毒素一般为低分子,没有免疫原性,不能刺激免疫系统产生抗体。

二、真菌病的微生物学检测与防治

(一)真菌病的微生物学检测

真菌病的诊断与细菌病的诊断有相似之处,少数如皮肤真菌感染、白色念珠菌、曲霉菌病等可根据发病特点、通过肉眼观察局部组织的典型病变特征做出初步诊断,多数需要在正确采集病料的基础上进行实验室检测,根据真菌的形态的特征性,直接显微镜观察其形态结构和分离培养两种方法检查其菌丝或孢子即可确诊。必要时可再作生化试验或动物接种。中毒性疾病则应检测真菌毒素。

1.样品采集

(1)样品采集时应注意的问题

①防止样品污染。采集样品进行真菌检验时,应注意无菌操作以防止细菌和霉菌污染,剪刀、镊子、吸管等采样器械,玻璃试管、平皿等装样容器均应进行灭菌,耐热制品最好采用干热灭菌以避免霉菌污染。采样的局部要进行消毒处理,如采集皮肤标本、深部脓汁时,局部应当用乙醇棉涂擦消毒。

②采集的样品要典型。为保证真菌检出率,样品应具有典型性,即其中应含有较多的病原。采集时,应针对疾病的临床特点和病理变化进行判断。

③采集的样品要足量。为保证检出率,样品应具有一定的数量。足量的样品有利于重复检查和必要时的特殊检查。样品的数量应能满足同时作镜检和培养的需要,一般为检测量的4倍。毛发、皮屑样品应尽可能多留;脓汁等液体标本不得少于 2 mL;供检饲料不得少于1 kg。

(2)样品的采集方法

①皮肤样品。先以 75%乙醇消毒患部,再用无菌钝手术刀刮取爪甲碎屑或皮屑、癣痂,用无菌镊子拔取脆而无光、沾有渗出物的被毛,置于灭菌平皿或样品袋中。刮取皮屑时,选择癣斑边缘(即病变部与健康部交界处)为佳。

②脓汁。以 75%乙醇消毒病变表面,用灭菌注射器或吸管吸取脓肿深部的脓汁,置于灭菌试管中。若为开放性化脓灶,则用无菌棉签蘸浸取样。

③乳汁。先用消毒药水擦洗乳房,并把乳房附近的毛浸湿,弃去最初所挤的 3～4 股乳汁,然后再采集 10 mL 左右的乳汁于灭菌试管中。取乳的手也应事先消毒。

④组织脏器。无菌操作剖检动物尸体,用剪刀剪取淋巴结、内脏等有病变的部位,分别置于灭菌试管或平皿中。组织块大小 1～2 cm³。若病变为结节,可剪下整个结节组织。

⑤呼吸道分泌物。可用灭菌棉签取样,置于灭菌试管中。

⑥溃疡标本。直接取溃疡组织,以深取为原则,若已结痂,可取痂皮,检样置于灭菌试管中。

⑦饲料样品。根据饲料囤积的大小和类型,分层定点取样,一般可分为三层五点,每层间隔 1 m 左右。如果所选的饲料很湿,应晾干。

(3)样品的保存及送检

①保存。为保持样品的新鲜,深部真菌感染样品采集完毕后应立即送检,2 h 内处理完毕。无条件立即送检或需要较长时间运送样品时,应取材后立即放入冰箱保存或冷藏运送,一般不超过 8 d,以防止样品变质污染而影响检验结果。皮屑、甲屑、毛发等标本如需存放,不宜置于冷(4℃)或潮湿密闭环境中,以免个别真菌遇冷死亡或细菌、霉菌的污染。

②送检。样品送检时,最好由专人负责,并附样品送检单,内容包括:送检单位、地址,动物品种、性别、年龄,送检的病料种类和数量、检验目的、保存方法,送检日期,送检者姓名,并附临床病例摘要(发病时间、死亡情况、临床表现、用药情况等)。

2.显微镜检查

(1)方法 形态学特性是鉴定真菌的主要依据。

①涂片染色标本片检查。组织、体液、脓汁、分泌物以及离心沉淀材料等样品可做成涂片,以革兰氏染色、美蓝染色、瑞氏染色、姬姆萨染色或其他适宜的方法染色镜检。镜检时,用高倍镜或油镜检查真菌细胞、菌丝或孢子等结构。

②氢氧化钾湿片检查。用于浓汁、痰液、毛发、甲屑、皮屑、痂皮、角质等固体样品需要处理

使之透明清晰的材料。无菌操作取样品置于洁净的玻片中央,滴加 1~2 滴 10%~20%氧化氢钾溶液,盖上盖玻片,置于酒精灯火焰上来回移动微微加热数秒钟,直到样品溶解透明为止。轻压盖玻片,使样品变薄、透明,并去除气泡,用棉签拭吸去多余液体,放置数分钟镜检孢子、菌丝并观察其特点。镜检时,先用低倍镜找到可疑菌丝、孢子或菌体,再用高倍镜加以证实。

③乳酸酚棉蓝封片检查。常用于霉菌的封闭标本,细胞不变形。其中含有的甘油使标本不宜干燥,而石炭酸又有防腐作用。在封片液中,还可加入棉蓝或其他酸性染料,以便于观察菌体。所以本法具有染色、杀菌和防腐作用,为真菌实验室最常用的方法之一。可于材料上滴加乳酸酚棉蓝染色染液,或将培养物置于染色液滴中,必要时以细针梳理,再加盖玻片后检查。在显微镜下放大 500 倍,可见真菌染成蓝色或紫色。封固液的配方:苯酚 20 g,乳酸 20 mL,甘油 40 mL,蒸馏水 20 mL,加热溶解后加入棉蓝 0.05 g。

若制作封闭标本片,在温暖干燥室内放数日,让水分蒸发一部分,使盖玻片与载玻片紧贴,即可封片。封片时,先用清洁的纱布或脱脂棉将盖玻片四周擦净,并在盖玻片周围涂一圈加拿大树胶,风干后即成封闭标本。

④水滴压片检查。在样品上滴加生理盐水,不需染色加盖玻片做成压片即可直接镜检。

⑤印度墨汁标本片检查。主要用于新型隐球菌感染的样品检查,观察黑色背景下有无透亮荚膜的新型隐球菌菌体。

(2)光镜下常见真菌感染标本的特征

①皮肤真菌感染标本。毛癣菌感染的毛发中,可见孢子在毛干外缘、毛内或毛内外平行排列成链状;在感染的皮肤和爪甲中,毛癣菌表现为分支分节的菌丝,或由菌丝断裂形成的孢子。小孢子菌感染的毛发中,可见菌丝及孢子沿毛根和毛干部不规则排列,并镶嵌成厚鞘,孢子不进入毛干内;在感染的皮肤中,表现与毛癣菌相似。

②白色念珠菌感染标本。菌体呈卵圆形,可见芽生孢子和假菌丝,革兰氏染色呈阳性。

③曲霉菌感染标本。气生菌丝一端膨大形成顶囊,上有放射状排列小梗,并分别产生许多分生孢子,如葵花状。

④假皮疽组织胞浆菌感染标本。菌体呈卵圆形或瓜子形,一端或两端尖锐,长 3~5 μm,宽 2.4~3.6 μm,双层膜,单在、成双或呈链状排列,菌体中含 2~4 个呈回旋运动的圆形小颗粒。

⑤新型隐球菌感染标本。菌体呈圆形或卵圆形,菌体周围有一圈透光的荚膜,比菌体大 1~3 倍,可见芽生孢子。

标本也可用荧光素染色,在荧光显微镜下观察。

2.分离培养

将病料接种于沙保劳(Sabouraud)氏葡萄糖琼脂培养基,某些深部感染的病料,还需接种于血液琼脂,分别培养于室温及 37℃温箱中,培养后逐日观察。为了能观察真菌的某些特殊结构,还可用特殊培养基培养,如用玉米粉琼脂培养基检查白色念珠菌的厚垣孢子等。

真菌一般生长较慢,往往需培养数日甚至数周。为防止或减少细菌污染,可在培养基中加入适量抗生素,一般加 20~100 IU/mL 青霉素和 40~200 μg/mL 链霉素。

培养后,观察菌落生长情况是鉴别真菌的主要方法之一。应注意菌落生长的速度、形态特点(质地、颜色、表面与边缘等),以及显微镜观察菌体构造。为便于菌种鉴定,还可以在玻片上进行微量培养。这不仅能在显微镜下直接观察菌体形态和构造,还能保持菌体结构的自然位置。有些真菌病,可用变态反应进行诊断。

3.毒素检测

对真菌毒素中毒性疾病,一般对可疑饲草、饲料进行真菌毒素的检测和产毒真菌的检查。真菌毒素的检测可用免疫学检测或提取后用薄层层析、气相液相色谱分析手段,或接种动物做动物试验。

(二)真菌病的防治

在真菌感染中,环境及其其他因素起着重要的作用。真菌的繁殖要有一定的湿度,所以保持环境、用具、饲料、垫料的干燥,并进行有效的消毒是防止真菌感染的先决条件。保持动物体表的清洁,防止皮肤外伤是预防皮肤真菌感染的重要措施。霉菌是饲料中的常在菌,饲料贮藏不当很容易污染有害真菌,引起变质。引起机体深部感染的真菌大多数是条件性致病菌,他们广泛存在于自然环境中,只有当机体抵抗力降低时才能引起疾病。因此预防的有效措施是提高畜禽的机体抵抗力和免疫功能,避免长期使用抗生素及射线照射。

真菌感染目前尚无特异性预防方法。治疗的药物有制霉菌素、两性霉素 B、克霉唑等。

三、常见的病原真菌

根据真菌致病性的差异,主要可分为两大类。一类是真菌侵入动物机体而引起感染的病原性真菌,多腐生性或寄生性真菌。一类是通过产生毒素,当动物采食了含有其毒素的饲料而引起人和动物发生急性或慢性中毒的产毒性真菌,称为中毒性病原真菌,分为肝脏毒、肾脏毒、神经毒等几类。这种分类是人为的,有的真菌既能感染动物组织,同时也产生具有致病作用的毒素,如烟曲霉菌。

(一)皮肤真菌

皮肤真菌是一类只侵害人畜体表角化组织(皮肤、毛、发、指甲、爪、蹄等),而不侵害皮下等深部组织或内脏的浅部病原性真菌。畜禽的主要皮肤真菌为毛癣菌属和小孢子菌属成员。本菌主要在表皮角化层、毛囊、毛根鞘及其细胞内繁殖,有的穿入毛根内生长繁殖,使皮肤发生丘疹、水泡、皮屑、脱毛、毛囊炎或毛囊周围炎、有黏性分泌物或上皮细胞形成痂壳等。

1.生物学特性

菌丝均有分隔并分支,不产生有性孢子。

(1)毛癣菌属 菌丝呈螺旋状、球拍状、结节状或鹿角状等;大分生孢子数目少或无,孢子呈长棒状或细梭状,具有 2～6 个横隔,大小约 10～50 μm;小分生孢子数量多,单细胞,简单侧生呈葡萄串状、梨形或棒状等;有时还可见厚壁孢子。

(2)小孢子菌属 菌丝呈结节状、梳状或球拍状等;大分生孢子呈纺锤状,其表面粗糙有棘,壁厚,有 5～15 个横隔,大小约为 40～150 μm;小分生孢子呈卵圆形或棒状,单细胞,无小梗或小梗很短,孢子均单独生长在侧枝的末端,不呈葡萄串状排列,在初次培养时,孢子出现较少;厚壁孢子较常见到。

该类菌对营养要求不高,需氧,在葡萄糖蛋白胨琼脂上能良好生长。最适生长温度为22～28℃,一般要培养 1 周以后,长出的菌落有绒絮状、粉粒状、蜡样或石膏样;随着时间的延长,菌落形成灰白、淡红、橘红、红、紫、黄、橙、棕黄及棕色等。

2.微生物学检测

皮肤真菌病最常用的检查方法为显微镜检查和分离培养鉴定。首先将患部用 75％酒精消毒后,用镊子拔下感染部被毛、羽毛;皮肤、皮屑及爪甲部病料用小刀刮取。

(1)镜检 将病料放在玻片上,加氢氧化钾液,在火焰上稍加热使材料透明,加盖玻片后用低倍及高倍镜检查。也可在被检材料上加1~2滴乳酸酚棉蓝,加盖玻片10 min后镜检。感染毛癣菌的毛,可见孢子在毛上呈平行的链状排列,有的孢子在毛内,有的孢子在毛内、外均可见。感染小孢子菌时,可见孢子紧密而无规则地排列在毛干周围。

(2)分离培养 将被检病料用酒精或石炭酸水浸泡2~3 min杀死杂菌,以无菌生理盐水洗涤后,接种于加有抗生素的葡萄糖蛋白胨琼脂培养基上,22~28℃培养2周,根据菌落特性、菌丝和孢子的特征进行鉴定。

3.防治

皮肤癣菌感染无特异预防方法,主要是注意皮肤卫生,避免与患畜接触,保持环境的干燥。当畜禽发生皮肤真菌病时,可用5%或2%热碱水、3%福尔马林或0.5%过氧乙酸进行笼舍和桩柱的消毒。治疗可用灰黄霉素。

(二)白色念珠菌

1.生物学特性

(1)形态与染色 为假丝酵母菌,在病变组织渗出物和普通培养基上产生芽生孢子和假菌丝,不形成有性孢子。菌体圆形或卵圆形,壁薄,大小为$(3.0～6.5)\ \mu m×(3.5～12.5)\ \mu m$。新分离的菌株假菌丝上常带有球状成团的芽生孢子,菌丝中间或顶端常有大而薄的圆形或梨形细胞,这些细胞逐渐发展成为厚壁孢子。革兰氏染色阳性,着色不匀。

(2)培养 本菌在普通琼脂、血液琼脂与沙保葡萄糖琼脂培养基上均可良好生长。需氧,室温或37℃培养1~3 d可长出菌落。菌落呈灰白色或乳白色偶呈淡黄色,表面光滑,有浓厚的酵母气味,培养稍久,菌落增大,菌落表面形成隆起的花纹或呈火山口状。菌落无气生菌丝,但有向下生长的营养假菌丝,在玉米粉培养基上可长出厚膜孢子。本菌的假菌丝和厚膜孢子可作为鉴定依据。

(3)生化试验 本菌能发酵葡萄糖、麦芽糖、甘露糖、果糖等,产酸产气;发酵蔗糖、半乳糖产酸不产气;不发酵乳糖、棉籽糖等。不凝固牛乳,不液化明胶。

(4)动物接种 家兔或小鼠静脉注射本菌的生理盐水悬液,4~5 d后可引起死亡,剖检可见肾脏皮质有许多白色脓肿。

2.致病性

白色念珠菌可致人和动物念珠菌病。是人和动物消化道、呼吸道及泌尿生殖道黏膜的常在菌,一般对正常动物不致病,只有当饲养管理不良、维生素缺乏、大剂量长期使用广谱抗生素或免疫抑制剂,使机体抵抗力下降时,才引起内源性感染,是条件性致病菌。主要侵害家禽,特别是雏鸡;牛、猪、犬和啮齿动物也可能感染。患念珠菌病的动物多在消化道黏膜形成乳白色伪膜斑坏死物。

3.微生物学检测

(1)染色镜检 取坏死伪膜病料,经氢氧化钾处理后,革兰氏染色镜检有大量椭圆形酵母样细胞或假菌丝,可做出初步诊断。

(2)培养 初代分离培养用血液琼脂,有大量菌落生长对确认有重要意义。

(3)血清学试验 用免疫扩散试验、乳胶凝集试验及间接荧光抗体试验对全身性假丝酵母感染的诊断有一定的价值。

（4）动物接种　也可用家兔作动物试验,其结果可确诊。

4.防治

无特异性防治措施。加强管理,提高动物机体免疫力,正确使用抗生素,可减少本病发生。用1%氢氧化钠溶液或2%甲醛溶液经1 h处理该菌可得到抑制,5%氯化碘液处理3 h,也能达到消毒目的。

（三）曲霉菌

在自然界中分布广泛,种类繁多,主要存在于稻草、秸秆、谷壳、木屑及发霉的饲料中,菌丝及孢子以空气为媒介污染笼舍、墙壁、地面及用具。正常机体对本菌有一定抵抗力,当机体抵抗力降低时可引起感染。曲霉菌中对畜禽危害严重的有烟曲霉、黄曲霉等。本属菌的特性是菌丝分支分隔,细胞多核。由营养菌丝或气生菌丝特化形成的足细胞上生出分生孢子梗,顶端膨大呈圆形称顶囊,顶囊上长着许多小梗,小梗单层或双层,小梗上着生分生孢子,分生孢子呈链状,并分为黄、绿、黑、灰等颜色。

1.烟曲霉菌

（1）生物学特性　烟曲霉菌为需氧真菌,室温下能正常生长,在葡萄糖马铃薯培养基、沙堡氏培养基、血琼脂培养基上经25～37℃培养,菌丝为有隔菌丝,菌丝纵横交错。在固体培养基上,生长较快,见菌丝生长,菌丝最初呈为无色到灰白色。经20～30 h开始形成孢子,成熟时孢子逐渐变为浅黄色、草绿色、灰绿色以及黑色。气生菌丝末端分化出厚壁的足细胞,在足细胞上生出直立的分生孢子梗,常带绿色,光滑。梗的顶部膨大形成顶囊,形似倒立烧瓶状,直径在20～30 μm,顶囊呈绿色。顶囊的上半部长满辐射状排列的小梗,小梗单层圆柱状,排列紧密多呈木栅状,小梗顶端长出的成串的球形分生孢子,似花冠状,表面粗糙有细刺,孢子呈绿色,2.5～3.0 μm,分生孢子梗短,一般长250～300 μm。小梗和分生孢子链按与分生孢子柄轴平行的方向升起。菌落最初呈白色、圆形、绒毛状或棉絮样,3～4 d内,菌落中心变为烟绿色或深绿色,表面微细粉末状或粉状（形成大量分生孢子之故）,后期菌落颜色为暗绿色至黑褐色,菌落边缘仍为白色,菌落背面无色或带褐色。

烟曲霉菌的抵抗力较强,120℃干热1 h煮沸5 min才被杀死,常用的消毒剂为5%甲醛、石炭酸、过氧乙酸和含氯消毒剂,一般经1～3 h才能死亡。本菌对一般抗生素均不敏感,制霉菌素、两性霉素B、灰黄霉素及碘化钾有抑制作用。

（2）致病性　烟曲霉菌的孢子广泛存在于空气、水和土壤中,极易在潮湿垫草和饲料中繁殖,同时产生毒素。烟曲霉菌是曲霉菌属致病性最强的霉菌,是禽类曲霉菌病的最常见病原。各种年龄的禽类均可感染,幼禽的发病率较高。主要引起家禽的曲霉性肺炎及呼吸器官组织炎症,并形成肉芽肿结节。禽类通过采食被孢子污染的饲料,吸入含有孢子的空气,引起深部真菌感染,发生霉菌性肺炎;也可造成浅表感染,使家禽发生霉菌性眼炎;成年禽的较慢性病例,气囊及支气管壁上可能有暗绿色的真菌生长物;本菌在感染组织的过程中,也可产生毒素,导致动物发生痉挛、麻痹,直至死亡。幼禽最敏感,死亡率可达50%以上。潮湿环境下曲霉孢子穿过蛋壳进入蛋内,不仅引起蛋品变质,而且在孵化期间造成死胚,或者雏鸡发生急性曲霉菌性肺炎。马、牛、羊、猪以及人也可感染,但较少见。也可感染人。

（3）微生物学检测　烟曲霉菌的检测主要根据菌丝及孢子形态来确定。

①染色镜检。取病禽肺、气囊或腹腔上肉眼可见的霉斑或黄色或灰色小结节,尽量剪碎,再置载玻片上压平,滴加乳酸酚棉蓝染色液或生理盐水1～2滴或10%～20%的氢氧化钾溶

液 1～2 滴,压盖玻片镜检,检查有无烟曲霉的特殊形态,即见有分支状有隔菌丝、直径 4～6 μm,长可达 300 μm,特征性的分生孢子梗、梗的顶部有倒立烧瓶状的顶囊及花冠状分生孢子,既可初步诊断。也可取肺、肝或脾作切片,染色镜检。

②分离培养。确诊须进行病原分离培养。取肝脏、肺脏、气囊等等病料组织,接种于沙保劳氏葡萄糖琼脂培养基或马铃薯培养基上,37℃下培养 3 d,可见菌丝生长,观察菌落及繁殖菌丝末端是否膨大、分生孢子的形态大小及排列特征即可确诊。

(4)防治　主要措施是加强饲养管理,保持禽舍通风干燥,不让垫草发霉。环境及用具保持清洁。发病时可使用制霉菌素、两性霉素 B 等治疗。

2.黄曲霉菌

(1)生物学特性　本菌形态与烟曲霉菌相似,菌丝也是分支有隔菌丝,但分生孢子梗直接从基质中生出,分生孢子梗壁厚而粗糙,无色。顶囊大呈烧瓶状或近球形,上有单层或双层小梗。分生孢子有椭圆形及球状,呈链状排列。

培养常用察氏琼脂,最适温度为 28～30℃,经 10～14 d 菌落直径可达 3～7 cm,最初带黄色,然后变成黄绿色,老龄菌落呈暗色,表面平坦或有放射状皱纹,菌落反面无色至淡红色。

(2)致病性　黄曲霉通常寄生于各类粮食、花生、棉籽、奶、肝脏、鱼粉及肉制品上,能产生毒性很强的黄曲霉毒素。可引起多种畜禽发生真菌毒素中毒症,并能导致癌症,也严重危害人类的健康。黄曲霉菌有毒株能形成黄曲霉毒素。毒素常见于霉变的花生、玉米等谷物及棉籽饼等,在鱼粉、肉制品、咸干鱼、奶和肝脏中也可发现。黄曲霉毒素的熔点为 200～300℃,非常耐热,煮沸不能使之破坏;在 pH9～10 的强碱溶液中,毒素能迅速分解;几乎不溶于水,可溶于乙醇、氯仿、丙酮等有机溶剂。

黄曲霉毒素是目前发现的最强烈的致癌物质之一,其毒性比氰化钾大 100 倍,仅次于肉毒毒素,是霉菌毒素中最强的一种。黄曲霉毒素能使人和畜禽发生急性或慢性中毒。急性中毒可引起腹泻、结膜黄染和肝细胞变性、坏死;人或动物持续地摄入一定量的黄曲霉毒素引起慢性中毒,主要表现为生长障碍,肝脏的慢性损伤,还常能诱发肝癌或胃腺癌、肾癌、直肠癌等其他部位的肿瘤。在短期摄入一定数量的黄曲霉毒素,经过较长时间后也发生肝癌。

(3)微生物学检测

①毒素检查。从可疑饲料中提取毒素,进行生物学鉴定。可用 1 日龄雏鸭进行试验,着重检查肝脏病变,可见肝脏坏死、出血以及胆管上皮细胞增生等。或用薄层层析法检测毒素。

②真菌分离鉴定。从可疑饲料分得真菌后,根据形态学及培养特点进行鉴定,并进行产毒试验。

(4)防治　防止饲料发霉,主要措施是控制温度和湿度。一般粮食含水量在 13% 以下,玉米在 12.5% 以下,花生在 8% 以下,真菌即不易繁殖。另外,勿用发霉饲料饲喂动物。

◉ 任务 4-2　支原体感染的实验室检测

【任务描述】

支原体广泛分布于污水、土壤、植物、动物和人体中,腐生、共生或寄生,常污染实验室的细胞培养及生物制品,有 30 多种对人或畜禽有致病性。常见的有猪肺炎支原体引起的猪地方性流行性肺炎、禽败血支原体引起鸡的慢性呼吸道病等,均较常见,潜伏期长,呈慢性经过,地方性流行,给养殖业造成很大经济损失。本任务在养殖场和微生物检测室以凝集试验、血凝抑制试验检测鸡败血性支原体病为例,学会支原体感染的实验室检测的操作方法、结果判定和注意事项。

【任务目标】

(1)了解支原体的主要生物学特性、致病作用;掌握禽败血支原体和猪肺炎支原体的形态学特征,分离培养法和生长表现和微生物学检测要点及防治原则。

(2)能进行禽败血支原体感染的实验室检测,能判定结果。

【必备技能】

一、准备试验材料

(1)仪器 培养箱、冰箱、高压蒸汽灭菌器、恒温水浴箱。

(2)材料 鸡败血支原体染色抗原、阳性血清、阴性血清、禽支原体病血凝抑制试验抗原、96 孔 V 形塑料板、白瓷板或玻板、牙签或火柴棒、采血针、75%酒精棉球、1.5 mL 塑料离心管、微量移液器及滴头、记号笔等。

(3)动物 疑似鸡禽败血性支原体病鸡、非免疫公鸡。

二、方法与步骤

以检测鸡败血支原体病为例,参照 NY/T 553-2002 禽支原体病诊断技术规程进行。

(一)快速血清凝集试验(RSA)

1. 被检血清的制备

疑似病鸡编号,常规方法翅静脉采血,置于与鸡编号相同的塑料离心管中,待自然凝固后离心析出血清,56℃水浴箱内 30 min 灭活处理后备用。从鸡群采集的血清样品,如不能立即进行试验,应 4℃保存,不能冻结。

2. 操作步骤

(1)取洁净白瓷板或玻璃板一块,用记号笔划成 2 cm 左右的方格若干,并编号。前两格为阳性对照血清、阴性对照血清,后面依次为被检血清 1、2、…,每种样品用微量移液器加 1 滴(20 μL)。

(2)在每种血清样品旁加入等量染色抗原。

(3)将每个方格内的样品分别用牙签或火柴棒将其混合,轻轻摇动玻板使之混合均匀,在 20~25℃室温条件下,2 min 内(火鸡血清 3 min 内)判定结果。

3. 结果判定

在对照结果成立的情况下进行判定。

(1)规定时间内,发生完全凝集的,判为阳性。

(2)仅在液滴边缘部分出现凝集,或超过 2 min(火鸡 3 min)在边缘出现凝集,判为可疑。

(3)超过规定时间无凝集者,判为阴性。

4. 注意事项

(1)受检血清应新鲜,无明显蛋白凝块,无溶血和无腐败气味。

(2)每次试验同时设阳性血清、阴性血清对照。

（3）反应低于 20℃时,需将反应板在酒精灯外焰上方微加温,使玻璃板均匀受热,以达到适宜反应温度。

（4）染色抗原使用前一定要摇匀,按使用说明书使用。

（二）禽支原体病血凝抑制试验

MG 能凝集禽红细胞（RBC）,且血清中的抗体有特异性抑制作用。要选择生长良好、血凝性可靠的菌株。抗原既可以是新鲜肉汤培养物,也可以是经 PBS 洗涤,浓缩后的悬液。长期提供高滴度肉汤培养物是困难的。但是应用浓缩抗原（常内含 25%～50% 甘油,保存条件为 −70℃）也增加了试验的非特异性反应。将抗原经倍比稀释法测定血凝滴度（HA）,能使抗原发生完全 HA 凝集的最小抗原量称为 1 个血凝单位。用于血凝抑制试验的抗原需 4 个凝集单位。方法同新城疫的血凝试验。

1. 0.5% 红细胞悬液的制备

方法同血凝与血凝抑制试验。采健康鸡血,按常法用磷酸盐缓冲液（PBS）反复洗涤,离心后制成 0.5% 红细胞悬液,于 4℃保存备用。

2. 被检血清的制备

采取被检鸡血分离血清。有非特异性血凝作用的血清,必须进行吸附除去非特异性凝集因子,以便在无血凝抗原存在的对照孔呈现扣状沉积。

吸附方法:1 mL 稀释的血清中滴加 6～8 滴洗涤的鸡或火鸡压积红细胞,37℃作用 10 min 后,除去红细胞,检测上清的血凝反应。

3. 操作步骤

试验最好在 50 μL 恒量的 V 形多孔塑料板上进行,每次试验均设相应的阴性和阳性血清对照。在试验中,每份待检血清样品用 1 排 8 个孔,每排第 1 孔加入 50 μL PBS,每排第 2 孔加 50 μL 8 个单位 HA 抗原,从 3 孔到第 8 孔每孔中加 4 个单位 HA 抗原。血清作 1∶5 稀释后,取 50 μL 加入第 1 孔混匀,从第 1 孔吸取 50 μL 转移到第 2 孔,依此类推。最后 1 孔吸取 50 μL 弃去。第 1 孔作血清对照。

抗原对照需要 6 个孔,从第 2 孔到第 6 孔每孔加入 50 μL PBS。从第 1 孔到第 2 孔每孔加 50 μL 8HA 单位的抗原,第 2 孔混匀后吸出 50 μL 移到第 3 孔混匀。依此类推至第 6 孔,弃去 50 μL。RBC 对照设 2 个孔,每孔加入 50 μL PBS。所有的孔中均加入 50 μL 0.5% RBC 悬液。（鸡血清用鸡红细胞,火鸡血清用火鸡红细胞）。

4. 判定

轻轻振荡反应板使内容物充分混匀,置室温 50 min 后或当抗原出现 4HA 单位时判定结果。判定时应将板倾斜。只有与只加 RBC 孔和稀释液加 RBC 孔有一致的"流动率"才被认为是被抑制。血清对照孔红细胞沉积清晰呈扣状。其他的对照也应有相应的反应。血凝抑制价为能引起完全血凝抑制的最高血清稀释倍数。

【相关知识】

一、支原体的概述

支原体（Mycoplasma）又称霉形体,是一类介于细菌和病毒之间、营独立生活的最小单细胞原核型微生物,因缺乏细胞壁而具有多形性和可塑性。特点:菌体柔软,能通过细菌滤器;能在无细胞的人工培养中生长繁殖,但对营养的要求高于细菌;含有 DNA 和 RNA,以二分裂或芽生方式繁殖;多数为需氧或兼性厌氧;对青霉素、头孢霉素有抵抗力。

支原体目前发现有 50 余种,广泛分布于污水、土壤、植物、动物和人体中,腐生、共生(人类和家禽的呼吸道及泌尿生殖道中的常驻菌)或寄生,常污染实验室的细胞培养及生物制品,有30 多种对人或畜禽有致病性。

(一)生物学性状

1. 形态与染色

支原体无细胞壁,具有多形性、可塑性和滤过性。常呈球状、球杆状、环状、螺旋状和长短不一的丝状等形状出现,丝状的菌体通常还有高度的分支,如丝状真菌样,支原体之称也由此而得。

这一类微生物的大小与病毒相似,但不同属中的个体差异则较大,球状支原体直径 0.3～0.8 μm,丝状细胞大小(0.3～0.4)μm×(2～150)μm 不等。菌体柔软,能通过细菌滤器(孔径 450～220 nm 的滤膜)。无鞭毛,但有些在液面能滑动或旋转运动。革兰氏染色呈阴性,通常着色不良,用姬姆萨氏或瑞氏染色良好,呈淡紫色。

2. 培养特性

支原体虽然能在人工培养条件下生长,但对营养要求较高,除基础营养物质外,需牛心浸液、酵母膏、辅酶 I、氨基酸等,有的培养时需加 10%～20% 的动物血清,绝大多数支原体生长需外源胆固醇,以提供它们所不能自行合成的胆固醇和长链脂肪酸。为抑制细菌生长,常在培养基中加入青霉素、醋酸铊、叠氮钠等药物。

大多数兼性厌氧,最适培养温度 37℃,最适 pH7.6～8.0,低于 7.0 则死亡。有些菌株用固体培养基在初次分离时,加入 5% CO_2 或 5% CO_2 和 95% N_2 混合气体存在的环境中生长更好,琼脂浓度则以 1%～1.5% 为宜。生长缓慢,在琼脂含量较少的固体培养基上培养 2～6 d,才长出微小的菌落,必须用低倍显微镜或放大镜才能观察到。菌落直径从 10～600 μm 不等,圆形、透明、露滴状。支原体的典型菌落呈"煎荷包蛋样"、"乳头状"或"脐状",菌落中心较厚向下长入培养基中、致密、色暗,周围长在培养基表面、较透明。由于它没有细胞壁,对渗透压的变化极为敏感。猪肺炎霉形体和肺霉形体等的菌落则不典型,无中心生长点。

在液体培养基中生长数量较少,不易见到混浊或极轻微的混浊,有时见到小颗粒样物黏附于管壁或沉于管底。多数支原体可在鸡胚的卵黄囊、绒毛尿囊膜或细胞培养液中生长,有些菌株可致鸡胚死亡,常造成病毒培养材料的污染。

繁殖方式多样,主要为二分裂繁殖,还有断裂、分支、出芽等方式。同时,支原体分裂和其DNA 复制不同步,可形成多核长丝体。

禽败血支原体、肺炎支原体的菌落能吸附禽类红细胞。

3. 抵抗力

支原体因无细胞壁而抵抗力很弱。对湿热、干燥都敏感,一般加热 45℃ 15～30 min,55℃5～15 min 即被杀死。对重金属盐类、石炭酸、来苏儿等消毒剂均比细菌敏感,对表面活性物质洋地黄苷敏感,易被脂溶剂乙醚、氯仿所裂解。但对醋酸铊、结晶紫、亚硝酸钾、亚硒酸盐等有较强的抵抗力。对影响细胞壁合成的抗生素如青霉素、头孢霉素有抵抗作用,对放线菌素D、丝裂菌素 C 最为敏感,对影响蛋白质合成的抗生素如四环素、土霉素、卡那霉素、强力霉素、红霉素、螺旋霉素、链霉素等敏感。可出现对抗生素耐药的菌株。

在含 0.3% 琼脂的半固体培养基中 −20℃ 可保存一年或更久。

(二)致病性与免疫性

支原体具有黏附细胞的特性,这种特性是机体发生感染的先决条件。支原体不侵入机体组织与血液,而是在呼吸道或泌尿生殖道上皮细胞黏附并定居后,释放出有毒的代谢产物(如过氧化氢和磷酸酶等),使宿主细胞膜溶解。支原体与细胞膜紧密黏附时,还可导致宿主细胞膜抗原结构的改变,宿主产生自身抗体,造成自身免疫损害。此外,有些支原体如溶神经支原体能产生外毒素。

大多数支原体为寄生性,病原性支原体常寄生于多种动物呼吸道、泌尿生殖道、消化道黏膜表面、乳腺、眼及关节等部位,单独感染时,症状轻微或无临床表现,当有细菌或病毒等继发感染或受外界不良因素的作用时,会引起疾病。疾病特点是潜伏期长,呈慢性经过,地方性流行。感染宿主范围很窄,多具有种的特性。临床上由支原体引起的传染病有:猪肺炎支原体引起的猪地方性流行性肺炎(猪气喘病)、禽败血支原体引起鸡的慢性呼吸道病,此外还有牛传染性胸膜肺炎(牛肺疫)及山羊传染性胸膜肺炎等。

支原体的抗原由细胞膜上的蛋白质和类脂组成。各种支原体的抗原结构不同,交叉很少,有鉴定意义。动物自然发生支原体病后具有免疫力,支原体感染后,机体可通过产生 IgM、IgG 和 IgA 引起体液免疫应答。支原体的疫苗研究比较困难。

(三)微生物学检测

支原体形态多样,直接镜检意义不大,应取病料进行分离培养,经形态、生化反应作初步鉴定,进一步经生长抑制试验与代谢抑制试验等血清学试验确定。

1. 分离培养

培养采用加 10%~20% 犊牛血清于基础培养基中。初次分离生长缓慢,菌落呈典型的"煎荷包蛋样"。新分离菌株在鉴定前必须先进行细菌 L 型鉴定,支原体与细菌 L 型极相似。他们均无细胞壁,形态多样,具滤过性,对作用于细胞壁的抗菌素有抵抗作用,菌落也都似"油煎蛋"样,其主要区别是在无抑制剂的培养基中连续传代后能否回复为细菌形态。

2. 生化性状测定

先作毛地黄苷敏感性测定,用以区别需要胆固醇与不需要胆固醇的支原体;再作葡萄糖、精氨酸分解试验,将其分为发酵葡萄糖和水解精氨酸两类,以缩小选用抗血清的范围,进一步做血清学鉴定。

3. 血清学鉴定

血清学试验方法中特异性较强、敏感性较高、应用较多的是生长抑制试验和代谢抑制试验以及表面免疫荧光试验。

二、常见的病原性支原体

(一)禽败血支原体

禽的支原体有多种,有明显致病性作用有禽败血支原体、滑液囊支原体和火鸡支原体等。下面只介绍禽败血支原体。

禽败血支原体是引起鸡和火鸡等多种禽类慢性呼吸道病(CRD)的病原体,又称鸡败血支原体。病鸡主要表现为呼吸道症状,如气管炎和气囊炎,以气喘、呼吸啰音、咳嗽、鼻漏为特征。

有时与滑液囊支原体、呼吸道病毒和大肠杆菌共同感染。OIE将其列为B类疫病。

1. 生物学特性

（1）形态与染色　菌体多形性，通常呈球形或卵圆形，直径0.25～0.5 μm，如果培养基添加适当的胆固醇或长链脂肪酸，则可形成短而分支的丝状结构。革兰氏染色为弱阴性，用姬姆萨或瑞氏染色着色良好。

将液体培养物离心，取沉淀物以少量蒸馏水重悬，涂片干燥，甲醇固定3～5 min，姬姆萨染色0.5 h，水洗、吸干后镜检可见多形态的菌体。

（2）培养特性　本菌需氧和兼性厌氧，对营养要求较高，在含灭活的动物血清（马、禽或猪血清）、胰酶水解物和酵母浸出液以及葡萄糖等的培养基中生长良好。

在常用的支原体培养基（牛心浸出液培养基或酵母浸出液培养基）的基础上，还必须加入10%～20%动物血清（56℃灭活30 min），为了抑制杂菌的生长需加入醋酸铊（1∶4 000倍）和青霉素（2 000 IU/mL），pH7.8～8.0为宜。将液体培养基置于密闭容器中，37℃经2～5 d的培养，可呈现轻度混浊。固体培养基置于含5%～10% CO_2培养箱中培养，经3～10 d，可形成圆形、表面光滑、透明、边缘整齐、菌落中央有颜色较深且致密的乳头状突起的露滴样小菌落，直径0.2～0.3 mm。

固体培养基上的菌落，于37℃可吸附鸡、豚鼠、大鼠及猴的红细胞、人与牛的精子和HeLa细胞等，此吸附作用可被相应的抗血清所抑制。

能在5～7日龄鸡胚卵黄囊内良好繁殖，使鸡胚在接种后5～7 d内死亡，病变表现为胚体发育不良，水肿、肝肿大、坏死等，死胚的卵黄及绒毛尿囊膜中含有大量本菌。

（3）抵抗力　本菌对外界理化因素的抵抗力不强。对紫外线敏感，离开机体后迅速死亡。一般常用的化学消毒剂均能迅速将其杀死，加热50℃ 20 min即可被灭活。在肉汤培养物中－30℃能存活2～4年，经低温冻干后4℃能存活7年，在卵黄中37℃能存活8周，在孵化的鸡胚中45℃经12～24 h处理可灭活。对泰乐菌素、红霉素、螺旋霉素、放线菌素D、丝裂霉素最为敏感，对四环素、金霉素、链霉素、林可霉素次之，但易形成耐药菌株。对青霉素、多黏菌素、新霉素和磺胺类药物有抵抗力。

2. 致病性

本菌主要感染鸡和火鸡，引起禽类慢性呼吸道疾病，对鸡胚有致病性，幼鸡尤其敏感，且病情严重。病原体存在于病鸡和带菌鸡的呼吸道、卵巢、输卵管和公鸡精液中，可垂直传播。当并发其他细菌或病毒感染时，致病力增强，还会出现鼻窦炎和气囊炎等症状。亦可感染珍珠鸡、鸽、鹧鸪、鹌鹑及野鸡等。火鸡被感染发生鼻窦炎、气囊炎及腱鞘炎。

人工感染潜伏期为4～6 d，自然感染可能更长。最初表现为流鼻涕、打喷嚏。尔后出现咳嗽、气喘、啰音。最后因鼻炎、窦炎及结膜炎，鼻腔和眶下窦中蓄积渗出物而出现眼睑肿胀，严重时眼部突出、眼球萎缩，常造成一侧或两侧失明。

3. 微生物学检测

可取呼吸道的分泌物作病原的分离培养和鉴定。可采取发病初期活禽鼻腔及气管分泌物，或死禽增厚的气囊壁及其干酪样渗出物。将采集的样品用PBS制成1∶1的悬液，加入青霉素1 000 IU/mL，除去杂菌后备用。采样后应尽快培养。如需运输，小块组织置于支原体培养基中，拭子在支原体培养基中用力搅拌数次，将培养基运回实验室尽快培养。

分离培养要求的条件高，时间长，分离率极低，因此，一般常用血清学方法诊断。通常使用鸡败血支原体染色抗原作血清平板凝集试验,可获得快速的诊断效果。此试验还可用新鲜的卵黄稀释液代替血清而进行反应。血清学试验方法很多,如试管凝集试验、琼脂扩散试验、血细胞凝集抑制试验和免疫荧光试验等,都能获得良好的诊断效果。

鸡败血支原体能凝集鸡的红细胞,感染鸡的血清中具有血凝抑制抗体。利用此特性可进行血凝试验及血凝抑制试验诊断本病(方法同新城疫)。

4.防治

加强饲养管理,消除引起鸡体抵抗力降低的一切因素,鸡群饲养密度不宜太高、鸡舍要通风良好,防止受凉,饲料配合要适当。血清抗体可用于检测,但不能产生免疫保护。可用疫苗免疫进行预防,但弱毒菌苗形成免疫需要时间较长,免疫力不坚强。灭活苗效果也不理想。

发生本病时,按《中华人民共和国动物防疫法》规定,采取严格控制、扑灭措施,防止扩散。病鸡隔离、治疗或扑杀,病死鸡应深埋或焚烧。种蛋必须严格消毒和处理,减少蛋的带菌率。发病鸡的治疗可选用泰乐菌素、红霉素、林可霉素、土霉素、环丙沙星等抗菌药物。

(二)猪肺炎支原体

对猪具有致病性的支原体常见有猪肺炎支原体、猪鼻支原体和猪滑液支原体等。下面只介绍猪肺炎支原体。

猪肺炎支原体是引起猪地方流行性肺炎即猪喘气病的病原体。本病广泛分布于世界各地,在我国许多地区的猪场都有发生。主要存在于病猪的肺组织、肺门淋巴结及鼻腔、气管的分泌物中,它是一种接触性、呼吸道传染病,多呈慢性经过。其主要临床症状为咳嗽、气喘、呼吸困难;病变特征是在肺的心叶、尖叶、中间叶和膈叶的前缘呈对称性"肉样"病变。感染后死亡率不高,但严重影响猪的生长发育,生长率降低15%左右,饲料利用率降低20%,造成饲料和人力的浪费。有的成为僵猪或饲养管理不良易引起继发感染,也可造成死亡。所造成的经济损失很大,是危害养猪业发展的重要疫病之一。

1.生物学特性

(1)形态与染色 该支原体形态多样,大小不等。在液体培养物和肺触片中,以环状为主,也见球状、短链状、三角烧瓶状和丝状等。直径 112～225 nm,可通过 300 nm 孔径滤膜。革兰氏染色阴性,着色不佳,姬姆萨或瑞氏染色良好。

(2)培养特性 为兼性厌氧,对营养要求比一般支原体更高,在支原体专用培养基(A26固体培养基)中生长,37℃培养 7～10 d 可长成直径 25～100 μm 的菌落,菌落圆形,中央隆起丰满,缺乏"煎荷包蛋样"特征。本菌虽然可用 6～7 日龄鸡胚卵黄囊或猪肺单层细胞进行培养继代,但鸡胚不死亡,也无可见病变。

(3)抵抗力 本菌对外界环境的抵抗力较弱,一旦排出体外,其存活一般不超过 36 h。病肺悬液于室温保存 36 h 即失去致病力。病肺组织中的病原体在 -15℃可保存 45 d,1～4℃可存活 4～7 d,在甘油中 0℃可保存 8 个月。经冷冻干燥的培养物在 4℃可存活 4 年。对常用化学消毒剂均敏感,如 1%氢氧化钠 10 min 和 20%热草木灰水数分钟均可将其灭活;对青霉素、链霉素、红霉素和磺胺类药物等不敏感;对放线菌素 D、丝裂菌素 C 最敏感;对四环素类、泰乐菌素、螺旋霉素、林可霉素敏感。

2.致病性

自然感染仅见于猪,其他动物和人不感染。可使不同年龄、性别、品种的猪感染,引起猪地方流行性肺炎,其中以哺乳仔猪和断乳仔猪最为易感,患病后症状明显,死亡率高。怀孕母猪和哺乳母猪次之,肥猪发病较少。我国地方土种猪较杂种猪和纯种猪发病多。

病原体存在于病猪呼吸器官内,随病猪咳嗽、气喘和喷嚏的飞沫排出体外。病猪与健康猪同圈、同运动场或同地放牧直接接触时,经呼吸道感染发病。因此,在通风不良和比较拥挤或密集饲养的猪舍中,容易互相传染,成为集约化饲养的常见呼吸道病。给健康猪皮下、肌肉、静脉注射或用胃管投入病原体均不能使猪发病。本菌经呼吸道传播,将培养物喷雾、滴鼻和气管内接种 2～3 月龄健康仔猪,能引起典型病变。环境因素的影响或猪鼻支原体以及巴氏杆菌等继发感染时,常使猪的病情加剧乃至死亡。

3. 微生物学检测

在临床实践中,根据临床症状和剖检变化均有典型的特征,结合流行病学一般可确诊;必要时也可进行微生物学检测,但一般多用于研究目的。

(1)病料的采集及处理　猪肺炎支原体主要存在于病猪的肺组织、肺门淋巴结及鼻腔、气管的分泌物中。采集病料时,应无菌方法采取气管分泌物、肺脏病变区和正常部交界处组织,如遇表面污染严重的肺脏,可割取大块肺组织置于沸水中煮 8～10 s,然后再无菌采集病料,采集病料应包括支气管。

(2)形态学检查　病变肺触片经姬姆萨氏染色,猪肺炎支原体呈环状、球状、短链状、三角烧瓶状和丝状等多种形态。革兰氏染色阴性,着色不佳。

(3)分离培养　初代分离培养可将采集的病料研磨成乳剂,通过滤器除去杂菌,选用适宜的支原体专用培养基,于 37℃ 含 5%～10% CO_2 培养箱中进行分离培养,根据该菌的菌落特征及菌体特征诊断。进一步的确诊需要经过血清学试验动物接种试验等。

若接种于支原体专用液体培养基中培养,为抑制猪鼻支原体干扰,可在液体培养基中加入抗猪鼻支原体免疫血清。常需连续移植盲目继代,逐渐适应繁殖后才能检出。

也可以用病肺组织或气管分泌物作分离培养的材料,经洗涤或过滤等方法处理后,接种至有酚红指示剂的液体培养基内,利用本菌能分解葡萄糖产酸使指示剂变色,以判定本菌的生长与存在。再将变化了的培养液移植于固体琼脂培养基内,在 37℃ 高湿度的环境中培养 7～10 d,低倍置显微镜下,从培养基变色部位寻找特征性的细小菌落。再将培养物涂片,固定后用姬姆萨染色法染色,在显微镜下观察其形态。

(4)动物试验　动物感染试验可将分离的纯培养物或病料悬液,经气管、肺或鼻腔接种给健康仔猪,2 周后可发病。

(5)血清学诊断　可用血清学代谢抑制试验、生长抑制试验、免疫荧光试验、间接血凝试验及酶联免疫吸附试验等鉴定。

4. 防治

感染本菌的康复猪具有坚强的免疫力,免疫保护至少可达 60 周。我国研制的猪喘气病乳兔化弱毒冻干苗,保护率 80%,免疫期为 8 个月。

发病时采取严格隔离,加强病猪的饲养管理与药物治疗相结合,早期治疗,淘汰病猪,更新猪群等控制措施。土霉素、卡那霉素、螺旋霉素、四环素、北里霉素、甲砜霉素等多种药物,可用于治疗猪支原体肺炎,但以复方药物效果更好,如金西林(有效成分为金霉素、磺胺二甲嘧啶、青霉素)。喹诺酮类药物,常用恩诺沙星、诺氟沙星、氧氟沙星、环丙沙星等,也都有较好的疗效。

◉ 任务 4-3　螺旋体感染的实验室检测

【任务描述】

螺旋体广泛存在于自然界水域中,也有许多存在于人和动物的体内。大部分螺旋体是非致病性的,只有一小部分是致病性的。如猪痢疾蛇形螺旋体是猪痢疾的病原体;钩端螺旋体可感染多种家畜、家禽、野生动物和人的钩端螺旋体病,导致钩端螺旋体病;兔梅毒密螺旋体可致兔梅毒;鹅疏螺旋体可致家禽的疏螺旋体病。本任务在养猪场和动物微生物检测室以检测猪痢疾蛇形螺旋体为例,学会螺旋体感染的实验室检测方法,为临床防治奠定基础。

【任务目标】

(1)认识螺旋体、放线菌、立克次氏体、衣原体的形态结构和染色特征;掌握猪痢疾蛇形螺旋体、钩端螺旋体、牛放线菌、附红细胞体的生物学特性、致病性、微生物学检测方法及防治原则。

(2)能通过镜下检查法、分离培养法和动物接种法检查猪痢疾蛇形螺旋体;能够观察牛放线菌和附红细胞体的形态特征。

【必备技能】

一、准备试验材料

(1)仪器　厌氧罐、生物显微镜、高压蒸汽灭菌器、离心机。

(2)材料　结晶紫染色液、生理盐水、磷酸盐缓冲液、接种环、胶头滴管、手术刀、剪子、镊子、凹玻片、载玻片、盖玻片、直径 90 mm 平皿、500 mL 和 1 000 mL 烧杯、5 mL 注射器、吸水纸、酒精灯等。

(3)胰蛋白胨大豆琼脂(TSA)培养基的制备　胰蛋白胨 15 g、大豆蛋白胨 5 g、氯化钠 5 g、琼脂 15 g、蒸馏水 1 000 mL,调节 pH 为 7.2±0.2,经 121℃,15 min 灭菌后制成。

10%血液 TSA 平板的制备:胰蛋白胨大豆琼脂 100 mL,加热溶化,冷至 50℃,以无菌操作加入脱纤维犊牛血或兔血 10 mL,摇匀,倾注平板即成。

(4)待检样品　疑似猪痢疾蛇形螺旋体病病猪含黏液的新鲜稀粪便或结肠病变组织或病变结肠黏膜刮取物。

二、方法与步骤

以检测猪痢疾蛇形螺旋体为例,参照 NY/T 545—2002 猪痢疾诊断技术规程进行。

(一)直接镜检

直接镜检有以下 3 种方法。

1.相差或暗视野显微镜下活体检查

(1)压滴片　用无菌的吸管或灭菌的接种环依次取灭菌生理盐水和待检样品,置于洁净载玻片中央,使其成为均匀的菌悬液,用小镊子夹一清洁无脂的盖玻片,先使盖玻片一边接触菌液,然后缓缓放下,覆盖于菌液上,避免菌液中产生气泡,制成压滴标本,置于相差或暗视野显微镜下镜检。检查时先用低倍镜找到适宜的位置,再用高倍镜观察细菌的运动。在每个高倍视野中见有 2～3 个或更多个蛇样运动的较大的螺旋体,即可确诊。

(2)悬滴片 在洁净盖玻片中央滴加 2～3 环灭菌生理盐水,用灭菌接种环取少量样品与生理盐水混匀,另取一张洁净凹玻片,在凹玻片凹窝周围涂上适量生理盐水(或凡士林也可,目的固定盖玻片用),然后将其凹面向下,凹窝对着盖玻片的中央的液滴并盖于其上,迅速翻转,用小镊子轻轻按压,使之粘紧封闭,制成悬滴标本,置于相差或暗视野显微镜下镜检。结果:镜下所见与压滴法相同。

载玻片的厚度以 1.0～1.1 mm 为宜,盖玻片的厚度不得超过 0.15 mm,否则影响调焦。

2. 染色镜检

用灭菌的接种环取少量病猪含黏液的新鲜稀粪便、结肠病变组织或病变结肠黏膜刮取物制成薄涂片,自然干燥,甲醇固定后用姬姆萨染色法染色,水洗,干后置于油镜下观察。结果:典型猪痢疾蛇形螺旋体姬姆萨染色微红色,菌体长 6.0～8.5 μm,宽 0.32～0.38 μm,多为 2～4 个弯曲,两端尖锐,形似双燕翅状。

3. 染色组织切片法检查

将采集的病变肠组织先用 10% 甲醛缓冲液固定好切片,再用维多利亚蓝染色法染色。镜检时可见螺旋体大量存在组织表面及黏液囊腔内,有时数量多到堆积成网状,即可确诊。

(二)分离培养检查

采用过滤培养法。分离培养可采集镜检证实有可疑螺旋体存在的病料,将样品用灭菌生理盐水作 5～10 倍稀释,2 000 r/min 离心 10 min,弃去沉渣,将上清液用 0.8 μm 和 0.45 μm 滤膜依次过滤。用灭菌接种环取滤液直接涂布接种于 10% 血液 TSA 平板上,37～38℃厌氧培养 3～6 d,每隔 2 d 开厌氧罐检查 1 次,当观察到平板上出现 β 溶血现象时,即可挑取可疑菌落,作成悬滴或压滴标本,用暗视野显微镜检查,或涂片染色镜检,即可确诊。

【相关知识】

一、螺旋体的概述

螺旋体是一类介于细菌与原虫之间、一群菌体细长而柔软、弯曲呈波状或螺旋状、无鞭毛而能活泼运动的单细胞原核型微生物。螺旋体具有与细菌相似的基本结构,如细胞壁中有脂多糖和胞壁酸,胞浆内含核质,行二分裂繁殖,对抗生素敏感;与原虫相似之处在于细胞壁与外膜之间有轴丝,由于轴丝的屈曲与收缩使螺旋体能自由活泼运动,易被胆汁或胆盐溶解。

螺旋体广泛存在于水生环境,也有许多分布在人和动物体内。大部分营自由的腐生生活或共生,无致病性,只有一小部分可引起人和动物的疾病。螺旋体有 5 个属,其中与兽医临床关系密切的有蛇形螺旋体属、疏螺旋体属、密螺旋体属和细螺旋体属又称钩端螺旋体属。

(一)主要生物学特性

1. 形态与染色

螺旋体细胞呈螺旋状或波浪状圆柱形,具有多个完整的螺旋。长短不等,大小为(5～250)μm×(0.1～3)μm。某些螺旋体可细到足以通过细菌滤器。细胞的螺旋数目、两螺旋间的距离及回旋角度各不相同,是分类上的一项重要指标。

螺旋体的细胞主要由原生质柱、轴丝和外鞘三个部分组成。螺旋体的细胞中心为原生质柱,即圆柱形菌体,呈螺旋状卷曲,为螺旋体细胞的主要部分,其与细菌细胞的结构相同,有细胞壁、细胞膜、细胞浆、不定型核、核蛋白和液泡等；细胞壁中有脂多糖和胞壁酸，其结构和性质与革兰氏阴性菌相似，但不及细菌胞壁坚韧。轴丝是螺旋体所特有的一种结构，夹在原生质膜与外细胞壁和黏液层构成的外鞘之间，相当于细菌的鞭毛结构，是螺旋体的运动器官，轴丝的数目因种和属的不同而不同，一般有 2～100 根以上，又称为鞭毛；螺旋体的轴丝分别起源于菌体的两极近端处，缠绕菌体并向另一端的方向延伸，于菌体的中部重叠后，末端便游离伸出；螺旋体通过轴丝而运动，其运动方式主要有 3 种，沿长轴旋转、弯曲移动和局部转动。

螺旋体具有不定型的核，无芽孢，核酸兼有 DNA 和 RNA，以横二等分裂法繁殖。在陈旧培养物中或培养物用青霉素处理，螺旋体可成为 L 型。

螺旋体革兰氏染色阴性，但较难染色，故不多使用。姬姆萨氏染色呈淡红色，镀银染色着色较好，菌体呈黄褐色，背景呈淡黄色。也可用印度墨汁或刚果红与螺旋体混合负染，螺旋体透明无色，背景衬有颜色，反差明显。以相差和暗视野显微镜观察新鲜活体螺旋体标本效果良好，既能检查形态又可分辨运动方式，较为常用。

2.培养特性

除钩端螺旋体外，多不能用人工培养基培养，或培养较为困难。多数需厌氧培养。非致病性螺旋体、蛇形螺旋体、钩端螺旋体以及个别致病性密螺旋体与疏螺旋体可采用含血液、腹水或其他特殊成分的培养基培养，其余螺旋体迄今尚不能用人工培养基培养，但可用易感动物来增殖培养和保种。

(二)致病性

螺旋体广泛存在于自然界水域中，也有许多存在于人和动物的体内。大部分螺旋体是非致病性的，只有一小部分是致病性的。如猪痢疾蛇形螺旋体是猪痢疾的病原体；钩端螺旋体可感染多种家畜、家禽和野生动物，导致钩端螺旋体病；兔梅毒密螺旋体可致兔梅毒；鹅疏螺旋体可致家禽的疏螺旋体病。

(三)常见动物病原性螺旋体

1.猪痢疾蛇形螺旋体

猪痢疾蛇形螺旋体曾称为猪痢疾密螺旋体，为蛇形螺旋体属，是猪痢疾的病原体。经消化道传染，病的传播迅速，发病率较高而致死率较低，本病的发生常需有肠道某些其他微生物的协助作用。

(1)生物学特性

①形态与染色。猪痢疾蛇形螺旋体形态结构与其属的描述一致，菌体长 $6.0～8.5~\mu m$，宽 $0.32～0.38~\mu m$，呈波浪状，多为 2～4 个弯曲，两端尖锐，形似双燕翅状。在电镜下观察每端有 7～9 根轴丝向对端延伸，相互重叠于原生质柱的中部。革兰氏阴性或弱阳性，姬姆萨氏染色微红色，苯胺染料、维多利亚蓝和镀银法均能使其较好着色。菌体在水中能运动，新鲜病料暗视野观察呈活泼的蛇形运动。可通过 $0.45~\mu m$ 孔径的滤膜。

②培养特性。本菌为严格厌氧菌，最适温度 37～42℃。一般厌氧环境不易培养成功，必须使用预先还原的培养基，并置于含 H_2(或 N_2)和 CO_2(二者比例为 80：20)混合气体以及以冷钯为触媒的环境中才能生长。对培养基的要求也相当苛刻，通常要在加入 10% 胎牛(或犊牛或兔)血清或血液的酪蛋白胰酶消化物大豆胨汤(TSB)或脑心浸液汤(BHIB)液体或固体培养基。在 TSB 血液琼脂上，38℃ 48～96 min 可形成扁平、半透明、针尖状、强 β 溶血性菌落

（以区别弱β溶血的无害蛇形螺旋体），有时亦可向周围扩散呈云雾状表面生长而无可见菌落。为抑制其他杂菌生长，可在 TSB 血琼脂中加入壮观霉素（400 μg/mL）或多黏菌素 B，或多黏菌素 B、壮观霉素和万古霉素各 50 μg/mL 制成本菌的选择性培养基，以提高本菌从肠道样品中的分离率。

本菌能发酵葡萄糖和麦芽糖，不能发酵其他碳水化合物；在含 6.5%NaCl 条件下能生长。猪痢疾蛇形螺旋体用琼脂扩散试验可区分为 8 个血清型。

③抵抗力。猪痢疾蛇形螺旋体抵抗力较强，不耐热。在粪便中 5℃存活 61 d，25℃存活 7 d；37℃时很快死亡。在 4℃土壤中能存活 18 d；纯培养物在 4~10℃厌氧环境下存活 102 d 以上，-80℃存活 10 年以上。本菌对一般消毒剂和高温、氧、干燥等敏感，常用消毒药物能迅速将其杀死，如 2%氢氧化钠、0.1%高锰酸钾、3%来苏儿等。

（2）致病性　猪痢疾蛇形螺旋体是引起猪痢疾的病原体，猪是本病唯一的易感动物。猪痢疾又名血痢、黑痢、黏液性出血性痢疾等。多发生于断乳后的小猪，尤其是 8~14 周龄小猪最为常见，本病在猪群中传播迅速，发病率可达 75%~90%，而致死率较低，一般为 5%~20%，多为消化道感染。有关研究认为，本病的发生常需有肠道某些其他微生物如弧菌等协助作用而发病。主要症状是不同程度的黏液性出血性下痢和体重减轻。特征病变为大肠黏膜发生卡他性、出血性和坏死性炎症。

本菌寄生于病变肠段黏膜和肠内容物中，随粪便排出体而引起感染。成年猪也能感染本菌，但不发病，成为长期带菌者，是密螺旋体病的重要传染来源。

（3）微生物学检测

①直接镜检。可取病猪的新鲜稀粪黏液、结肠病变组织或结肠内容物制成压滴标本，暗视野镜检或制作涂片或组织切片，用姬姆萨氏染色法、印度墨汁作负染或镀银染色法染色镜检。也可将待检样品与适量生理盐水混合后制成压滴标本片，置于相差或暗视野显微镜下镜检，检查螺旋体的存在。

②分离培养及鉴定。采集检验材料后，应尽快实行分离培养。由于分离培养用的材料是肠内容物或新鲜粪便中的黏液，其中含有种类繁多的杂菌，所以分离培养猪痢疾蛇形螺旋体非常困难。可采用过滤法或稀释法进行分离。过滤法可采集镜检证实有可疑螺旋体存在的病料，将样品用灭菌生理盐水作 5~10 倍稀释，轻度离心去沉渣，上清液用大孔径滤膜过滤，滤液再经 0.8 μm 和 0.45 μm 滤膜依次过滤。用前述血琼脂平板 37~38℃厌氧培养 3~6 d，每隔 2 d 检查 1 次，当观察到平板上出现强β溶血现象时，即可挑取可疑菌落，作成悬滴或压滴标本，用暗视野显微镜检查，或涂片染色镜检，根据螺旋体的形态来确定。稀释法是比较简单的方法，把采集到的肠内容物以 10 倍的递增稀释至 10^{-6}，每管取 0.1 mL 接种到上述培养基培养。

③动物接种试验。可将待检菌株的新鲜培养物制成菌悬液，给 10~12 周龄仔猪灌服，每天 1 次，每次灌服 50 mL/头（0.5~1）× 10^8 菌/mL，连续 2 d。若猪在接种后 30 d 以内，有一半下痢和产生肠道病变，即可证明具有致病力。

还可做猪结肠结扎试验。将饥饿 48 h 的 10~12 周龄仔猪，用常规方法结扎其结肠，每段 5~10 cm，间隔肠段为 2 cm 左右。然后向结扎肠管内注入待检菌液（10^8 菌/mL）5 mL，另设一个注入 5 mL 无菌生理盐水的肠段作为阴性对照。试验猪可饮水，停食 2~3 d，打开腹腔检查。如试验肠段出现明显膨胀，内含多量带黏液或血液的渗出物，黏膜肿胀、充血或出血，涂片镜检有大量蛇形螺旋体,即可确定菌株其致病性。对照肠段应无此反应。也可用体重 1.5～2 kg 的家兔作此项试验。

④血清学检查。取病变的肠组织或肠内容物制成涂片,用直接或间接免疫荧光抗体染色法检查。在荧光显微镜下,可看到具有明亮黄绿色荧光的痢疾蛇形螺旋体。血清凝集试验和酶联免疫吸附试验可用于猪群的检疫。

(4)防治 目前对猪痢疾尚无可靠或实用的免疫制剂,治疗普遍采用抗生素和化学药物控制此病。培育 SPF 猪、净化猪群是防治本病的主要手段。

自然发病猪康复后,可产生相应的抗体,但能否保护机体抵抗再感染,说法不一,一般认为具有一定的保护力。以本菌的弱毒株口服或注射免疫猪体,只能产生微弱的保护力,如反复静脉注射则可产生对同菌株攻击的保护力。

2.钩端螺旋体

钩端螺旋体是细螺旋体属成员,菌体纤细、螺旋致密,一端或两端弯曲呈钩状的螺旋体,简称钩体。可分为致病性和非致病性两大类。其中大部分营腐生生活,广泛分布于自然界,尤其存活于各种水生环境中,无致病性。少部分寄生性和致病性的螺旋体,可引起人和动物的钩端螺旋体病。

(1)生物学特性

①形态与染色。菌体呈纤细的圆柱形,长 6～20 μm,宽 0.1～0.2 μm,螺旋弧度 0.2～0.3 μm。螺旋规则细密,如弹簧样,螺旋至少有 18 个,菌体一端或两端可弯曲成钩状(曹军平 P137)。

以多种形式运动,如可做翻转和屈曲运动,使菌体形成"C"、"S"或"O"等字母形,且可随时迅速改变和消失。也可沿其长轴旋转而快速前进。在暗视野显微镜观察,螺旋细密而不易看清,菌体形似细长的串珠样形态。

革兰氏染色阴性,但较难着色。镀银染色法和刚果红负染较好,用暗视野显微镜较易观察其形态和运动力。但因银粒堆积,其螺旋不能显示出来。

②培养特性。本螺旋体为严格需氧菌,最适 pH 为 7.2～7.4,最适温度为 28～30℃。对营养要求不高,是一种较易在人工培养基上生长的致病性螺旋体。在含动物血清和蛋白胨的柯氏培养基生长良好,生长缓慢,一般接种后 3～4 d 才开始生长,7～14 d 生长最好。在液体培养基中,可见半透明、乳白色、云雾状浑浊,以后液体渐变成透明,管底出现沉淀块。在半固体培养基中,菌体生长较液体培养基中迅速、稠密而持久,大部分钩端螺旋体在表面下数毫米处生长,形成一个白色致密的生长层。在固体培养基上可形成无色、透明、边缘整齐或不整齐、平贴于琼脂表面的菲薄菌落,大者 4～5 mm,小者 0.5～1.0 mm。故在挑取菌落时,应与琼脂一起钩取。本螺旋体生化反应极不活泼,不发酵和利用糖类,不分解蛋白质,某些菌株能产生溶血素。

③抵抗力。钩端螺旋体对理化因素的抵抗力较其他致病性螺旋体为强,在污染的河水、池塘水和潮湿的土壤中可活数月之久,故该病主要经污染的水源传播。对热、干燥、阳光等都很敏感,45℃ 30 min、50℃ 10 min、60℃ 10 s 即可致死;对低温抵抗力较强,4℃冰箱中可存活1～2 周,-70℃可保存 2 年多。直射阳光和干燥均能迅速将其致死。常用浓度的各种化学消毒剂在 10～30 min 内可将其灭活,用漂白粉使水中有效氯含量在 2 mg/L 时,可于 1～2 h 内杀死水中的钩端螺旋体。对青霉素、金霉素、四环素等抗生素敏感。

(2)致病性 致病性钩端螺旋体能引起人和多种动物的钩端螺旋体病,是一种人畜共患传染病。由于人的感染总是间接或直接来源于家畜和野生动物,因此本病在医学上又称其为动物源性疾病。

与钩端螺旋体致病力有关的毒力因子主要有吸附物质、溶血素、内毒素样物质和细胞毒性因子。致病性钩端螺旋体可感染大部分哺乳动物和人类,已从 50 多种动物中检出本菌,其中鼠类和猪是钩端螺旋体的主要贮存宿主和传染来源,带菌率高,排菌期长。人和家畜则通过直接或间接地接触这些污染源而被感染。在家畜中以牛和羊的易感性最高,其次是马、猪、犬、水牛和驴等,家禽的易感性较低。许多野生动物,特别是鼠类易感。钩端螺旋体在家畜大多数呈隐性带菌感染而不显症状,但它可在肾脏内长期繁殖,并随尿不断排出,污染土壤和水源等环境。实验动物以幼龄豚鼠和仓鼠最敏感。

钩端螺旋体病的临床表现可因不同血清型而有所差异,但基本相同。急性病例的主要症状为发热、贫血、出血、黄疸、血红素尿及黏膜和皮肤的坏死;亚急性病例可表现为肾炎,肝炎、脑膜炎及产后泌乳缺乏症;慢性病例则可表现为虹膜睫状体炎、流产、死产及不育或不孕。病程可分为约持续 7~8 d 的钩体菌血症(前期发热)阶段和持续 2~3 月或更长时间的钩体菌尿期(后期无热)阶段。在前期阶段钩体于血、肝、肾和脑脊液中,而后期于肾内长期繁殖,经尿排出。

(3)微生物学检测 根据临床症状、剖解病变及流行病学分析可进行初步诊断,确诊则有赖于微生物学检查。检查用病料要根据病程而定,一般发病在 1 周内(菌血症、发热期)尚未应用抗生素或其他药物之前,可无菌采集 3~5 mL 血、脑脊髓液,剖检可取肝和肾;发病 1 周以后(退热、菌尿症期)可无菌导尿或采集中段尿液 50~100 mL,死为肾。死亡动物应在 3 h 采集肝和肾供检。如做血清学检查,可采集血液分离血清。

为提高检出率,血液样品可采用差速离心集菌法,即将抗凝血液先用 1 000 r/min 离心 10 min,取上清液,再以 3 000~3 500 r/min 离心 30~60 min,弃上清液取沉淀物供涂片或制成悬液的压滴标本片检查用。若直接培养时,所采血液可不经任何处理直接加入培养基中。

尿液、脑脊液样品,先用 1 000 r/min 离心 10 min,再取上清液以 3 000~4 000 r/min 离心 1 h,弃上清液取沉淀物供镜检、培养、动物试验。常采用方法如下:

①直接镜检。暗视野活菌检查 将病料用差速离心集菌后,取沉淀物制成悬液的压滴标本片,暗视野直接镜检,如有典型的钩端螺旋体形态与运动方式,即可确诊。组织脏器可先制成悬液,然后取 1 滴制成压滴标本片镜检。但对抗凝血检查时,要注意与“假钩体”即血细胞原生质丝的鉴别。血细胞原生质丝是在红细胞溶解时逸出,较粗,有的较长,粗细不一,两端无钩,呈平截状,无螺旋结构,只能随液体流动方向移动,无自主运动能力。

染色镜检 也可制成涂片染色镜检。过去常用姬姆萨染色或 Fontana 氏镀银染色法染色镜检,前者菌体呈紫色,后者呈黑黄色,但效果较差。现在多用改良镀银法和媒染法染色后镜检,前者菌体呈深黑色或灰色,后者呈紫红色,红细胞呈淡红色。

②分离培养。分离培养可用含 10% 兔血清的柯氏培养基。无菌抗凝血可直接接种培养基,每份血样接种 6 支,接种量分别为 1、2、3 滴,各接种 2 管。尿液样品可用原尿接种,也可用差速离心的沉淀物接种,每份尿样接种 3 管培养基,每管接种原尿 0.5 mL 左右或离心处理的尿沉淀物少许。为了防止尿样中的杂菌污染,可在培养基中加入 5-氟尿嘧啶 100~400 $\mu g/mL$ 或新霉素 5~300 $\mu g/mL$。未污染组织病料研磨后接种培养基中,污染病料应接种于上述含抗生素的培养基中。

病料接种后,充分混匀,置28～30℃温箱内培养,每5～7 d观察一次钩端螺旋体生长情况并取培养物暗视野显微镜下观察,连续4周或更长时间(最多至3个月)未见出现钩端螺旋体者可作阴性处理。如病料中含有钩端螺旋体,培养7～10 d后可观察到培养基略呈乳白色混浊,对光轻摇试管时,可见上1/3的培养基内有云雾状(液面1 cm的部位最丰富)生长物向下移动,取培养物作暗视野检查,能见到多量的典型钩端螺旋体。

③动物接种试验。可用于病料内钩体的分离,又可作为菌株毒力测定。动物接种试验通常用体重150～200 g幼豚鼠或体重50～60 g金黄仓鼠。每份病料至少接种2只动物。接种前先测体温2～3 d,体温正常可供接种用。接种时,可作腹腔或腹部皮下接种,每只豚鼠接种量:抗凝血2～3 mL,脑脊液4～5 mL,尿液15～20 mL(加入200 μg/mL的5-氟尿嘧啶2滴),组织脏器为10%悬液自然静置后的上层液2～3 mL。金黄仓鼠接种量可酌情减少。

接种病料悬液,如病料中含有钩端螺旋体,接种1～2周后会出现体温升高和体重减轻,此时可剖检取肾和肝进行镜检和分离培养,主要病变为内脏出血和皮下出血、黄染,进一步确诊。若接种后2～3周内不发病,则应盲传2～3代,如仍不发病,则可报告为阴性。

④血清学检查。动物感染钩端螺旋体后,血清中即可出现特异性抗体,并可维持相当长的时间,所以,用血清学方法诊断本病是最有价值的方法。常用的血清学检查方法有以下几种。

a.显微凝集溶解试验　本试验具有高度的特异性,常用于本病原的诊断和血清型的分类鉴定。动物感染钩端螺旋体后,3～8 d即可产生凝集素和溶菌素两种抗体,12～17 d达到高峰,其效价可达1:(10 000～100 000),甚至更高,并持续存在1年以上。试验时,用当地常见菌株型或我国标准菌株的活钩端螺旋体作为抗原,与不同稀释度的被检血清,在37℃作用下2 h,然后取样作暗视野镜检。若待检血清中有不同型抗体,则可见钩端螺旋体相互凝集成"小蜘蛛"状,继而菌体膨胀成颗粒样,随后便裂解成碎片,此为凝集-溶解现象。如血清稀释度过高时,仅发生凝集而无溶解现象。被检血清的凝集(溶解)效价在1:800或以上者即可判为阳性反应,1:400判为可疑,1:400以下的被检动物,应间隔10～14 d后,再次采血作上述检查,如第二次血清效价较上次增高4倍时,即可确诊为本病。若以分离钩端螺旋体株的活菌作为抗原,与已知的钩端螺旋体分型血清作同样试验,即可鉴定出分离株的血清型。

b.补体结合试验　动物感染钩端螺旋体发病后3～4 d,其血中就有补体结合性抗体出现,第4周达到高峰,并能维持1年之久。故此法对钩体病的早期诊断、流行病学调查以及追溯动物的隐性感染均有一定意义。被检血清效价在1:20以上或恢复期血清效价比急性期高出4倍时,即可确诊。

c.酶联免疫吸附试验　其敏感性高于显微凝集溶解试验,而且快速简便,现多用于钩端螺旋体病的早期诊断。

还有SPA协同凝集试验、间接凝集试验,DNA探针以及PCR技术等多种检测方法。

(4)防治　预防措施主要是搞好防鼠与灭鼠工作。疫苗注射,有良好的免疫预防效果。我国已经有灭活的钩端螺旋体单价苗、双价苗以及多价苗在应用。一般初次免疫应分2次进行,2次间隔7 d。以后每年接种1次,有一定的预防效果。在本病流行期间紧急接种,一般能在2周内控制流行。治疗首选的药物是青霉素,也可用庆大霉素、金霉素及四环素等抗生素。使用抗钩端螺旋体高免血清可获得很好地治疗效果。患钩端螺旋体病痊愈后的病畜,可获得对该型病菌的长期和高度的免疫性。

二、放线菌的概述

放线菌是一类介于细菌和真菌之间、多形态(杆状到丝状)的多细胞原核细胞型微生物。多数呈丝状生长或以孢子繁殖。一方面,放线菌的细胞构造和细胞壁的化学组成与细菌相似;另一方面,放线菌菌体呈纤细的菌丝,且分支,又以外生孢子的形式繁殖,这些特征又与霉菌相似,菌丝断裂以后形成类似杆菌、球菌的小体。由于放线菌菌落的菌丝体在培养基上常从一个中心向四周呈放射状生长,故而得名。在自然界中分布广泛,多数无致病性,而且能产生多种抗生素,用于传染病的治疗。少数致动物疾病的放线菌中,牛放线菌较为常见。

(一)主要生物学特性

1.形态与染色

放线菌绝大多数是革兰氏阳性,着色不均,菌体细胞大小不一,呈短杆状或棒状,常有分支而形成菌丝体,无运动性,无芽孢,不具有抗酸染色特性。

放线菌的菌丝细胞,基本上与细菌相似。菌丝体可分为营养菌丝体和气生菌丝体两种。营养菌丝体可从培养基中吸收营养,分泌和形成各种不同化学结构的物质。在这些物质中,有许多组分具有抗菌作用或特殊的生理活性。故放线菌在医药工业发酵生产中具有重要作用,是多种抗生素、酶等的主要来源。营养菌丝发育后向空中长出的菌丝体称为气生菌丝体,气生菌丝体经发育分化出的气生菌丝,常能形成大量孢子。孢子落入适宜的培养基中就可以萌发,形成新的菌体,又经大量繁殖成为菌丝或菌落(图4-7)。

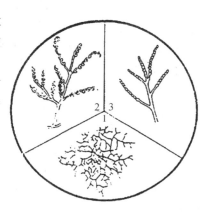

图 4-7　放线菌的形态
1.菌丝体　2.螺旋状菌丝　3.链状菌

气生菌丝可以分化出形成孢子的菌丝称为孢子丝。孢子梗是支撑孢子丝的柄,不能断裂为孢子。孢子丝的形态富于变化,随放线菌的种属不同而有很大的差异。孢子丝的形态特征,常作为鉴别放线菌的依据。

2.培养特性

放线菌主要通过形成无性孢子的方式进行繁殖,也可通过菌丝断裂的片段进行繁殖。放线菌长到一定阶段,一部分气生菌丝形成孢子丝,孢子丝成熟便分化形成许多孢子,称为分生孢子。放线菌的孢子有各种各样的色泽,如灰色、粉红、青色、浅蓝、天蓝或浅绿色、黄色、淡绿灰、灰黄、浅橙、丁香色、淡紫色、薰衣草色等。孢子颜色常作为菌种命名的依据,也是鉴别菌种的主要特征。

放线菌主要营异养生活,培养较困难,厌氧或微需氧,加 5% CO_2 可促进其生长。在营养丰富的培养基上,如血平板37℃培养3～6 d,可长出灰白或淡黄色微小菌落。多数放线菌的最适生长温度为30～32℃,致病性放线菌为37℃,最适 pH 为6.8～7.5,能发酵葡萄糖。

(二)致病性

有代表性的病原性放线菌是牛放线菌,可引起牛放线菌病,牛感染后主要侵害颌骨、舌、咽、头颈部皮肤,尤以颌骨缓慢肿大为多见,又称"大腭病",常采用外科手术治疗。猪、马、羊也可感染。此外还有犬、猫放线菌病的病原体，可引起犬、猫的放线菌病。

(三)牛放线菌

牛放线菌是牛、猪放线菌病的主要病菌，主要侵害牛的骨骼和猪的乳房。

1. 生物学特性

(1)形态与染色　形态随所处环境不同而异，在培养物中，呈短杆状或棒状，老龄培养物常呈分支丝状或杆状，直径为 $0.6\sim0.7\ \mu m$，革兰氏阳性。在病灶脓液中可形成硫黄状颗粒，将此颗粒在载玻片上压平镜检时呈菊花状，菌丝末端膨大，向周围呈放射状排列，颗粒中央部分菌丝为革兰氏染色阳性，外周膨大的菌丝为革兰氏染色阴性。本菌无运动性，无荚膜和芽孢。

(2)培养特性　牛放线菌为厌氧或微需氧，培养比较困难，最适 pH7.2～7.4，最适温度 $37℃$，在 1％甘油、1％葡萄糖、1％血清的培养基中生长良好。在血液琼脂上，37℃厌氧培养 2 d 可见半透明、乳白色、不溶血的粗糙菌落，仅贴在培养基上，呈小米粒状，无气生菌丝。血液肉汤内培养时，沿管壁发育成颗粒状，肉汤往往透明。在甘油琼脂上培养 3～4 d 后形成露滴状小菌落，初呈灰白色，很快变为暗灰白色，菌落隆起，表面粗糙干燥，紧贴培养基。

(3)抵抗力　对干燥、高热、低温抵抗力弱，80℃经 5 min 或 0.1％升汞 5 min 可将其杀死。对石炭酸抵抗力较强。对青霉素、链霉素、四环素、头孢霉素、林可霉素及锥黄素和磺胺类药物敏感，但因药物很难渗透到脓灶中，故不易达到杀菌目的。

2. 致病性

牛、猪、马、羊、犬易感染，主要侵害牛和猪，奶牛发病率较高。

牛感染放线菌后主要侵害颌骨、唇、舌、咽、齿龈、头颈皮肤及肺，尤以上、下颌骨缓慢肿大为多见，形成局部肉芽肿样炎症和坏死样脓肿及瘘管；猪多为乳房肿胀，马表现为鬐甲瘘。豚鼠可产生实验感染。

3. 微生物学检测

放线菌病的临床症状和病变比较特征，不难诊断。必要时，进行实验室检测。

(1)涂片染色镜检　取少量脓汁等病料少许，加入无菌生理盐水中冲洗，沉淀后将硫黄样颗粒置于载玻片上，用盖玻片将颗粒压碎，加热固定，革兰氏染色镜检。若有典型的菊花瓣状结构，结合临床特征即可诊断。或加一滴 15％氢氧化钾溶液，覆以盖玻片用力按压，显微镜下观察，可见菊花形或玫瑰花形菌块，周围有屈光性较强的放射状棒状体。必要时可作病原的分离。

(2)分离培养　用血液琼脂，厌氧培养后可形成细小、圆形、乳白色菌落，继续培养菌落不增大。取菌落涂片革兰氏染色后检查判定，牛放线菌中心呈紫色，周围辐射状菌丝呈红色。

(3)动物试验　将硫黄样颗粒加少量生理盐水稀释，注射于豚鼠腹腔，经 3～4 周后捕杀剖检，可在大网膜上见到灰白色小结节，外有包膜，取之分离培养也较易成功。

4. 防治

合理的饲养管理及遵守卫生制度，应避免在灌木丛和低湿地放牧，特别是防止口腔黏膜发生损伤。及时处理皮肤创伤，以防止放线菌菌丝和孢子的侵入，对本病的预防非常重要。对患病动物手术切除放线菌硬结及瘘管，碘酊纱布填充新创腔，连续内服碘化钾 2～4 周。配合使用敏感药物如青霉素、红霉素、金霉素、四环素、林可霉素和头孢霉素等抗生素的使用可提高本病治愈率。

三、立克次氏体的概述

立克次氏体引起人和动物立克次氏体病（如 Q 热、斑疹伤寒、恙虫病等）的病原体。是一类介于细菌和病毒之间的专性细胞内寄生的单细胞原核型微生物。其形态结构及繁殖方式与细菌相似，均以二分裂方式繁殖，含有 RNA 和 DNA 两种核酸，具有细胞壁，对广谱抗生素敏感；生长要求与病毒相似，在活细胞内寄生。立克次体病多数是自然疫源性疾病，且人畜共患。致病性立克次氏体经过节肢动物（虱、蜱等）为媒介，传染给脊椎动物，使脊椎动物致病。

（一）主要生物学特性

1. 形态与染色

细胞多形，可呈球形、球杆形、杆形，甚至呈丝状等，但以球杆状为主。大小介于细菌和病毒之间，杆状菌大小为 $(0.3 \sim 0.6)\mu m \times (0.8 \sim 2)\mu m$，球状菌直径为 $0.2 \sim 0.7\ \mu m$。在感染细胞内，立克次体常聚集成致密团块状，但也可成单或成双排列。革兰氏染色阴性，但一般着染不明显，姬姆萨染色呈紫色或蓝色，马基维洛氏法染色呈红色。除贝柯克斯体外，均不能通过细菌滤器。

2. 培养特性

立克次氏体酶系统不完整，大多数只能利用谷氨酸产能而不能利用葡萄糖产能，也不能合成和分解氨基酸，缺乏合成核酸的能力，必需依赖宿主细胞提供 ATP、辅酶 I 和辅酶 A 等才能生长，并以二分裂方式繁殖，但繁殖速度较细菌慢，一般 $9 \sim 12\ h$ 繁殖一代。多数不能在普通培养基上生长繁殖，常用的培养方法有动物接种、鸡胚卵黄囊接种和鸡胚成纤维细胞培养，以菌体断裂的方式进行增殖。

3. 抵抗力

立克次氏体对理化因素抵抗力不强，尤其对热敏感，$56℃\ 30\ min$ 死亡；室温放置数小时即可丧失活力。对低温及干燥抵抗力强，在干燥虱粪中能保持传染性达 1 年以上，于 50% 甘油盐水中 $4℃$ 可保存活力达数月之久。对一般消毒剂敏感。

对广谱抗生素中的氯霉素、金霉素、四环素等敏感。青霉素一般无作用，而磺胺药物不仅不敏感，反有促进立克次氏体生长繁殖。

（二）致病性

立克次氏体主要寄生于虱、蚤、蜱、螨等节肢动物的肠壁上皮细胞中，并能进入唾液腺或生殖道内。这些节肢动物或为寄生宿主，或成为贮存宿主，成为许多立克次氏体病的重要的传播媒介。人、畜主要经这些节肢动物的叮咬或含大量病原体的粪便污染的伤口而感染立克次氏体。但有些立克次氏体也可通过消化道和呼吸道感染动物。其主要致病的毒性物质是内毒素和磷脂酶 A。立克次氏体进入机体后，多在网状内皮系统、血管内皮细胞或红细胞内增殖，引起内皮细胞肿胀、增生、坏死、微循环障碍及血栓形成，呈现皮疹、休克等。如贝氏柯克斯体可致人和各动物的 Q 热等。

人和动物感染立克次氏体后，可产生特异性体液免疫和细胞免疫，病后可获得坚强的免疫力。

（三）微生物学检测与防治

1. 微生物学检测

病原体的检查可将病料制成血片或组织抹片，经适当方法染色后镜检。若用荧光抗体法检查,效果更佳。进一步检查可将病料处理后接种于鸡胚卵黄囊内或适宜的易感动物,培养出立克次氏体后,用荧光抗体技术,血清中和试验或补体结合试验等法进行鉴定。

抗体检查可用已知抗原作凝集试验、补体结合试验或中和试验,以证实患病动物血清中是否有相应的抗体,从而诊断该病。凝集试验是利某些能与立克次氏体多糖抗原的抗体发生交叉反应的变形杆菌株制成凝集抗原,检查某些立克次氏体病,这种凝集试验称为魏-斐二氏反应。中和试验可用豚鼠或鸡胚进行。

2. 防治

灭虱、灭蚤、灭蜱、灭螨及灭鼠和注意环境卫生,是预防立克次体病的重要措施。疫苗接种有一定效果。治疗可选用氯霉素及四环素族的抗生素。

人和动物感染立克次氏体后,可产生特异性体液免疫和细胞免疫,尤其是细胞免疫,病后可获得坚强的免疫力。

(四)附红细胞体

附红细胞体是引起人畜共患附红细胞体病的病原,属于立克次氏体,可附于红细胞表面,故得名。该病一种热性、急性、溶血性传染病,在我国广泛流行。本病一年四季都可发病,但以夏秋多发。

1. 形态与染色

附红细胞体多种形态,呈球形、逗点形、卵圆形、月牙形、杆状等,直径 $0.2 \sim 1.5~\mu m$,最大可达 $2.5~\mu m$。附于红细胞表面或游离于血浆中,使红细胞变形为齿轮状、星芒状或不规则形。可在血浆内作摇摆、扭转、翻滚等运动。一个红细胞上可以附有 $1 \sim 15$ 个附红细胞体,被寄生红细胞发生形态改变,成菜花状。红细胞感染率一般为 $50\% \sim 60\%$。革兰氏染色阴性,姬姆萨氏染色时,染成淡紫色或紫红色;瑞氏染色时,虫体是淡蓝色。在红细胞上以二分裂法繁殖。

2. 抵抗力

附红细胞体对低温的抵抗力强,5℃可保存 15 d,在冰冻凝固的血液中可存活 31 d,冻干保存可存活数年。对干燥抵抗力弱,一般常用浓度的消毒药均可灭活。青霉素无作用,氯霉素、金霉素和四环素等能抑制繁殖。

3. 致病性

附红细胞体可引起人畜共患附红细胞体病。猪附红细胞体病可发生于各年龄猪,但以仔猪和长势好的架子猪死亡率较高,母猪的感染也比较严重。多经吸血昆虫、污染的针头、器械通过血液传播,也可经胎盘传染给仔猪。以高热、贫血、黄疸为主要临床特征。病猪体温升高达 $40 \sim 42℃$,稽留热型;精神沉郁,卧地、不愿走动,食欲降低或废绝,皮肤苍白黄染,或皮肤发绀,甚至全身发紫等。

4. 微生物学检测

根据贫血、黄疸、高温等症状,结合涂片染色镜检即可确诊。

取患猪耳静脉采血制成血液涂片,注意不用酒精棉球擦拭,以防红细胞变形。瑞氏染色或姬姆萨氏染色后镜检,红细胞呈星芒状或锯齿状,表面有淡蓝色或紫红色颗粒 $1 \sim 3$ 个,多的 $3 \sim 5$ 个或 10 个。也可取患猪耳尖血 1 滴,用等量生理盐水稀释后制成压滴片油镜下观察,滴片中可见附红细胞体,带有虫体的红细胞作摇摆、扭转、翻滚等运动。发现典型附红细胞体即可确诊。还可用补体结合试验、间接血凝试验、荧光抗体试验和 ELISA 等血清学检测。

5. 防治

目前尚无有效疫苗用于预防。可用贝尼尔、血虫净、四环素类抗生素治疗,效果较好;青霉素、链霉素、庆大霉素等无效。肌注维生素 B_{12} 或内服 $FeSO_4$,以促进机体造血机能;用维生素 C、维生素 K_3,止血敏等止血;用大黄等健胃,促进患猪早日康复。

吸血昆虫在传播中起主要作用,5～11 月份多发;故对本病的预防,应保持圈舍卫生,扑灭媒介昆虫;可选用对氨基苯胂酸、土霉素等药物预防。

四、衣原体的概述

衣原体是一类介于立克次氏体和病毒之间的、不需以节肢动物为传播媒介、专性真核细胞内寄生的单细胞原核型微生物。能通过细菌滤器,革兰氏阴性,具独特发育周期,以二等分裂方式繁殖并形成包涵体。结构与细菌相似,有细胞壁,其组成与 G^- 菌相似,对广谱抗生素敏感;含有 DNA 和 RNA 以及核糖体。衣原体广泛寄生于人类、鸟类及哺乳动物体内,是引起人和动物及禽类衣原体病的病原体。

(一)形态与染色

衣原体细胞呈圆球形,在不同的发育阶段直径差别很大,一般在 $0.3\sim1.0\ \mu m$。具有由肽聚糖组成的类似于革兰氏阴性细菌的细胞壁,呈革兰氏阴性,细胞内含有 DNA 和 RNA 及核糖体。

衣原体在宿主细胞内生长繁殖时,具有独特的发育周期,不同发育阶段的衣原体在形态、大小和染色性上有差异。早期为无感染性的始体亦称网状体期,后期为有感染性的原体期。原体颗粒呈球形,小而致密,直径 $0.2\sim0.4\ \mu m$,普通显微镜下勉强可见。电子显微镜下中央有致密的类核结构。原体是发育成熟的衣原体,姬姆萨染色呈紫色,马基维罗氏染色为红色。原体主要存在细胞外,较为稳定,具有高度传染性。始体颗粒体积较原体大 2 至数倍,直径为 $0.7\sim1.5\ \mu m$,圆形或卵圆形,代谢活泼,以二分裂方式繁殖。始体是衣原体在宿主细胞内发育周期的幼稚阶段,是繁殖型,不具有感染性,姬姆萨和马基维罗氏染色均呈蓝色。

包涵体是衣原体在细胞空泡内繁殖过程中形成的集落形态。它内含无数子代原体和正在分裂增殖的网状体。成熟的包涵体经姬姆萨染色呈深紫色,革兰氏阴性。细胞培养中衣原体的生活周期一般为 48～72 h,有些菌株或血清型可能更短些。在生活周期末包涵体破裂,导致大量原体进入胞质,引起宿主细胞的裂解死亡,从而原体得以释放。

(二)培养特性

衣原体具有严格的寄生性,能在鸡胚、细胞培养及动物体繁殖。可接种于 5～7 日龄鸡胚卵黄囊,一般在接种 3～5 d 死亡,取死胚卵黄囊膜涂片染色,镜检可见有包涵体、原体和网状颗粒。动物接种多用于严重污染病料中衣原体的分离培养。常用动物为 3～4 周龄小鼠,可进行腹腔接种或脑内接种。细胞培养可用鸡胚、小鼠、羔羊等易感动物组织的原代细胞,也可用 HeLa 细胞、Vero 细胞、BHK21 等传代细胞系来增殖衣原体。由于衣原体对宿主细胞的穿入能力较弱,可于细胞管中加入二乙氨基乙基葡聚糖或预先用 X 射线照射细胞培养物,以提高细胞对衣原体的易感性。在人工培养基上不能生长。

(三)抵抗力

衣原体对外界环境抵抗力不强,耐冷怕热,56～60℃仅能存活 5～10 min,−50℃可保存

1年以上。对脂溶剂、去污剂以及常用的消毒药液均十分敏感,但对煤酚类化合物及石炭酸等一般较有抵抗力。

衣原体对四环素类药物最敏感,红霉素、氯霉素及多黏菌素B等次之,青霉素、头孢菌素类作用较弱,而链霉素、庆大霉素及新霉素等则无抑制作用。对磺胺药物的敏感性,因衣原体种的不同而异。

(四)致病性

衣原体中能引起人和动物疾病的有沙眼衣原体、肺炎衣原体、鹦鹉热肺炎衣原体。

沙眼衣原体和肺炎衣原体主要感染人,对动物无致病性。沙眼衣原体能引起人类沙眼、包涵体性结膜炎以及性病淋巴肉芽肿等病;肺炎亲衣原体可引起人的急性呼吸道疾病。与畜禽疾病有关的是鹦鹉热衣原体,有时也致人类疾病,引起人的肺炎。鹦鹉热衣原体主要危害禽类、绵羊、山羊、牛和猪等动物,引起鸟疫、绵羊和山羊及牛的地方性流产、牛散发性脑脊髓炎、牛和绵羊多发性关节炎以及猫的肺炎。人类的感染大多由患病禽类所致。

(五)微生物学检测

参照NY/T 562—2002动物衣原体病诊断技术规程进行检测。根据所致疾病的不同,选择采取肺、关节液、脑脊髓、胎盘等病料做触片或涂片,用姬姆萨染色、马基维罗氏染色时着色良好,还可用荧光抗体作特异染色。在感染细胞的胞质中可检查到病原体,主要为原体,也可见到始体,革兰氏染色阴性,碘染色反应阴性。

也可将上述病料处理后,接种鸡胚或鸭胚卵黄囊分离病原体,必要时可适当传代,分得病原后进行鉴定。动物试验可进行小鼠和豚鼠的腹腔接种。

对感染的人、牛、羊、家兔等血清中抗体可直接用补体结合试验检查,猪、鸭、鸡或其他禽血清抗体则必须用间接补体结合试验检查。此外,还可用琼脂扩散、间接血凝及ELISA等试验。对感染组织或细胞中抗原,可用荧光素标记或酶标记的衣原体属、种或型的特异单克隆抗体做免疫荧光或酶免疫法染色检查鉴定。

近年来,已采用核酸探针或PCR技术等来准确、灵敏地检测或鉴定鹦鹉热亲衣原体。

(六)防治

鹦鹉热衣原体可诱导机体产生细胞免疫和体液免疫。人和动物自然感染衣原体后,可产生一定的病后免疫力。我国已试制成功绵羊衣原体性流产疫苗,但最好用当地分离株制成苗,可取得较好效果。加强疫鸟、疫禽和病畜的检查和管理,并防止与其接触,是预防鹦鹉热的有效措施。治疗一般用四环素、氯霉素、强霉素、红霉素及多黏菌素B等。

参 考 文 献

[1]陆承平.兽医微生物学.4版.北京:中国农业出版社,2007.

[2]杨玉平.动物微生物.北京:中国轻工业出版社,2012.

[3]羊建平,张君胜.动物病原体检测技术.北京:中国农业大学出版社,2013.

[4]杨汉春.动物免疫学.2版.北京:中国农业大学出版社,2003.

[5]张宏伟,董永森.2版.北京:中国农业出版社,2009.

[6]农业部人事劳动司农业职业技能培训教材编审委员会.动物疫病防治员.修订版.北京:中国农业出版社,2008.

[7]李舫.动物微生物.北京:中国农业出版社,2006.

[8]欧阳素贞,曹晶.动物微生物与免疫.北京:化学工业出版社,2009.

[9]黄青云.畜物微生物学.4版.北京:中国农业出版社,2003.

[10]姚火春.兽医微生物学实验指导.2版.北京:中国农业出版社,2002.

[11]郭积燕.微生物检验技术.2版.北京:人民卫生出版社,2007.

[12]赵良仓.动物微生物及检验.2版.北京:中国农业出版社,2009.

[13]李亚林,段晓琴.动物微生物.南京:江苏教育出版社,2012.

[14]胡生梅.微生物检验技术实训.北京:化学工业出版社,2012.

[15]吴敏秋,周建强.兽医实验室诊断手册.南京:江苏科学技术出版社,2009.

[16]曹军平,张君胜.动物微生物.北京:中国林业出版社,2012.

[17]郝涤非.微生物实验实训.武汉:华中科技大学出版社,2012.

[18]叶磊,杨学敏.微生物检测技术.北京:化学工业出版社,2011.

[19]刘莉.动物微生物检验及免疫监测技术.北京:北京师范大学出版社,2012.

[20]葛兆宏.动物微生物.北京:中国农业出版社,2001.

[21]徐建义.禽病学.北京:中国农业出版社,2012.

[22]邹洪波.禽病防治.北京:北京师范大学出版社,2011.

[23]陈玉库,陆桂平.猪病防治技术.北京:中国农业出版社,2010.